Die Personalfunktion im Spannungsverhältnis
zwischen Gesamtunternehmung und Geschäftsbereichen

Europäische Hochschulschriften
Publications Universitaires Européennes
European University Studies

Reihe V
Volks- und Betriebswirtschaft

Série V Series V
Sciences économiques, gestion d'entreprise
Economics and Management

Bd./Vol. 2302

PETER LANG
Frankfurt am Main · Berlin · Bern · New York · Paris · Wien

Sylvia Schafmeister

Die Personalfunktion im Spannungsverhältnis zwischen Gesamtunternehmung und Geschäftsbereichen

Unternehmens-, Geschäftsbereichs- und Personalstrategien am Beispiel der international tätigen deutschen Großchemie

PETER LANG
Europäischer Verlag der Wissenschaften

Die Deutsche Bibliothek - CIP-Einheitsaufnahme

Schafmeister, Sylvia:

Die Personalfunktion im Spannungsverhältnis zwischen Gesamtunternehmung und Geschäftsbereichen : Unternehmens-, Geschäftsbereichs- und Personalstrategien am Beispiel der international tätigen deutschen Großchemie / Sylvia Schafmeister. - Frankfurt am Main ; Berlin ; Bern ; New York ; Paris ; Wien : Lang, 1998
(Europäische Hochschulschriften : Reihe 5, Volks- und Betriebswirtschaft ; Bd. 2302)
Zugl.: Wuppertal, Univ., Diss., 1998
ISBN 3-631-33355-2

D 468
ISSN 0531-7339
ISBN 3-631-33355-2

Gewidmet

meinen Kindern Sarah Kristin, Lena Marie, Maximilian Philipp und Klara Charlotte

Personal und Unternehmen – zwei Seiten einer Medaille.

Vorwort

Die dieser Arbeit zugrundeliegende empirische Untersuchung wurde im Juni 1996 abgeschlossen. Alle nachfolgenden Entwicklungen und Ereignisse bleiben daher außer Betracht.

Mein ausdrücklicher Dank gilt allen, die mich im Rahmen der empirischen Untersuchung durch ihre Gesprächsbereitschaft und Offenheit unterstützt haben. Namentlich möchte ich folgende Gesprächspartner und -partnerinnen nennen: Frau Dr. Beyling-Vaubel, Herrn Böhler, Herrn Dr. Frank, Herrn Oakley, Herrn Dr. Pfriem und Herrn Dr. Wendler von der BASF AG, Herrn Ammon, Herrn Dr. Kary, Herrn Dr. Pott, Herrn Dr. Riemann, Herrn Struck, Herrn Dr. Vernaleken, Herrn Dr. Wiegreffe von der Bayer AG sowie Herrn Dr. Berka, Herrn Blokland, Herrn Engel, Herrn Dr. Groenink, Herrn Dr. Siewert, Herrn Unterharnscheidt, Herrn Wagner und Frau Zimmer von der Hoechst AG.

Hervorheben möchte ich an dieser Stelle meinen besonderen Dank an Herrn Richter von der Bayer AG, an Herrn Weinmann von der Hoechst AG und an Herrn Vetter von der BASF AG. Ihr Interesse und ihr Engagement haben mir den Zugang zu den an der Untersuchung beteiligten Unternehmen erst ermöglicht.

Herrn Univ.-Prof. Dr. Klaus Bartölke danke ich für die Übernahme des Zweitgutachtens. Mein herzlicher Dank gilt Herrn Univ.-Prof. Dr. Norbert Koubek für seine Unterstützung und das Vertrauen, das er mir in den vergangenen Jahren meiner wissenschaftlichen Tätigkeit entgegengebracht hat.

Wuppertal, im Oktober 1997

Sylvia Schafmeister

Inhaltsverzeichnis

Abbildungsverzeichnis

Tabellenverzeichnis

1 Einleitung

1.1 Problemstellung

Ausgangspunkt der Untersuchung sind die zur Zeit beobachtbaren Veränderungen in der deutschen Großchemie. So trennen sich die Unternehmen auf der einen Seite von langjährig gepflegten Produkttraditionen und Produktionsstätten, auf der anderen Seite akquirieren sie neue Unternehmen mit neuen Produkten. Diese Veränderungen vollziehen sich in einem immer rascheren Tempo. Plötzlich stehen Produktionsprozesse und Wertschöpfungsaktivitäten zur Disposition, die vor ein paar Jahren niemand anzuzweifeln gewagt hätte. Es ist von der „notwendigen Bereinigung" des Produkt- und nicht zuletzt Regionalportfolios nach Markt- und Rentabilitätsgesichtspunkten die Rede.

Die dynamische Entwicklung des Weltchemiemarkts führt zu einer wachsenden Heterogenität der Wettbewerbsbedingungen für die einzelnen Produkte. Für die international tätigen Unternehmen der Chemischen Industrie entsteht hieraus die Notwendigkeit, flexibel auf den einzelnen Märkten agieren zu können. Neben strategischen Neuorientierungen reagieren die Unternehmen auf diese Entwicklung mit einer Veränderung ihrer Strukturen.

Lassen sich die Veränderungen der unternehmerischen Wertschöpfungsaktivitäten in den einzelnen Produktmärkten über die jeweiligen Geschäftsbereichsstrategien abbilden, so stellen die Reorganisationsmaßnahmen gleichermaßen organisatorische wie personalstrategische Gestaltungsveränderungen dar. Die Geschäftsbereichsorganisation dient dann letztlich als organisatorisches Koordinationsinstrument zur Realisierung der verschiedenen Geschäftsbereichsstrategien in einer diversifizierten Unternehmung. Da in der Geschäftsbereichsorganisation eine produktbezogene organisatorische Differenzierung der Unternehmung vollzogen wird, stellt sich die Frage, wie sich die Integration der Geschäftsbereiche in die Gesamtunternehmung gestaltet. Aus dem Blickwinkel der Gesamtunternehmung stellt sich die Frage, welchen Stellenwert auf der Gesamtunternehmensebene zentral formulierte Strategien und Politiken haben, wenn sich Geschäftsbereichsstrategien aufgrund der Marktheterogenität stark unterscheiden.

Je nach Umfang der Verlagerung von Entscheidungsbefugnissen auf die einzelnen Geschäftsbereiche und dem verbleibenden Grad an Einheitlichkeit der Unternehmenspolitik kann analytisch grundsätzlich zwischen zwei Typen unterschieden werden:

Typ 1: Geschäftsbereichsorganisation mit hohem Integrationsgrad

Hier stehen die Nutzung von gemeinsamen Synergien und die zentrale Steuerung der Geschäftsbereiche durch unternehmensweit einheitliche Grundsätze, Politiken und Instrumente im Vordergrund. Die Strategiebildung ist ausschließlich auf der Unternehmensebene angesiedelt. Entsprechend ist die Entscheidungsfreiheit der Geschäftsbereiche gering. Eine marktgerechte Steuerung der Gesamtunternehmung und die Entwicklung von Geschäftsbereichsstrategien auf zentraler Unternehmensebene stoßen mit wachsender Umweltdynamik und zunehmend heterogenen Wettbewerbsbedingungen in den einzelnen Produktmärkten an ihre Grenzen.

Typ 2: Geschäftsbereichsorganisation mit hohem Differenzierungsgrad

Hier wird den differenzierten Marktbedingungen Rechnung getragen und den Geschäftsbereichen weitgehende Entscheidungsautonomie gewährt. Die Strategiebildung ist ausschließlich auf der Geschäftsbereichsebene angesiedelt. Dem Vorteil der hohen Marktflexibilität der Geschäftsbereiche steht der Nachteil entgegen, Synergien wegen fehlender Integration unternehmensweiter Geschäftsaktivitäten nicht nutzen zu können.

Empirisch läßt sich eine Vielzahl möglicher Varianten beobachten. So lassen sich Fälle beobachten, in denen den Geschäftsbereichen sämtliche operative Handlungsspielräume gewährt werden, die Entwicklung von Geschäftsbereichsstrategien jedoch weitgehend bei der Gesamtunternehmensleitung verbleibt. In anderen Fällen werden die Geschäftsbereichsstrategien von der Unternehmensleitung und den jeweiligen Geschäftsbereichen gemeinsam entwickelt. Ebenso sind Fälle zu beobachten, in denen die Geschäftsbereichsstrategien weitgehend von den Geschäftsbereichen entwickelt werden, aber von der Unternehmensleitung auf strategisch kritische Erfolgsfaktoren im Hinblick auf unternehmensweite Zielsetzungen und Synergien abgeprüft und möglicherweise modifiziert werden.

Die integrierten Unternehmen der deutschen Großchemie verfügen über eine ausgeprägt heterogene Produktstruktur wie kaum eine andere Branche. Die Produkte der Chemischen Industrie werden dabei weltweit auf hochgradig unterschiedlichen Märkten mit äußerst unterschiedlichen Kundenanforderungen vertrieben. Neben diesen markt- und kundenbedingten Anforderungen zur Differenzierung bestehen gleichzeitig im Unterschied zu anderen Branchen technologiebedingte Synergiepotentiale, die eine Integration von Geschäftsaktivitäten nahe legen. Aus diesen Gründen kann im Falle der deutschen Großchemie von einem ausgeprägten Spannungsverhältnis zwischen Differenzierungs- und Integrationsanforderungen ausgegangen werden.[1] Gleichsam weisen die Unternehmen der Chemischen Industrie einen hohen Internationalisierungsgrad sowohl hinsichtlich der geographischen Verteilung ihrer Geschäftsaktivitäten als auch hinsichtlich der Anzahl ihrer Niederlassungen auf, so daß hieraus ebenfalls Differenzierungsanforderungen resultieren. Der Internationalisierungsaspekt ist in die Betrachtung miteinzubeziehen, wenngleich aus forschungsökonomischen Gründen der Fokus schwerpunktmäßig auf das sich aus der Marktheterogenität ergebende Spannungsfeld zwischen Gesamtunternehmung und Geschäftsbereichen gelegt wird.

---

[1] Zu den Einflußgrößen der Organisationsgestaltung: vgl. STEINMANN/SCHREYÖGG, Management, S. 393ff.
Zur organisatorischen Integration: vgl. SCHREYÖGG, Organisationsgestaltung, S. 151ff.

Aus den bisherigen Ausführungen ergeben sich die zwei für die Untersuchung entscheidenden Fragekomplexe:

Fragekomplex I:

Spannungsverhältnis zwischen Gesamtunternehmung und Geschäftsbereichen

1. Lassen sich in der deutschen Großchemie die behaupteten unterschiedlichen Wettbewerbsstrategien empirisch identifizieren und wer ist Träger der Strategiebildung?

2. Inwieweit verfügen die Geschäftsbereiche über strategische Autonomie, um unter heterogenen Wettbewerbsbedingungen flexibel agieren zu können?

3. Welcher Stellenwert verbleibt zentral formulierten Strategien und Politiken?

Strategische Autonomie der Geschäftsbereiche beschränkt sich dabei nicht allein auf die Bildung von Wettbewerbsstrategien, sondern bezieht sich ebenfalls auf die Herausbildung funktionaler Strategien. Bei der Vielzahl möglicher funktionaler Betrachtungsweisen ist aus forschungsökonomischen Gründen eine eingrenzende Auswahl erforderlich. Im Rahmen dieser Untersuchung steht die Personalfunktion im Mittelpunkt des Interesses.

Fragekomplex II:

Personalfunktion im Spannungsverhältnis zwischen Gesamtunternehmung und Geschäftsbereichen

1. Welche grundsätzliche Bedeutung haben Personalstrategien für die Gesamtunternehmung und die Geschäftsbereiche?

2. Inwieweit wird die Entwicklung von Personalstrategien auf die Geschäftsbereiche verlagert und welche Konsequenzen ergeben sich für die Personalfunktion aus dem Kompetenzzuwachs von Geschäftsbereichen einerseits und der Internationalisierung von Geschäftsaktivitäten andererseits?

3. Welche personalpolitischen Felder werden aus Sicht der Gesamtunternehmung als strategisch kritische Erfolgsfaktoren im Personalbereich betrachtet, die unternehmenseinheitliche Handhabung erfordern?

1.2 Wissenschaftlicher Forschungsstand

Der wissenschaftliche Literaturstand zeigt zu obengenannter Problemstellung ein unbefriedigendes Bild. So werden zwar die angelegten Fragestellungen aus Einzelblickwinkeln diskutiert, allerdings wird meines Erachtens der notwendigen Verknüpfung der Sichtweisen sowie den wechselseitigen Abhängigkeiten und Einflüssen zu wenig Beachtung geschenkt.

Im Rahmen der Planungsliteratur werden zwar Strategiefragen auf Gesamtunternehmens-, Geschäftsbereichs- und Personalebene behandelt, es wird jedoch in den meisten Fällen von einer zentralen Strategiebildung ausgegangen.[1] Die Frage, welches Ausmaß die strategische Autonomie der Geschäftsbereiche annimmt und welche Konsequenzen dies auf das Zusammenwirken von Gesamtunternehmung und Geschäftsbereichen hat, wird nur am Rande behandelt. Des weiteren wird im allgemeinen von einem Zusammenhang zwischen Strategien und Strukturen der Unternehmung ausgegangen.[2] Die ganzheitliche Betrachtung des Strategie-Struktur-Komplexes einschließlich der gesellschaftsrechtlichen Einflüsse auf führungsorganisatorische Struktur und Strategiebildungsprozesse findet indes wiederum zu wenig Beachtung.[3] Dies verwundert umso mehr, als gerade die deutsche Rechtskultur mit ihren vielfältigen Detailregelungen erhebliche Einflüsse auf die Gestaltung von Organisationsstrukturen in der Unternehmung erwarten läßt. Die Erörterung von möglichen gesellschaftsrechtlich induzierten Gestaltungsnormen der Geschäftsbereichsorganisation ist zwar Gegenstand der juristischen Literatur, allerdings in nur geringem Umfang Gegenstand der Organisationsliteratur.[4]

Für den in der Untersuchung relevanten zweiten Fragekomplex zur Personalfunktion gilt ähnliches. So wird auf der einen Seite insbesondere von der personalwirtschaftlichen Literatur die Ebene der *Gesamtunternehmung* in den Mittelpunkt gestellt und der Stellenwert von Personalstrategien diskutiert. Eine Spezifizierung und Differenzierung dieser Personalstrategien bezogen auf Geschäftsbereiche erfolgt jedoch kaum.[5] Diese Sichtweise enthält implizit die Vorstellung von einer einheitlichen zentralen Unternehmensführung oder einer Geschäftsbereichsorganisation mit hohem Integrationsgrad. Auf der anderen Seite wird von wettbewerbsorientierten Beiträgen die Ebene der *Geschäftsbereiche* ins Blickfeld gerückt und es werden unterschiedliche Geschäftsbereichsstrategien diskutiert, die wiederum differenzierte Personal-

---

[1] Siehe Punkt 2.1 dieser Arbeit.

[2] In der organisationstheoretischen Literatur wird die Diskussion darüber geführt, wie sich dieser Zusammenhang zwischen Strategien und Strukturen gestaltet. Geht Chandler davon aus, daß erst auf der Grundlage der Strategieformulierung über die Struktur entschieden werden kann im Sinne „structure follows strategy" (vgl. hierzu auch den präskriptiven Strategieansatz, dargestellt unter Punkt 2.1.1), postulieren andere Autoren einen umgekehrten Zusammenhang im Sinne „strategy follows structure". Demnach gehen von vorhandenen Organisationsstrukturen ebenfalls Einflüsse auf die Strategiebildung aus.
Vgl. CHANDLER, Strategy, S. 1ff.
Vgl. hierzu auch: STAEHLE, Management, S. 432ff.; SCHREYÖGG, Organisationsgestaltung, S. 142ff.

[3] Siehe hierzu Punkt 2.2.2.3 dieser Arbeit.

[4] Vgl. z.B. SCHREYÖGG, Organisationsgestaltung, S. 1ff.; KIESER/KUBICEK, Organisation, S. 632ff.; BLEICHER, Organisation, S. 632ff.; BÜHNER, Organisationslehre, S. 343ff.

[5] Vgl. die personalwirtschaftlichen Lehrbücher: z.B. DRUMM, Personalwirtschaftslehre, S. 1ff.; SCHOLZ, Personalmanagement, S. 1ff.; BISANI, Personalwesen, S. 1ff.; JUNG, Personalwirtschaftslehre, S. 1ff.; OECHSLER, Personal, S. 1ff.
Vgl. die Literatur zum Strategischen Personalmanagement: z.B. ELŠIK, Personalmanagement, S. 1ff.; CIUPKA, Personalmanagement, S. 1ff.; WEBER/WEINMANN, Personalmanagement, S. 1ff.
Eine unternehmensbezogene Sichtweise der Strategieformulierung für den Bereich Personal findet sich auch im Rahmen des Strategischen Management: z.B. HINTERHUBER, Unternehmensführung II, S. 63.

strategien erfordern.[1] Die Konsequenzen der organisatorischen Differenzierung für die Einheitlichkeit der Unternehmensführung und die Entwicklung übergreifender Personalstrategien werden weitgehend ausgeblendet. Diese Sichtweise unterstellt eine Geschäftsbereichsorganisation mit hohem Differenzierungsgrad.

In keiner der beschriebenen Sichtweisen kommt demzufolge das skizzierte Spannungsverhältnis zwischen Integration und Differenzierung in ausreichendem Maße zum Ausdruck. Eine schlüssige Bearbeitung der eingangs entwickelten Fragen ist daher nur dann möglich, wenn die Bereiche Gesamtunternehmung, Geschäftsbereiche und die Personalfunktion sowie führungsorganisatorische und gesellschaftsrechtliche Strukturen der Geschäftsbereichsorganisation in ihrer wechselseitigen Beeinflussung betrachtet werden.

1.3 Aufbau der Arbeit

Daher wird der Aufbau der Arbeit so gewählt, daß die Betrachtung des Gegenstands in einem ersten Bearbeitungsschritt aus einem *theoretisch-analytischen, begrifflich-deskriptiven* Blickwinkel auf Grundlage der wissenschaftlichen Literatur erfolgt, die hierzu in Grundzügen referiert wird. Wegen der Komplexität des behandelten Themas werden dabei zunächst die strategischen und strukturellen Aspekte der drei betrachteten Felder Gesamtunternehmung, Geschäftsbereiche und Personalfunktion analytisch getrennt erläutert. Der theoretische Teil der Arbeit endet mit einer Zusammenfassung, welche die beiden Betrachtungsfelder Strategien und Strukturen unter besonderer Berücksichtigung der Personalfunktion zusammenführt und die für die empirischen Fallstudien zentralen Forschungsfragen ableitet.

In einem zweiten Bearbeitungsschritt erfolgt die Betrachtung der Thematik aus *empirisch-analytischer* Sicht. Ziel ist es, die im theoretischen Teil aufgeworfenen Fragestellungen empirisch zu untersuchen, indem mit Hilfe von Fallstudien das Spannungsverhältnis zwischen Integrations- und Differenzierungsanforderungen betrachtet wird. Die Auswahl der Unternehmen fiel auf die drei integrierten Unternehmen der deutschen Großchemie: die BASF-Gruppe, den Bayer Konzern und den Hoechst Konzern. Diese Unternehmen verfügen über Gemeinsamkeiten, die sie vor dem Hintergrund der hier behandelten Thematik als besonders geeignet erscheinen lassen: Erstens verfügen alle drei Unternehmen über breit diversifizierte internationale Geschäftsaktivitäten, die sie in Form der Geschäftsbereichsorganisation strukturiert haben. Zweitens haben alle drei Unternehmen den gleichen gesellschaftsrechtlichen Hintergrund, so daß die gesetzlichen Rahmenbedingungen für die Gestaltung der Geschäftsbereichsorganisation und der Personalfunktion identisch sind.

In der Schlußbetrachtung erfolgen die Zusammenfassung der aus den empirischen Fallstudien gewonnenen Erkenntnisse und ihre Bewertung vor dem Hintergrund der theoretisch entwik-

---

[1] Vgl. z.B. LAUKAMM/WALSH, Management, S. 77ff.; MILES/SNOW, Resources, S. 47ff.
Bezogen auf Führungskräfteanforderungen wird auch im Rahmen des Strategischen Management die Geschäftsfeld- bzw. Geschäftsbereichsebene zugrunde gelegt: z.B. HINTERHUBER, Unternehmensführung II, S. 140ff.

kelten Fragestellungen zum Spannungsverhältnis zwischen Gesamtunternehmung und Geschäftsbereichen sowie der Gestaltung der Personalfunktion in diesem Spannungsverhältnis.

2 Theoretisch-begriffliche Grundlagen: Strategien und Strukturen

Die folgenden Ausführungen dienen dem Ziel, die für die empirischen Fallstudien notwendigen theoretisch-begrifflichen Grundlagen zu legen. Dabei besteht nicht der Anspruch, sämtliche theoretischen Ansätze zum Thema vorzustellen. Vielmehr wird eine problemorientierte Auswahl von Ansätzen referiert, auf die sich die wissenschaftliche Literatur überwiegend stützt und die meines Erachtens geeignet sind, die Fragestellungen für die empirische Primärerhebung begrifflich einzugrenzen und zu systematisieren.

Hierzu wird in einem ersten Schritt der Strategiebegriff erläutert. Die weitere Darstellung knüpft an die Strategieebenen Unternehmens-, Geschäftsbereichs- und Funktionalebene der Geschäftsbereichsorganisation an und versucht, die möglichen Interpretationsmuster von Unternehmens-, Geschäftsbereichs- und Personalstrategien und die ihres prozessualen Zusammenhangs zu erfassen. In einem zweiten Schritt wird die gesellschaftsrechtliche und führungsorganisatorische Struktur der Geschäftsbereichsorganisation erläutert, um den formalen Rahmen hinsichtlich der Verteilung von Aufgaben und Entscheidungskompetenzen zu erfassen. Demzufolge wird ein Zusammenhang zwischen Strategien und Strukturen unterstellt. Eine Erörterung der verschiedenen organisationstheoretischen Begründungszusammenhänge muß jedoch aus forschungsökonomischen Gründen unterbleiben.[1] Im weiteren werden die wechselseitigen Beziehungen zwischen der deutschen gesellschaftsrechtlichen und führungsorganisatorischen Struktur betrachtet, um zu klären, inwieweit der Freiheitsgrad der unternehmerischen Organisationsgestaltung durch rechtliche Rahmenbedingungen eingeschränkt wird. Da die zu untersuchenden Unternehmen der Chemischen Industrie weltweit agieren, werden die aus der Internationalisierung resultierenden Aspekte bei der Strategiebildung und der Organisationsgestaltung, soweit dies erforderlich ist, mit in die Betrachtung einbezogen. In den anschließenden Ausführungen werden die strategischen und strukturellen Aspekte des Themas wieder zusammengeführt und resümierend der Rahmen für die empirische Untersuchung gelegt.

2.1 Strategien in der Geschäftsbereichsorganisation

2.1.1 Begriffsbestimmung: Strategien

In der wissenschaftlichen Diskussion ist der Begriff Strategie nicht einheitlich bestimmt.[2] Es lassen sich einerseits sehr weite Definitionen finden, die unter dem Begriff Strategie sowohl die Festlegung der langfristigen Unternehmensziele selbst als auch die zu ihrer Durchsetzung erforderlichen Mittel verstehen. Andererseits dominieren die Definitionen, welche eine klare Unterscheidung zwischen Zielen und Mitteln treffen und nur letzteres als Strategien definie-

---

[1] Vgl. hierzu: z.B. SCHREYÖGG, Organisationsgestaltung, S. 142ff.
Zum Einflußfaktor Umwelt auf die Organisationsstrukturen: vgl. SCHREYÖGG, Organisationsgestaltung, S. 314ff.

[2] Vgl. MINTZBERG/QUINN, Concept, S. 3.

ren.[1] Im folgenden werden unter Strategien generelle Entscheidungsalternativen bzw. Handlungen verstanden, durch welche die grundsätzliche Handlungsrichtung eines Unternehmens bestimmt wird.[2]

In Abhängigkeit von den Strategiebildungsprozessen zugrunde liegenden Annahmen lassen sich zwei theoretische Ansätze unterscheiden: der präskriptive und der deskriptive Strategieansatz.[3] Im *präskriptiven* Ansatz werden Strategien als rational geplante Maßnahmenbündel aufgefaßt. Das heißt, es wird versucht, die Realität möglichst genau zu analysieren und zukünftige, unternehmensrelevante Entwicklungen zu antizipieren.[4] Es wird eine Vision auf der Basis von Unternehmenszielen entworfen, die als Ausgangspunkt der zu entwickelnden Planungen bzw. Strategien gelten. Daraus folgt, daß Strategien vernunftgeleitet und bewußt geplant und gestaltet werden.[5] Bei der Bestimmung des Trägers der Strategiebildung wird meistens die Gesamtunternehmensleitung benannt, so daß die klassische, unternehmensbezogen zentrale Sichtweise von Unternehmensführung in der Betriebswirtschaftslehre nicht verlassen wird.[6]
Der *deskriptive* Ansatz bestreitet hingegen, daß Strategien nur dann gebildet werden, wenn sie im voraus rational geplant sind. Insbesondere wird im Zusammenhang mit der wachsenden Turbulenz der ökonomischen Umwelt das rationale Kalkül des präskriptiven Strategieansatzes in Frage gestellt. Es wird daher nicht der rationale Plan als Voraussetzung der Strategiebildung allein in den Mittelpunkt gestellt, sondern das strategische Handeln selbst.[7] Strategien sind demnach deskriptiv erkennbare Grundmuster im Strom der Entscheidungen bzw. Aktivitäten eines Unternehmens (vgl. Abb. 1).[8]

---

1 Vgl. STAEHLE, Management, S. 576ff.

2 Vgl. QUINN, Strategies, S. 5; CORSTEN, Wettbewerbsstrategien, S. 342.

3 Vgl. hierzu: SCHREYÖGG, Unternehmensstrategie, S. 77ff.

4 Vgl. KLAUS, Strategie-Theorien-Dschungel, S. 53.

5 Vgl. MACHARZINA, Unternehmensführung, S. 204ff.

6 Reine Führungsentscheidungen, wie z.B. die Festlegung der langfristigen Unternehmenspolitik sind demnach allein Angelegenheiten der Unternehmensleitung.
Vgl. GUTENBERG, Produktion, S. 140.

7 Vgl. MINTZBERG, Five, S. 13.

8 Vgl. MACHARZINA, Unternehmensführung, S. 207.

Abbildung 1: Deskriptiver Strategiebegriff

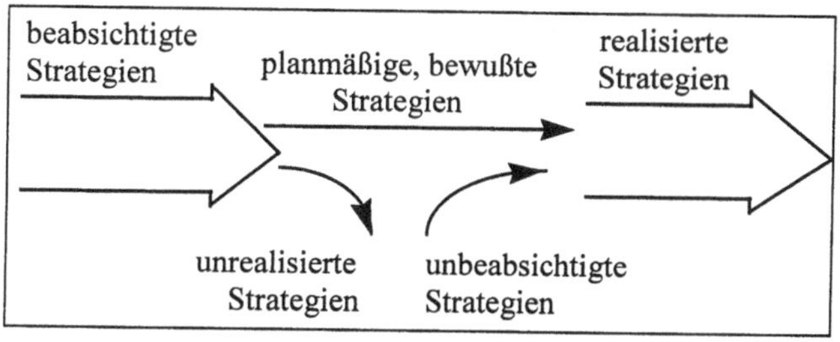

Quellen: MINTZBERG/WATERS, Strategies, S. 258.
Übersetzung: MACHARZINA, Unternehmensführung, S. 209.

Diese Grundmuster bzw. Strategien können einerseits im Sinne des präskriptiven Ansatzes rational geplant und realisiert sein. Sie können aber auch nicht geplant oder beabsichtigt worden sein, sondern aufgrund von Entscheidungen und Aktivitäten des Unternehmens, die adhoc getroffen wurden, ex-post sich als Strategien herausstellen oder im nachhinein als intendierte Strategien formuliert werden.[1] Ebenfalls wird in diesem Ansatz berücksichtigt, daß geplante Strategien auch aus bestimmten Gründen, z.B. Veränderungen der Umfeldbedingungen oder interner Organisationsänderungen, nicht realisiert werden. Der deskriptive Ansatz läßt entsprechend eine Erweiterung der klassischen betriebswirtschaftlichen Sichtweise von Unternehmensführung hinsichtlich des Strategieträgers zu: neben der Gesamtunternehmensleitung und der zentralen Unternehmensplanung sind weitere, in der Unternehmenshierarchie nachfolgende Führungsebenen (z.B. Geschäftsbereiche) als Beteiligte oder Träger des Strategiebildungsprozesses denkbar, wenn auch möglicherweise von seiten der Unternehmensleitung ungeplant und den betreffenden Organisationsmitgliedern in ihren Handlungen nicht bewußt. Mit Hilfe des deskriptiven Ansatzes können so eigenständige Strategiebildungsprozesse in den Geschäftsbereichen, die möglicherweise den Strategien der Gesamtunternehmung entgegenstehen, erst problematisiert werden.[2] Zur Darstellung des Spannungsfelds zwischen Gesamtunternehmung und Geschäftsbereichen soll deshalb auf den deskriptiven Ansatz zurückgegriffen werden.

Die Sichtweise des deskriptiven Ansatzes geht dabei noch über die in der Literatur üblichen Abgrenzungen der drei am Strategiebildungsprozeß beteiligten Ebenen in einer diversifizierten Unternehmung hinaus, nach denen sich der Strategiebegriff im weiteren differenzieren

---

1 Vgl. MINTZBERG, Five, S. 13f.; MINTZBERG/WATERS, Strategies, S. 257ff.; KLAUS, Strategie-Theorien-Dschungel, S. 56.

2 Im präskriptiven Ansatz sind Geschäftsbereichsstrategien aus Unternehmensstrategien abgeleitet und rational geplant, so daß ein Widerspruch zwischen den beiden Strategieebenen nicht operationalisiert werden kann.

läßt.[1] Die drei Strategieebenen können dabei der Strukturorganisation des Unternehmens zugeordnet werden:[2]

- *Unternehmensstrategien*, die auf der Gesamtunternehmens- bzw. Konzernebene,
- *Geschäftsbereichsstrategien*, die bei diversifizierten Unternehmen auf der Geschäftsbereichsebene,
- *Funktionalstrategien*, die auf der Funktionsbereichsebene

angesiedelt sind. Im folgenden sollen die drei *Strategie*ebenen näher betrachtet werden, wobei auf der Funktionsbereichsebene Personalstrategien fokussiert werden.

2.1.2 Unternehmensstrategien

Unternehmensstrategien werden auf der Gesamtunternehmensebene bzw. Konzernebene gebildet und gehen der Frage nach, *was, wie, mit wem und wo* die Unternehmung ihre Güter und Dienstleistungen produziert und vertreibt.[3] Produkt-Markt-, Wettbewerbs- und Internationalisierungsstrategien können als zentrale Bestandteile der Unternehmensstrategie definiert werden.

2.1.2.1 Produkt-Markt- und Wettbewerbsstrategien

Produkt-Markt-Strategien bilden ab, welche zukünftigen Produkt-Märkte schwerpunktmäßig bearbeitet werden sollen, in welche Produkt- bzw. Dienstleistungsbereiche investiert oder desinvestiert wird (vgl. Produkt-Portfoliomanagement[4]), ob diversifiziert werden soll oder nicht. Sie verdeutlichen, welche Wachstums- und Gewinnziele das Unternehmen verfolgt und auf welche Weise diese realisiert werden sollen: über internes Wachstum, Akquisition oder Kooperation.[5]

---

[1] Es ist nach diesem breiten Strategieverständnis auch denkbar, daß beispielsweise Produktionsgruppen durch spezifische Aktivitäten Strategiebildungsprozesse auslösen. Inwieweit ihre Beteiligung am Strategiebildungsprozeß als solche im Unternehmen wahrgenommen wird, ist neben der Organisationskultur eine Frage der Strukturorganisation, die den formalen Rahmen für Entscheidungsspielräume und letztlich für Partizipationsmöglichkeiten an der Strategiebildung festlegt.

[2] Vgl. HOFER/SCHENDEL, Strategy, S. 27.
Vgl. MACHARZINA, Unternehmensführung, S. 211ff.

[3] Vgl. HOFER/SCHENDEL, Strategy, S. 15; MACHARZINA, Unternehmensführung, S. 211.

[4] Zur Portfolio-Technik:
Vgl. ANSOFF/KIRSCH/ROVENTA, Unschärfenpositionierung, S. 237ff; HAHN, Zweck, S. 225ff.; GÄLWEILER, Unternehmensführung, S. 76ff.; HEDLEY, Strategy, S. 191ff.; KREIKEBAUM, Unternehmensplanung, S. 85ff.; MACHARZINA, Unternehmensführung, S. 255ff.; STEINMANN/SCHREYÖGG, Management, S. 177ff.

[5] Vgl. MACHARZINA, Unternehmensführung, S. 211.

Wesentliche Produkt-Markt-Strategie auf Gesamtunternehmensebene ist das Engagement in neuen Geschäftsfeldern, die Diversifikation.[1] In Abhängigkeit von dem Verwandtschaftsgrad mit dem bisherigen Geschäft steht dabei die Schaffung von Synergiepotentialen über die gemeinsame Nutzung von Ressourcen, z.B. die Nutzung gemeinsamer Produkttechnologien oder Vertriebsstrukturen, im Vordergrund[2] oder es werden Geschäftsfelder neu bearbeitet, die mit dem angestammten Bereich wenig oder gar nichts zu tun haben, so daß Risikostreuung oder Rentabilitätsaspekte für die Diversifikation ausschlaggebend sind.[3]

Die Identifizierung bzw. Erzielung von Wettbewerbsvorteilen gegenüber der Konkurrenz und die erfolgreiche Durchsetzung des Geschäfts in den Regional- und Produkt-Märkten haben *Wettbewerbsstrategien* zum Gegenstand.

Wettbewerbsstrategien lassen sich nach dem präskriptiven Strategieansatz für einzelne Produkte oder Produktgruppen des Unternehmens bilden. Sie werden hierfür nach spezifischen homogenen Merkmalen, wie z.B. gemeinsame Kapazitäten, identifizierbare Konkurrenz, Eintrittsbarrieren, Marktcharakteristika, in Strategische Geschäftseinheiten bzw. Geschäftsfelder eingeteilt.[4] Für jedes Strategische Geschäftsfeld ist anschließend zu klären, ob ein breiterer Kernmarkt oder eine Nische bedient werden soll. Da Wettbewerbsvorteile nur erzielt werden können, wenn das Unternehmen am Markt gegenüber der Konkurrenz führend ist, muß geklärt werden, welche Art von Wettbewerbsstrategie verfolgt werden soll.

Hierzu soll im folgenden der wettbewerbstheoretische Ansatz von Porter referiert werden,[5] auf den sich die Planungsliteratur bzw. Literatur zum Strategischen Management bei der Darstellung von Wettbewerbsstrategien überwiegend stützt.[6] Zudem ermöglicht er im Rahmen der empirischen Untersuchung die Analyse und Herausarbeitung der heterogenen Marktbedingungen der Geschäftsbereiche.

Zunächst wird in dem Ansatz von Porter nach der Quelle von Wettbewerbsvorteilen gefragt. Wettbewerbsvorteile entstehen demnach aus dem Wert, den die Unternehmung für ihre Abnehmer schafft, indem für einen bestimmten Nutzen niedrigere Preise verlangt werden oder ein einmaliger Nutzen bereitgestellt wird, der höhere Preise rechtfertigt.[7] Für die Identifizierung von unternehmensbezogenen Wettbewerbsvorteilen gegenüber Konkurrenten bedient

---

1 Vgl. BÜHNER, Strategie, S. 19ff.; JACOBS, Erfolgsfaktoren, S. 6ff.

2 Vgl. PORTER, Diversifikation, S. 39ff.

3 Vgl. STEINMANN/SCHREYÖGG, Management, S. 174f.

4 Vgl. HOFER/SCHENDEL, Strategy, S. 60; GERL/ROVENTA, Geschäftseinheiten, S. 147; HAHN, Zweck, S. 223.

5 Vgl. PORTER, Forces, S. 61ff.

6 Vgl. z.B. KREIKEBAUM, Unternehmensplanung, S. 93ff.; STEINMANN/SCHREYÖGG, Management, S. 169ff.; MACHARZINA, Unternehmensführung, S. 211ff.; BEA/HAAS, Management, S. 95ff.; HINTERHUBER, Unternehmensführung I, S. 180ff.
Ein anderer Erklärungsansatz ist z.B.: PÜMPIN, Erfolgspositionen, S. 1ff.

7 Vgl. PORTER, Wettbewerbsvorteile, S. 16.
Der Wert entspricht dabei dem Preis, den die Abnehmer zu zahlen bereit sind.
Vgl. PORTER, Wettbewerbsvorteile, S. 21.

sich der Ansatz von Porter der Wertkette, anhand derer eine Unterscheidung zwischen primären und sekundären Aktivitäten getroffen wird.[1] Die primären Aktivitäten sind dabei diejenigen, die im Gutenbergschen Sinne zur eigentlichen physischen Leistungserstellung gehören.[2] Diese umfassen unternehmensexterne und -interne Logistik, Produktion, Marketing und Vertrieb sowie den Kundendienst. Die sekundären Aktivitäten unterstützen den eigentlichen Wertschöpfungsprozeß der primären Aktivitäten, indem sie die hierfür notwendigen Ressourcen zur Verfügung stellen. Dazu gehören die Bereiche Beschaffung, Technologie- und Verfahrensmanagement, Personalmanagement sowie die Bereitstellung der Unternehmensinfrastruktur, welche z.B. Unternehmensführungsaufgaben, Finanzen und Rechnungswesen einschließt. Während die Unternehmensinfrastruktur sich auf sämtliche unternehmensweiten Aktivitäten bezieht, können die anderen sekundären Aktivitäten auch nur mit einzelnen primären Wertschöpfungsaktivitäten verbunden sein.

Für die Bestimmung der Wettbewerbsstrategien des Unternehmens kann entsprechend jedes Geschäftsfeld nach Wettbewerbsvorteilen unter Berücksichtigung der gesamtunternehmerischen Wertkette und der Wettbewerbsintensität der Branche analysiert werden. Die Wettbewerbsintensität einer Branche und die darauf basierende Branchenrentabilität hängen von fünf grundlegenden Wettbewerbskräften ab: der Verhandlungsstärke der Lieferanten, der Bedrohung durch neue Konkurrenten, der Verhandlungsmacht der Abnehmer, der Bedrohung durch Ersatzprodukte und -dienste sowie der Rivalität zwischen den bestehenden Unternehmen.[3]

Es läßt sich nach Porter im wesentlichen zwischen zwei Wettbewerbsstrategien unterscheiden: der Kosten- und der Differenzierungsstrategie. Im Rahmen der *Kostenstrategie* werden Standardisierungsprozesse eingeleitet und Syniergieeffekte genutzt, um Kostenvorteile gegenüber der Konkurrenz zu erzielen, und so als Kostenführer am Markt Extragewinne bzw. Wettbewerbsvorteile zu erzielen.[4] Im Rahmen der *Differenzierungsstrategie* wird versucht, Differenzierungsvorteile gegenüber der Konkurrenz durch die Einmaligkeit von beispielsweise Produkteigenschaften oder Serviceleistungen zu erreichen, die dem Unternehmen eine marktführende Position sichern.[5] Über Produkt- oder Verfahrenstechnologieführerschaft kann dabei versucht werden, die Kosten- oder Differenzierungsvorteile längerfristig gegenüber Nachahmern zu behaupten.[6] Die entstehenden Forschungs- und Entwicklungs- sowie Investitionskosten lassen sich über die Extragewinne amortisieren, die bei der Differenzierungsstrategie durch ein von den Abnehmern akzeptiertes höheres Preisniveau, bei der Kostenstrategie durch die Kostenvorteile gegenüber den Konkurrenten erzielbar sind.

---

1 Vgl. hierzu: MACHARZINA, Unternehmensführung, S. 229ff.

2 Vgl. GUTENBERG, Produktion, S. 2.
Porter schließt jedoch im Gegensatz zu Gutenberg die Beschaffungsfunktion aus den primären Aktivitäten aus.

3 Vgl. PORTER, Wettbewerbsvorteile, S. 22ff.

4 Vgl. PORTER, Wettbewerbsvorteile, S. 95ff.

5 Vgl. PORTER, Wettbewerbsvorteile, S. 164ff.

6 Vgl. hierzu auch: PORTER, Wettbewerbsvorteile, S. 239ff.

Aus dem Vorhandensein von Geschäftsfeldern, die einerseits in unterschiedlichen Produkt-Märkten mit unterschiedlichen Wettbewerbsbedingungen agieren und die andererseits durch unterschiedliche Wertketten nach Porter geprägt sind, ergibt sich das unternehmensstrategische Problem, wie die vorhandenen Ressourcen auf die Geschäftsfelder verteilt werden sollen und wie deren Verhältnis zueinander bestimmt werden soll.[1]

Zum Vergleich der einzelnen Geschäftsfelder werden verschiedene Instrumente herangezogen, um den Markterfolg im Verhältnis zu den internen Ressourcen gegenwärtig und zukünftig zu analysieren und zwischen den Geschäftsfeldern miteinander vergleichbar zu machen. Gängiges Instrument hierfür ist die Portfolioanalyse, die in verschiedenen Varianten angewandt wird.[2] Mit Hilfe des Portfolio-Ansatzes werden die unternehmensweiten Ressourcen auf die einzelnen Geschäftsfelder gemäß den Investitions- oder Desinvestitionsnormempfehlungen verteilt, wobei unternehmensstrategisch auf eine ausgewogene Verteilung der Geschäftsaktivitäten geachtet wird. Das heißt, es sollten sowohl Geschäftsfelder in jungen, wachsenden Branchen wie auch in reifen Branchen vorhanden sein, um über den Verkauf gereifter Produkte finanzielle Ressourcen erwirtschaften zu können, welche den Kostenaufwand der Entwicklung von Nachwuchsprodukten decken, die wiederum den langfristigen Bestand des Unternehmens sichern helfen. Das Portfolio-Management konzentriert sich dabei stark auf marktbezogene Gesichtspunkte,[3] die ins Verhältnis zu unternehmensinternen Stärken und Schwächen gesetzt werden. Ausgehend von der gegenwärtigen Marktposition des Unternehmens bzw. Geschäftsfelds wird die strategische Lücke zu der erwünschten zukünftigen Marktposition ermittelt. Die marktorientierte strategische Lücke wird den hierfür erforderlichen unternehmensinternen Ressourcen auf der Basis der Stärken-Schwächen-Analyse gegenübergestellt und daraus zukunftsbezogene Maßnahmen abgeleitet.

Diesem überwiegend *marktbezogenen* strategischen Ansatz stellt der *ressourcenbezogene* Ansatz die unternehmensinternen Bedingungen als Ausgangspunkt strategischer Überlegungen gegenüber. Demnach sind im Rahmen der strategischen Analyse auf Unternehmensebene die Kernkompetenzen des Unternehmens zu identifizieren, welche die Voraussetzung für Kernprodukte bilden, die wiederum Quelle einer Vielzahl von Endprodukten darstellen.[4] Als Kernkompetenzen werden solche Kompetenzen des Unternehmens bezeichnet, welche über Jahre gewachsen sind und Potentiale darstellen, die eine Vielzahl von Marktchancen eröffnen und die von Konkurrenten nur schwerlich nachahmbar sind: z.B. spezifische Technologie-, Vertriebs- oder Personalkompetenzen. Kernkompetenzen sind damit Resultat des kollektiven organisationalen Lernens im Unternehmen und bilden das strategische Bindeglied zwischen den in unterschiedlichen Märkten agierenden Geschäftsfeldern eines Unternehmens. Demzufolge

---

1 Vgl. STEINMANN/SCHREYÖGG, Management, S. 177.

2 Vgl. HAHN, Zweck, S. 225ff.
Siehe z.B. das Marktattraktivitäts-Wettbewerbsvorteils-Portfolio, das mit Hilfe der Dimension Marktattraktivität die externen Umweltbedingungen des Unternehmens, mit Hilfe der Dimension relativer Wettbewerbsvorteil die unternehmensintern zu beeinflussenden Stärken und Schwächen abzubilden versucht.
Vgl. hierzu: MACHARZINA, Unternehmensführung, S. 281ff.

3 Vgl. auch: KLAUS, Strategie-Theorien-Dschungel, S. 54.

4 Im folgenden: Vgl. PRAHALAD/HAMEL, Competence, S. 81ff.

können gewachsene Kernkompetenzen eine Integrationsfunktion in der Gesamtunternehmung ausüben, welche den marktbezogenen Differenzierungen der Strategischen Geschäftseinheiten Grenzen setzt.[1]

2.1.2.2 Internationalisierungsstrategien

Wettbewerbsvorteile lassen sich nicht nur durch spezifische Produkt-Markt- oder Wettbewerbsstrategien erzielen, sondern auch durch die Erschließung von Auslandsmärkten und die geographische Verteilung der Geschäftsaktivitäten.[2] Da die deutsche Großchemie zu den weltweit führenden Herstellern der Chemischen Industrie gehört, sollen als Teil der Unternehmensstrategien noch kurz die wesentlichen Begrifflichkeiten zu Internationalisierungsstrategien auf der Basis des Triadenkonzepts von Ohmae und des Ansatzes von Porter vorgestellt werden.[3]

In dem von Ohmae formulierten Triadenkonzept wird Unternehmen vorgeschlagen, in den drei wichtigsten Weltregionen USA, West-Europa und Japan mit Produktionsstätten und Tochtergesellschaften gleichgewichtig vertreten zu sein, um gleichermaßen am wirtschaftlichen Fortschritt der Regionen partizipieren zu können,[4] die auf sich den Großteil der weltwirtschaftlichen Produktion und Nachfrage vereinen.[5] Als Gründe für diese werden die wachsende Kapitalintensität der Produktion, die dynamische Technologieentwicklung und die Vereinheitlichung der Konsumentennachfrage angeführt.[6] Neben dieser von Ohmae favorisierten *globalen Internationalisierungsstrategie* können weitere Strategien nach ihrer geographischen Reichweite unterschieden werden. Beschränken sich die Geschäftsaktivitäten eines internationalen Unternehmens auf eine Weltregion, z.B. Europa, und werden transnational betrieben, so läßt sich dies als *regionale Strategie* bezeichnen. Demgegenüber kann man von einer *multi-*

---

1 Siehe hierzu auch die Ausführungen zu Personalstrategien im Punkt 2.1.4 dieser Arbeit.

2 Vgl. MINTZBERG, Generic Strategies, S. 77.

3 Im Triadenkonzept von Ohmae werden Normempfehlungen hinsichtlich der geographischen Lage der Geschäftsaktivitäten gegeben. Der Ansatz von Porter verknüpft die Internationalisierungsstrategien mit den Wettbewerbsstrategien.
Vgl. OHMAE, Macht, S. 1ff.; PORTER, Wettbewerb, S. 17ff.
Die wissenschaftliche Diskussion zum Thema Internationalisierung war lange Zeit volkswirtschaftlich geprägt (vgl. z.B. den Ansatz der komparativen Kostenvorteile). Erst in jüngerer Zeit mehren sich betriebswirtschaftliche Erklärungsansätze für die Internationalisierung von Unternehmen. Im Zusammenhang mit der Beschreibung von Internationalisierungsstrategien wird weitgehend auf die Ansätze von Ohmae und Porter zurückgegriffen.
Vgl. z.B. PERLITZ, Management, S. 2ff.

4 Vgl. OHMAE, Macht, S. 144.

5 Vgl. VOSS, Wettbewerbsstrategien, S. 220ff.

6 Vgl. OHMAE, Macht, S. 13ff.
Zur Globalisierung des Managementdenkens: Vgl. OHMAE, Logik, S. 44ff.
Kritisch ist hier insbesondere die beim Konsumverhalten unterstellte Konvergenzthese anzumerken.
Zur Kritik des Globalisierungsansatzes von Ohmae: Vgl. z.B. PERLITZ, Management, S. 149ff.

nationalen Strategie sprechen, wenn ein Unternehmen zwar international präsent ist, aber nicht in einer länderübergreifenden integrierten Form.[1]

Im Gegensatz zu dem Triadenkonzept enthält der Internationalisierungsansatz von Porter keine Normempfehlungen hinsichtlich der geographischen Verteilungen der Geschäftsaktivitäten. Vielmehr werden die wettbewerbstheoretischen Aussagen mit Internationalisierungsstrategien verknüpft.[2] Demnach sind sämtliche Wertschöpfungsaktivitäten einer Unternehmung daraufhin zu überprüfen, ob sich durch die unterschiedliche Gestaltung ihrer geographischen Streuung und ihrer Koordinationsintensität Wettbewerbsvorteile im Sinne von Kosten- oder Differenzierungsvorteilen realisieren lassen. Dabei muß nach Porter zunächst geprüft werden, ob die Branche bzw. der Produkt-Markt landesspezifisch oder global ausgerichtet ist. In *landesspezifischen Branchen* wird die Wettbewerbsposition eines Unternehmens nur durch landesspezifische Bedingungen beeinflußt. Ein heimisches Unternehmen kann demgemäß relativ frei entscheiden, ob es grenzüberschreitend tätig werden möchte oder nicht. Die internationalen Geschäftsaktivitäten können über die Auslandstochtergesellschaften relativ unabhängig voneinander betrieben werden. *Globale Branchen* sind jedoch dadurch gekennzeichnet, daß die Wettbewerbsposition eines Unternehmens in einem bestimmten Land wesentlich von seiner Stellung in anderen Ländern beeinflußt wird.[3] Ein Unternehmen mit multinationaler Strategie oder rein nationaler Strategie läuft dadurch Gefahr, Wettbewerbsvorteile gegenüber global agierenden Unternehmen zu verlieren.[4] Nach Porter sind für globale Branchen sowohl länderspezifische Internationalisierungs- als auch Globalstrategien zu formulieren. Als Globalstrategien lassen sich die grundsätzlichen Alternativen Kosten- oder Differenzierungsstrategie für eine gesamte Branche oder einen breiten Produktmarkt, die Segmentierungsstrategie für ein spezifisches Marktsegment definieren. Sind die Landesabsatzmärkte jedoch durch gesetzliche Auflagen geschützt oder Wettbewerbsvorteile durch die Berücksichtigung landesbezogener Besonderheiten zu erzielen, sind landesspezifische Anpassungsstrategien erforderlich.[5]

Nach Porter entwickeln sich zwar in den letzten Jahren einerseits immer mehr Branchen von landesspezifischen zu globalen Branchen, andererseits gewinnen landesspezifische Anpassungsstrategien an Bedeutung,[6] da gleichsam nicht-tarifäre Handelshemmnisse in den einzelnen Ländern zunehmen. Im Gegensatz zu Ohmae geht Porter davon aus, daß die verschiedenen Internationalisierungsstrategien durchaus von konkurrierenden Unternehmen nebeneinander erfolgreich betrieben werden können.[7]

---

1 Vgl. RINGLSTETTER/SKROBARCZYK, Entwicklung, S. 349.

2 Vgl. PERLITZ, Management, S. 155ff.

3 Vgl. PORTER, Wettbewerb, S. 20.

4 Vgl. PORTER, Wettbewerb, S. 21.

5 Vgl. PORTER, Wettbewerb, S. 51ff.

6 Vgl. hierzu auch: MORRISON/RICKS/ROTH, Globalization, S. 23ff.

7 Vgl. PORTER, Wettbewerb, S. 61ff.

In den empirischen Fallstudien wird demgemäß zu prüfen sein, welche unternehmensstrategische Orientierung einschließlich ihrer Produkt-Markt-, Wettbewerbs- und Internationalisierungsstrategien die Unternehmen verfolgen.

2.1.3 Geschäftsbereichsstrategien

Die Strategieebenen (Unternehmens-, Geschäftsfeldstrategien) werden in der wissenschaftlichen Literatur nicht immer mit den Führungsebenen der Strukturorganisation (Unternehmen, Geschäftsbereich) gleichgesetzt.[1] Die konsequente organisatorische Umsetzung der Produktorientierung in der Geschäftsbereichsorganisation führt unterhalb der Ebene des Geschäftsbereichs zu der des Geschäftsfelds.[2] Diese führungsorganisatorisch bestimmten Geschäftsfelder oder Produktgruppen eines Geschäftsbereichs müssen jedoch den Strategischen Geschäftsfeldern der Unternehmung nicht entsprechen, die sich je nach Abgrenzung auch auf mehrere Geschäftsbereiche erstrecken können. Wegen der daraus entstehenden Überschneidung von Verantwortlichkeiten für die Formulierung und Durchsetzung von Wettbewerbsstrategien wird unter dem Stichwort einer strategiegerechten Führungsorganisation möglichst eine Identität zwischen Organisations- und Strategieebenen gefordert,[3] welche den weiteren Ausführungen zugrunde gelegt wird.

Darüber hinaus sind die Definitionen von Geschäftsfeld- bzw. Geschäftsbereichsstrategien in der Literatur uneinheitlich bestimmt. Einerseits werden auf der Geschäftsbereichs- bzw. Geschäftsfeldebene nur Wettbewerbsstrategien angesiedelt,[4] andererseits werden sowohl auf Unternehmens- als auch auf Geschäftsbereichs- bzw. Geschäftsfeldebene Produkt-Markt-, Wettbewerbs- und Internationalisierungsstrategien zugeordnet. [5] Hier wird letzterer Auffassung gefolgt, wonach *Geschäftsbereichsstrategien* in einer diversifizierten Unternehmung mit Geschäftsbereichsorganisation auf einzelne Produkte bzw. Geschäftsbereiche bezogen sind und neben Produkt-Markt- und Wettbewerbsstrategien auch Internationalisierungsstrategien für den Geschäftsbereich abgeleitet werden, jedoch mit geringerer Komplexität als bei der Unternehmensstrategie. Wettbewerbsstrategien auf Unternehmensebene sind demgemäß mehr allgemeiner Natur und mit Produkt-Markt-Strategien verknüpft. Dabei gilt zu klären, welche Märkte die Gesamtunternehmung grundsätzlich vor dem Hintergrund der eigenen Stärken und Schwächen und derer der Konkurrenten bzw. der vorhandenen Kernkompetenzen bearbeiten und welche generellen Wettbewerbsvorteile angestrebt werden sollen.

Demgegenüber beinhalten die Wettbewerbsstrategien auf Geschäftsfeld- bzw. Geschäftsbereichsebene die genaue Positionierung einzelner Marken und ihrer regionalen Schwerpunkt-

---

1 Vgl. hierzu: GÄLWEILER, Unternehmensführung, S. 264ff; SCHERTLER, Unternehmensorganisation, S. 189ff.

2 Siehe Punkt 2.2.1 dieser Arbeit.

3 Vgl. GERL/ROVENTA, Geschäftseinheiten, S. 155f.; KREIKEBAUM, Unternehmensplanung, S. 113.

4 Vgl. STEINMANN/SCHREYÖGG, Management, S. 131; PORTER, Diversifikation, S. 30.

5 Vgl. MACHARZINA, Unternehmensführung, S. 214; BÜHNER, Strategie, S. 21.

setzung,[1] da der eigentliche Wettbewerb nicht zwischen verschiedenen Mehr-Produkt-Unternehmen stattfindet, sondern zwischen ihren Geschäftsbereichen bzw. Geschäftsfeldern.[2] Gleichsam lassen sich auch auf der Geschäftsbereichsebene Produkt-Markt-Strategien formulieren, welche die Diversifikationsmöglichkeiten einzelner Geschäftsfelder beinhalten.[3]

Bezogen auf die Geschäftsbereichsorganisation stellt sich grundsätzlich die Frage, wie umfassend die Strategiebildungsprozesse auf der Geschäftsbereichsebene sind. Hieran schließt sich die Frage an, inwieweit die Geschäftsbereiche auch über eigenständige Funktionalstrategien verfügen. Im folgenden soll anhand der im Strategischen Personalmanagement bzw. Management überwiegend diskutierten Ansätze der Inhalt von Personalstrategien und der prozessuale Zusammenhang zwischen Unternehmens- bzw. Geschäftsbereichs- und Personalstrategien betrachtet werden.[4]

2.1.4 Personalstrategien

Personalstrategien sind analog der Unternehmensstrategien nicht einheitlich definiert[5] und lassen sich dem präskriptiven oder deskriptiven Strategieverständnis zuordnen. Im Rahmen des präskriptiven Strategieverständnisses sind Personalstrategien bewußt geplante personalpolitische Aktivitäten zur Erfüllung bestimmter Ziele, im Rahmen des deskriptiven Strategieverständnisses sind sie ein Grundmuster im Strom personalpolitischer Handlungen, die unbewußt oder geplant vollzogen werden.

2.1.4.1 Inhalt von Personalstrategien

Mit der inhaltlichen Bestimmung von Personalstrategien beschäftigen sich der Michigan-, Insead- und Stuttgarter Ansatz. Ergänzend soll hier noch der Ansatz von Laukamm/Walsh kurz skizziert werden.

Im Michigan-Ansatz von Devanna/Fombrun/Tichy erfolgt die Identifizierung von Personalstrategien über die Darstellung des Human-Resource-Cycle, der für die Entwicklung und Förderung von Leistung die personalpolitischen Felder Personalauswahl, -beurteilung, -entwicklung und -entlohnung als wesentlich erachtet.[6] Des weiteren wird der Fokus schwer-

---

1 Vgl. VOSS, Wettbewerbsstrategien, S. 16.

2 Vgl. PORTER, Diversifikation, S. 31.

3 Vgl. VOSS, Wettbewerbsstrategien, S. 14ff; BÜHNER, Strategie, S. 21.

4 Vgl. z.B. ELŠIK, Personalmanagement, S. 123ff.; CIUPKA, Personalmanagement, S. 11ff.; STAEHLE, Management, S. 745ff.

5 Vgl. ACKERMANN, Personalmanagement, S. 2f.; KRULIS-RANDA, Strategie, S. 8ff.; MARR, Personalmanagement, S. 14ff.; RIEDL, Strategie, S. 123f.; WÄCHTER, Personalwesen, S. 325f.

6 Vgl. DEVANNA/FOMBRUN/TICHY, Framework, S. 41.
Zur Kritik: Vgl. RIEDL, Strategie, S. 120f.
Nach Riedl handelt es sich um eine selektive Auswahl von strategisch relevanten Personalteilfunktionen, die von den Autoren nicht näher begründet wird.

punktmäßig auf Führungskräfte gelegt. In Anlehnung an den Michigan-Ansatz lassen sich die einzelnen personalstrategischen Teilfunktionen näher betrachten.[1]

Die *Strategische Personalauswahl* hat die Aufgabe, eine Entsprechung von Strategie und Person herbeizuführen. Demnach ist ausgehend von der jeweiligen Unternehmens- oder Geschäftsfeldstrategie ein Anforderungsprofil zu erstellen, das mit dem Fähigkeitsprofil der Manager in Übereinstimmung zu bringen ist.[2] Das Auswahl- und Förderungssystem sollte die Unternehmensstrategie unterstützen und Schlüsselpositionen entsprechend der verfolgten Strategie besetzt werden.[3]

Die *Strategische Personalbeurteilung* gilt im Michigan-Ansatz als zentrales Element des Human-Resource-Cycle. Sie dient sowohl als Grundlage für die Personalauswahl als auch als Grundlage für Personalentwicklung und Entgeltfindung. Die Strategische Personalbeurteilung hat die Aufgabe, personalrelevante Informationen für den Strategiebildungs- und -umsetzungsprozeß bereitzustellen.[4] Diese Informationen zeigen einerseits Stärken und Schwächen der bestehenden Human Ressourcen im Unternehmen auf, verdeutlichen andererseits Human Potentiale, die als Ausgangspunkt für die Bestimmung von Wettbewerbsvorteilen dienen können. Neben dieser Informationsfunktion übt die Strategische Personalbeurteilung eine wichtige Steuerungsfunktion aus. Über die Auswahl relevanter Beurteilungskriterien für Personalauswahl, -entwicklung und -entlohnung wird das Leistungsverhalten und -ergebnis beeinflußt, das wiederum auf spätere Strategiebildungs- und -umsetzungsprozesse Wirkungen haben kann.

Die *Strategische Anreizgestaltung* umfaßt letztendlich sämtliche Managementsysteme des Unternehmens, da unter anderem Anreize von Planungssystemen, Organisation, Beförderungs- oder Kontrollsystemen ausgehen, die bestimmtes Arbeitsverhalten honorieren oder sanktionieren.[5] Im engeren Sinne wird die Entgeltstruktur des Unternehmens betrachtet und danach gefragt, inwieweit sie strategisches Verhalten der Führungskräfte fördert bzw. bei strategischen Neuorientierungen retardierendes Moment für verändertes Führungsverhalten bleibt. Im Unternehmen ist zu klären, wie strategisches Leistungsverhalten inhaltlich bestimmt werden soll. In Abhängigkeit von der strategischen Ausgangslage, den jeweiligen Zielsetzungen und dem Risikograd des Geschäfts wird hinsichtlich der Gestaltung des Anreizsystems eine unterschiedliche Zusammensetzung von fixen und variablen Entgeltbestandteilen genannt. Gleichsam wird darauf hingewiesen, daß sich die Anreizsysteme nicht nur an kurzfristigen, sondern auch an langfristigen Erfolgsfaktoren orientieren sollten,[6] um Hemmnisse gegen Neuerungen zu verhindern.[7]

---

1 Im folgenden: Vgl. ELŠIK, Personalmanagement, S. 130ff.

2 Vgl. ELŠIK, Personalmanagement, S. 132.

3 Vgl. CIUPKA, Personalmanagement, S. 18.

4 Vgl. ELŠIK, Personalmanagement, S. 145ff.

5 Vgl. ELŠIK, Personalmanagement, S. 154ff.

6 Vgl. BECKER, Ausgestaltung, S. 161; CIUPKA, Personalmanagement, S. 20.

7 Vgl. LATTMANN, Stellung, S. 32.

Die *Strategische Personalentwicklung* soll auf der einen Seite den zur Realisierung der Strategien formulierten Entwicklungs- und Qualifizierungsbedarf ausgleichen,[1] auf der anderen Seite durch den permanenten Aufbau von Qualifikationen, Kenntnissen und Fertigkeiten Potentiale schaffen, die als Ausgangspunkt für die Strategiebildung dienen können.[2] Dabei ist zu beachten, daß die Personalentwicklung nicht nur fachbezogene Kenntnisse und Fertigkeiten aufbaut, sondern ebenfalls Normen und Werte vermittelt, die zur Herausbildung einer spezifischen Unternehmenskultur führen können, wie diese umgekehrt einer bestehenden Unternehmenskultur entgegenstehen können.

Im Gegensatz zum Michigan-Ansatz werden in dem Insead-Ansatz von Evans sämtliche personalpolitischen Felder als Bezugspunkt für Personalstrategien erachtet.[3] Darüber hinaus wird eine separate Funktionsbereichsperspektive verlassen und Personalstrategien aus einer General Management Perspektive betrachtet. Ausgehend von dem wettbewerbstrategischen Konzept Porters, das für die einzelnen Strategischen Geschäftsfelder zwischen der Kosten- und Differenzierungsstrategie unterscheidet, werden unterschiedliche personalstrategische Anforderungen formuliert. So erfordert die auf Kostenreduzierung angelegte Strategie der Kostenführerschaft nach Evans neben den Maßnahmen zur Lohnkostenreduzierung begleitende Personalentwicklungsmaßnahmen. Demgegenüber erfordert die Umsetzung der Differenzierungsstrategie, die über spezifischen Kundendienst, spezifische Vertriebsleistungen, Produktinnovationen auf Wettbewerbsvorteile gegenüber den Konkurrenten abzielt, hochqualifizierte Mitarbeiter, so daß eine entsprechende strategiegerechte Personalauswahl, -entwicklung, -beurteilung und -entlohnung erforderlich wird.[4] In Abhängigkeit von den Umfeldbedingungen des Unternehmens werden unterschiedliche Personalstrategien abgeleitet. Bei stabilen Umweltbedingungen sollten die Personalstrategien überwiegend auf eine Verbesserung der zwischenmenschlichen Beziehungen, der Arbeitsbedingungen oder der Lohngerechtigkeit gerichtet sein. Bei turbulenten Umweltveränderungen müssen Personalstrategien die Innovationsfähigkeit des Unternehmens unterstützen, indem entsprechende innovationsfreundliche Rahmenbedingungen geschaffen werden. Insgesamt trägt nach Evans die Personalfunktion einen wesentlichen Beitrag zur Integration der einzelnen Geschäftsfelder in das Unternehmen bei, insbesondere bei multinationalen diversifizierten Unternehmen.[5]

In dem Stuttgarter Ansatz von Ackermann/Wührer werden die empirisch ermittelten Realtypen von Personalstrategien dargestellt, die sich den jeweiligen unternehmensstrategischen Positionierungen zuordnen lassen.[6] Demnach präferieren *Verteidiger*, die nach sicheren Marktni-

---

[1] Dieser als Defizitabbau verstandenen Personalentwicklung steht eine potentialorientierte Personalentwicklung gegenüber. Diese nimmt als Ausgangspunkt die Unbestimmtheit zukünftiger Anforderungen und fordert deshalb eine Entwicklung der Mitarbeiter, die ihre individuelle Selbstentfaltung zum Ziel hat.
Vgl. BARTÖLKE/GRIEGER, Defizitabbau, S. 95ff.

[2] Vgl. ELŠIK, Personalmanagement, S. 168ff.

[3] Vgl. EVANS, Context, S. 106ff.

[4] Vgl. CIUPKA, Personalmanagement, S. 24.

[5] Siehe hierzu auch Punkt 2.1.4.3 dieser Arbeit.

[6] Die unternehmensstrategischen Positionierungen sind an die von Miles/Snow formulierten Unternehmensstrategien angelehnt.
Vgl. MILES/SNOW, Unternehmensstrategien, S. 38ff.

schen in stabilen Märkten suchen, die *Personalverwaltungsstrategie*. Diese zeichnet sich durch eine relativ geringe Intensität der Personalaktivitäten aus, außer bei der kurzfristigen Personalplanung mit den Schwerpunkten Personalbedarfs- und Personalkostenplanung. Hingegen läßt sich bei *Prospektoren*, die in verschiedenen Märkten mit neuen Produkten oder Dienstleistungen agieren, eine *Personalbeurteilungsstrategie* vorfinden. Hier wird die Leistungsbeurteilung in den Mittelpunkt sämtlicher Personalstrategien gestellt und als Ausgangspunkt für eine leistungsgerechte Entlohnung und Personalentwicklung genommen. *Risikostreuer*, die über ein angestammtes Produktprogramm verfügen und in von Konkurrenten erprobten Märkten diversifizieren, ziehen hingegen die *Personalentwicklungsstrategie* vor. Sie ist gekennzeichnet durch eine intensive Aus- und Weiterbildung und überwiegend internen Rekrutierungsmaßnahmen. Bei externer Personalauswahl werden intensive Auswahlprozesse eingeleitet. Für die *Reaktoren* konnte empirisch valide keine Personalstrategie ermittelt werden. Schließlich läßt sich für große, diversifizierte Unternehmen mit verschiedenen Geschäftsfeldstrategien sowohl die Personalentwicklungs- als auch *Personalforschungsstrategie* vorfinden. Letztere ist durch intensive Arbeitsmarktforschung und die Durchführung von regelmäßigen Mitarbeiterbefragungen gekennzeichnet. Darüber hinaus sind Leistungsanreizsysteme stark verbreitet und eine strenge Auswahl von externen Bewerbern gängig.

Auch in dem auf wettbewerbstheoretischen Überlegungen aufbauenden Ansatz von Laukamm/Walsh wird die Notwendigkeit der Übereinstimmung von Unternehmens- bzw. Geschäftsfeldstrategien und Personalstrategien postuliert. Ausgehend von der Analyse der Kritischen Erfolgsfaktoren, der Position in der Lebenszyklusphase, dem Stellenwert der Human-Ressourcen jeder einzelnen Strategischen Geschäftsfeldeinheit sind verschiedene Personalstrategien hinsichtlich des einzusetzenden Managertyps, der Personalplanung, der Einarbeitung, der Arbeitsplatzbeschreibung, des Entlohnungssystems, der Leistungsbeurteilungsverfahren oder der Organisationsstruktur zu bilden.[1] Bezogen auf die Phase des Geschäftsfelds im Produktlebenszyklus werden entsprechende Normempfehlungen abgegeben. Dabei wird wie bei Evans eine General Management Perspektive zugrunde gelegt.

Vergleicht man die vier Ansätze, so zeigt sich, daß alle die Gemeinsamkeit aufweisen, mindestens die personalwirtschaftlichen Felder Auswahl, Beurteilung, Entwicklung und Entlohnung für die Personalstrategiebildung als relevant zu erachten. In Abhängigkeit von den jeweiligen Wettbewerbsbedingungen des Unternehmens bzw. Geschäftsfelds werden personalstrategische Normempfehlungen für die Führungskräfte formuliert. Damit unterstellen alle vier Ansätze, daß die Unternehmensstrategien Personalstrategien bestimmen. Im folgenden soll der prozessuale Zusammenhang zwischen Unternehmens- und Personalstrategien im Strategiebildungs- bzw. Implementationsprozeß betrachtet werden und anschließend gefragt werden, welcher Art und inwieweit Personalstrategien auf der Geschäftsbereichsebene zu berücksichtigen sind.

Im folgenden: Vgl. ACKERMANN, Konzeptionen, S. 61ff.

1 Vgl. LAUKAMM/WALSH, Management, S. 85, S. 98.

2.1.4.2 Prozessualer Zusammenhang von Personalstrategien auf Unternehmens- und Geschäftsbereichsebene

Nach Macharzina werden Funktionalstrategien deduktiv aus den vorgelagerten Strategien (Unternehmens- und Geschäftsbereichsstrategien) abgeleitet.[1] Steinmann/Schreyögg verneinen hingegen eine strategische Autonomie der Funktionsbereiche und postulieren einen funktionsübergreifenden Strategiebegriff, der sich an der Unternehmens- bzw. Geschäftsbereichsebene orientiert.[2] Funktionalstrategien entsprechen demgemäß Programmen, d.h. operativen Mitteln im Rahmen der Strategieimplementation. Andere Autoren gehen von einer eigenständigen Strategiebildung in den Funktionsbereichen aus, die auf die Produkt-Markt-, Wettbewerbs- und Internationalisierungsstrategiebildung einwirkt.[3]

Analytisch lassen sich folgende Varianten hinsichtlich des Verhältnisses von Unternehmens- und Personalstrategien ableiten:[4]

- Personalstrategien sind von Unternehmensstrategien abgeleitet.
- Personalstrategien sind Teil der Unternehmensstrategien.
- Unternehmensstrategien sind von Personalstrategien abgeleitet.
- Personalstrategien sind unabhängig von Unternehmensstrategien.

In den Beiträgen, die den präskriptiven Strategieansatz zugrunde legen, dominiert die Sichtweise, daß Personalstrategien von Unternehmensstrategien abgeleitet sind.[5] Als Ausgangspunkt der strategischen Analyse dient das externe Umfeld der Unternehmung, das besonders durch die jeweiligen Wettbewerbsbedingungen der einzelnen Produkte gekennzeichnet ist. Entsprechend werden im ersten Schritt Produkt-Markt-, Internationalisierungs- und Wettbewerbsstrategien entworfen, im zweiten Schritt unternehmensinterne Stärken und Schwächen analysiert und nachfolgend die zur Realisierung der Unternehmensstrategien notwendigen einzelnen Funktionalstrategien gebildet. Personalstrategien entsprechen demnach mehr operativen Programmen.[6]

Die Dominanz marktbezogener Gesichtspunkte in der Unternehmensstrategiebildung führte in der Vergangenheit oftmals dazu, daß Personalstrategien - auch im nachgelagerten Sinne - we-

---

1 Vgl. MACHARZINA, Unternehmensführung, S. 214.

2 Vgl. STEINMANN/SCHREYÖGG, Management, S. 131.

3 Vgl. z.B. STAFFELBACH, Personalmanagement, S. 92ff.; ELŠIK, Personalmanagement, S. 21ff.
Hier wird eine spezielle Funktionsbereichsperspektive als Voraussetzung dafür gesehen, professionell und gleichberechtigt auf den Strategiebildungsprozeß auf Unternehmensebene eingreifen zu können.

4 Vgl. SCHOLZ, Personalmanagement, S. 51f.; STAFFELBACH, Personalmanagement, S. 100.

5 Vgl. z.B. ACKERMANN, Konzeptionen, S. 39ff.; LAUKAMM/WALSH, Management, S. 77ff.
Vgl. hierzu auch: STAFFELBACH, Personalmanagement, S. 10.

6 Vgl. LATTMANN, Stellung, S. 27f.

der formuliert noch praktiziert wurden, mit der Folge, daß bestimmte Produkt-Markt- oder Wettbewerbsstrategien wegen fehlender Personalressourcen oder mangelnden Fachkenntnissen korrigiert werden mußten oder gar zum Scheitern verurteilt waren. Dies hat zu einer größeren Beachtung von Personalfragen geführt, dennoch wird die Planung von Personalstrategien im Rahmen der Unternehmenstrategieimplementation überwiegend beibehalten.[1]

Dem *marktbezogenen* Ausgangspunkt strategischer Analysen in der präskriptiven Planungsliteratur steht der *ressourcenbezogene* Ausgangspunkt gegenüber.[2] Der Außensicht wird demnach eine Innensicht der Unternehmung gegenübergestellt. Ausgehend von der Analyse der Unternehmensstärken und den gewachsenen unternehmensinternen Potentialen werden erst im zweiten Schritt Produkt-Markt-, Internationalisierungs- und Wettbewerbsstrategien abgeleitet, so daß die strategischen Optionen durch die unternehmensinterne Konstellation determiniert werden. Beispielsweise führen regelmäßige Personalentwicklungsmaßnahmen zur Entwicklung von Human-Potentialen im Unternehmen. Es wird davon ausgegangen, daß spezifische Kompetenzen des Personals oder ein bestimmter Aufbau des Personalstamms erst bestimmte unternehmensstrategische Optionen für Managemententscheidungen eröffnen.[3] Entsprechend können Personalstrategien Initiator für Unternehmensstrategiebildungsprozesse sein[4].

Beide Sichtweisen werden in integrativen Ansätzen der Strategischen Unternehmensführung bzw. des Strategischen Personalmanagement zusammengeführt, welche die Personalstrategiebildung als Teil der Unternehmensstrategiebildung auffassen.[5] Hier wird die Strategiebildung mehr als simultaner Prozeß betrachtet, der die sich wechselseitig beeinflussenden marktbezogenen und ressourcenbezogenen Strategien versucht gleichzeitig abzubilden. Personalstrategien werden damit zusammen mit anderen Funktionalstrategien schon in den Strategieformulierungsprozeß einbezogen.

Der deskriptive Strategieansatz berücksichtigt zum weiteren nicht nur die geplante Einbeziehung der Personalfunktion in die Unternehmensstrategieformulierung und bzw. oder -umsetzung, sondern erweitert die Betrachtung um sämtliche ungeplanten und unbewußten realen personalstrategischen Einflüsse. Personalpolitische Richtlinien und Systeme senden demnach im Sinne von „verschlüsselten Botschaften" strategische Impulse.[6] Hierzu gehören beispielsweise personalpolitische Führungs- und Auswahlgrundsätze oder Inhalte von Führungskräfteentwicklungsprogrammen. Sie beeinflussen die im Rahmen der betrieblichen Sozialisation erworbenen Verhaltensmuster und Wertgrundsätze zukünftiger Führungskräfte, sie geben das

---

[1] Vgl. z.B. DEVANNA/FOMBRUN/TICHY, Framework, S. 33ff.
Vgl. hierzu: STAEHLE, Human Resource Management, S. 391.

[2] Vgl. PRAHALAD/HAMEL, Competency, S. 79ff.
Zur Kritik am ressourcenorientierten Ansatz und der Abgrenzung zur marktbezogenen Sichtweise der Strategischen Planungsliteratur: Vgl. KNYPHAUSEN, Firms, S. 6ff.

[3] Vgl. STAEHLE, Management, S. 751f.; WOHLGEMUTH, Management, S. 89.

[4] Vgl. STAEHLE, Human Resource Management, S. 394.

[5] Vgl. z.B.: HOFER/SCHENDEL, Strategy; S. 1ff.; LATTMANN, Stellung, S. 25ff.; RÜHLI/WERLI, Management, S. 35ff.; STAFFELBACH, Skizzen, S. 47ff.; WOHLGEMUTH, Management, S. 85ff.

[6] Vgl. SCHREYÖGG, Botschaften, S. 153ff.

Selektionsmuster für die zukünftigen Entscheider oder einflußnehmenden Personen auf den Strategiebildungsprozeß vor.[1] Personalstrategien beeinflussen demzufolge implizit oder explizit die Entstehung von Unternehmensstrategien.[2]

Darüber hinaus sind die von der Strukturorganisation ausgehenden Impulse auf die Strategiebildung und -umsetzung einzubeziehen. Je mehr formale Entscheidungskompetenzen auf die unteren Führungsebenen delegiert werden, umso breiter wird nach dem deskriptiven Strategieverständnis der kreative Raum für Impulse und Handlungen, die das strategische Handlungsmuster der gesamten Unternehmung prägen. Über die Strukturorganisation wird gleichsam festgelegt, inwieweit die Personalfunktion auch führungsorganisatorisch in die Strategiebildungsprozesse einbezogen ist und damit auch formal der Rahmen für eine initiierende und/oder gleichberechtigte Einflußnahme auf den Unternehmensstrategieprozeß geschaffen ist. So ist zu klären, ob die Personalfunktion gleichberechtigt in der Unternehmensleitung vertreten ist, und wenn ja, ob der Personalverantwortliche nur für personalstrategische Fragestellungen oder an sämtlichen unternehmensstrategischen Entscheidungen beteiligt ist.[3]

Bezogen auf die Geschäftsbereichsebene lassen sich zunächst analytisch die gleichen prozessualen Varianten zwischen Personal- und Geschäftsbereichsstrategien unterscheiden wie auf der Unternehmensebene.

Unterstellt man die erste Variante, daß Geschäftsbereichsstrategien Personalstrategien bestimmen, so folgen aus den unterschiedlichen Wettbewerbsbedingungen und -strategien der einzelnen Geschäftsfelder auch unterschiedliche Personalstrategien.[4] Die Orientierung der Geschäftsfeldstrukturierung allein an Absatzmarktgegebenheiten bedingt dabei schon die nachfolgende Stellung der Personalstrategien.[5] Umgekehrt lassen sich aus den möglicherweise verschieden gewachsenen Ressourcen einzelner Geschäftsfelder bzw. Geschäftsbereiche verschiedene Personalstrategien ableiten, die wiederum zu unterschiedlichen Geschäftsbereichsstrategien führen. Selbst bei der dritten Variante, die davon ausgeht, daß Personalstrategien Teil der Geschäftsbereichsstrategien sind und somit simultan mit anderen Teilstrategien entwickelt bzw. umgesetzt werden, müßten die unterschiedlichen externen und internen Bedingungen der gewachsenen Geschäftsbereiche zu verschiedenen Geschäftsbereichs- und demzufolge auch verschiedenen Personalstrategien in der Gesamtunternehmung führen. Schließlich verweist die vierte Variante, die Personal- und Geschäftsbereichsstrategien als unabhängig voneinander ablaufende Prozesse berücksichtigt, auf die möglichen Eigeninteressen der am Strategiebildungs- und -umsetzungsprozeß beteiligten Personen. So kann der Personalbereich unabhängig von Produkt-Markt-Strategien eigenständig Personalstrategien entwickeln und umsetzen, die möglicherweise geschäftsbereichsübergreifend wirken. Ebenfalls ist denkbar,

---

1 Vgl. auch: STAFFELBACH, Skizzen, S. 53.

2 Vgl. SCHREYÖGG, Botschaften, S. 153.

3 Vgl. ELŠIK, Personalmanagement, S. 60f.; ALTMANN, Personalstrategie, S. 264f.

4 Vgl. z.B. den Insead-Ansatz, der aus den unterschiedlichen Wettbewerbsstrategien verschiedene Personalstrategien ableitet.

5 Vgl. RIEDL, Strategie, S. 178ff.

daß diese Personalstrategien zufällig spezifische Wettbewerbsstrategien des Geschäftsbereichs unterstützen.

Die analytische Übertragung des prozessualen Zusammenhangs zwischen Produkt-Markt-, Internationalisierungs- bzw. Wettbewerbsstrategien und Personalstrategien von der Unternehmens- auf die Geschäftsbereichsebene, zeigt, daß bei der Bildung verschiedener Strategischer Geschäftseinheiten in der Gesamtunternehmung personalstrategische Differenzierungstendenzen nicht auszuschließen sind. Von der Erfordernis einer geschäftsfeldbezogenen Differenzierung von Personalstrategien, zumindest für Führungskräfte, gehen auch die oben skizzierten Ansätze des Strategischen Personalmanagement aus. Für die Argumentation sind zwei Punkte ausschlaggebend: Zum einen wird bezweifelt, daß es eine für alle Wettbewerbsituationen optimal gewappnete universell einsetzbare Führungskraft gibt.[1] Zum anderen wird unterstellt, daß eine fehlende Übereinstimmung zwischen Wettbewerbsbedingungen und internen Ressourcen zu einem Scheitern der Unternehmens- bzw. Geschäftsfeldstrategien führt.

Legt man eine geschäftsfeldbezogene Differenzierung von Personalstrategien zugrunde, so folgen daraus unterschiedliche Kriterien der Personalauswahl, -beurteilung, -entwicklung und -entlohnung nicht nur für die Führungskräfte, sondern möglicherweise für sämtliche Mitarbeiter. Vorteil einer solchen personalstrategischen Differenzierung ist die Herausbildung eigenständiger Motivations- und Anreizstrukturen in den Geschäftsfeldern bzw. Geschäftsbereichen, die ihren internen und externen Bedingungen entsprechen. Hierdurch ist eine Flexibilität gegeben, die es ermöglicht, auch personalstrategisch mit reinen Ein-Produkt-Unternehmen der Branche zu konkurrieren, z.B. hinsichtlich der Entgeltbedingungen, der Arbeitsorganisation oder der Qualifizierungsmaßnahmen.[2] So können Geschäftsfelder, die in Produkt-Märkten mit hoher Branchenrentabilität agieren, ihre Mitarbeiter über höhere Entgelte am Markterfolg mehr partizipieren lassen als möglicherweise bei unternehmensweit einheitlichen Vergütungsregelungen. Nachteilig wirkt sich dagegen eine personalstrategische Differenzierung im diversifizierten Unternehmen für Mitarbeiter in Geschäftsfeldern aus, deren Branchenrentabilität vergleichsweise gering ist. Sie müssen auf Einkommen gegenüber der Situation mit unternehmensweit einheitlichen Vergütungsregelungen verzichten. Wenn längerfristig ein Teil der Mitarbeiter im Unternehmen schlechter entlohnt wird als ein anderer, kann dies zur Demotivation des Personals und der Abwanderung hochqualifizierter Mitarbeiter führen, was personalstrategisch den Verlust an Geschäftsfeldpotentialen zur Folge hätte.

Aus Sicht der Gesamtunternehmung gibt es weitere Gründe, die gegen eine geschäftsfeldbezogene personalstrategische Differenzierung sprechen.[3] Ein einheitliches Anreizsystem im Unternehmen erleichtert den Transfer von Mitarbeitern und ermöglicht den Austausch von

---

[1] Vgl. STEINMANN/SCHREYÖGG, Management, S. 199.

[2] Vgl. LAUKAMM/WALSH, Management, S. 84.

[3] Ein weiterer Grund ist z.B. die derzeitige Branchentarifstruktur in Deutschland, die eine geschäftsfeldbezogene Entgeltdifferenzierung bei Tarif-Mitarbeitern ausschließt. Zum weiteren sind die aus dem betrieblichen Mitbestimmungssystem resultierenden Gründe für eine unternehmensweit einheitliche Personalpolitik nicht zu vernachlässigen.
Siehe Punkt 2.2.4.2 dieser Arbeit.

Qualifikationen und Erfahrungen, von denen angeschlagene Geschäftsfelder bzw. Geschäftsfelder mit niedriger Branchenrentabilität profitieren können. Hierdurch entstehen Synergien, die personalstrategisch durch eine unternehmensbezogene Identifikation der Mitarbeiter unterstützt werden können. Eine unternehmensbezogene Personalstrategiebildung bildet die Grundlage für den Aufbau geschäftsfeldübergreifender interner Ressourcen, die als spezifische Kernkompetenzen der Gesamtunternehmung dauerhaft Wettbewerbsvorteile sichern helfen.[1] Entsprechend wird ein Kompromiß zwischen wettbewerbsstrategischen Gesichtspunkten der Personalpolitik und ihrer Vereinheitlichung gefordert,[2] was jedoch die Gefahr suboptimaler Ergebnisse in den Geschäftsfeldern bewirken kann.[3]

Es zeigt sich, daß sowohl auf der Ebene der Gesamtunternehmung als auch auf der Ebene der Geschäftsfelder bzw. Geschäftsbereiche Personalstrategien angesiedelt werden können. Die unternehmensbezogenen Personalstrategien können demzufolge auch Personalstrategien der Geschäftsfelder bzw. -bereiche unabhängig von deren Wettbewerbsstrategien beeinflussen oder sogar determinieren. Ebenso ist der umgekehrte Zusammenhang denkbar. Es ergibt sich somit personalstrategisch ein Spannungsfeld zwischen den Differenzierungsanforderungen der Geschäftsfelder bzw. -bereiche und den Integrationsanforderungen der Gesamtunternehmung.

Bislang findet diese Problematik von diversifizierten Unternehmen in der personalwirtschaftlichen Literatur kaum Beachtung.

2.1.4.3 Internationale Personalstrategien

Eine gesamtunternehmensbezogene Sichtweise herrscht auch bei der Betrachtung internationaler Personalstrategien vor. In das Blickfeld der wissenschaftlichen Literatur fällt zwar das Differenzierungsproblem, jedoch nicht aufgrund wettbewerbsstrategischer Gesichtspunkte, sondern aufgrund der sozio-kulturellen Heterogenität der Gastländer, die gerade die Personalfunktion tangiert.[4]

Die fremde Umwelt bzw. Kultur spiegelt sich in den natürlichen Gegebenheiten, dem Stand der Realitätserkenntnis, der Verfahrenskenntnisse und der Technologieentwicklung, den kulturellen Wertvorstellungen, den sozialen Beziehungen und Bindungen, dem Rechtssystem und schließlich den gesamten Interaktionsstrukturen der Verhandlungspartner oder Mitarbeiter in dem jeweiligen Land wider.[5] Gerade die Personalfunktion, die zwischen den ökonomischen Interessen des Unternehmens und den sozialen Interessen sowie individuellen Motiven und

---

1 Vgl. hierzu: PRAHALAD/HAMEL, Competency, S. 81ff.
Siehe Punkt 2.1.2.1 dieser Arbeit.

2 Vgl. LAUKAMM/WALSH, Management, S. 97.

3 Vgl. RIEDL, Strategie, S. 131.

4 Vgl. KUMAR, Personalmanagement, S. 189ff.; SCHERM, Personalmanagement, S. 4ff.; WOLF, Personalmanagement, S. 11ff.
Vgl. WUNDERER, Internationalisierung, S. 7ff.

5 Vgl. DÜLFER, Management, S. 206ff.

Bedürfnissen der Mitarbeiter vermittelt,[1] wird mit den unterschiedlichen kulturellen Werthaltungen, Arbeitseinstellungen und sozialen Beziehungsmustern direkt in der täglichen operativen Personalarbeit konfrontiert. Ebenso muß sich die Personalfunktion bei der Gestaltung einer übergreifenden Personalpolitik der Kulturdifferenz stellen, z.B. hinsichtlich der Formulierung von Leistungsgrundsätzen oder hinsichtlich der Gestaltung der Arbeitsorganisation sowie des Entgelt- und Anreizsystems.

In Abhängigkeit von der Berücksichtigung der einzelnen Landeskulturen und des Anspruchs auf Vereinheitlichung der Unternehmenskultur lassen sich verschiedene internationale Personalstrategien nach Heenan/Perlmutter unterscheiden.[2] Die *polyzentrische Strategie* nimmt als Ausgangspunkt der Strategiebildung die soziokulturelle Heterogenität der Länder und überträgt den Landesgesellschaften die Verantwortung für die landesspezifische Personalstrategiebildung und -umsetzung. Die Besetzung der Führungspositionen erfolgt selbständig in den Tochtergesellschaften. Die soziokulturelle Differenzierung im internationalen Unternehmen ist entsprechend groß. Demgegenüber wird bei der *ethnozentrischen Personalstrategie* die notwendig zu berücksichtigende Verschiedenheit der Landeskulturen negiert und die erfolgreich erprobte Stammhauskultur der Muttergesellschaft weltweit weitestgehend übertragen. Nur in den Bereichen, die aufgrund nationaler arbeitsrechtlicher oder mitbestimmungsrechtlicher Regelungen landesspezifisch zu gestalten sind, wird die Personalfunktion differenziert. Die Personalstrategiebildung erfolgt im Stammhaus und wird auf die einzelnen Landesgesellschaften übertragen. Die Auslandsgesellschaften leiten in der Mehrheit Führungskräfte der Muttergesellschaft und in geringem Maße Führungskräfte des Gastlandes, die zuvor im Stammhaus geschult wurden. Der Integrationsgrad der internationalen Unternehmung ist demzufolge sehr hoch. Die *geozentrische Personalstrategie*, die ebenfalls durch einen hohen Integrationsgrad gekennzeichnet ist, hebt aber das Stammhausdenken auf. Die Personalstrategien sind, soweit es die landesspezifischen Bedingungen zulassen, global ausgerichtet und werden zentral entwickelt. Die Führungskräfte der einzelnen Landesgesellschaften werden unabhängig von ihrer Nationalität nach Qualifikation international eingesetzt. Für die *regiozentrische* Personalstrategie gilt das Gleiche weltregional bezogen, das heißt hier wird zumindest den unterschiedlichen Kulturräumen Rechnung getragen.

Entsprechend der jeweiligen internationalen Orientierung werden in der Literatur Personalstrategien entwickelt oder vorgeschlagen, die sich auf die einzelnen personalpolitischen Felder beziehen und den jeweiligen Landesgesellschaften mehr oder weniger strategische Autonomie überlassen.[3] Es findet hiernach keine Berücksichtigung der geschäftsfeld- bzw. geschäftsbereichsbezogenen Heterogenität der Wettbewerbsbedingungen und ihrer personalstrategischen

---

1 Vgl. z.B. DRUMM, Personalwirtschaftslehre, S. 159, S. 323.

2 Im folgenden: Vgl. HEENAN/PERLMUTTER, Organization, S. 17ff.
Zur Beschreibung von internationalen Personalstrategien wird in der wissenschaftlichen Literatur zum Internationalen Personalmanagement immer noch auf diesen Ansatz aus den 60er Jahren zurückgegriffen.
Vgl. z.B. SCHERM, Personalmanagement, S. 73ff.

3 Vgl. KUMAR, Personalmanagement, S. 189ff.; SCHERM, Personalmanagement, S. 126ff.; WOLF, Personalmanagement, S. 11ff.

Implikationen statt.[1] Geht man jedoch von einem global agierenden diversifizierten Unternehmen aus, wie es die deutschen Unternehmen der Großchemie darstellen, so kann dieses unter anderem in Abhängigkeit von den internationalen Wettbewerbsbedingungen verschiedene Internationalisierungsstrategien in den einzelnen Geschäftsbereichen verfolgen. Es stellt sich entsprechend die Frage, wie sich angesichts heterogener Produkt-Märkte und Wettbewerbsbedingungen sowie geschäftsbereichsbezogenen Ressourcen einerseits und heterogenen soziokulturellen Umwelten andererseits Personalstrategien in einem diversifizierten Unternehmen in dem Spannungsfeld zwischen Gesamtunternehmung und Geschäftsbereichen abbilden lassen.

Der Insead-Ansatz von Evans bietet hierzu einen Denkansatz, indem er für die Entwicklung von Personalstrategien sowohl die heterogenen Produkt-Märkte als auch die heterogenen soziokulturellen Umwelten als Ausgangspunkt einer Zuordnung von personalstrategischen Aufgaben nimmt und diese für jede hierarchische Ebene in einem multinationalen Unternehmen formuliert.[2] Auf der *Gesamtunternehmens- bzw. Konzernebene* stehen demnach die Formulierung genereller, unternehmensweiter personalpolitischer Grundsätze und Richtlinien sowie die Entwicklung und der Einsatz strategischer Personalressourcen (Führungskräfte) im Vordergrund. Personalstrategien der Gesamtunternehmung üben damit eine wichtige Integrationsfunktion für die durch soziokulturelle und marktbezogene Herterogenität geprägte internationale diversifizierte Untersuchung aus.[3] Auf der *Geschäftsbereichsebene* soll personalstrategisch im Rahmen der vorgegebenen Unternehmensrichtlinien den Differenzierungsanforderungen der Geschäftsfelder und Landeskulturen Rechnung getragen werden. Schließlich können auf der *Werks- und Niederlassungsebene* maßgeschneiderte Personalstrategien gemäß der lokalen soziokulturellen und marktbezogenen Bedingungen gebildet werden.[4]

Ausgehend von der Annahme, daß verschiedene Marktanforderungen in den Geschäftsfeldern auch verschiedene Personalstrategien erfordern, beschäftigt sich der Insead-Ansatz mit dem Spannungsfeld zwischen Integration und Differenzierung. Den wettbewerbsstrategisch abgeleiteten Differenzierungserfordernissen stehen unternehmensbezogene Integrationsvorteile entgegen, die sich bei globaler Unternehmenstätigkeit z.B. aus der möglichen Vernetzung und wechselseitigen Abhängigkeit von Geschäftsaktivitäten oder der globalen flexiblen Nutzung von Ressourcen ergibt. Der Insead-Ansatz schlägt hierzu nach Abwägung der beiden Alternativen Differenzierung oder Integration in Anlehnung an den Internationalisierungsansatz von Porter[5] zwei mögliche Varianten vor: die globale oder die polyzentrische Anpassungsstrategie.[6]

---

1 Vgl. SCHERM, Personalmanagement, S. 76.; WOLF, Personalmanagement, S. 9, S. 559.
2 Im folgenden: Vgl. EVANS, Context, S. 105ff.; ACKERMANN, Konzeptionen, S. 54ff.
3 Vgl. Evans, Context, S. 108.
4 Vgl. EVANS, Context, S. 109.
5 Vgl. PORTER, Wettbewerb, S. 20ff.
Siehe Punkt 2.1.2.2 dieser Arbeit.
6 Im folgenden: Vgl. EVANS, Context, S. 109f.

Die *globale Anpassungsstrategie* wird für Unternehmen mit globalen, eng miteinander verflochtenen Geschäftsaktivitäten vor dem Hintergrund einer ethno- bzw. geozentrischen Organisationskultur des Stammhauses empfohlen. Sie sieht eine Zentralisierung von Personalstrategien auf Unternehmensebene vor und läßt über die Vielzahl an unternehmensweiten Richtlinien kaum noch Spielraum für eine eigenständige Entwicklung von Personalstrategien auf der Werks- und Niederlassungsebene. Der soziokulturellen Heterogenität wird Rechnung getragen, jedoch eine unternehmensweite Kontrolle der Personalauswahl und intensive unternehmensweite Personalentwicklung betrieben, um die einheitliche Organisationskultur zu fördern. Die *polyzentrische Anpassungsstrategie bzw. Strategie der lokalen Anpassung* berücksichtigt in starkem Maße die heterogenen soziokulturellen Umfeldbedingungen des internationalen Unternehmens und wird für Unternehmen vorgeschlagen, deren Geschäftsaktivitäten unabhängig und länderspezifisch sind. Entsprechend steht die landesbezogene Dezentralisierung von Personalstrategien auf Werks- und Niederlassungsebene im Vordergrund, deren Entwicklung nur durch wenige unternehmensweite Rahmenvorgaben eingeschränkt wird.

Es stellt sich jedoch die Frage, ob dieser enge Zusammenhang zwischen Marktbedingungen bzw. Branchengegebenheiten und Ausrichtung der internationalen Personalstrategien überhaupt vorhanden ist. So ist ebenfalls denkbar, daß trotz globaler Branche polyzentrische Personalstrategien verfolgt werden,[1] das heißt die Branchengegebenheiten für die Unternehmung bei der Herausbildung ihrer internationalen Personalstrategien nicht von Relevanz ist.

Da die Strategiebildung und -umsetzung eingebettet ist in den durch die formale Organisationsstruktur vorgegebenen Rahmen für Entscheidungsspielräume, werden im weiteren Verlauf der Untersuchung die führungsorganisatorischen und gesellschaftsrechtlichen Voraussetzungen der Geschäftsbereichsorganisation in die Betrachtung einbezogen.

2.2 Strukturen der Geschäftsbereichsorganisation

Die Geschäftsbereichsorganisation hat ihren Ursprung in den 20er Jahren, als in den US-amerikanischen Unternehmen General Motors und DuPont aufgrund von Managementproblemen organisatorische Umstrukturierungen notwendig wurden.[2] Eine breitere Einführung der Geschäftsbereichsorganisation in Deutschland kann allerdings erst ab den 60er Jahren verzeichnet werden.[3] Dabei tendieren insbesondere breiter diversifizierte Unternehmen zu einer Abkehr von der Funktional- zur Geschäftsbereichsorganisation.[4] Als Gründe werden vor dem

---

1 Vgl. hierzu auch die empirische Untersuchung von: WOLF, Organisation, S. 91ff.
Auf diesen Zusammenhang wird an späterer Stelle der Arbeit nochmals eingegangen werden.
Siehe Punkt 2.2.4.4 dieser Arbeit.

2 Vgl. FRESE, Grundlagen, S. 519.

3 Vgl. FRESE, Grundlagen, S. 561.
Vgl. hierzu die empirische Untersuchung von: BÜHNER/WALTER, Divisionalisierung, S. 1205ff.
Vgl. auch: DRUMM, Planungs- und Anpassungsprobleme, S. 87.

4 Vgl. GÄLWEILER, Grundlagen, S. 57.

Hintergrund heterogener Produktmärkte diversifizierter Unternehmen effizientere Steuerungs- und Koordinationsmöglichkeiten der Geschäftsbereichsorganisation gegenüber der Funktionalorganisation angeführt.

2.2.1 Begriffsbestimmung: Geschäftsbereichsorganisation

Die Geschäftsbereichsorganisation zeichnet sich im Gegensatz zur Funktionalorganisation durch eine Objektorientierung der Aufgabenteilung aus, die unterhalb der Unternehmensleitung auf der zweiten Hierarchieebene zu einer Stellenspezialisierung nach Produkten oder Regionen führt. Dabei ist für die Geschäftsbereichsorganisation eine entsprechende objektorientierte Spezialisierung auf der dritten Hierarchieebene nach Geschäftsfeldern nicht zwingend, sondern hier läßt sich auch die funktionsorientierte Gliederung von Stellen wiederfinden.[1]

Nach der idealtypischen Begriffsbestimmung agieren die Geschäftsbereiche des weiteren als eigenständige Profit Center bzw. Gewinn- und Erfolgszentren.[2] Wesentlicher Gedanke ist hierbei die verursachungs- und verantwortungsgerechte Erfassung des Gewinns als Beurteilungsmaßstab. Dies setzt eine operationelle Unabhängigkeit der Profit Center-Leitung voraus, um Abgrenzungsprobleme zwischen einzelnen Einheiten bei der Gewinnzurechnung zu vermeiden.[3] Die operationelle Unabhängigkeit des Geschäftsbereichs muß sich hierfür auf die Entscheidungs- und Erfolgsverantwortung mindestens für die Bereiche Produktion und Vertrieb erstrecken, kann aber auch weitere funktionale Zuständigkeiten wie Forschung und Entwicklung, Rechnungswesen, Personal etc. umfassen.[4] Des weiteren muß dem Profit Center der freie Zugang zum Bezugs- und Absatzmarkt gesichert sein. Hierzu sind bei gegenseitigem Güter- und Leistungsaustausch von Geschäftsbereichen ein marktpreisorientierter Transfer sowie die Möglichkeiten der Geschäftsbereiche obligat, am externen Markt kaufen bzw. verkaufen zu können. Schließlich sind zur Messung des Erfolgs nur die Gewinnkomponenten heranzuziehen, die von der Profit Center-Leitung auch tatsächlich beeinflußt werden können.[5]

---

1 Vgl. POENSGEN, Geschäftsbereichsorganisation, S. 32; GÄLWEILER, Grundlagen, S. 5.; GELDERN, Spartenorganisation, S. 13.

2 Vgl. MENZ, Profit Center, S. 1, S. 6.

3 Vgl. MENZ, Profit Center, S. 8.

4 Vgl. POENSGEN, Geschäftsbereichsorganisation, S. 28.
Vgl. auch: POENSGEN/MARX, Ausgestaltung, S. 238.
Anders: Vgl. GABELE, Einführung, S. 28.
Nach Auffassung von Gabele ist für die Definition eines Geschäftsbereichs als Profit Center die wirtschaftliche Unabhängigkeit von ausschlaggebender Bedeutung, so daß die von Poensgen formulierten Mindestanforderungen eines Funktionsverbunds um die Kernfunktionen Produktion und Absatz nicht erforderlich sind. Meiner Ansicht nach ist einem Geschäftsbereich, der ausschließlich für die Produktion eines Produktes zuständig ist, nur eine Kostenverantwortlichkeit übertragbar. Eine Erfolgsverantwortung schließt dagegen eine selbständige Festlegung des Verkaufspreises ein. Nach Menz ist ein Profit Center produktionstechnisch und administrativ möglichst selbständig zu definieren, um Abgrenzungsschwierigkeiten bei der Gewinnverantwortung zu vermeiden. Entsprechend sind der Leitung eines Profit Centers Freiheiten in Einkaufs-, Produktions-, Lager- und Absatzentscheidungen einzuräumen.
Vgl. MENZ, Profit Center, S. 8.

5 Vgl. MENZ, Profit Center, S. 8.

Entscheidungskompetenzen hinsichtlich des Ressourceneinsatzes und der Marktaktivitäten gelten demzufolge als wesentlich für die Realisierung der auf die Produktziele verpflichteten Geschäftsbereiche.[1] Damit ist nach der idealtypischen Begriffsbestimmung der Geschäftsbereichsorganisation strukturell eine Entscheidungsdezentralisation von der Unternehmensleitung auf die zweite Hierarchieebene der Geschäftsbereichsleitung verbunden.

2.2.2 Gesellschaftsrechtliche Grundlagen der Geschäftsbereichsorganisation

2.2.2.1 Gesellschaftsrechtliche Strukturorganisation

Die Geschäftsbereichsorganisation stellt zunächst eine rein führungsorganisatorische Struktur dar, nach welchem Kriterium die Gesamtaufgabe der Unternehmensleitung auf die nächste Hierarchieebene verteilt werden soll. Dabei wird idealtypisch von der *Einheitsunternehmung* ausgegangen, d.h. einem Unternehmen in einer bestimmten Rechtsform nach deutschem Gesellschaftsrecht (vgl. Abb. 2). Erwirbt die Einheitsunternehmung weitere Unternehmen vollständig oder Mehrheitsbeteiligungen an anderen Unternehmen, die weiterhin rechtlich selbständig bleiben, bzw. gliedert sie Unternehmensteile aus, entsteht aus dem Konglomerat rechtlich selbständiger Unternehmen unter der Bedingung einer einheitlichen wirtschaftlichen Leitung nach deutschem Aktienrecht ein *Konzern*.[2]

[1] Vgl. FRESE, Grundlagen, S. 519; FRIEDL, Anforderungen, S. 831.

[2] Vgl. BLEICHER, Organisation, S. 629.

Abbildung 2: Einheitsunternehmung mit Geschäftsbereichsorganisation

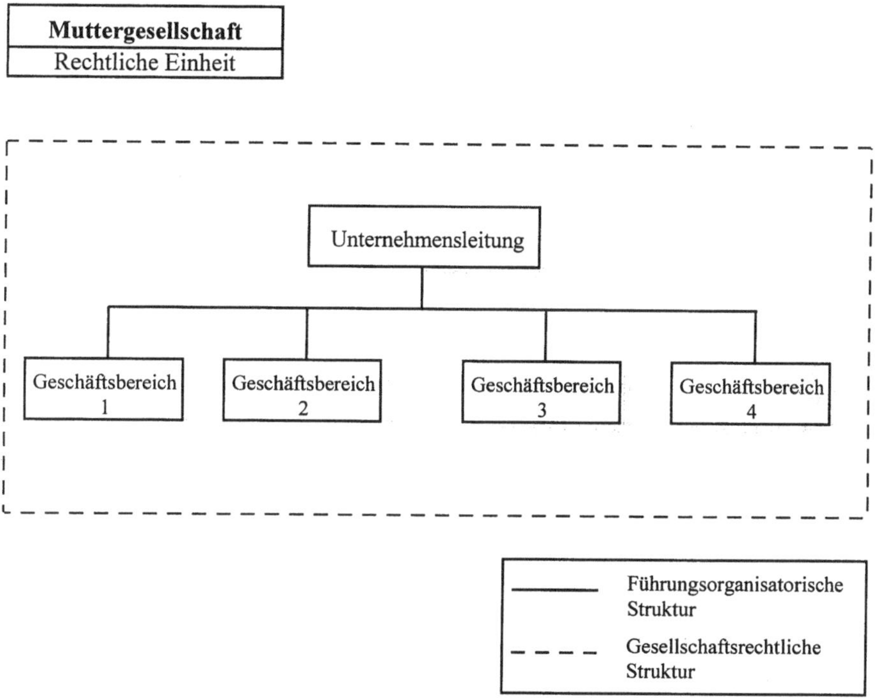

(Eigene Darstellung)

Von einem *Stammhauskonzern* spricht man dann, wenn die Muttergesellschaft sowohl das Steuerungszentrum für die Gesamtunternehmung bildet als auch das Gros der Geschäftsaktivitäten selbst tätigt.[1] Indikatoren für einen Stammhauskonzern sind somit hohe Umsatz- und Beschäftigungsanteile der Muttergesellschaft im Gesamtunternehmen (vgl. Abb. 3).[2]

---

1 Vgl. KELLER, Unternehmensführung, S. 139ff.

2 Vgl. WERDER, Konzernstrukturen, S. 155.

Abbildung 3: Stammhauskonzern mit Geschäftsbereichsorganisation

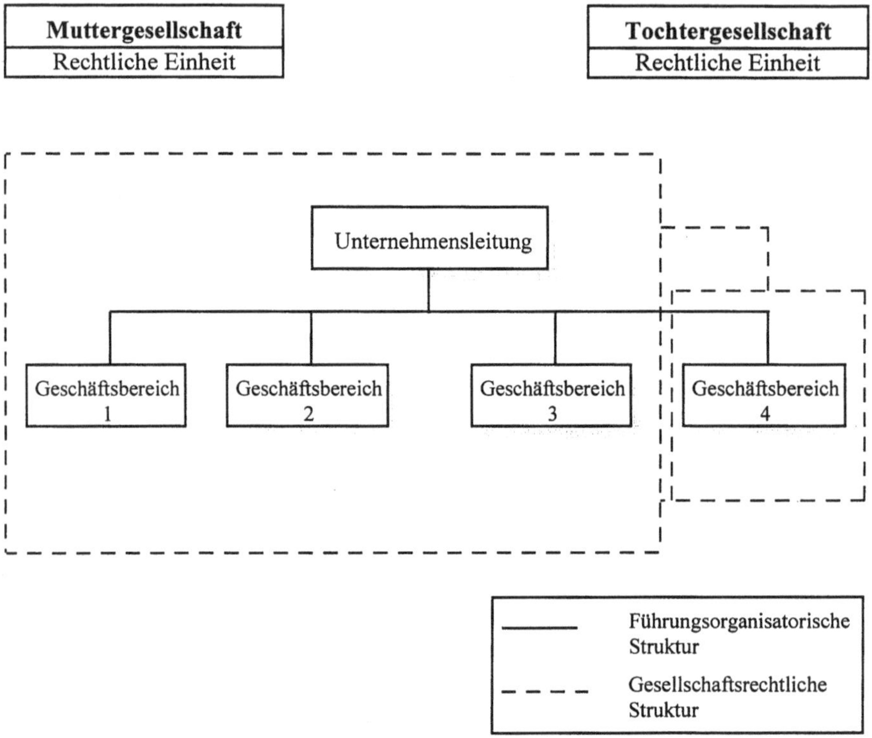

(Eigene Darstellung)

Ein *Holding-Konzern* liegt hingegen vor (vgl. Abb. 4), wenn sämtliche Geschäftsaktivitäten durch die rechtlich selbständigen Tochtergesellschaften getätigt werden. Die Muttergesellschaft hat demnach als Obergesellschaft nur noch eine Steuerungsfunktion inne und unterhält selbst keinerlei Produktions- oder Vertriebsaktivitäten.[1] Entsprechend ist ihr Beschäftigtenanteil an der Gesamtunternehmung sehr gering. In einer weiteren Variante des Holding-Konzeptes wird die ehemalige Mutter- bzw. Stammgesellschaft in eine Tochtergesellschaft überführt und die Gesamtunternehmensleitung allein in einer neu gegründeten Obergesellschaft angesiedelt. Kennzeichnend für den Holding-Konzern ist dabei im Gegensatz zum Stammhauskonzern, daß die Doppelfunktion der Unternehmensleitung, zugleich als Leitung des Konzerns und der Muttergesellschaft zu fungieren, aufgelöst wird.[2] In dem auf die Konzern-

[1] Zur Holdingkonzeption: Vgl. KELLER, Unternehmensführung, S. 49ff.

[2] Vgl. BLEICHER, Organisation, S. 634.

führung beschränkten Aufgabenzuschnitt des Vorstands wird ein großer Vorteil der Holding gesehen, da die Konzernleitung sich uneingeschränkt um die Gesamtunternehmensbelange kümmern kann. Die Ressourcenverteilung auf die Tochtergesellschaften bzw. Geschäftsbereiche kann mehr nach finanzwirtschaftlichen Kriterien als nach Stammhausinteressen (z.B. die Ausweitung von Produktion und Beschäftigung am Standort des Stammhauses) erfolgen. Die rechtliche Verselbständigung von Geschäftsbereichen führt darüber hinaus zu einem höheren Flexibilisierungspotential, da die Tochtergesellschaften leichter zu veräußern oder in Kooperationen einzubringen sind als unselbständige Unternehmensteile. Andererseits können bei einem Holding-Konzern wie beim Stammhauskonzern Zentralisationstendenzen bestehen,[1] da sich die einheitliche Leitung je nach strategischer Ausrichtung des Konzerns inhaltlich unterschiedlich gestaltet.[2]

Abbildung 4: Holding-Konzern mit Geschäftsbereichsorganisation

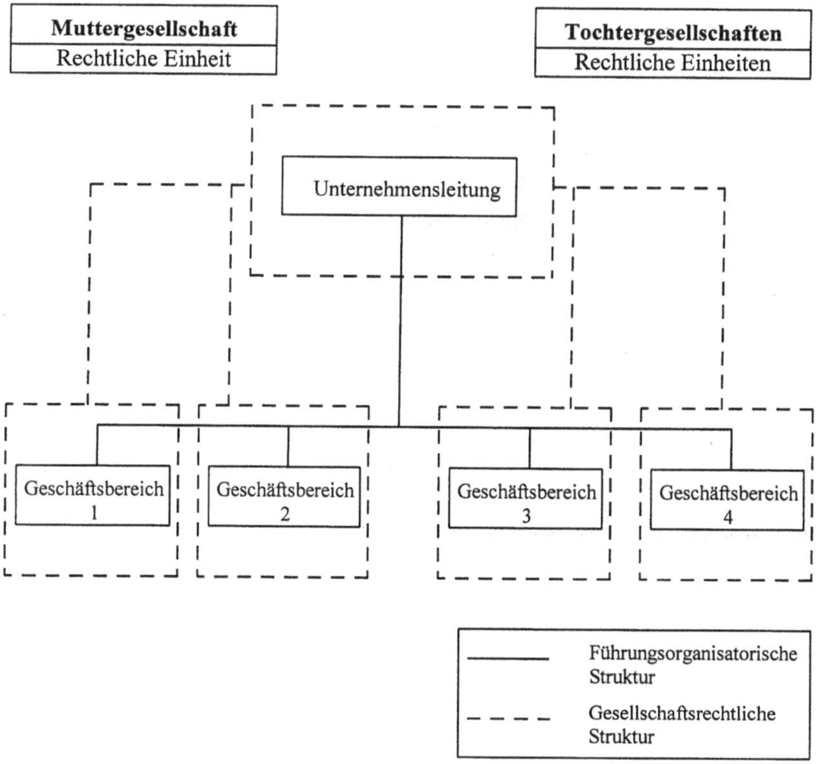

(Eigene Darstellung)

[1] Vgl. SCHEFFLER, Konzernmanagement, S. 22.

[2] Vgl. hierzu: THEIS, Konzernstrategien, S. 271ff.

Bei einer *Management-Holding* ist die Obergesellschaft für die strategische Steuerung der gesamten Unternehmensaktivitäten zuständig, während bei einer *Finanz-Holding* die Muttergesellschaft nur noch für die Verteilung der Finanzmittel im Anlegerinteresse nach reinen Rentabilititätsgesichtspunkten verantwortlich zeichnet.[1]

Ein wesentlicher Unterschied zwischen Stammhaus- und Holding-Konzern besteht hinsichtlich der gesellschaftsrechtlichen und führungsorganisatorischen Strukturen. Beim Holding-Konzern besteht hier eine weitgehende Identität.[2] Die Tochtergesellschaften stellen die rechtlich selbständigen Geschäftsbereiche dar, während die Obergesellschaft nur die Unternehmensleitung umfaßt. Bei der Management-Holding sind daneben auf der Ebene der Gesamtunternehmung noch kleine zentrale Funktionsabteilungen zur strategischen Unterstützung des Vorstands angesiedelt.[3]

Im Stammhauskonzern hingegen stimmen führungsorganisatorische und gesellschaftsrechtliche Strukturen nicht immer überein. Die Muttergesellschaft, welche zugleich die größte Produktions- und Vertriebsgesellschaft ist, bildet die für die Gesamtunternehmung gültige Führungsorganisation mit Unternehmensleitung und Geschäftsbereichen. Die unternehmensweiten Entscheidungsstrukturen bleiben noch transparent, wenn die Tochtergesellschaften auch führungsorganisatorisch in einer Reihe stehen mit den rechtlich nicht selbständigen Geschäftsbereichen (vgl. Abb. 3). Eine Differenz zwischen führungsorganisatorischen und gesellschaftsrechtlichen Strukturen ergibt sich jedoch, wenn rechtlich selbständige Geschäftsfelder führungsorganisatorisch von rechtlich unselbständigen Geschäftsbereichen der Muttergesellschaft geleitet werden, gesellschaftsrechtlich aber auf einer Ebene stehen mit Tochtergesellschaften, die führungsorganisatorisch großen Geschäftsbereichen entsprechen (vgl. Abb. 5). Dies führt aus juristischer Sicht zu Kompetenzüberschneidungen, da die Leitung des rechtlich selbständigen Geschäftsfelds nur der Konzernleitung obliegt.[4]

---

1 Vgl. KELLER, Unternehmensführung, S. 102ff.

2 Vgl. BÜHNER, Management-Holding (a), S. 33.

3 Zur Management-Holding ausführlich: Vgl. BÜHNER, Management-Holding (a), S. 33ff. Vgl. GRUNHOLD, Management-Holding, S. 508ff.

4 Schwark kritisiert diese Regelung aus juristischer Sicht: Hierdurch wird die mit der Geschäftsbereichsorganisation einhergehende Beschränkung der Konzernvorstandshaftung auf ein Auswahl- und Überwachungsverschulden der Geschäftsbereichsleiter dem Schutzinteresse möglicher außenstehender Aktionäre der abhängigen Gesellschaften (Geschäftsfelder) nicht mehr gerecht. In diesem Zusammenhang ist nach Schwark ebenfalls problematisch, wenn Angestellten des rechtlich selbständigen Geschäftsfelds von der Geschäftsbereichsleitung unter Umgehung des Leitungsorgans der Tochtergesellschaft direkt Weisungen erteilt werden. Da nach Aktienrecht die abhängige Gesellschaft als eigenständige Führungseinheit definiert ist, führt diese Praxis zu einer faktischen Aushöhlung der Leitungs- und Kontrollbefugnisse der Tochtergesellschaft. Vgl. SCHWARK, Spartenorganisation, S. 225ff.

Abbildung 5: Stammhauskonzern mit Geschäftsbereichen und Geschäftsfeldern

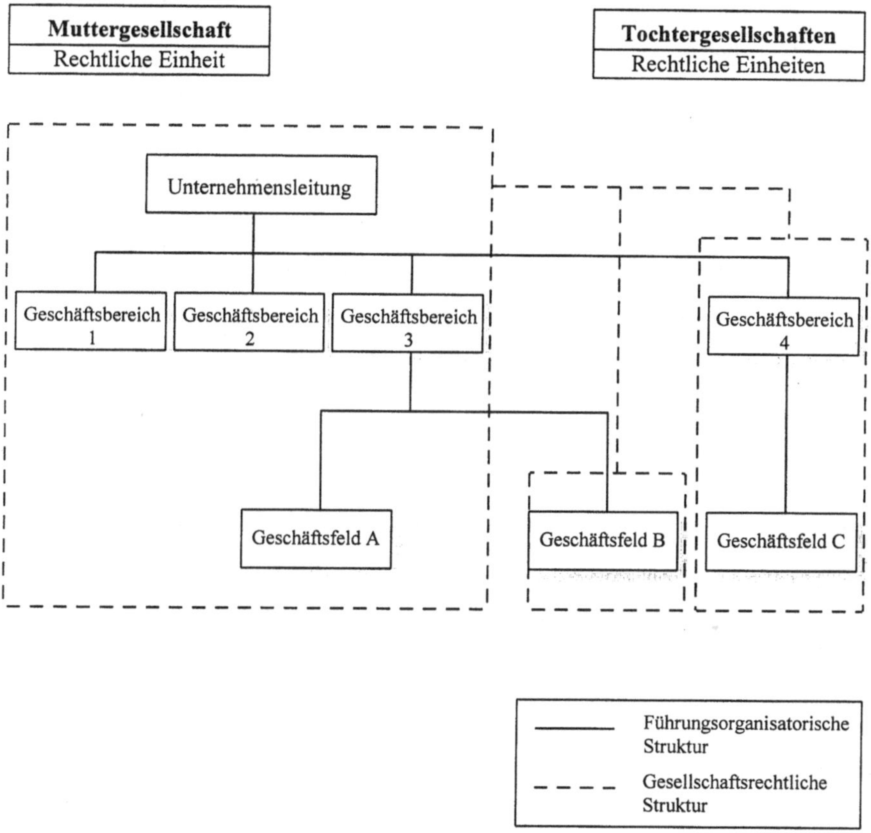

(Eigene Darstellung)

2.2.2.2 Gesellschaftsrechtliche Struktur bei Internationalisierung

Noch komplexer wird die Führungsstruktur des Unternehmens, wenn der nationale Rahmen verlassen wird und die Auslandsaktivitäten im internationalen Konzern entweder in einer internationalen Division gebündelt oder über eine Vielzahl von Landesgesellschaften bzw. Zwischenholdings abgewickelt werden.[1] Neben den rechtlichen Vorgaben im Stammland müssen auch die Einflüsse der Rechtssysteme und -kulturen der Gastländer beachtet werden, in denen

[1] Vgl. SCHEFFLER, Konzernmanagement, S. 30; MACHARZINA, Internationalisierung, S. 6f.

die Tochtergesellschaften ansässig sind.[1] Zum weiteren klaffen beim internationalen Stammhauskonzern gesellschaftsrechtliche und führungsorganisatorische Strukturen auseinander. Denn die Führungsorganisation der Gesamtunternehmung ist dort durch die Geschäftsbereichsorganisation der Muttergesellschaft vorgegeben, in der sich die einzelnen Landesgesellschaften aber nicht widerspiegeln. Es stellt sich daher die Frage, wie ein Stammhauskonzern mit Geschäftsbereichsorganisation seine Geschäftsaktivitäten international steuert: Haben die Geschäftsbereiche weltweit Verantwortung für ihre Geschäftsaktivitäten und wenn ja, wie gestaltet sich der Durchgriff in den einzelnen Landesgesellschaften vor dem Hintergrund eigenständiger Leitungsorgane in den Landesgesellschaften?

2.2.2.3 Gesellschaftsrechtliche Implikationen für die Führungsorganisation

Es ist zum weiteren zu klären, inwieweit bei der führungsorganisatorischen Gestaltung die deutschen gesellschaftsrechtlichen Bestimmungen zu beachten sind. Da die Funktionalorganisation eine produktbezogene Gesamtentscheidung erst auf der Ebene der Unternehmensleitung ermöglicht, hält sich die Dezentralisierung von Entscheidungskompetenzen formal in Grenzen. Anders gestaltet sich dies bei der Geschäftsbereichsorganisation, die produktbezogene Gesamtentscheidungen von der Unternehmens- auf die Geschäftsbereichsleitung delegiert. In Personengesellschaften üben im Normalfall die Eigentümer selbst die Geschäftsführung aus, so daß eine Übertragung von Entscheidungskompetenzen auf die Geschäftsbereichsleiter der Delegation des aus dem Eigentum resultierenden Direktionsrechts entspricht. In Kapitalgesellschaften sind hingegen in der Regel Eigentümer und Leitungsorgan personell nicht identisch.[2] In der Aktiengesellschaft führt deshalb die Übertragung des Direktionsrechts von den Eigentümern auf den eigenverantwortlich agierenden Vorstand juristisch zwingend zu einer spezifischen Aufgabenstellung des Vorstands, die zur Gewährleistung des Kontrollrechts der Eigentümer nicht delegiert werden kann:

- Berichterstattung an den Aufsichtsrat,
- Buchführungspflicht,
- Einberufung der Hauptversammlung sowie Erstellung von Vorlagen für diese,

---

[1] Hiervon gehen personalstrategisch zu beachtende Wirkungen aus: Da die Führungskräfte der Gastländer jeweils durch ihre eigene Rechtskultur geprägt sind, hat diese einen nicht zu unterschätzenden Einfluß auf das Führungsverhalten und auf Bewertungen der einheimischen Führungskräfte. Zum Gegenstand der Gesamtunternehmung wird dies bei dem Aufbau einer internationalen Führungsmannschaft.
Vgl. auch: KELLER, Management, Sp. 233ff.
Zum Konzernrecht in einzelnen Ländern: Vgl. z.B. MESTMÄCKER/BEHRENS, Gesellschaftsrecht, S. 279ff.

[2] Bei der managergeführten GmbH können die Entscheidungskompetenzen der Geschäftsführung durch Satzung drastisch beschränkt werden, so daß das Kontrollrecht der Eigentümer weitgehend ausgeübt werden kann. Bei der Aktiengesellschaft ist die Ausübung des Kontrollrechts der Eigentümer wegen des gesetzlich fixierten hohen Autonomiegrades des Vorstands eingeschränkt. Da die zu untersuchenden Unternehmen der Chemischen Industrie in der Rechtsform der AG bestehen, beziehen sich die weiteren Ausführungen auf diese.

- Pflicht zur Vorbereitung und Ausführung von Hauptversammlungsbeschlüssen,
- Pflichten bei Verlust, Überschuldung und Zahlungsunfähigkeit,
- bilanzrechtliche Pflichten.[1]

Darüber hinaus werden dem Vorstand originäre Führungsaufgaben zugewiesen, die sich im allgemeinen auf die Zuständigkeit für unternehmensstrategische und bereichsübergreifende Entscheidungen, auf andere Unternehmensorgane (neben Hauptversammlung und Aufsichtsrat, auch Betriebsrat) und auf die Besetzung der oberen Führungspositionen beziehen.[2] Eine Delegation von umfassenden geschäftsbereichsbezogenen Entscheidungskompetenzen auf die Geschäftsbereichsleiter ist demnach möglich, findet jedoch ihre Grenze, wo die originären Führungsaufgaben der Gesamtunternehmensleitung tangiert werden. Daraus folgt nach herrschender deutscher Rechtsauffassung, daß insbesondere Entscheidungen hinsichtlich größerer Investitionen und der Gestaltung der Organisationsstrukturen der Geschäftseinheiten sowie die Kontrollfunktion bei der Unternehmensleitung verbleiben müssen.[3] Zur Sicherung der originären Führungsaufgaben in der Geschäftsbereichsorganisation dienen Führungs- und Kontrollsysteme, die bei Fehlentwicklungen ein frühzeitiges Eingreifen des Vorstands ermöglichen.[4]

Eine Dezentralisation von Entscheidungskompetenzen, wie sie mit der Geschäftsbereichsorganisation strukturell angelegt ist, enthebt damit den Vorstand nicht aus seiner Verantwortung für die Geschäfte der Geschäftsbereiche wie auch hierüber seine Informationspflicht gegenüber dem Aufsichtsrat erhalten bleibt. Der Aufsichtsrat erfährt eine Erweiterung seiner Überwachungskompetenzen, die sich dann auch auf die optimale Verteilung der Ressourcen und den Erhalt der Koordinationsfähigkeit der Geschäftsbereiche beziehen.[5]

Die gesellschaftsrechtlichen Normen implizieren somit einen gewissen Rahmen für die Führungsorganisation, der dennoch großen Spielraum für die Umsetzung der Geschäftsbereichsorganisation in der *Einheitsunternehmung* zuläßt. In diesem Zusammenhang gilt es zu klären, inwieweit aus den gesellschaftsrechtlichen Normen Einflüsse auf die Verteilung von Entscheidungskompetenzen im *Konzern* zwischen Ober- und Tochtergesellschaften resultieren.

Grundsätzlich unterliegt die Gestaltung des Autonomiegrads der Tochtergesellschaften und des Haftungsrisikos der Obergesellschaft[6] dem dispositiven Vertragsrecht, das über Satzung, Gesellschaftervertrag, Geschäftsordnung und den Abschluß eines Unternehmensvertrags zwi-

---

[1] Vgl. SCHIESSL, Probleme, S. 67.

[2] Vgl. SCHIESSL, Probleme, S. 68; KLINKENBERG, Gestaltung, S. 165.

[3] Vgl. SCHIESSL, Probleme, S. 80f.

[4] Vgl. MEISER, Leitungsautonomie, S. 42.

[5] Vgl. SCHIESSL, Probleme, S. 82.

[6] Vgl. BÜHNER, Management-Holding (b), S. 160.

schen Ober- und Tochtergesellschaft festgelegt wird.[1] Beschränkt wird die Vertragsfreiheit durch die Rechtsform der Tochtergesellschaft, die den konzernrechtlichen Einfluß der Obergesellschaft auf ihr Leitungsorgan determiniert. Da bei Personengesellschaften der Grundsatz der Einheit von Eigentum und Leitung gilt, verfügen Tochtergesellschaften dieser Rechtsform nur über eine Teilrechtsfähigkeit, so daß die Obergesellschaft den Geschäftsführern unbeschränkt Weisungen erteilen kann.

In Kapitalgesellschaften besteht grundsätzlich das Prinzip der Trennung von Eigentum und Leitung, wie es sich in den verschiedenen gesellschaftsrechtlichen Organen widerspiegelt.[2] In einer Gesellschaft mit beschränkter Haftung (GmbH) unterliegen die Geschäftsführer weitgehend den Weisungsrechten der Gesellschafterversammlung, so daß die als Allein-Gesellschafter fungierende Obergesellschaft einen direkten Durchgriff hat.[3] Die GmbH wird deshalb unter dem Gesichtspunkt einer möglichst reibungslosen Einbindung in die Gesamtunternehmung als ideale Konzerntochter angesehen.[4] Dagegen ist die Autonomie der Tochtergesellschaften in der Rechtsform der Aktiengesellschaft (AG) am größten, da der Vorstand eigenverantwortlich leitet und die Obergesellschaft Weisungen an die Tochtergesellschaft nur mittelbar über die Organe Hauptversammlung und Aufsichtsrat erteilen kann. Bei *faktischen Konzernverhältnissen*, die durch Kapitalmehrheitsbeteiligung an abhängigen Tochtergesellschaften sowie durch Personalverflechtungen zwischen den Organen von Ober- und Tochtergesellschaft gekennzeichnet sind, ist der Vorstand oder Geschäftsführer einer Tochtergesellschaft dabei nicht verpflichtet, Weisungen anderer Organe der Gesellschaft unmittelbar zu befolgen und er ist nach Aktienrecht insbesondere nicht verpflichtet, nachteilige Weisungen für die Tochtergesellschaft zu befolgen. Entsprechend reduziert sich das Haftungsrisiko der Obergesellschaft auf ein Mindestmaß.[5]

Eine Einschränkung der umfangreichen Entscheidungskompetenzen des Vorstands einer in der Rechtsform einer AG geführten Tochtergesellschaft läßt sich über zwei Instrumente herbeiführen: zum einen über die Ausweitung zustimmungspflichtiger Geschäfte durch den Aufsichtsrat bzw. die Eingrenzung des Unternehmensgegenstandes per Satzung oder Geschäftsordnung, zum zweiten über den Abschluß eines Beherrschungs- und Gewinnabführungsvertrags, der einen Vertragskonzern begründet.[6] Im *Vertragskonzern* sichert sich die Obergesellschaft den weitgehenden Durchgriff im Gesamtkonzern. Sie kann den Leitungsorganen der abhängigen Gesellschaften direkt Weisungen erteilen, auch wenn diese für die Tochtergesellschaften von Nachteil sind. Die außenstehenden Aktionäre der Tochtergesellschaften haben

---

1 Im folgenden: Vgl. BÜHNER, Management-Holding (a), S. 205ff.

2 Vgl. BÜHNER, Management-Holding (a), S. 206f.

3 Vgl. SCHEFFLER, Konzernmanagement, S. 81f.

4 Vgl. THEIS, Konzernstrategien, S. 129.
Zur Rechtslage der GmbH als Tochtergesellschaft: Vgl. THEIS, Konzernstrategien, S. 144ff.

5 Vgl. BÜHNER, Management-Holding (a), S. 208.
Hier wird von einem einfachen faktischen Konzern ausgegangen.
Vgl. MEISER, Leitungsautonomie, S. 24ff.

6 Vgl. BÜHNER, Management-Holding (a), S. 207f.

hierfür einen Anspruch auf regelmäßige Zahlungen oder Abfindungen.[1] Darüber hinaus ist die Ober- bzw. Muttergesellschaft zum vollen Verlustausgleich der abhängigen Gesellschaften verpflichtet.[2] Die Tochtergesellschaften sind im Vertragskonzern nach aktienrechtlichem Verständnis dennoch als eigenständige Führungseinheiten zu betrachten, deren Leitungs- und Kontrollbefugnisse nicht vollständig ausgehöhlt werden dürfen und denen infolgedessen ein Mindestmaß an Autonomie zugebilligt werden muß.[3] Da die Weisungsbefugnisse des Konzernvorstands sich aber auch auf Entscheidungen des Tagesgeschäfts beziehen können, kann die Autonomie der Tochtergesellschaften de facto auf Informations- und geringfügige Kontrollrechte des Leitungsorgans der Tochtergesellschaft beschränkt werden.[4] Im Falle 100%iger Beteiligungen läßt sich somit zwischen Vertragskonzern und Einheitsunternehmung kaum ein rechtsnorminduzierter Unterschied zwischen dem Vorstand einer Tochtergesellschaft und dem Leiter eines rechtlich unselbständigen Geschäftsbereichs feststellen.[5]

Zusammenfassend läßt sich somit festhalten, daß die konkrete Ausgestaltung der Geschäftsbereichsorganisation hinsichtlich der Verteilung von Entscheidungszuständigkeiten unter Beachtung der skizzierten gesellschaftsrechtlichen Implikationen im wesentlichen eine Frage der führungsorganisatorischen Gestaltung ist.[6]

2.2.3 Führungsorganisatorische Grundlagen der Geschäftsbereichsorganisation

2.2.3.1 Vor- und Nachteile der Geschäftsbereichsorganisation

Bei näherer Betrachtung zeigt sich, daß die idealtypische Definition der Geschäftsbereichsorganisation in der Praxis selten anzutreffen ist.[7] Eine reine Spezialisierung nach dem Objektprinzip und der damit verbundenen Entscheidungsdezentralisation kann zu Verselbständigungstendenzen der Geschäftsbereiche führen, die dann vor dem Hintergrund der vorrangigen Behandlung von Geschäftsbereichszielen gegenüber Unternehmenszielen neben den realisierbaren Vorteilen auch erhebliche Nachteile für die Gesamtunternehmung bringen können.[8]

Zentraler Vorteil der Geschäftsbereichsorganisation ist die klar am einzelnen Produkt oder der Produktgruppe bzw. Region zurechenbare Verantwortung des Geschäftsbereichs bzw. Ge-

---

1 Vgl. SCHWARK, Spartenorganisation, S. 223.

2 Vgl. BÜHNER, Management-Holding (b), S. 160; SCHEFFLER, Konzernmanagement, S. 9f.

3 Vgl. SCHWARK, Spartenorganisation, S. 224.

4 Vgl. MEISER, Leitungsautonomie, S. 20ff., insb. S. 22.

5 Vgl. WERDER, Organisationsstruktur, S. 207ff.

6 Folgendes Zitat von Theis gibt den beschriebenen Zusammenhang zutreffend wieder:„Die Konzernpraxis läßt sich nicht mit einer formal-rechtlichen Schablone vermessen."
THEIS, Konzernstrategien, S. 213.
Vgl. hierzu auch die Ausführungen von: THEIS, Konzernstrategien, S. 214ff.

7 Vgl. FRESE, Grundlagen, S. 524.

8 Vgl. FRESE, Grundlagen, S. 554ff.
Vgl. auch: JUNGE, Vorschlag, S. 13, S. 19ff.; SCHREYÖGG, Organisationsgestaltung, S. 141.

schäftsbereichsleiters. Hieraus entstehen große Autonomievorteile, da sich das Interesse des Profit Centers Geschäftsbereich auf die Optimierung sämtlicher Prozesse der Produktherstellung oder der Vertriebsstrukturen richtet. Zu Kriterien der Erfolgsmessung werden die Steigerung von Marktanteilen des Produkts, die Erhöhung der Gewinnspannen und Rentabilitäten etc. Gleichsam lassen sich Flexibilitätsvorteile erzielen, da der Geschäftsbereich auf Marktveränderungen direkt reagieren bzw. antizipativ agieren kann, ohne lange Entscheidungswege berücksichtigen zu müssen. Durch die institutionelle und personelle Trennung von Unternehmens- und Geschäftsbereichsleitung können langfristige gesamtunternehmerische und produktbezogene Zielsetzungen zwei Personengruppen zugeordnet werden.[1] Der Geschäftsbereich, der für ein Produkt oder eine Produktgruppe verantwortlich zeichnet, kann wie ein kleines bzw. mittelständisches Unternehmen agieren, so daß unternehmerisches Denken bei den Mitarbeitern gefördert wird.

Diesen Vorteilen der Geschäftsbereichsorganisation stehen entsprechende Nachteile entgegen. So kann Doppelaufwand in den einzelnen Funktionsbereichen entstehen, der durch eine Zentralisierung von Funktionen innerhalb des Unternehmens vermeidbar wäre. Außerdem können Größenvorteile, beispielsweise bei der Beschaffung oder der Nutzung gemeinsamer Vertriebsstrukturen, nicht genutzt werden. Oder es entstehen Kompetenzverluste, die durch zentrale Fachreferate, wie einer Rechtsabteilung, vermieden werden könnten.

Der Verlust an Synergieeffekten durch den Verzicht auf Bündelung von funktionalen Aktivitäten wiegt gegenüber den Autonomie- und Flexibilitätsvorteilen besonders dann schwer, wenn die Aktivitäten der einzelnen Geschäftsbereiche durch aufeinander abgestimmte Produktionsprozesse und Zulieferbeziehungen im Wertschöpfungsprozeß miteinander verflochten sind oder gleiche Märkte anvisiert werden, die zu Konkurrenz und Substitutionsbeziehungen zwischen den Geschäftsbereichen führen können.

2.2.3.2 Formen der Geschäftsbereichsorganisation

In der Praxis werden deshalb zur Nutzung von Synergievorteilen bestimmte Funktionen aus dem Verantwortungs- und Entscheidungsbereich der Geschäftsbereiche ausgegliedert und zentral unterhalb der Unternehmensleitung angesiedelt.[2] Diese zentralen Funktionsbereiche werden als Zentralbereiche bezeichnet und sind häufig in den Bereichen Recht, Investition und Finanzierung, Controlling und Rechnungswesen, Beschaffung und Personal etc. vorzufinden.[3] Je nachdem, ob dem Geschäftsbereich funktionale Entscheidungsbefugnisse vollständig entzogen werden oder er autonom entscheiden kann, lassen sich eine Vielzahl an möglichen Aufgabenteilungen zwischen Geschäftsbereichen und Unternehmensleitung bzw. Zentralbereichen auf einem Kontinuum zwischen Integration und Differenzierung darstellen:

---

[1] Vgl. POENSGEN, Geschäftsbereichsorganisation, S. 68.

[2] Vgl. FRESE, Grundlagen, S. 524.

[3] Vgl. JUNGE, Vorschlag, S. 14.

Bei vollständiger Integration sämtlicher Geschäftsaktivitäten liegt im idealtypischen Sinne keine Geschäftsbereichsorganisation mehr vor, da nur die Unternehmensleitung eine alle Funktionen und Geschäftsgebiete umfassende Geschäftsführung ausübt (vgl. Abb. 6).[1]

Abbildung 6: Gestaltungsspielraum der Geschäftsbereichsorganisation

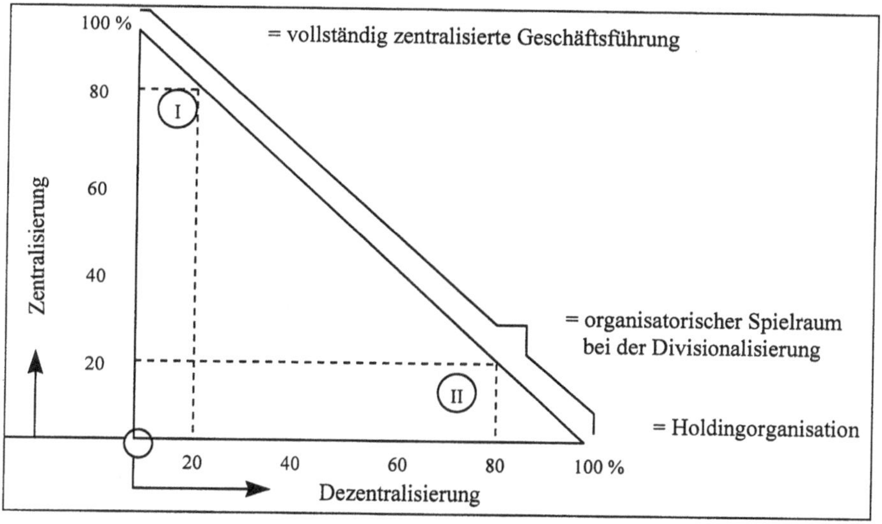

Quelle: GÄLWEILER, Grundlagen, S. 58.

Demgegenüber nehmen bei vollständiger Differenzierung allein die Geschäftsbereiche die Geschäftsführung wahr.[2] Auf diesem strukturellen Kontinuum lassen sich für jede Funktion (z.B. Finanzen, Personal) die jeweiligen Aufgabenteilungen zwischen Geschäftsbereich und Unternehmensleitung bzw. Zentralbereichen abtragen (vgl. Abb. 7). Es besteht somit eine große Variationsbreite möglicher Ausprägungen der Geschäftsbereichsorganisation hinsichtlich des Entscheidungsspielraums der Geschäftsbereiche.

1 Vgl. GÄLWEILER, S. 58.

2 Diese Führungsorganisation ist nur im Finanz-Holding-Konzern möglich.

Abbildung 7: Funktionale Gestaltungsalternativen der Geschäftsbereichsorganisation

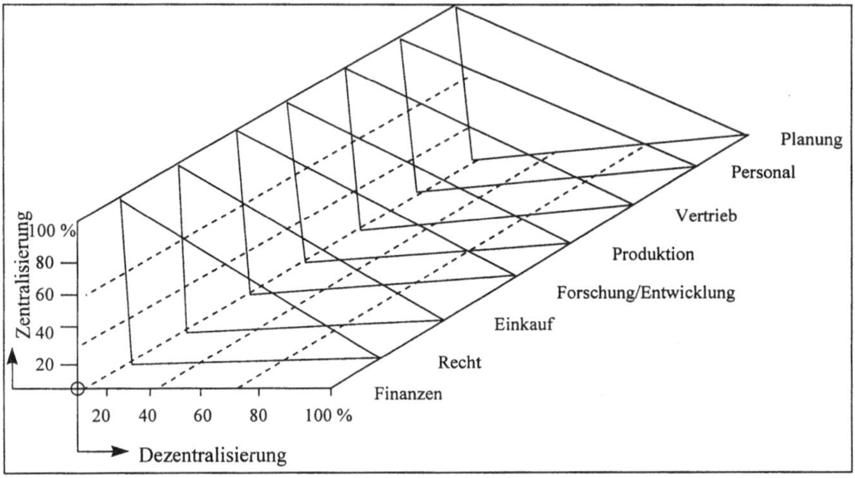

Quelle: GÄLWEILER, Grundlagen, S. 39.

Nach Frese/Werder läßt sich diese Variationsbreite zur besseren Darstellung auf sechs grundlegende Formen der Geschäftsbereichsorganisation reduzieren, wie folgender Überblick zeigt:[1]

Abbildung 8: Formen der Geschäftsbereichsorganisation

Integration		⇨			*Differenzierung*
Kernbereichs-modell	Richtlinien-modell	Matrix-modell	Service-modell	Stabs-modell	Autarkie-modell

Quelle: In Anlehnung an: FRESE/WERDER, Zentralbereiche, S. 39ff.

Den höchsten Integrationsgrad weist die Geschäftsbereichsorganisation im *Kernbereichsmodell* aus. Hier wird die Teilfunktion vollständig aus dem Geschäftsbereich ausgelagert und im Zentralbereich konzentriert, der allein auch für die geschäftsbereichsbezogenen Entscheidungen zuständig bleibt. Beim *Richtlinienmodell* wird die Teilfunktion sowohl im Geschäfts- als auch im Zentralbereich ausgeübt. Letzterer ist jedoch bei Grundsatzentscheidungen allein ent-

[1] Im folgenden: Vgl. FRESE/WERDER, Zentralbereiche, S. 39f.

scheidungsbefugt und die von ihm formulierten Richtlinien sind für den Geschäftsbereich verbindlich und handlungseinschränkend.

Das *Matrixmodell* geht von einer gleichberechtigten Entscheidungsstruktur zwischen dem Zentralbereich und den Geschäftsbereichen aus.[1] Ein aus Vertretern dieser Einheiten zusammengesetzter Matrixausschuß ist für die Vermittlung zuständig.

Das *Servicemodell* impliziert wiederum eine Verankerung der Teilfunktion sowohl in den Geschäftsbereichen als auch im Zentralbereich.[2] Hierfür erhalten die Geschäftsbereiche eine Auftraggeber-, der Zentralbereich eine reine Dienstleistungsfunktion. Das heißt, die Geschäftsbereiche entscheiden über das „Was" und „Ob" und der Zentralbereich nur noch über das „Wie". Dabei wird der Autonomiegrad der Geschäftsbereiche umso größer, je freier sie in ihrer Entscheidung über die Abnahme der zentralen Leistungen sind. Erhalten sie die Möglichkeit, bei Schlechtleistung oder zu hohen Transferpreisen der zentralen Leistungen auch am externen Markt Leistungen zu beziehen, ist der Autonomiegrad der Geschäftsbereiche sehr groß. Für die Zentralbereiche besteht dadurch ein kontinuierlicher Anpassungsdruck an die gängigen Marktpreise, so daß Ressourcenverschwendungen vermieden werden können.

Das *Stabsmodell* ist wie das Servicemodell durch eine hohe Entscheidungsautonomie der Geschäftsbereiche gekennzeichnet. Im Gegensatz zum Servicemodell arbeitet der mit der Teilfunktion betraute zentrale Stab nicht im Auftrag der Geschäftsbereiche, sondern eigenständig im Auftrag der Unternehmensleitung mit der Zielsetzung, die Geschäftsbereiche, bezogen auf die Teilfunktion, methodisch und informatorisch zu unterstützen. Wesentlich für das Stabsmodell ist, daß der Geschäftsbereich seine Entscheidung, bezogen auf die Teilfunktion, allein trifft, er aber über die gemeinkostenbezogenen Umlagen an den Kosten der Stabsarbeit beteiligt ist, ohne Einfluß auf deren Leistungen nehmen zu können. Somit steht das Stabsmodell hinsichtlich der geschäftsbereichsbezogenen Entscheidungsautonomie zwischen dem Servicemodell mit Abnahmezwang von zentralen Leistungen und dem Servicemodell mit der Möglichkeit, externe Leistungen zu beziehen. Schließlich endet das hier skizzierte Kontinuum zwischen Integration und Differenzierung mit dem *Autarkiemodell*, das entsprechend der idealtypischen Begriffsbestimmung die Teilfunktion allein in der Zuständigkeit der Geschäftsbereiche beläßt.[3] Die Verteilung von spezialisierten Entscheidungskompetenzen auf Zentralbereiche und Geschäftsbereiche relativiert zugleich die Eindimensionalität des Leitungssystems, das letztlich nur im Autarkiemodell vorhanden ist.[4]

---

1 Eine gleichberechtigte Entscheidungsstruktur ist dabei nicht dergestalt aufzufassen, daß jede Dimension in einer exakten 50 %-50 %-Aufteilung an den Entscheidungsprozessen beteiligt ist, sondern es geht um die grundlegende Struktur von gleichgewichtigen Einflußmöglichkeiten der Dimensionen.
Vgl. LEUMANN, Matrix-Organisation, S. 59.
Zur Matrix-Organisation vgl. auch:
DAVIS/LAWRENCE, Matrix-Diamant, S. 17ff.; SAYLES, Matrix-Management, S. 43ff.; KNIGHT, Matrix-Organisation, S. 83ff.; KOLODNY, Entwicklung, S. 179ff.; SCHNEIDER, Matrixorganisation, S. 5ff.

2 Vgl. hierzu: REIß/SCHUSTER, Personalwesen, S. 208.

3 Koordinationen zwischen den Geschäftsbereichen sind dabei nicht ausgeschlossen.

4 Vgl. hierzu: LEUMANN, Matrix-Organisation, S. 71.

Insgesamt zeigt sich, daß die Geschäftsbereichsorganisation strukturell unterschiedliche Formen im Hinblick auf die Entscheidungsautonomie der Geschäftsbereiche zuläßt. Dies gilt für jede Teilfunktion, wie etwa Personal, Finanzen, Beschaffung, als auch für ihre einzelnen Felder, z.B. bei Personal die Felder Beschaffung, Entwicklung, Auswahl, Entgeltsysteme etc.[1] Darüber hinaus variiert die strukturell vorgegebene Entscheidungsautonomie in Abhängigkeit von der Häufigkeit und Intensität des notwendigen Abstimmungsprozesses zwischen Geschäftsbereichen und Unternehmensleitung[2] sowie in Abhängigkeit von der Art der den Geschäftsbereichen übertragenen Kompetenzen bezüglich der Entscheidung selbst, ihrer Vorbereitung und Durchführung.[3] Dadurch ergibt sich in der Praxis für jede Unternehmung hinsichtlich der Entscheidungsstrukturen ein individuelles Profil der Geschäftsbereichsorganisation.[4] Je höher der Integrationsgrad der Unternehmung, umso mehr wird die idealtypische Konzeption der Geschäftsbereichsorganisation ad absurdum geführt: Geschäftsbereiche, die nur noch für wenige Entscheidungsaufgaben mit geringem Kompetenzinhalt verantwortlich zeichnen, lassen sich nur schwerlich als eigenständige Profit Center bezeichnen, die für Erfolg oder Mißerfolg verantwortlich gemacht werden können.[5]

2.2.3.3 Entscheidungsstruktur in der Geschäftsbereichsorganisation

Zur Konkretisierung der Regelungen an Verteilung von Aufgaben und Entscheidungskompetenzen zwischen Geschäftsbereichen und Unternehmensleitung bzw. Zentralbereichen, sollen im folgenden aus der Vielzahl an möglichen Geschäftsbereichsprofilen exemplarisch die in der Literatur von Poensgen und Bühner vertretenen Konzepte vorgestellt werden.

In der zur Thematik Geschäftsbereichsorganisation immer noch grundlegenden Untersuchung von Poensgen[6] werden unternehmerische Entscheidungsaufgaben nach ihrem kurz- und langfristigen Charakter und nach ihrem Zuständigkeitsbereich unterschieden. Sämtliche *kurzfristigen* geschäftsbereichsbezogenen Entscheidungen werden als primäre Angelegenheiten des Geschäftsbereichs betrachtet, die allerdings durch Richtlinien und Einzelfallentscheidungen von der Unternehmensleitung beeinflußt werden können.[7]

---

1 Vgl. FRESE/WERDER, Zentralbereiche, S. 36.

2 Vgl. auch: POENSGEN, Geschäftsbereichsorganisation, S. 74ff.

3 Vgl. FRESE/WERDER, Zentralbereiche, S. 37.

4 Vgl. auch: GÄLWEILER, Grundlagen, S. 59.

5 Vgl. FRIEDL, Anforderungen, S. 834; MENZ, Profit Center, S. 52ff., S. 60.
Siehe auch 2.2.1 dieser Arbeit.

6 Vgl. POENSGEN, Geschäftsbereichsorganisation, S. 1ff.

7 Im folgenden zit. nach: POENSGEN, Geschäftsbereichsorganisation, S. 188.
Für diese geschäftsbereichsbezogenen Entscheidungsfelder trifft das Richtlinienmodell zu.

Zu diesen kurzfristigen Entscheidungstatbeständen gehören:

- Absatz: Preispolitik, Werbung und Verkaufsförderung
- Produktion: Wahl des Fertigungsverfahrens, Maschinenbelegung, Materialbedarfsplanung, Lagerhaltung
- Einkauf: Festlegung der Menge, Qualitätsfestlegung
- Personal: Einstellung, Einarbeitung, Entlohnung
- Kredit- und Inkassopolitik

Eine Vielzahl an geschäftsbereichsbezogenen *langfristigen* Entscheidungen werden in die gemeinsame Zuständigkeit von Unternehmens- und Geschäftsbereichsleitung gelegt:[1]

- Zuführung oder Abzug von finanziellen Mitteln
- Investitionen
- Absatz: Wahl der Produkte und Produktgruppen, Absatzkanäle, Image, Servicepolitik
- Produktion: Prozeßwahl und Implementierung mit Produktionseinrichtungen und Gebäuden
- Forschung und Entwicklung: Budget, Aufteilung auf Bereiche, Projektwahl
- Personal: Betriebliche und außerbetriebliche Fortbildung, Führungskräfteplanung

Schließlich wird ein Teil der *langfristigen* Entscheidungen im wesentlichen allein der Unternehmensleitung zugeordnet:[2]

- Festlegung der formalen und inhaltlichen Anforderungen an die Rechnungslegung der Geschäftsbereiche, Anträge auf Zuteilung finanzieller Mittel und der Investititionsrechnung
- Einstellung, Versetzung, Beförderung, Entlohnung, Entlassung der Geschäftsbereichsleitung
- Weiterführung, Umorganisation, Schließung, Verkauf des Geschäftsbereichs

---

[1] Diese Form entspricht dem Matrixmodell.

[2] Hierbei handelt es sich um das Kernbereichsmodell.

Insgesamt werden Fragen des Budgetprozesses und der Investitionsrechnung als wichtigste Steuerungselemente der Unternehmensleitung betrachtet.[1]

Die beschriebene Zuständigkeitsverteilung von Entscheidungsfeldern zwischen Geschäftsbereichen und Unternehmensleitung bzw. Zentralbereichen geht von einem notwendig hohen Integrationsgrad der Gesamtunternehmung aus, wobei die konkrete Form und Ausprägung der Geschäftsbereichsorganisation im Einzelfall zu bestimmen ist. Es werden der Unternehmensleitung allerdings nicht nur strategische Entscheidungen im Hinblick auf die Gesamtunternehmung und die Geschäftsbereiche zugeordnet, sondern ebenfalls geschäftsbereichsbezogene operative Entscheidungen, so daß in diesem Modell von einem auf Integration angelegten Steuerungskonzept auszugehen ist, das die Differenzierungsvorteile der Geschäftsbereichsorganisation nutzen will, ohne auf Synergievorteile zu verzichten.

Demgegenüber werden in dem von Bühner dargestellten führungsorganisatorischen Ansatz der Management-Holding oder Strategischen Holding unbeachtet der gesellschaftsrechtlichen Konstruktion Differenzierungs- und Autonomievorteile der Geschäftsbereichsorganisation höher gewichtet als die Synergievorteile durch Integration. Entsprechend sind die Entscheidungskompetenzen der Geschäftsbereiche gegenüber dem Ansatz von Poensgen erheblich ausgeweitet. Die Geschäftsbereiche erhalten umfangreiche Zuständigkeiten für sämtliche sie betreffenden Funktionen einschließlich der Bildung und Implementation der Geschäftsbereichsstrategie.[2] Die Unternehmensleitung zeichnet für die Bildung und Weiterentwicklung der gesamten Unternehmensstrategie verantwortlich. Sie ist darüber hinaus zuständig für die Ressourcenzuweisung, die Koordination des Finanz- und Berichtswesens, der Querschnitts- und Schlüsseltechnologien, die Beratung und Überwachung der Geschäftsbereiche sowie die Besetzung von Führungspositionen.[3] Zu ihrer Unterstützung werden jedoch nur wenige und kleine Zentralbereiche gebildet, die ausschließlich für Aufgaben zuständig sind, welche für die langfristige Entwicklung des Gesamtunternehmens von zentraler Bedeutung sind.[4]

Die konkrete Ausprägung der Geschäftsbereichsorganisation und die jeweilige Verteilung der Zuständigkeiten zwischen Zentralbereichen und Geschäftsbereichen lassen sich auch hier konkret nur im Einzelfall bestimmen. Das führungsorganisatorische Konzept der Management-Holding teilt den Geschäftsbereichen jedoch erheblich mehr Entscheidungsautonomie in den geschäftsbereichsbezogenen Entscheidungsfeldern zu als dies in der Darstellung von Poensgen der Fall ist. Dabei ist zu beachten, daß die mit dem Management-Holding-Konzept verbundene rechtliche Verselbständigung der Geschäftsbereiche für die führungsorganisatorische Verteilung von Entscheidungszuständigkeiten zwischen Geschäftsbereichen und Unternehmensleitung bzw. Zentralbereichen keine wesentliche Rolle spielt.[5] Durch die Kongruenz

---

[1] Vgl. POENSGEN, Geschäftsbereichsorganisation, S. 60.

[2] Vgl. BÜHNER, Management-Holding (a), S. 35.

[3] Vgl. BÜHNER, Management-Holding (a), S. 36; BÜHNER, Spartenorganisation, Sp. 2280.

[4] Hier dominiert das Autarkiemodell, das in unternehmensrelevanten Feldern durch das Richtlinienmodell eingeschränkt wird.

[5] Siehe die Ausführungen unter Punkt 2.2.2.3 dieser Arbeit.

von Organisations- und Rechtsstruktur im Konzern ist jedoch eine größere Transparenz der Führungsorganisation gegeben.

2.2.3.4 Führungsorganisatorische Struktur bei Internationalisierung

Das hier beschriebene strukturelle Spannungsfeld zwischen Integration und Differenzierung in der Geschäftsbereichsorganisation erweitert sich bei der Internationalisierung des Unternehmens. Es stellt sich führungsorganisatorisch die Frage, in welchem Verhältnis die Auslandstochtergesellschaften zu den Geschäftsbereichen der Muttergesellschaft stehen sollen: Sind sie ausführende Einheiten der rechtlich selbständigen bzw. rechtlich unselbständigen Geschäftsbereiche der Konzern-Obergesellschaft oder fungieren sie als eigenständige Einheiten? Damit einher geht die Frage, ob die Geschäftsbereiche der Muttergesellschaft im internationalen Konzern global agieren oder rein national bezogen, auf das Stammland konzentriert sind.

Die führungsorganisatorische Struktur der internationalen Geschäftsbereichsorganisation läßt sich in Abhängigkeit vom Grad der Integration der Auslandsaktivitäten zwischen differenzierten und integrierten Strukturen unterscheiden.[1] Besteht eine deutliche Trennung zwischen Inlands- und Auslandsaktivitäten über die Zusammenfassung sämtlicher Auslandsaktivitäten in einer Internationalen Division oder einer Holding-Gesellschaft, so liegen differenzierte Strukturen vor. Integrierte Strukturen sind hingegen dadurch gekennzeichnet, daß zwischen aus- und inländischen Geschäftsaktivitäten kein Unterschied gemacht wird, sondern die Geschäftsbereiche der Konzern-Obergesellschaft global agieren.[2] Die Geschäftsbereichsleiter leiten führungsorganisatorisch entsprechend sowohl die Inlands- als auch Auslandsbetriebe. Der Ausübung der globalen Verantwortung der Geschäftsbereiche bei integrierten Strukturen können jedoch strukturelle Hürden entgegenstehen, wenn die einzelnen Landesgesellschaften das nationale Interesse bei der Koordination der einzelnen Geschäftsaktivitäten in den Vordergrund stellen.[3] Hier ist ein struktureller Interessenskonflikt zwischen angelegt.

Im Stammhauskonzern ergibt sich zudem, wie oben beschrieben, die gesellschaftsrechtliche Problematik, daß die global agierenden Geschäftsbereichsleiter der Konzern-Obergesellschaft an den Leitungsorganen der Auslandstochtergesellschaften vorbei den Auslandsgeschäftsbereichen bzw. -geschäftsfeldern Weisungen erteilen. Zur Lösung dieses Problems wird in der Literatur die Einrichtung eines gemischt besetzten Leitungsorgans in den Tochtergesellschaften vorgeschlagen, in dem Geschäftsbereichsvertreter sowohl der Tochter- als auch Obergesellschaft sitzen. Den Vorsitz führt der Präsident der Tochtergesellschaft.[4]

Die führungsorganisatorische Gestaltung der internationalen Geschäftsbereichsorganisation ist zudem abhängig vom Internationalisierungsgrad der Unternehmung, dem Diversikationsgrad

---

1 Vgl. KIESER/KUBICEK, Organisation, S. 268ff.

2 Vgl. WELGE, Organisationsstrukturen, Sp. 1594.

3 Vgl. KÖRNER, Wettbewerbsstrategie, S. 79.

4 Vgl. WELGE, Organisationsstrukturen, Sp. 1596.

und nicht zuletzt von der allgemeinen Unternehmensphilosophie und den Internationalisierungsstrategien. So ist es ein Unterschied, ob die Unternehmung erst am Beginn der Internationalisierung steht und die ersten Auslandsniederlassungen plant, oder ob sie wie die deutschen Großchemieunternehmen schon seit Jahrzehnten in sämtlichen Weltregionen mit integrierten Produktionsstätten vertreten ist. Ebenso ist es ein beträchtlicher Unterschied für die organisatorische Gestaltung, ob Synergieeffekte bei der Produktion und/oder dem Vertrieb über international integrierte Strukturen realisiert werden können oder ob eine weltweit breite Produktpalette Synergien ausschließt und differenzierte Strukturen nahe legt. Schließlich beeinflussen die allgemeine Unternehmensphilosophie und die -strategie die internationale organisatorische Gestaltung.[1] Wenn global ein Firmenname mit damit identifizierbaren Eigenschaften der Produkte, des Services etc. durchgesetzt werden soll, sind über die Führungsorganisation weltweit einheitliche Marketing- und Qualitätssicherungskonzepte zu gewährleisten, während über differenzierte Organisationsstrukturen landesspezifischen Besonderheiten Rechnung getragen werden kann. Die im Rahmen der internationalen Personalstrategien zum Ausdruck kommende, allgemeine internationale strategische Orientierung des Unternehmens schlägt sich auch im führungsorganisatorischen Steuerungskonzept nieder.[2]

Die *ethnostrategische* Orientierung des Unternehmens versucht, die im Stammland erprobten Strategien und Managementtechniken einschließlich der führungsorganisatorischen Gestaltung auf die Auslandsgesellschaften nahtlos zu übertragen. Aufgrund der Ignoranz der vielfältigen kulturellen Rahmenbedingungen besteht die Gefahr, in den Auslandsmärkten weniger effizient agieren zu können. Die *polyzentrische* Orientierung hingegen berücksichtigt die verschiedenen landeskulturellen Gegebenheiten und läßt den Auslandsgesellschaften durch den Verzicht auf eine einheitliche Unternehmenspolitik größten Handlungsspielraum. Indessen besteht hier die Gefahr einer Verselbständigung der Auslandstöchter. Die *geozentrische* Orientierung trägt führungsorganisatorisch und personell der Internationalisierung des Unternehmens Rechnung und versucht, die besten der in den einzelnen Auslandstochtergesellschaften erfolgreich erprobten Managementtechniken und/oder Strukturen international auf das Gesamtunternehmen zu übertragen. Der weltregionalen Aufteilung in verschiedene größere Kulturräume versucht die *regiozentrische* Orientierung nachzukommen, indem, bezogen auf einzelne Weltregionen, eine jeweils einheitliche Unternehmenspolitik versucht wird durchzusetzen.

Diese internationalen strategischen Orientierungen sind mit dem für die Geschäftsbereichsorganisation dargestellten strukturellen Spannungsfeld zwischen Integration und Differenzierung eng verknüpft: steht die polyzentrische Orientierung für ein Differenzierungskonzept, stehen die ethno- und geozentrische Orientierung mit jeweils verschiedenem Inhalt für ein Integrationskonzept.

Die Gestaltung der führungsorganisatorischen Struktur der internationalen Geschäftsbereichsorganisation schließt die beschriebene Notwendigkeit ein, den Autonomiegrad des global

---

1 Vgl. MACHARZINA, Internationalisierung, S. 4ff.
Zu den Internationalisierungsstrategien: Siehe Punkt 2.1.2.2 dieser Arbeit.

2 Siehe die Ausführungen unter Punkt 2.1.4.3 dieser Arbeit.

agierenden Geschäftsbereichs zu bestimmen.[1] Es ist somit für die einzelnen Teilfunktionen zu klären, inwieweit diese global durch den Zentralbereich bzw. den Geschäftsbereich der Obergesellschaft oder regional bzw. landesspezifisch durch die einzelnen Auslandsgesellschaften geregelt werden.

2.2.4 Personalpolitische Grundlagen der Geschäftsbereichsorganisation

Vor dem Hintergrund der in dieser Untersuchung verfolgten Fragestellungen ist nunmehr interessant, bezogen auf die Teilfunktion Personal, festzuhalten, welche Aufgabenfelder in der Literatur den Geschäftsbereichen zugeordnet werden und welche Entscheidungsfreiheiten die geschäftsbereichsbezogenen Personalabteilungen strukturell erhalten sollen. Hieran schließt sich die Frage, wie sich das personalpolitische Aufgabenfeld in der Unternehmung gestaltet, wenn die Geschäftsbereiche global agieren.

2.2.4.1 Gestaltung der Personalfunktion in der Geschäftsbereichsorganisation

Grundsätzlich kann die Personalfunktion durch die Geschäftsleitung selbst ausgeübt oder einer speziellen personalwirtschaftlichen Abteilung übertragen werden.[2] Mit der Größe der Unternehmung wächst jedoch die Notwendigkeit einer eigenständigen hierarchischen Verantwortlichkeit der Personalfunktion im Unternehmen. Hieraus läßt sich die Bedeutung der Personalfunktion für die Gestaltung der Unternehmenspolitik bzw. die Unternehmensstrategieentwicklung erschließen.[3]

Bezogen auf die einzelnen Formen der Geschäftsbereichsorganisation können die Personalfunktion sowie ihre einzelnen Felder wie z.B. Personalentwicklung oder -beschaffung grundsätzlich das gesamte strukturelle Spannungsfeld zwischen Integration und Differenzierung abdecken.[4]

Im *Kernbereichsmodell* (vgl. Abb. 9) ist die Personalfunktion auf der Gesamtunternehmensebene zentralisiert, um eine unternehmenseinheitliche Personalpolitik zu gewährleisten. Dabei sind zwei Varianten der organisatorischen Gestaltung der Personalfunktion denkbar: Im klassischen Organisationsmodell wird die Personalarbeit nach Teilfunktionen und/oder Mitarbeitergruppen gegliedert. Diese Aufgabenteilung ermöglicht die Realisierung von Spezialisierungs- als auch Synergievorteilen. Ein Nachteil dieser Organisationsform ist aus Sicht der Linienverantwortlichen und Arbeitnehmer, daß für jede Sachfrage ein anderer Ansprechpartner zuständig ist. In neueren Ansätzen wird deshalb das Referentensystem vorgeschlagen, das die Betreuung einer Abteilung, z.B. Produktionsabteilung durch einen Personalreferenten, vor-

---

1 Siehe Punkt 2.2.3.2 dieser Arbeit.

2 Vgl. KUPSCH/MARR, Personalwirtschaft, S. 884.

3 Siehe Punkt 2.1.4 dieser Arbeit.

4 Vgl. hierzu auch: KLINKENBERG, Gestaltung, S. 137ff.

sieht, der als Generalist über sämtliche Sachfragen Auskunft gibt.[1] Ein reines Referentensystem birgt jedoch wieder die Gefahr des Wissensverlustes und der Unprofessionalität von Personalarbeit, zum weiteren die Überlastung des Personalreferenten. In der Praxis wird dieses System deshalb häufig in der Kombination mit zentral angesiedelten, spezialisierten Teilfunktionen angewandt.

[1] Vgl. THOM/NADIG, Organisation, S. 88.

Abbildung 9: Kernbereichsmodell der Personalfunktion

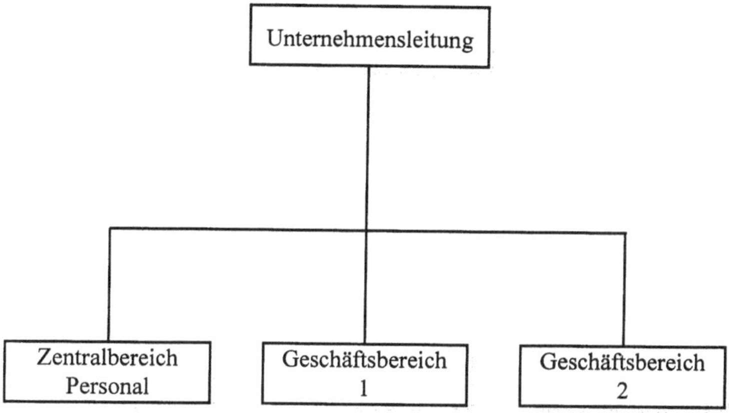

Quelle: In Anlehnung an: FRESE/WERDER, Zentralbereiche, S. 39.

Die vollständige Verlagerung der Personalfunktion dagegen in die Geschäftsbereiche entspricht dem *Autarkiemodell* (vgl. Abb. 10). Das heißt, der Geschäftsbereich ist für sämtliche personalwirtschaftlichen Fragestellungen allein entscheidungsbefugt.

Abbildung 10: Autarkiemodell der Personalfunktion

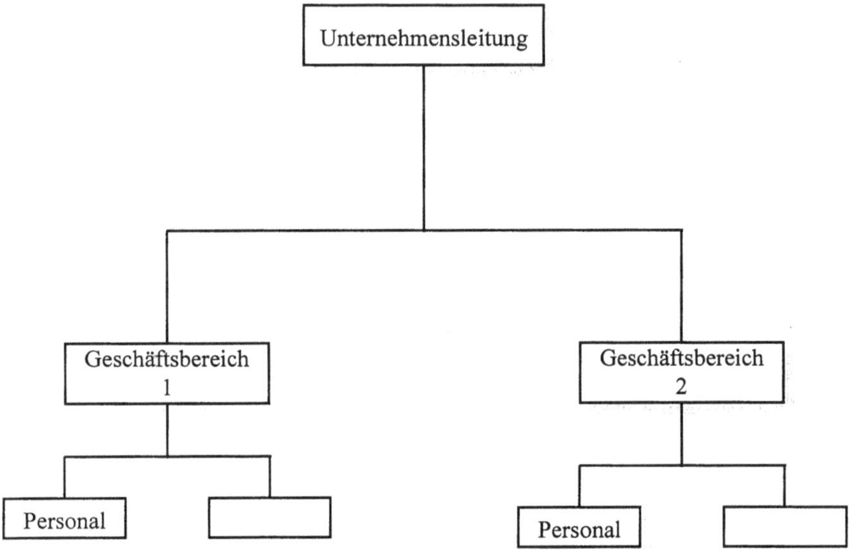

Quelle: In Anlehnung an: FRESE/WERDER, Zentralbereiche, S. 43.

Die Gestaltung der Personalfunktion läßt sich weiter hinsichtlich der hierarchischen Stellung der Personalabteilung im Geschäftsbereich bzw. der Gesamtunternehmung und hinsichtlich des personalpolitischen Einflusses auf Entscheidungen des Geschäftsbereichs variieren. Die nähere Betrachtung muß deshalb die Art des Unterstellungsverhältnisses zwischen Geschäftsbereichspersonalabteilung und Zentralbereich Personal bzw. Geschäftsbereichsleitung einschließen.[1] Im *Richtlinienmodell* (vgl. Abb. 11) verfügt der Zentralbereich Personal über Richtlinienkompetenzen, so daß personalpolitische Grundsatzentscheidungen unternehmenseinheitlich getroffen werden und für jeden Geschäftsbereich verbindlich geregelt sind. Innerhalb des gesetzten Rahmens kann der Geschäftsbereich personalwirtschaftliche Detailentscheidungen treffen. Es ist in diesem Modell offen, wie die Geschäftsbereichspersonalabteilung in den Geschäftsbereich integriert ist: sie kann Teil der Geschäftsbereichsleitung sein, ihr hierarchisch unterstellt sein oder im Fall einer gegenüber dem Zentralbereich Personal sowohl

[1] Es ist zu unterscheiden zwischen funktionalen Anweisungsrechten, Richtlinienkompetenzen und Informations- und Beratungsrechten. Funktionale Anweisungsrechte berechtigen die Geschäftsbereichspersonalabteilung, bezogen auf einzelne festgelegte Bereiche, wie z.B. Einstellung oder Kündigung, allein Entscheidungen zu treffen. Richtlinienkompetenzen des Zentralbereichs Personal regeln eine unternehmensweit einheitliche Vorgehensweise in personalwirtschaftlichen Fragen und räumen der Personalabteilung im Geschäftsbereich Spielraum für Detailregelungen ein. Verfügt die Personalabteilung nur über Informations- und Beratungsrechte gegenüber der Geschäftsbereichsleitung, hat sie lediglich eine entscheidungsvorbereitende Funktion. Vgl. POTTHOFF, Aufbau, Sp. 500.

disziplinarischen als auch funktionalen Unterstellung kooptiertes Mitglied der Geschäftsbereichsleitung sein. Weiterhin kann die Geschäftsbereichspersonalabteilung funktionale Weisungsrechte oder aber nur Informations- und Beratungsrechte in personalwirtschaftlichen Fragen haben.

Abbildung 11: Richtlinienmodell der Personalfunktion

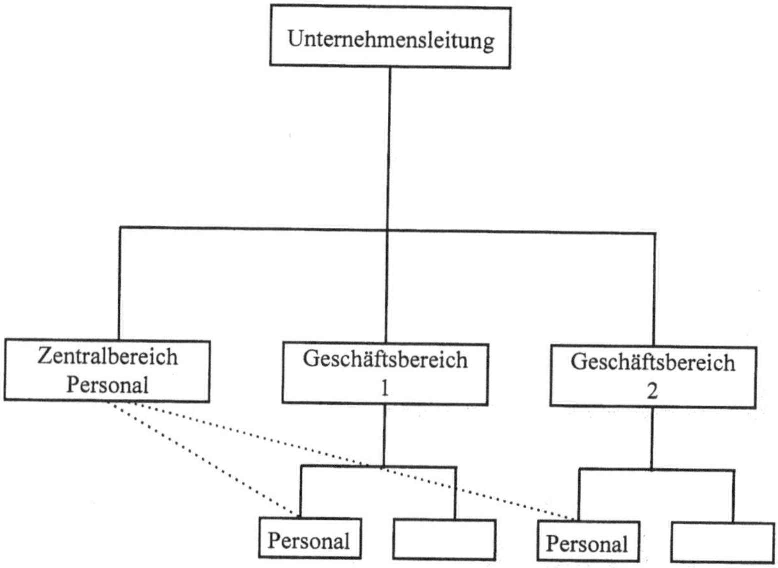

Quelle: In Anlehnung an: FRESE/WERDER, Zentralbereiche, S. 40.

Im *Matrixmodell* (vgl. Abb. 12) wird von einer gleichberechtigten Entscheidungsstruktur zwischen dem Zentralbereich Personal und den Geschäftsbereichen ausgegangen, wobei oftmals eine Kompetenzspaltung besteht. Die Personalabteilung ist der Leitung des Geschäftsbereichs disziplinarisch und dem Zentralbereich Personal funktional unterstellt. In der Regel werden dem Zentralbereich Richtlinienkompetenzen in Grundsatzentscheidungen, wie z.B. Betriebsvereinbarungen oder der Entgeltpolitik, zugeordnet, während die Geschäftsbereiche für die Abwicklung der geschäftsbereichsbezogenen operativen Personalarbeit zuständig sind.[1] In einer weiteren Gestaltungsvariante ist die Personalabteilung der Leitung des Geschäftsbereichs funktional und dem Zentralbereich Personal disziplinarisch unterstellt.[2] Auch hier sind sämtliche Möglichkeiten hinsichtlich der Ausgestaltung der Entscheidungszuständigkeiten der Per-

[1] Vgl. FRESE, Grundlagen, S. 512f.

[2] Vgl. OSTMANN, Implikationen, S. 69.

sonalabteilung im Geschäftsbereich und der hierarchischen Stellung des Personalleiters gegeben.

Abbildung 12: Matrixmodell der Personalfunktion

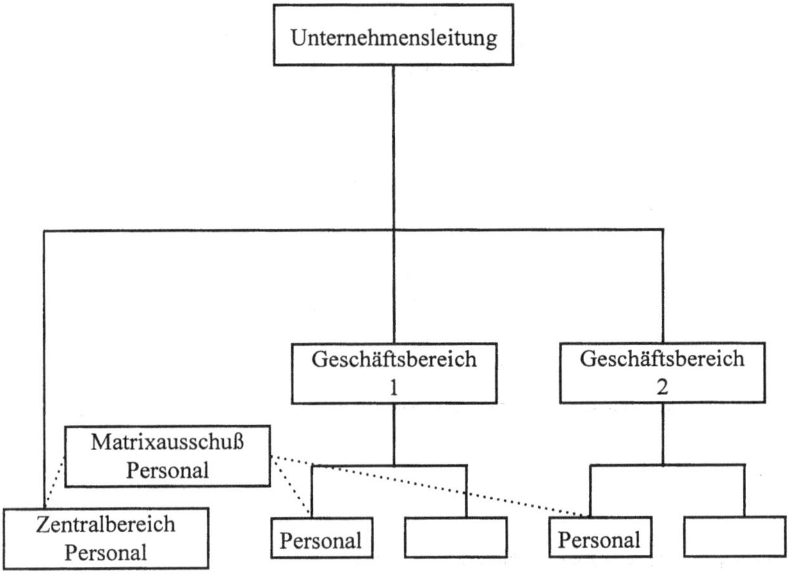

Quelle: In Anlehnung an: FRESE/WERDER, Zentralbereiche, S. 41.

Im *Servicemodell* (vgl. Abb. 13) bestimmt der Geschäftsbereich, welche zentralen personalwirtschaftlichen Funktionen mit welchem Umfang er abruft. Die Geschäftsbereichspersonalabteilung ist sowohl funktional als auch disziplinarisch im Geschäftsbereich eingebunden.[1] Die konkrete Gestaltung der hierarchischen Stellung der Personalabteilung und die Art ihrer Entscheidungskompetenzen sind dabei offen. Entsprechend besteht in diesem Modell die Möglichkeit, eine geschäftsbereichsbezogene Personalpolitik in ihren Grundzügen zu installieren.

Abbildung 13: Servicemodell der Personalfunktion

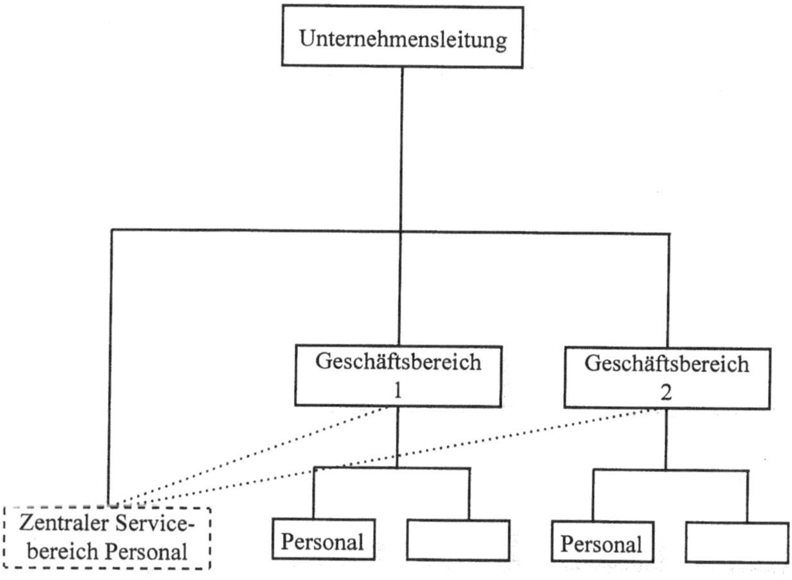

Quelle: In Anlehnung an: FRESE/WERDER, Zentralbereiche, S. 42.

[1] Anders Ostmann, der hier auch als Möglichkeit die funktionale oder disziplinarische Unterstellung der Geschäftsbereichspersonalabteilung unter den Zentralbereich Personal einbezieht. Nach meiner Ansicht widerspricht dies aber dem Servicegedanken.
Vgl. OSTMANN, Implikationen, S. 69.

Für das *Stabsmodell* (vgl. Abb. 14) gelten die gleichen Alternativen wie im Service-Modell, da auch hier der Geschäftsbereich über den Umfang seiner Personalarbeit selbst entscheidet, indessen die Art der Dienstleistungen durch den Zentralbereich Personal bestimmt werden.

Abbildung 14: Stabsmodell der Personalfunktion

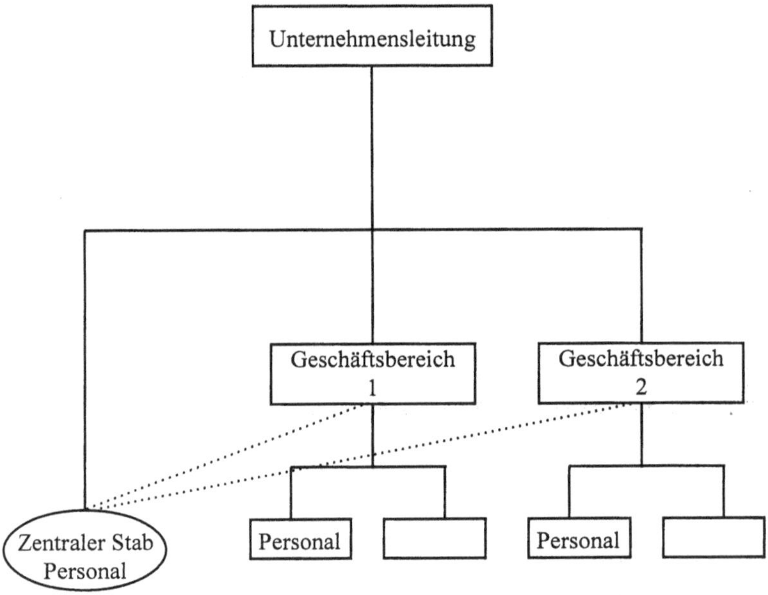

Quelle: In Anlehnung an: FRESE/WERDER, Zentralbereiche, S. 43.

Es zeigt sich, daß die Gestaltung der Personalfunktion in der Geschäftsbereichsorganisation eine Vielzahl von Möglichkeiten zwischen Integration und Differenzierung bzw. zwischen Gesamtunternehmung und Geschäftsbereichen zuläßt. Diese Organisationsmuster sind jedoch mit wichtige Grundvoraussetzung dafür, inwieweit im Geschäftsbereich Personalstrategien entwickelt werden und als Teil der Geschäftsbereichsstrategie umgesetzt werden können.

2.2.4.2 Gesellschafts- und mitbestimmungsrechtliche Implikationen

Bei der führungsorganisatorischen Gestaltung der Personalfunktion sind die aus dem deutschen Gesellschafts- und Mitbestimmungsrecht resultierenden Einflüsse nicht zu vernachlässigen. Für die zu untersuchenden Unternehmen der Chemischen Industrie greifen die Mitbestimmungsgesetze von 1976, welche die Verankerung der Personalfunktion auf Vorstandsebene über die einzurichtende Funktion des Arbeitsdirektors zwingend vorschreiben.[1] Damit einher geht die rechtnorminduzierte Definition von folgenden Kernaufgaben des Arbeitsdirektors:[2]

- Vertretung der Unternehmensleitung gegenüber Betriebsrat und Belegschaft
- Vertretung der Unternehmung im Bereich der Personal- und Sozialpolitik nach außen
- Vertretung der Unternehmungsinteressen in Tarifverhandlungen
- Umsetzung der von der Unternehmensleitung festgelegten Unternehmenspolitik in personal- und sozialpolitische Richtlinien hinsichtlich folgender personalwirtschaftlicher Einzelaufgaben:
  - Entgeltgestaltung,
  - Personalplanung (Bedarf, Ausstattung, Entwicklung)
  - Gestaltung der Arbeitsbedingungen (menschengerechte Arbeitsgestaltung)

Unabhängig von der grundsätzlichen Gestaltung der Entscheidungsstruktur im Vorstand[3] müssen originäre Führungsentscheidungen durch den Gesamtvorstand getroffen werden.[4] Hierzu gehören im personalwirtschaftlichen Bereich sämtliche personalstrategischen Entscheidungen, da diese eng mit den unternehmensstrategischen Entscheidungen und demzufolge der künftigen Unternehmensentwicklung verknüpft sind. Da die Personalfunktion eine Querschnittsfunktion darstellt, die in sämtlichen Unternehmensbereichen ihre Wirkungen entfaltet, sind ebenfalls bei der personalpolitischen Zielformulierung, der langfristigen, unternehmensbezogenen Personalbedarfsplanung, der Tarif- und Entgeltpolitik sowie je nach un-

---

[1] Vgl. WAGNER, Zentralisation, S. 180.
Für Kapitalgesellschaften mit mehr als 2.000 Arbeitnehmern gilt in Deutschland das Mitbestimmungsgesetz von 1976, für Montan-Betriebe das Montan-Mitbestimmungsgesetz von 1951.

[2] Zit. nach den Ausführungen der Bundesvereinigung Deutscher Arbeitgeberverbände, in: KLINKENBERG, Gestaltung, S. 153f.
Inwieweit die Regelung von Personal- und Sozialangelegenheiten Leitender Angestellter zu den arbeitsdirektorialen Kernaufgaben gehört, ist in der rechtswissenschaftlichen Literatur umstritten. Hier wird der Argumentation von Hanau gefolgt, der von einer rechtlichen Gestaltungsfreiheit bei den personalpolitischen Regelungen für Leitende Angestellte ausgeht.
Vgl. HANAU, Zuständigkeit, S. 350ff.

[3] Im Sprecher-Modell liegt eine ressortlose Unternehmensführung vor, welche den Vorstandsmitgliedern für ihren Kernbereich entscheidungsvorbereitende Zuständigkeiten überträgt und die eigentlichen Entscheidungen durch den Gesamtvorstand getroffen werden. Im Ressort-Modell hingegen liegt eine ressortgebundene Unternehmensführung vor, welche den Vorstandsmitgliedern im Rahmen der gesetzlichen Gestaltungsmöglichkeiten für ihren Kernbereich Einzelgeschäftsführungsbefugnis überträgt, so daß die einzelnen Vorstandsmitglieder die Leitung einzelner Bereiche auf der zweiten Hierarchieebene in Personalunion wahrnehmen. Der Arbeitsdirektor trifft demzufolge im Personal- und Sozialbereich mit Ausnahme der originären Führungsentscheidungen allein die Entscheidungen.
Vgl. KLINKENBERG, Gestaltung, S. 169f.

[4] Siehe Punkt 2.2.2.3 dieser Arbeit.

ternehmensinterner Regelung bei den Angelegenheiten Leitender Angestellter die anderen Vorstandsmitglieder gleichberechtigt an der Entscheidungsfindung zu beteiligen.[1] Schließlich gehören Betriebsvereinbarungen, kollektive Regelungen über die Arbeitsbedingungen, wie z.B. Entgelt, Arbeitszeit, Arbeitsplatz etc., sowie die Ausgestaltung von Beteiligungsrechten zu den personalwirtschaftlichen Entscheidungsbereichen des Gesamtvorstands.[2] Dem Arbeitsdirektor kommt demzufolge wie den anderen Vorstandsmitgliedern auch in den Grundsatzfragen seines Kernaufgabengebiets zunächst eine entscheidungsvorbereitende Funktion zu. Als Mitglied des Gesamtvorstands nimmt er gleichberechtigt an der Entscheidung teil.[3]

Aus der gesetzlichen Verankerung der Personalfunktion als Teil der Unternehmensleitung in mitbestimmten Kapitalgesellschaften folgt, daß dem Arbeitsdirektor eine ihn unterstützende Abteilung für personalwirtschaftliche Aufgaben (Zentralbereich Personal) untersteht. Es stellt sich somit die Frage, ob eine Verlagerung der Personalfunktion auf die Geschäftsbereiche mit den gesellschaftsrechtlich festgelegten arbeitsdirektorialen Zuständigkeiten vereinbar ist.

Hierzu sind die einzelnen Formen der Geschäftsbereichsorganisation zunächst in der gesellschaftsrechtlichen Konstruktion der Einheitsunternehmung zu betrachten. Grundsätzlich widerspricht eine Dezentralisierung der Personalfunktion in Form des Autarkiemodells dann den mitbestimmungsrechtlichen Regelungen nicht, wenn auch die Entscheidungskompetenzen anderer Teilfunktionen, wie z.B. Finanzen, Recht etc., auf die Geschäftsbereiche verlagert werden.[4] In den Zentralbereichen müssen jedoch Mindestzuständigkeiten verbleiben, die zur Unterstützung und Gewährleistung der originären Führungsaufgaben des Vorstands notwendig sind.[5] Der Zentralbereich Personal als arbeitsdirektorialer Bereich behält entsprechend die Mindestzuständigkeit für die Entwicklung unternehmensbezogener Personalstrategien und die Gestaltung zentraler personalpolitischer Grundsätze. Da der Arbeitsdirektor gesetzlich zum Ansprechpartner für Betriebsrat und Gewerkschaften bestellt ist, verbleiben die Zuständigkeiten für die entsprechenden unternehmensbezogenen Aushandlungsprozesse ebenfalls im Zentralbereich Personal. Die vollständige Umsetzung des Autarkiemodells stößt folglich in Deutschland de jure an Grenzen.[6]

Ebenso lassen sich die anderen Gestaltungsformen der Geschäftsbereichsorganisation daraufhin überprüfen, ob der arbeitsdirektoriale zentrale Entscheidungsbereich aufgrund der personalpolitischen Selbständigkeit der Geschäftsbereiche ausgehöhlt wird und demzufolge wiederum gesellschafts- und mitbestimmungsrechtliche Restriktionen greifen. Hier rücken insbesondere das Service- und Stabsmodell ins Blickfeld. Der Zentralbereich Personal erbringt in beiden Modellen Dienstleistungen, Koordinations- und/oder Beratungsleistungen für die Geschäftsbereiche, so daß die Geschäftsbereichsleitungen ihre Personalpolitik weitgehend selbst

---

1 Vgl. KLINKENBERG, Gestaltung, S. 169f.

2 Vgl. KLINKENBERG, Gestaltung, S. 170.

3 Vgl. KLINKENBERG, Gestaltung, S. 176f.; WINDBICHLER, Arbeitsrecht, S. 574.

4 Vgl. SCHIESSL, Probleme, S. 75.

5 Vgl. hierzu HANAU, Zuständigkeit, S. 372.

6 Inwieweit diese gesellschaftsrechtliche Einschränkung dennoch de facto ausgehöhlt wird, ist ein Umstand, der in der alltäglichen Praxis entschieden wird.

bestimmen können. Aus juristischer Sicht wird auch hier die gesetzlich garantierte Kernbereichsfunktion des Arbeitsdirektors für Personalfragen ausgehöhlt, weil er auf die Gestaltung der geschäftsbereichsbezogenen Personalpolitik keinen Einfluß mehr hat. In der Rechtsliteratur wird deshalb dem Arbeitsdirektor in allen Personal- und Sozialangelegenheiten des Gesamtunternehmens mindestens eine Richtlinien- und Überwachungsfunktion zugewiesen.[1] Daraus folgt zugleich rechtlich zwingend eine funktionale Unterstellung der Geschäftsbereichspersonalleitung unter den Zentralbereich Personal. Eine disziplinarische Unterstellung, am Geschäftsbereichsleiter vorbei, ist dagegen aus der mitbestimmungsrechtlichen Forderung nach Erhalt des arbeitsdirektorialen Kernbereichs nicht zwingend abzuleiten, da hierfür die Initiativ-, Richtlinien- und Kontrollfunktionen des Zentralbereichs Personal im Rahmen des funktionalen Unterstellungsverhältnisses ausreichen.[2] Dies gilt insbesondere dann, wenn auch die anderen Vorstandsmitglieder mit Funktionalverantwortung nicht über disziplinarische Weisungsrechte in spartenbezogenen Einzelfragen verfügen.[3]

Aus den Ausführungen geht hervor, daß die Personalfunktion in der Einheitsunternehmung unter Einbeziehung der gesellschafts- und mitbestimmungsrechtlichen Regelungen für große Kapitalgesellschaften grundsätzlich im Rahmen des Kernbereichs-, des Richtlinien- oder des Matrixmodells gestaltet werden kann. Bezogen auf die personalpolitischen Grundsatzfragen einschließlich der unternehmensbezogenen Personalstrategien, die gesetzlich zu den Kernaufgaben des Arbeitsdirektors gehören, läßt sich somit das Service- bzw. Stabsmodell nicht anwenden. Ebenfalls ist eine vollständige Dezentralisierung der Personalfunktion nach dem Autarkiemodell nicht möglich. Dagegen lassen sich einzelne personalwirtschaftliche Felder, die entweder zu den operativen Aufgaben des Geschäftsbereichs gehören oder die nicht zu den engeren arbeitsdirektorialen Kernaufgaben gehören, über das Service-, Stabs- oder Autarkiemodell organisieren, da die de jure vorgeschriebene Kontrollfunktion des Arbeitsdirektors über spezifische Informations- und Führungssysteme ausgeübt werden kann.[4] Zum weiteren bleibt die Gestaltung der hierarchischen Stellung des Personalleiters im Geschäftsbereich führungsorganisatorisch disponibel, da die an der Funktionalorganisation ausgerichteten Mitbestimmungsgesetze keine gesetzliche Regelung hierzu enthalten.[5]

Im Konzern ist zusätzlich zu beachten, daß je nach Rechtsform und Unternehmensgröße der Tochtergesellschaft ebenfalls ein Arbeitsdirektor im Leitungsorgan sitzt, dessen Entscheidungskompetenzen im Personal- und Sozialbereich eigenständig aus dem Mitbestimmungsgesetz resultieren. In diesem Fall kann die unternehmensweite Gestaltung der Personalfunktion nach dem Kernbereichsmodell nicht mehr praktiziert werden, wenngleich im Vertragskonzern der Arbeitsdirektor der Obergesellschaft über die Richtlinienfunktion hinaus zur Durchsetzung einer einheitlichen Personalpolitik auch gegenüber den Leitungsorganen der Tochtergesellschaft Weisungen erteilen kann.[6] Im Gegensatz zur Einheitsunternehmung kann dagegen

---

1 Vgl. SCHIESSL, Probleme, S. 74.

2 Vgl. auch: MEISER, Leitungsautonomie, S. 64.

3 Vgl. SCHIESSL, Probleme, S. 76.

4 Siehe Punkt 2.2.2.3 dieser Arbeit.

5 Vgl. GESTER, Auswirkungen, S. 131.

6 Vgl. SCHIESSL, Probleme, S. 85.

im Konzern das Autarkiemodell angewandt werden, wenn den als Geschäftsbereichen strukturierten Tochtergesellschaften in sämtlichen sie betreffenden Fragen, einschließlich den Personal- und Sozialfragen, Entscheidungsfreiheit gewährt wird. Die Zuständigkeiten des Arbeitsdirektors im Konzernvorstand beschränken sich dann darauf, die Personalangelegenheiten der Obergesellschaft zu regeln und Personalstrategien in die gesamtunternehmensbezogene Strategiebildung des Holding-Konzern einzubringen. Darüber hinaus bleibt er für den Konzernbetriebsrat und den Aufsichtsrat der Obergesellschaft Ansprechpartner in Personalfragen.[1]

Somit gehen vom deutschen Mitbestimmungsrecht durch die Institutionalisierung des arbeitsdirektorialen Bereichs Integrationstendenzen für die Gestaltung der Personalfunktion aus, die nur im Holding-Konzern weitgehend ausgeschlossen werden können. Die gesetzlichen Regelungen gewährleisten insbesondere die neben anderen Funktionen gleichrangige hierarchische Stellung der Personalfunktion in der Unternehmensleitung[2] und schaffen damit eine strukturelle Voraussetzung zur gleichgewichtigen Einbeziehung von Personalstrategien in die Unternehmensstrategieentwicklung und -umsetzung.[3] Andererseits ist eine geschäftsbereichsbezogene Ausrichtung der Personalpolitik beschränkt, was in der Einheitsunternehmung und im Stammhauskonzern möglicherweise bei unterschiedlichen Anforderungen in den Geschäftsbereichen zu Problemen führen kann.

Die hier behandelten Fragen im Hinblick auf die Zuständigkeit und Reichweite des arbeitsdirektorialen Bereiches in der Geschäftsbereichsorganisation tangieren des weiteren die unternehmerische Arbeitnehmermitbestimmung. Die Mitbestimmungsgesetze sehen neben der zwingenden Einrichtung der Position des Arbeitsdirektors im Vorstand und der ihm obliegenden personalpolitischen Aufgaben die paritätische Besetzung von Arbeitnehmern im Aufsichtsrat vor. Obgleich die Arbeitnehmer nur nach dem Montan-Mitbestimmungsgesetz Einfluß auf die Bestellung des Arbeitsdirektors haben, wird de facto in vielen Fällen auch in den nach dem Mitbestimmungsgesetz von 1976 bestimmten Unternehmen Rücksicht auf Wünsche bzw. Ablehnungen der Arbeitnehmer genommen, da der Arbeitsdirektor für die Arbeitnehmervertreter in allen Personal- und Sozialangelegenheiten wichtigster Gesprächspartner ist.[4] Diese zentrale Rolle des Arbeitsdirektors für die unternehmerische Arbeitnehmermitbestimmung wird in der Geschäftsbereichsorganisation erheblich eingeschränkt, wenn die personalpolitischen Entscheidungskompetenzen auf die Geschäftsbereichsleitung übertragen werden. Das möglicherweise entstehende Mitbestimmungsdefizit wird allerdings dadurch relativiert, daß die Informationsrechte und Aufsichtspflichten des Aufsichtsrats einschließlich seiner Arbeitnehmervertreter sich dann auch auf die Geschäftsbereiche beziehen.[5]

Siehe hierzu die Ausführungen im Punkt 2.2.2.3 dieser Arbeit.

1 Vgl. SCHIESSL, Probleme, S. 84.

2 Vgl. STAEHLE, Human Resource Management, S. 389.
Vgl. auch: WINDBICHLER, Arbeitsrecht, S. 573.

3 Vgl. HAHN, Planung, S. 573ff.
Empirische Befunde zur Einflußnahme des Arbeitsdirektors finden sich bei: WAGNER, Personalvorstände, S. 650ff.

4 Vgl. hierzu auch: WENDELING-SCHRÖDER, Auswirkungen, S. 167.

5 Siehe Punkt 2.2.2.3 dieser Arbeit.

2.2.4.3 Betriebsverfassungsrechtliche Implikationen

Die organisatorische Gestaltung der Personalfunktion hat neben den gesellschafts- bzw. mitbestimmungsrechtlichen Regelungen die Einflüsse zu beachten, die aus dem Betriebsverfassungsgesetz resultieren. Die betriebliche Mitbestimmung der Arbeitnehmer entfaltet sich in sozialen und personellen Angelegenheiten im wesentlichen über das zentrale Organ der Betriebsverfassung, den Betriebsrat und in wirtschaftlichen Angelegenheiten über den Wirtschaftsausschuß.[1] Der Betrieb ist dabei de jure als arbeitstechnisch-organisatorische Einheit definiert. Bestehen mehrere Betriebe in einem Unternehmen, kann ein Gesamtbetriebsrat gebildet werden, welcher gegenüber der Unternehmensleitung die Arbeitnehmer-Beteiligungsrechte wahrnimmt. Schließlich kann in einem Konzern ein Konzernbetriebsrat gebildet werden, der die auf das Gesamtunternehmen bezogenen Arbeitnehmerinteressen gegenüber der Konzernleitung vertritt.[2] Dieses dreigliedrige System der betrieblichen Mitbestimmung beruht dabei auf dem Subsidiaritätsprinzip, d.h. die Betriebsräte und die Gesamtbetriebsräte sind die primären Träger der Mitbestimmung.[3]

Das hier beschriebene betriebsverfassungsrechtliche Mitbestimmungssystem deckt sich mit der Struktur der Geschäftsbereichsorganisation nur, wenn der juristisch definierte Betrieb mit dem führungsorganisatorisch definierten Geschäftsbereich übereinstimmt. In diesem Fall ist der Geschäftsbereichsleiter auch mit der betriebsverfassungsrechtlichen Definition eines Betriebsleiters identisch, der über disziplinarische Weisungsbefugnisse verfügt und somit die Arbeitgeberfunktion ausübt.[4] Dies entspricht häufig nicht der Praxis.[5] Vielmehr ist in Großunternehmen ein nach Betriebsverfassungsgesetz definierter Betrieb mehreren Geschäftsbereichen funktional zugeordnet, so daß der Betriebsleiter nur disziplinarische Verantwortung für die Arbeitnehmer trägt. Sämtliche produktbezogenen und personalpolitischen Entscheidungen werden jedoch in Abhängigkeit vom Integrationsgrad der Geschäftsbereichsorganisation von den Geschäftsbereichsleitungen getroffen. In der Rechtsliteratur wird hier das Problem aufgeworfen, daß dem Betriebsrat bzw. Gesamtbetriebsrat weder mit der Betriebsleitung noch mit dem Arbeitsdirektor bzw. Zentralbereich Personal ein kompetenter Gesprächs- und Verhandlungspartner zur Verfügung steht. Die Folge ist, daß die betriebliche Mitbestimmung nicht mehr dort ausgeübt werden kann, wo die arbeitgeberische Willensbildung stattfindet.[6]

Zur Abwehr des Mitbestimmungsdefizits wird in Teilen der Literatur gefordert, eine der Geschäftsbereichsorganisation adäquate Betriebsverfassungsstruktur in Form von Sparten-Be-

---

1 Ab 100 Arbeitnehmern ist ein Wirtschaftsausschuß einzurichten, zuvor ist der Betriebsrat das Vertretungsorgan der Arbeitnehmer in wirtschaftlichen Angelegenheiten.
Vgl. das Betriebsverfassungsgesetz.

2 Vgl. WENDELING-SCHRÖDER, Auswirkungen, S. 173.

3 Vgl. OSTMANN, Implikationen, S. 181.

4 Vgl. WENDELING-SCHRÖDER, Auswirkungen, S. 174.

5 Vgl. die empirische Untersuchung von: RANKE, Betriebsverfassung, S. 194ff.

6 Vgl. STINDT, Auswirkungen, S. 151; WENDELING-SCHRÖDER, Auswirkungen, S. 174f.
Vgl. auch WENDELING-SCHRÖDER, Grundprobleme, S. 34ff.; GESTER, Auswirkungen, S. 138; RANKE, Betriebsverfassung, S. 233.

triebsräten oder -ausschüssen zu errichten.[1] Dies ist bei entsprechender Auslegung des Betriebsverfassungsgesetzes möglich. So ist nach der Rechtsprechung des Bundesarbeitsgerichts für die Definition des Betriebs als arbeitstechnisch-organisatorische Einheit ebenfalls von Relevanz, ob dort eine einheitliche Leitung in Personal- und Sozialangelegenheiten vorliegt.[2] Die umfassende Übertragung von personalpolitischen Entscheidungskompetenzen auf die Geschäftsbereiche begründet aus betriebsverfassungsrechtlicher Sicht die Gleichsetzung von Geschäftsbereich und Betrieb. Hieraus resultieren für einen Spartenbetriebsrat geschäftsbereichsbezogene Mitbestimmungsrechte. Bislang hat diese Konstruktion des betrieblichen Mitbestimmungssystems in der Praxis kaum eine Relevanz. Vielmehr folgen die betriebsverfassungsrechtlichen Organe Gesamt- und Konzernbetriebsrat den Entscheidungsstrukturen in der Funktionalorganisation, so daß im weiteren zu prüfen ist, inwieweit hieraus nicht weitere Integrationstendenzen für die Gestaltung der Personalfunktion in der Geschäftsbereichsorganisation resultieren.[3]

Aus der institutionellen Verankerung des Arbeitsdirektors als Gesprächs- und Verhandlungspartner für den Gesamtbetriebsrat auf Unternehmensebene und Konzernbetriebsrat auf Konzernebene ergibt sich im deutschen Rechtsraum zumindest eine Tendenz zur Zentralisation von personalpolitischen Aufgaben und ihrer einheitlichen Regelung in der Einheitsunternehmung bzw. der Muttergesellschaft im Stammhauskonzern. Weitere Integrationstendenzen der Personalfunktion lassen sich aus den betrieblichen Mitbestimmungsrechten selbst ableiten. Die mitbestimmungspflichtigen sozialen Angelegenheiten erstrecken sich, soweit keine gesetzlichen oder tarifvertraglichen Regelungen entgegenstehen, auf die gesamten Arbeitsbedingungen im Betrieb, wie z.B. Arbeitszeit- und Arbeitsschutzregelungen, Vorschriften zur Entgeltgestaltung, Aufstellung allgemeiner Urlaubsgrundsätze und des Urlaubsplans sowie die Einführung technischer Überwachungseinrichtungen.[4] Sie tangieren demzufolge personalstrategische Funktionsfelder.[5] Da bei mehreren Betrieben an einem Standort von seiten der Arbeitnehmervertreter der Grundsatz der Gleichbehandlung gefordert wird und aus Motivationsaspekten heraus in einer einheitlichen Behandlung auch ein unternehmensbezogenes Interesse besteht, sind in der Praxis im Bereich sozialer Angelegenheiten häufig Unternehmensvereinbarungen vorzufinden, die zwischen *Gesamtbetriebsrat* und Zentralbereich Personal nach Zustimmung durch den Arbeitsdirektor bzw. Gesamtvorstand abgeschlossen werden.[6]

Betriebsverfassungsrechtlich induzierte Integrationstendenzen ergeben sich für die Gestaltung der Personalfunktion aus spezifischen Beteiligungsrechten des Betriebsrates bzw. Gesamtbetriebsrates in personellen und wirtschaftlichen Angelegenheiten. So stehen dem Betriebsrat im Bereich der personellen Angelegenheiten bei der Personalplanung Informations- und Bera-

---

1 Vgl. GESTER, Auswirkungen, S. 142; KOUBEK/CLEFF/PIEROTTI/SCHAFMEISTER, Unternehmensstrategien, S. 214.

2 Vgl. hierzu die Ausführungen bei: STINDT, Auswirkungen, S. 145ff.

3 Vgl. KLINKENBERG, Gestaltung, S. 217.

4 Vgl. KLINKENBERG, Gestaltung, S. 219.

5 Trotz der hohen tarifvertraglichen Regelungsdichte sind betriebliche Gestaltungsspielräume vorhanden. Zur Einflußnahme der Betriebsräte auf die Strategiebildung vgl. auch: OECHSLER, Personal, S. 91ff.

6 Vgl. KLINKENBERG, Gestaltung, S. 220.

tungsrechte zu, die auf Unternehmensebene das Informationsrecht des Gesamtbetriebsrats über den Personalbedarfsplan einschließt. Kompetenter Ansprechpartner ist der Zentralbereich Personal. Von den Mitwirkungs- und Mitbestimmungsrechten des Betriebsrats bei der Aufstellung personeller Auswahlrichtlinien, bei unternehmensinternen Arbeitsplatzausschreibungen oder bei betriebsbedingten Kündigungen, wenn z.B. eine Weiterbeschäftigung im Betrieb oder der Einheitsunternehmung möglich ist, gehen Tendenzen aus, unternehmenseinheitliche Regelungen zu finden, die eine Gleichbehandlung der Arbeitnehmer garantieren.[1] Entsprechend werden betriebsübergreifende Regelungen zwischen Gesamtbetriebsrat und Zentralbereich Personal ausgehandelt. Die Beteiligungsrechte des Betriebsrats in wirtschaftlichen Angelegenheiten greifen vor allem bei Betriebsänderungen, wie z.B. (Teil-)Betriebsstillegungen, Änderungen der Betriebsorganisation, der Betriebsanlagen, oder der Arbeitsmethoden, die mit Nachteilen für die Arbeitnehmer verbunden sind. Haben die Betriebsänderungen Auswirkungen mit personellen Konsequenzen für andere Betriebe bzw. das gesamte Unternehmen, ist dies eine Führungsentscheidung der Unternehmensleitung und des Arbeitsdirektors. Auch hier sind der Gesamtbetriebsrat und der Zentralbereich Personal die Gremien, welche nachfolgend die Übereinkünfte hinsichtlich der Personalauswahlrichtlinien und der Suche nach Arbeitsplätzen treffen.[2]

Da der *Konzernbetriebsrat*, wenn er gebildet wurde, nur für die personellen und sozialen Angelegenheiten des Konzerns zuständig ist, soweit dies durch Gesamtbetriebsrat und Betriebsräte in den Einzelunternehmen nicht selbst geregelt wird,[3] ist sein Einfluß relativ gering. Vereinbarungen zwischen dem Konzernbetriebsrat und der Konzernleitung bedürfen der Zustimmung der Gesamtbetriebsräte in den einzelnen Gesellschaften, um in Kraft gesetzt zu werden. Demzufolge kommt dem Konzernbetriebsrat im wesentlichen eine Informationsfunktion zu.[4] Auch hier ist der Zentralbereich Personal der zentrale Gesprächspartner.

Die Ausführungen zeigen somit, daß von dem deutschen Mitbestimmungssystem Integrationstendenzen für die Gestaltung der Personalfunktion in der Geschäftsbereichsorganisation ausgehen. Ein Zwang zur entsprechenden führungsorganisatorischen Gestaltung des Zentralbereichs Personal besteht jedoch nicht.[5]

2.2.4.4 Organisation der Personalfunktion bei Internationalisierung

Mit steigendem Internationalisierungsgrad der Gesamtunternehmung, der sich in einem breiten Netz von Auslandsniederlassungen und ausländischen Tochtergesellschaften niederschlägt, stellt sich die Frage, wie die Personalfunktion in der internationalen Geschäftsbereichsorganisation gestaltet ist. In der Literatur zum Internationalen Personalmanagement

---

1 Vgl. KLINKENBERG, Gestaltung, S. 221ff.
2 Vgl. KLINKENBERG, Gestaltung, S. 224ff.
3 Vgl. OSTMANN, Implikationen, S. 180.
4 Vgl. OSTMANN, Implikationen, S. 195.
5 Siehe Punkt 2.2.2.3 und 2.2.4.2 dieser Arbeit.

wird im allgemeinen die Gesamtunternehmung und das Spannungsfeld zwischen Muttergesellschaft und Auslandstochtergesellschaften betrachtet.[1] Die Gestaltung der Personalfunktion erfolgt in Abhängigkeit von den internationalen Personalstrategien und Steuerungskonzepten zwischen Integration und Differenzierung.[2] Im Mittelpunkt der Betrachtung stehen dabei die fremden Umwelten und Kulturen der Gastländer. Es ist deshalb grundsätzlich fraglich, ob die Personalfunktion, abgesehen von dem Koordinationsaufwand und den Bürokratisierungskosten, unter Vernachlässigung der soziokulturellen Heterogenität international vollständig zentralisiert werden kann.. Neuere empirische Befunde von Wolf zur Organisation internationaler Personalarbeit verweisen auf eine erhebliche Einschränkung der grundsätzlichen Variationsbreite.[3] Demnach beschränkt sich die Einflußnahme des Zentralbereichs Personal in internationalen Großunternehmen überwiegend auf jene Entscheidungsbereiche der Auslandsgesellschaften, die Führungskräfte betreffen. Die untersuchten internationalen Unternehmen weisen zudem eine gegenüber anderen Teilfunktionen meist untergeordnete hierarchische Stellung der Personalfunktion in den Auslandsgesellschaften aus. Die Besetzung der Personalleiterpositionen erfolgt nahezu ausschließlich mit Führungskräften des Gastlandes, dagegen werden die Geschäftsführerpositionen häufig von Stammhausangehörigen eingenommen werden. Bei der personalen Entsendung sind bei den untersuchten Unternehmen somit ethno- und polyzentrische internationale Personalstrategien vorzufinden, während geozentrische Personalstrategien weitgehend vernachlässigbar sind. Insgesamt dominiert bei der organisatorischen Gestaltung Personalfunktion ein hoher Dezentralisierungsgrad und eine nur begrenzte grenzüberschreitende Koordination.

Bezogen auf die Personalfunktion in der internationalen Geschäftsbereichsorganisation lassen die referierten, empirisch vorgefundenen differenzierten Strukturen zwei grundlegende Organisationsmuster vermuten: Erstens, die dezentrale Organisation der Personalarbeit steht in Zusammenhang mit lokalen Anpassungsstrategien der internationalen Unternehmung.[4] Die divisionalen Auslandstochtergesellschaften agieren relativ selbständig in den landesspezifischen Branchen und die unternehmensweite Steuerung erfolgt im wesentlichen über Eigentumsverhältnisse. Das Handlungsfeld der Geschäftsbereiche der Landesgesellschaften ist entsprechend nur landesbezogen. Zweitens, die Unternehmung, möglicherweise auch ausgehend von den Geschäftsbereichen, verfolgt eine globale Anpassungsstrategie. Diese bezieht sich auf Produkt-Markt- und Wettbewerbsstrategien, aber nicht auf Personalstrategien. Die Folge ist eine landesbezogen differenzierte Personalpolitik, weitgehend unabhängig von globalen Geschäftsbereichsstrategien. Letzteres Organisationsmuster steht im Widerspruch zu dem Ansatz von Evans, der für in globalen Branchen tätigen Unternehmen globale bzw. geozentrische Personalstrategien vorschlägt und eine weltweite Integration der Personalarbeit nahelegt[5].

---

[1] Vgl. zum Beispiel: SCHERM, Personalmanagement, S. 113.

[2] Siehe auch Punkt 2.2.3.4 dieser Arbeit.

[3] Im folgenden: Vgl. WOLF, Organisation, S. 91ff.

[4] In diesem Fall ist offen, welcher prozessuale Zusammenhang zwischen landesspezifischen Personalstrategien und landesspezifischen Produkt-Markt- bzw. Wettbewerbsstrategien besteht.

[5] Siehe Punkt 2.1.4.3 dieser Arbeit.

Es ist demzufolge weiterhin offen, wie die Personalfunktion in der internationalen Geschäftsbereichsorganisation gestaltet ist, wenn die Geschäftsbereiche global in unterschiedlichen Produkt-Märkten mit unterschiedlichen wettbewerbsstrategischen Anforderungen agieren. Soll ihnen die Personalfunktion vollständig übertragen werden und eine globale geschäftsbereichsbezogene Personalpolitik im Sinne des Autarkiemodells ermöglicht werden? Dies würde zu einer, der Management-Holding entsprechenden, internationalen Geschäftsbereichsorganisation führen. Es ließen sich jedoch keine gastlandbezogenen Synergieeffekte der Personalarbeit realisieren. Oder soll die Personalfunktion im Sinne des Kernbereichsmodells landesspezifisch zentral erfolgen und auf die Gesamtunternehmung bezogen in Abhängigkeit von der jeweiligen Unternehmensstrategie? Dies könnte zu einer Vernachlässigung der wettbewerbsstrategischen Erfordernisse der Geschäftsbereiche führen.

Im folgenden sollen die bislang überwiegend getrennt betrachteten Felder Strategien und Strukturen zusammengeführt werden, um das Spannungsfeld, in dem sich Personalstrategien in der Geschäftsbereichsorganisation identifizieren lassen, in komprimierter Form herauszuarbeiten.

2.3 Zwischenergebnis: Personal in der Geschäftsbereichsorganisation

Insgesamt zeigt sich, daß in Abhängigkeit von der Art der Diversifikation, die einzelnen Strategischen Geschäftsfeldeinheiten in sehr verschiedenen Produkt-Märkten agieren können und entsprechend sowohl unterschiedliche interne Wettbewerbsvorteile herausbilden als auch verschiedenen Wettbewerbsstrategien nachgehen können. Die diversifizierte Unternehmung läßt sich entsprechend immer weniger über eine einheitliche Unternehmensstrategie abbilden, sondern ist vielmehr je nach Anzahl der Geschäftseinheiten durch eine Vielzahl von verschiedenen Wettbewerbsstrategien gekennzeichnet.

Geht man von einer Identität zwischen führungsorganisatorischen und Strategieebenen aus, so umfassen die Geschäftsbereiche ein oder mehrere Strategische Geschäftsfelder. Nimmt man die Differenzierung als wesentliches Kriterium der diversifizierten Unternehmung, so stellt sich folgerichtig die Frage, inwieweit Personalstrategien von der Unternehmens- auf die Geschäftsbereichsebene verlagert werden bzw. inwieweit die unterschiedlichen Marktbedingungen einerseits, die bestehenden unterschiedlichen geschäftsbereichsbezogenen Bedingungen und Ressourcen andererseits auch zu einer unterschiedlichen Gestaltung der Personalfunktion und der Herausbildung unterschiedlicher geschäftsbereichsbezogener Personalstrategien führen. Dies ist eng verbunden mit der oben gestellten Frage, über welche strategische Autonomie die Geschäftsbereiche verfügen. Damit einher geht die Frage, welche Aufgaben oder Felder aus Unternehmenssicht personalstrategisch kritische Erfolgsfaktoren z.B. im Sinne von personellen Kernkompetenzen sind, die weiterhin einheitlich geregelt werden müssen und welche Personalstrategien auf der Unternehmensebene angesiedelt sind und die personalstrategische Autonomie der Geschäftsbereiche eingrenzen.

Die Strategiefragen sind eng mit der Strukturorganisation verbunden. Der präskriptive Ansatz betrachtet die Gestaltung der Organisation als Teil des geplanten Strategieumsetzungsprozesses. Im Rahmen des deskriptiven Ansatzes sind die von der Strukturorganisation ausgehenden Impulse in die mögliche Strategiebildung einzubeziehen. Die Organisation gibt über die Hierarchiebildung und Delegation von Entscheidungskompetenzen einen formalen Rahmen vor, in dem Strategiebildungs- und -umsetzungsprozesse geplant ablaufen. Außerdem werden hierdurch auch informellen, unbewußt ablaufenden Strategiebildungsprozessen in einem gewissen Umfang Grenzen gesetzt.[1] Die Strukturorganisation ist damit sowohl als Rahmen Einflußfaktor bei der Strategiebildung, als sie auch durch strategisches Handeln selbst wiederum beeinflußt wird.[2]

Grundsätzlich läßt sich in Abhängigkeit von der Organisation der Personalarbeit auf Unternehmens- und Geschäftsbereichsebene der formale Rahmen ableiten, in dem sich der Personalstrategieprozeß vollzieht. Das Autarkiemodell läßt demnach eine strategische Differenzierung der Personalfunktion in der Gesamtunternehmung am weitestgehenden zu, während das Kernbereichsmodell diese vollständig verhindert. Beim Richtlinienmodell ist anhand des Einzelfalls zu prüfen, inwieweit den Geschäftsbereichen bzw. Strategischen Geschäftsfeldern eine Differenzierung der Personalfunktion zugestanden wird oder inwieweit einheitliche Richtlinien personalstrategisch kritischen Erfolgsfaktoren auf Unternehmensebene entsprechen. Im Matrixmodell ist der Rahmen geschaffen, sowohl der unternehmens- und geschäftsbereichsstrategischen als auch personalstrategischen Sichtweise gerecht werden zu können. Auch hier ist die Gestaltung anhand des Einzelfalls zu klären. Schließlich muß beim Servicemodell gefragt werden, inwieweit die Geschäftsbereiche Dienstleistungen abfragen, die personalstrategisch von Relevanz sind.

Neben der führungsorganisatorischen Struktur sind die Einflüsse der gesellschaftsrechtlichen Struktur zu beachten. Die strukturelle Dezentralisationstendenz des Holding-Konzerns ermöglicht zunächst formal einen größeren strategischen Handlungsspielraum für die Geschäftsbereiche als er im Stammhauskonzern angelegt ist, wenngleich für die tatsächlichen Einflußmöglichkeiten der Geschäftsbereiche letztlich die führungsorganisatorische Struktur wesentlich ist.

Des weiteren sind die mitbestimmungsrechtlichen Implikationen für die Strukturorganisation in Deutschland einzubeziehen[3]. Der Zentralbereich Personal erhält durch die gleichrangige Stellung des Arbeitsdirektors im Gesamtvorstand zunächst formal die gleiche Möglichkeit, am geplanten Strategiebildungsprozeß teilzunehmen wie andere Funktionsbereiche. Inwieweit dies dazu führt, daß Personalstrategien auf Unternehmensstrategien einwirken und Teil der Unternehmensstrategiebildung sind, ist von mehreren Faktoren abhängig. Zum einen spielt die organisatorische Gestaltung der Personalfunktion eine Rolle. Bei Anwendung des Autarkie-

---

[1] Beispielsweise ist in einer stark hierarchischen Unternehmung mit tayloristischer Arbeitsorganisation nicht davon auszugehen, daß in den unteren operativen Hierarchieebenen Strategiebildungsprozesse ablaufen. Vielmehr werden mögliche Impulse im Keim erstickt.

[2] Vgl. MILES/SNOW, Unternehmensstrategien, S. 17f.

[3] Siehe Punkt 2.2.4.2 dieser Arbeit.

modells im Stammhauskonzern ist der Einflußbereich des Arbeitsdirektors auf Unternehmensebene nur noch gering und beschränkt sich auf wenige personalstrategische Fragen. Ist die Stellung des Personalverantwortlichen auf Geschäftsbereichsebene untergeordnet, so ist die Personalstrategiebildung und -umsetzung von dem Strategieverständnis der Geschäftsbereichsleitung abhängig, was eine Vernachlässigung personalstrategischer Fragen auf Geschäftsbereichsebene zur Folge haben könnte.[1] Zum anderen kann der Einfluß des Arbeitsdirektors im Hinblick auf personalstrategische Entscheidungen weiter beschränkt werden. Empirisch lassen sich häufig Konstruktionen vorfinden, in denen neben dem Arbeitsdirektor ein weiteres Vorstandsmitglied für Personalfragen, insbesondere für die der Oberen Führungskräfte, zuständig ist.[2]

Schließlich gehen von den betriebsverfassungsrechtlichen Strukturen implizit Tendenzen aus, Personalstrategien unternehmenseinheitlich zu entwickeln und umzusetzen.[3] Es konnte gezeigt werden, daß aus der mitbestimmungsrechtlichen Konstruktion des arbeitsdirektorialen Bereichs und seinem betriebsverfassungsrechtlichen Pedant der Arbeitnehmervertretungsorgane Tendenzen zur Zentralisation von personalpolitischen Aufgaben ausgehen, die eine Integration der Personalfunktion nahelegen. Wenngleich diese Zentralisationstendenzen über die Differenzierung der Führungsorganisation und/oder über die gesellschaftsrechtliche Konstruktion von Holding-Strukturen weitgehend aufgehoben werden können, sind ihre faktischen Auswirkungen auf die Organisation der Personalarbeit in deutschen Unternehmen sicherlich nicht zu vernachlässigen.

Es wird somit deutlich, daß sich die Gestaltung der Personalfunktion in der Geschäftsbereichsorganisation sowohl von der Strukturorganisation als auch von der Strategieseite her in einem Spannungsfeld zwischen Gesamtunternehmung und Geschäftsbereichen vollzieht.

---

1 Geschäftsbereichsleitern fehlt es oftmals an der personalwirtschaftlichen Ausbildung, Erfahrung und Motivation, so daß personalstrategische Aspekte vernachlässigt oder nachrangig behandelt werden.
Vgl. hierzu auch: WUNDERER, Personalarbeit, S. 508.

2 Diese Konstruktion führt zwar nicht dazu, daß die Personalfunktion im Vorstand unterrepräsentiert ist und der Einfluß auf die Personalstrategiebildung und -umsetzung verringert wird. Sie führt jedoch dazu, daß aus dem Geltungsbereich der gesetzlich verankerten Position des Arbeitsdirektors jene Personalgruppe entzogen wird, die führungsorganisatorisch für die unternehmerische Strategiebildung und -umsetzung überwiegend zuständig ist. Dies ist ein Indiz dafür, daß aus Sicht der Unternehmensleitung bzw. der Kapitaleigner im Aufsichtsrat Wert darauf gelegt wird, den mitbestimmungsrechtlich induzierten Einfluß des Arbeitsdirektors auf die Gruppe der tariflichen Mitarbeiter zu beschränken.

3 Vgl. hierzu auch: HAHN, Planung, S. 568ff.

3 Methodische Erläuterungen zu den Fallstudien

3.1 Empirische Fragestellungen und Aufbau der Untersuchung

Im folgenden soll versucht werden, über die empirischen Fallstudien in der deutschen Großchemie weiteren Aufschluß über die entwickelte Thematik zu gewinnen. Dabei sind die in der Einleitung schon aufgeführten, nachfolgenden Fragestellungen forschungsleitend.

Fragekomplex I:

Spannungsverhältnis zwischen Gesamtunternehmung und Geschäftsbereichen

1. Lassen sich in der deutschen Großchemie die behaupteten unterschiedlichen Wettbewerbsstrategien empirisch identifizieren und wer ist Träger der Strategiebildung?

2. Inwieweit verfügen die Geschäftsbereiche über strategische Autonomie, um unter heterogenen Wettbewerbsbedingungen flexibel agieren zu können?

3. Welcher Stellenwert verbleibt zentral formulierten Strategien und Politiken?

Fragekomplex II:

Personalfunktion im Spannungsverhältnis zwischen Gesamtunternehmung und Geschäftsbereichen

1. Welche grundsätzliche Bedeutung haben Personalstrategien für die Gesamtunternehmung und die Geschäftsbereiche?

2. Inwieweit wird die Entwicklung von Personalstrategien auf die Geschäftsbereiche verlagert und welche Konsequenzen ergeben sich für die Personalfunktion aus dem Kompetenzzuwachs von Geschäftsbereichen einerseits und der wachsenden Internationalisierung von Geschäftsaktivitäten andererseits?

3. Welche personalpolitischen Felder werden aus Sicht der Gesamtunternehmung als strategisch kritische Erfolgsfaktoren im Personalbereich betrachtet, die unternehmenseinheitliche Handhabung erfordern?

Die empirische Untersuchung knüpft an die Systematik des ersten Teils an und beschränkt die Erläuterung der Strategien und Strukturen der Chemieunternehmen zunächst analytisch auf den Produkt-Markt-Bereich. Zur Analyse der Unternehmens- und Geschäftsbereichsstrategien wird der wettbewerbstheoretische Ansatz von Porter zugrunde gelegt. Bei der Strukturbetrachtung wird der Fokus auf die Konzernorganisation und die deutsche Muttergesellschaft gelegt. Im zweiten Schritt werden die Organisation der Personalarbeit und die Personalstrategien auf der Unternehmens- und Geschäftsbereichsebene beschrieben. Die Betrachtung wird hierzu eingegrenzt auf die personalstrategischen Felder Auswahl, Beurteilung, Entgelt- bzw. Anreizsystem und Entwicklung. Daran schließt sich die Bewertung an, wie sich die Personalfunktion im Spannungsfeld zwischen Gesamtunternehmung und Geschäftsbereichen in den untersuchten Unternehmen gestaltet.

3.2 Methodische Vorgehensweise

In der empirischen Untersuchung wird von dem deskriptiven Strategieverständnis ausgegangen, wenngleich die Betrachtung auf die Ermittlung geplanter und realisierter Strategien beschränkt bleibt.[1] Über die Durchführung von teilstrukturierten Interviews sowie die Auswertung von Pressematerial und unternehmensinternen Materialien lassen sich beabsichtigte Strategien herausfiltern. Im Zuge einer Ex-post-Betrachtung durch die Auswertung unternehmensbezogenen statistischen Materials, Pressematerials sowie Aussagen von Unternehmensvertretern lassen sich realisierte Strategien darstellen. Gleichsam können über Indikatoren wie Umsatz-, Betriebsergebnis-, Beschäftigtenzahlen sowie Forschungsausgaben und Sachanlageinvestitionen Schlüsse hinsichtlich zur Zeit realisiert werdender Strategien gezogen werden, die wiederum Rückschlüsse zulassen auf möglicherweise ungeplante, aber nunmehr realisierte Strategien oder im nachhinein formulierte Strategien.

Es stellte sich bei den Recherchen für die Fallstudien heraus, daß Informationen zur Analyse von Strategien und Strukturen der Gesamtunternehmung über Auswertungen der Wirtschaftspresse, Unternehmensveröffentlichungen und tabellarische Auswertungen von Unternehmensdaten vorhanden sind. Dagegen ließen sich über diese Wege nur spärlich Hinweise zu Strategien und Strukturen der einzelnen Geschäftsbereiche beschaffen. Besonders schwierig war die Informationsgewinnung im Hinblick auf die Gestaltung der Personalfunktion, insbesondere bezogen auf das hier betrachtete Spannungsverhältnis zwischen Gesamtunternehmung und Geschäftsbereichen. Entsprechend kommt den durchgeführten Interviews in den Unternehmen für den Erkenntnisprozeß eine wesentliche Funktion zu.

Im folgenden soll die methodische Vorgehensweise hinsichtlich der Auswahl der Branche, der Unternehmen, der Geschäftsbereiche und der Interviewpartner sowie das Konzept der den Interviews zugrundeliegenden Fragebogen erläutert werden.

3.2.1 Chemische Industrie als Untersuchungsgegenstand

Die Chemische Industrie ist als Branche für die empirische Untersuchung deshalb von großem Interesse, da sie wie keine andere Branche über eine sehr breite Produktpalette verfügt und mit sehr vielen Wirtschaftszweigen verflochten ist. Die Produkte reichen dabei von Vorpro-

[1] Inwieweit die ermittelten realisierten Strategien Ergebnis ungeplanter emergenter Prozesse sind, kann im Rahmen des hier zugrunde gelegten Forschungsansatzes nicht erschlossen werden.

dukten über Zwischen- bis hin zu Endprodukten.[1] Betriebswirtschaftlich lassen sie sich nach dem Ordnungssystem von Kline in einer Vier-Felder-Matrix nach ihrem Differenzierungsgrad und ihrer Produktionsmenge in Grundchemikalien, Industrieprodukte, Feinchemikalien und Spezialprodukte unterscheiden.[2]

Eine hohe Standardisierung, verbunden mit hohen Stückzahlen, weisen die *Grundchemikalien* wie z.B. Ammoniak, Chlor, Industriegase, Schwefelsäure, Essigsäure, Ethanol, Vinylchlorid etc. aus. Sie bilden die Grundlage für sämtliche Weiterverarbeitungsprozesse in der Chemischen Industrie. Die Wertschöpfung ist relativ gering und die Herstellungskosten sind im Vergleich zum niedrigen Verkaufspreis (unter DM 10,00 je kg) relativ hoch. *Industrieprodukte* sind wie Grundchemikalien Massenprodukte, jedoch mehr oder weniger differenziert in ihrem anwendungstechnischen Bezug. Als Beispiele lassen sich Chemiefasern, Düngemittel, Farbmittel, Harze, Kautschuk, Kunststoffe, Lösemittel oder Tenside nennen. Auch hier stehen relativ hohe Herstellungskosten niedrigen Verkaufspreisen gegenüber. Zwar wird über Verfahrens- und Produktentwicklungen versucht, die Produkte weiterzuentwickeln bzw. gegenüber Konkurrenten zu differenzieren, der Übergang zu standardisierten Produkten im Sinne der Klassifizierung von Grundchemikalien ist jedoch fließend.[3]

Kleine Produktionsmengen je Produkt (weniger als 10.000 t pro Jahr) bei hoher Standardisierung weisen *Feinchemikalien* auf, die aufgrund ihres aufwendigen Produktionsverfahrens eine hohe Wertschöpfung und einen hohen Verkaufspreis erzielen. Zu Feinchemikalien gehören beispielsweise Aminosäuren, Aromachemikalien und ätherische Öle, Pharmazeutische Wirksubstanzen und Vitamine. Auch hier sind die Übergänge zur Klassifizierungsgruppe der Grundchemikalien fließend, wenn bestimmte Feinchemikalien, z.B. Vitamine, erfolgreich weiterverarbeitet werden können und Produktionsmengen gesteigert werden. *Spezialprodukte* sind durch einen hohen Differenzierungsgrad und kleine Produktionsmengen bei vergleichsweise hohem Verkaufspreis gekennzeichnet. Da die Anwendungsoptimierung und Problemlösung für den Kunden im Vordergrund steht, sind die Herstellungskosten nicht nur wegen der höheren Rohstoffkosten und des aufwendigeren Herstellungsverfahrens höher, sondern auch wegen der höheren Personalkosten in Forschung und Entwicklung, dem Verkauf und Kundendienst.[4] Zu den Spezialprodukten zählen z.B. Adsorptionsmittel, Anstrichmittel, Aromen und Riechstoffe, Arzneimittel, Diagnostika, Frostschutzmittel, Kerzen, Leuchtstoffe, Pestizide, Schmierstoffe, Spezialkunststoffe, Süßstoffe, Treibmittel, Wasch- und Reinigungsmittel sowie Weichmittel. Bei wachsender Durchdringung des Marktes und größeren Produktionsmengen wechseln die Produkte von der Klasse der Spezialprodukte zu der Klasse der Industrieprodukte.

Die Vielfalt der Produkte wird ergänzt durch die komplexe Abnehmerstruktur der Chemischen Industrie, die von der eigenen Branche über das Gesundheitswesen, den Straßenfahr-

---

1 Vgl. VERBAND DER CHEMISCHEN Industrie, Chemiewirtschaft, S. 10f.

2 Im folgenden: Vgl. AMECKE, Chemiewirtschaft, S. 58ff.

3 Vgl. AMECKE, Chemiewirtschaft, S. 83.

4 Vgl. AMECKE, Chemiewirtschaft, S. 110.

zeugbau, die Bauwirtschaft, die Landwirtschaft, Textil-, Elektro- und Verpackungsindustrie, die Branchen Druck und Papier, Nahrung und Genuß und andere bis hin zum privaten Endverbraucher reicht.[1]

Da die Chemische Industrie zudem produktionstechnisch derart gekennzeichnet ist, daß, ausgehend von einer Primärchemikalie, im weiterverarbeitenden Produktionsprozeß Kuppelprodukte anfallen, die zu völlig unterschiedlichen Zwischen- und Endprodukten weiterverarbeitet werden können, erzeugen die Unternehmen der Chemischen Industrie eine Vielzahl an Produkten, die in heterogenen Produkt-Märkten vertrieben werden. Entsprechend können für die einzelnen Produkte unterschiedliche Wettbewerbsstrategien angenommen werden.

Diese lassen sich anhand des oben beschriebenen Klassifikationsschemas der Chemischen Produkte in Verbindung mit den von Porter entwickelten wettbewerbsstrategischen Grundpositionierungen grob darstellen:[2] Wettbewerbsvorteile bei Grundchemikalien sind vor allen Dingen durch Kostensenkungen, bei Spezialprodukten durch Produktdifferenzierungen zu erzielen. Bei Feinchemikalien und Industrieprodukten ist es von der Produktionsstruktur nicht eindeutig ableitbar, sondern von den externen Wettbewerbsbedingungen stark abhängig. Grundsätzlich ist bei standardisierten Produkten von Kostenstrategien auszugehen. Da die Feinchemikalien jedoch häufig von Nischenanbietern in geringen Produktionsmengen angeboten werden, können Differenzierungsstrategien, bezogen auf spezifische Marktsegmente, dominieren. Ähnlich stellt es sich bei den Industrieprodukten dar. Durch ihr Merkmal der Produktdifferenzierung liegen Differenzierungsstrategien über Verfahrens- oder Produktinnovationen nahe, bei zunehmender Standardisierung und wachsendem Konkurrenzdruck ist jedoch eine Kostenstrategie von hoher Bedeutung.

Versucht man, die Vielzahl der Produkte der Chemischen Industrie anhand ihrer produkt- und marktbezogenen Merkmale einzugrenzen, so findet sich häufig eine Differenzierung zwischen der Chemischen Industrie und der Pharmazeutischen Industrie.[3] Dies liegt vor allen Dingen in der hohen Forschungsintensität des Pharmabereichs begründet und den spezifischen, teilweise staatlich reglementierten Absatzbedingungen von rezeptpflichtigen Arzneimitteln, die zudem durch eine höhere Verbrauchernähe als die klassischen Chemieprodukte gekennzeichnet sind.

Diese Einteilung erscheint jedoch wiederum zu grob, als sie im Chemiebereich Produkte zusammenfaßt, welche von den Forschungs- und Marktbedingungen weniger den klassischen chemischen als den pharmazeutischen Produkten nahe stehen, wie z.B. Pflanzenschutzmittel

---

1 Vgl. VERBAND DER CHEMISCHEN INDUSTRIE, Chemiewirtschaft, S. 17.

2 Vgl. hierzu auch: KOUBEK/CLEFF/PIEROTTI/SCHAFMEISTER, Unternehmensstrategien, S. 31f.

3 Siehe die sich hiernach unterscheidenden Branchenverbände VCI (Verband der Chemischen Industrie) und BPI (Bundesverband der Pharmazeutischen Industrie) sowie VFA (Verband Forschender Arzneimittelhersteller). Viele deutsche Chemieunternehmen sind sowohl im VCI als auch im VFA organisiert.
Zu den einzelnen Verbänden:
Vgl. VERBAND DER CHEMISCHEN INDUSTRIE, Chemiewirtschaft, S. 1ff.; VERBAND DER FORSCHENDEN ARZNEIMITTELHERSTELLER, Einblicke '95, S. 1ff.; BUNDESVERBAND DER PHARMAZEUTISCHEN INDUSTRIE, Daten '95; S. 1ff.

und Tierarzneimittel. Nimmt man ähnliche Forschungs- und Marktbedingungen zum Ausgangspunkt einer Klassifikation, so läßt sich zwischen den Chemiebereichen und den wirkstofforientierten Bereichen differenzieren. Die *Chemiebereiche* umfassen dabei sämtliche Grundchemikalien und einen großen Teil der Industrieprodukte, einen Teil der Feinchemikalien (z.B. Aminosäuren) sowie der Chemischen Spezialprodukte (z.B. Anstrich- und Frostschutzmittel, Waschpulver oder Kerzen). Dominierendes Kennzeichen für eine Vielzahl der Produkte in den Chemiebereichen sind ihre industrielle Massenfertigung und eine hohe Anlagen- und Kapitalintensität. Hier trägt zum Erhalt der Wettbewerbsfähigkeit neben der Förderung günstiger Kostenstrukturen insbesondere technologisches Fachwissen bei. Prägendes Merkmal ist für diesen Bereich zum weiteren eine Abnehmerstruktur, die überwiegend an Industriekunden ausgerichtet ist.

Demgegenüber umfassen die *wirkstofforientierten Bereiche* alle Produkte, die der Pflege und Gesundheit von Mensch, Tier und Pflanze dienen. Hierzu gehören neben einem Teil der Feinchemikalien (z.B. pharmazeutische Wirkstoffe) vor allem die Spezialprodukte der rezeptpflichtigen und rezeptfreien Arzneimittel, Tierarzneimittel sowie Pflanzenschutzmittel. Im Gegensatz zu den Chemiebereichen zeichnen sich die wirkstofforientierten Bereiche dadurch aus, daß die Produkte überwiegend für die privaten Endverbraucher bestimmt sind, die Produkte wenig standardisiert und in kleinen Serien hergestellt werden, die Herstellung ein hohes technologisches Wissen erfordert und in weiten Bereichen eine hohe Forschungsintensität gegeben ist.

Betrachtet man die Veränderungen, die sich in der Chemischen Industrie in den letzten Jahren durch Akquisitionen und Kooperationen ergeben haben, so unterstützen diese die obige Systematisierung in Chemie- und wirkstofforientierte Bereiche. So trennte das britische Traditionsunternehmen ICI im Jahr 1993 sämtliche Chemieaktivitäten von den Aktivitäten in den wirkstofforientierten Bereichen durch die Realteilung in das Chemieunternehmen ICI und in das wirkstofforientierte Unternehmen Zeneca.[1] Im Jahr 1996 fusionierten die beiden schweizerischen Traditionsunternehmen Ciba[2] und Sandoz zur Novartis AG, welche die drei Geschäftsbereiche Gesundheit, Agrochemie und Ernährung umfaßt. Damit rückt das neue Unternehmen zum zweitgrößten Pharmaunternehmen der Welt und zum größten Hersteller auf dem Agrochemikalienmarkt vor. Die bei Ciba und Sandoz noch vorhandenen Restchemieaktivitäten werden ausgegliedert oder verkauft.[3] Als Gründe für die Trennung von Chemie- und wirkstofforientierten Bereichen wird von den Unternehmen die effizientere Nutzung von Synergien und nicht zuletzt die besseren Kapitalisierungsmöglichkeiten an der Börse angesehen. Durch die Konzentration auf ähnliche Produkt-Märkte kann demnach schneller auf Marktveränderungen reagiert und die strategischen Optionen können besser genutzt werden. Für die Anleger entsteht hierdurch eine höhere Transparenz und Vergleichbarkeit mit anderen Unter-

---

1 Vgl. HOFMANN, Konzernstrukturen, S. 16.
Zur Entwicklung der beiden Unternehmen siehe die Fallstudie bei: KOUBEK/CLEFF/PIEROTTI/SCHAFMEISTER, Unternehmensstrategien, S. 121ff.

2 Zur Entwicklung des Unternehmens Ciba siehe die Fallstudie bei: KOUBEK/CLEFF/PIEROTTI/SCHAFMEISTER, Unternehmensstrategien, S. 95ff.

3 Vgl. o.V., Fusion, S. 1; o.V., Novartis, S. 17.

nehmen. Nicht zuletzt die unterschiedlichen Wachstumsraten und das Ertragsgefälle werden als Argumente für die Aufspaltung angeführt.[1] Andere Unternehmen sehen dagegen Synergievorteile in der Verknüpfung von Chemie- und wirkstofforientierten Bereichen.

Legt man diese Einteilung weiteren Überlegungen zugrunde, so ist zu vermuten, daß diese beiden Bereiche sich nicht nur in ihren Wettbewerbsstrategien unterscheiden, sondern sich ebenfalls durch unterschiedliche Ressourcenausprägungen auszeichnen. Die Annahme, daß sich die Bereiche in ihren Personalstrategien unterscheiden, ist entsprechend naheliegend. In der empirischen Untersuchung soll demzufolge anhand dieser beiden Bereiche geprüft werden, ob sich die Strategien einschließlich der Personalstrategien markant unterscheiden und welche Auswirkungen dies auf die unternehmensbezogenen Personalstrategien in den diversifizierten Chemieunternehmen hat.

3.2.2 Auswahl der Unternehmen

Für die Unternehmensauswahl sind mehrere Kriterien zu berücksichtigen. Zunächst sollten die in Frage kommenden Unternehmen möglichst die komplexe Produktstruktur der Chemischen Industrie abdecken und sowohl in den Chemie- als auch wirkstofforientierten Bereichen weltweit führende Marktstellungen inne haben. Betrachtet man die zehn weltweit führenden Hersteller der Chemischen Industrie, so zeigt sich, daß die drei deutschen Großchemie-Unternehmen BASF, Bayer und Hoechst zu den fünf weltweit größten Herstellern gehören.[2]

Diese drei Unternehmen sind zudem breit diversifiziert und als Geschäftsbereichsorganisation strukturiert. Da im Rahmen der Untersuchung neben Strategie- auch Strukturzusammenhänge zu beachten sind, ist auf eine möglichst unmittelbare Vergleichbarkeit der Daten und Informationen zu achten. Dies kann darüber gewährleistet werden, daß zum einen der Fokus auf die Muttergesellschaft als Steuerungszentrum des Konzerns gerichtet wird, zum anderen die drei Unternehmen den gleichen gesellschaftsrechtlichen Rahmenbedingungen und nicht zuletzt den gleichen gesellschaftlichen Umfeldbedingungen einschließlich der gleichen Landeskultur unterliegen. Die im ersten Teil der Arbeit erörterten Wechselwirkungen zwischen gesellschaftsrechtlicher und führungsorganisatorischer Struktur gelten demzufolge für alle drei deutschen Unternehmen und bilden gleichermaßen den Rahmen für die jeweilige Strategiebildung und -umsetzung.

3.2.3 Auswahl der Geschäftsbereiche

Für die Darstellung der Geschäftsbereichsebene soll obiges Systematisierungsmerkmal nach Chemie- und wirkstofforientierten Bereichen aufgenommen werden und in jedem Unternehmen jeweils ein Geschäftsbereich stellvertretend für die Chemiebereiche und ein Geschäftsbe-

---

[1] Vgl. HOFMANN, Konzernstrukturen, S. 16.

[2] Vgl. Anhang, Tabelle 1.

reich stellvertretend für die wirkstofforientierten Bereiche empirisch untersucht werden. Bei der Geschäftsbereichsauswahl ergibt sich das Problem, daß die Unternehmen nur Zahlenmaterial für Arbeitsgebiete veröffentlichen, welche die Daten verschiedener Strategischer Geschäftsfelder und Geschäftsbereiche aggregieren, die zudem nicht in allen Teilen der Systematisierung in Chemie- und wirkstofforientierten Bereichen folgen.

So enthalten gleichnamige Arbeitsgebiete in den untersuchten Unternehmen unterschiedliche Geschäftsaktivitäten. Zum Beispiel umfaßt das Arbeitsgebiet Landwirtschaft bei der BASF-Gruppe die Geschäftsbereiche Pflanzenschutz und Düngemittel und repräsentiert dementsprechend sowohl die Chemie- als auch die wirkstofforientierten Bereiche. Der Bayer-Konzern faßt demgegenüber im Arbeitsgebiet Landwirtschaft die Geschäftsbereiche Pflanzenschutz und Tiergesundheit zusammen, die beide den wirkstofforientierten Bereichen zuzurechnen sind. Ähnliche unterschiedliche organisatorische und rechnerische Zusammenfassungen von Geschäftsaktivitäten ergeben sich bei gleichnamigen Geschäftsbereichen. So ist z.B. die Herstellung und der Vertrieb von Insektiziden im Bayer Konzern unterteilt nach Abnehmergruppen: im Geschäftsbereich Pflanzenschutz werden nur die Insektizide erfaßt, die für Landwirte bestimmt sind, während die Zielgruppe der privaten Endverbraucher durch den Geschäftsbereich Consumer Care abgedeckt wird, welcher rechnerisch im Arbeitsgebiet Gesundheit des Bayer Konzerns erfaßt wird. Der Geschäftsbereich Pflanzenschutz der BASF-Gruppe umfaßt dagegen sämtliche Geschäftsaktivitäten im Bereich Pflanzenschutz.

Die Auswahl der zu untersuchenden Geschäftsbereiche kann deshalb nur auf Grundlage der näheren Betrachtung der Arbeitsgebiete der Unternehmen im Rahmen der Fallstudien erfolgen. Folgende Übersicht zeigt, in welchen Geschäftsbereichen in den drei Unternehmen stellvertretend für die Chemiebereiche einerseits und wirkstofforientierten Bereiche andererseits der empirische Zugang gewonnen werden konnte:

Unternehmen	***Geschäftsbereich Chemiebereiche***	***Geschäftsbereich wirkstofforientierte Bereiche***
BASF-Gruppe	Industriechemikalien	Pflanzenschutz
Bayer Konzern	Kautschuk	Consumer Care
Hoechst Konzern	Chemikalien	Pharma

Die untersuchten Geschäftsbereiche repräsentieren damit sowohl Grundchemikalien als auch Industrieprodukte der Chemiebereiche. Ebenso werden die wirkstofforientierten Bereiche breit abgedeckt: die Geschäftsaktivitäten der untersuchten Geschäftsbereiche umfassen wirkstofforientierte Spezial- und Industrieprodukte, und im Arzneimittelmarkt umfassen sie die rezeptpflichtigen Arzneimittel wie den wachsenden Bereich der Selbstmedikation sowie die patentgeschützten Arzneimittel und den wachsenden Bereich der Generika.

3.2.4 Auswahl der Interviewpartner und Fragebogenkonstruktion

Da im Rahmen des deskriptiven Strategieverständnisses von einem Strategiebildungsprozeß im Unternehmen auszugehen ist, der nicht allein zentral auf der Ebene der Gesamtunternehmung stattfindet, wurde der empirische Zugang möglichst breit gewählt.

Die Interviews wurden mit Unternehmensvertretern der zweiten bis vierten Führungsebene sowohl auf Unternehmens- als auch auf Geschäftsbereichsebene geführt. Dabei wurden Experten bzw. Linienverantwortliche in die Befragung einbezogen, die zum einen aufgrund ihrer Position in der Strategischen Unternehmensplanung oder Geschäftsbereichs- bzw. Geschäftsfeldleitung mehr mit wettbewerbsstrategischen Aspekten, zum anderen aufgrund ihrer Position im Zentralbereich Personal oder als Personalverantwortliche im Geschäftsbereich mehr mit personalstrategischen Aspekten im Rahmen der Unternehmens- bzw. Geschäftsbereichsstrategiebildung verantwortlich zeichnen. Hierdurch konnten die verschiedenen Perspektiven, die bei den Führungskräften auf den unterschiedlichen Ebenen vorhanden sind und möglicherweise von den offiziellen zentralen Unternehmensplanungen in Teilen abweichen, in den Erkenntnisgewinnungsprozeß einbezogen werden. Die Befragung deckt damit das betrachtete Spannungsfeld zwischen den verschiedenen Ebenen Gesamtunternehmung, Geschäftsbereiche und Personalfunktion ganzheitlicher ab.

Insgesamt wurden in den drei Unternehmen teilstrukturierte Interviews von ein- bis dreistündiger Dauer mit 22 Führungskräften in der Zeit von Oktober 1995 bis März 1996 durchgeführt.

Entsprechend der unterschiedlichen Zielgruppen der Befragten wurden zunächst vier verschiedene Fragebogen als Gesprächsgrundlage verwandt:[1]

- *Ebene der Gesamtunternehmung*:

Fragebogen Ia für die Unternehmensplanung: Die Fragen beziehen sich schwerpunktmäßig auf die Produkt-Markt-, Internationalisierungs-, Wettbewerbs- sowie Personalstrategien auf Unternehmensebene. Ergänzend werden Fragen hinsichtlich der strategischen Autonomie der Geschäftsbereiche gestellt.

Fragebogen Ib für den Zentralbereich Personal: Dieser stellt ebenfalls die Produkt-Markt-, Internationalisierungs-, Wettbewerbs- und Personalstrategien auf Unternehmens- und Geschäftsbereichsebene sowie die Frage nach der strategischen Autonomie der Geschäftsbereiche in den Mittelpunkt. Ergänzend beziehen sich die Fragen auf die Gestaltung der personalpolitischen Funktionsfelder Entgelt- und Anreizsystem, Personalentwicklung, Personalaus-

[1] Vgl. Anhang, Fragebogen.

wahl und -beschaffung sowie Personalbeurteilung zwischen Unternehmen und Geschäftsbereichen.[1]

• *Ebene der Geschäftsbereiche*:

Fragebogen IIa für die Geschäftsbereichsleitung bzw. ihre Vertretung: Dieser stellt die Produkt-Markt-, Internationalisierungs-, Wettbewerbs- und Personalstrategien auf Geschäftsbereichsebene in den Mittelpunkt. Ergänzend beziehen sich die Fragen auf die Autonomie des Geschäftsbereichs.

Fragebogen IIb für den Personalbereich des Geschäftsbereichs: Die Fragen haben die Produkt-Markt, Internationalisierungs-, Wettbewerbs- und Personalstrategien des Geschäftsbereichs zum Gegenstand. Zum weiteren beziehen sich die Fragen auf die strategische Autonomie des Geschäftsbereichs einschließlich der Personalstrategien. Schließlich werden ausgewählte personalpolitische Funktionsfelder betrachtet, um internationale geschäftsbereichsspezifische Personalstrategien identifizieren zu können.

Im Verlauf der empirischen Untersuchung stellte sich heraus, daß die personalpolitischen Funktionsfelder Entgelt-/Anreizsysteme und Personalentwicklung für Führungskräfte von den Unternehmen selbst als strategisch bedeutsame Felder eingestuft wurden. Deshalb wurden auf Unternehmensebene zusätzlich Interviews mit den zuständigen Vertretern für Führungskräfteentgeltsysteme und Führungskräfteentwicklung durchgeführt.

• *Ebene der Gesamtunternehmung*:

Fragebogen Ic für die Abteilung Führungskräfteentwicklung: Hier wird abgefragt, inwieweit die Führungskräfteentwicklungsplanung in die Unternehmensstrategiebildung mit eingeht und inwieweit den geschäftsbereichsspezifischen und weltregionalen Differenzierungen im Rahmen der unternehmensweiten Führungskräfteentwicklungsplanung Rechnung getragen wird.

Fragebogen Id für die Abteilung Entgeltsysteme, Führungskräfteanreizsysteme: Hier wird abgefragt, inwieweit das Führungskräfteanreizsystem in die Unternehmensstrategiebildung mit eingeht und inwieweit den geschäftsbereichsspezifischen und weltregionalen Differenzierungen im Rahmen des unternehmensweiten Anreizsystems für Führungskräfte Rechnung getragen wird.

[1] Diese Funktionsfelder werden von den Ansätzen zum Strategischen Personalmanagement als relevant erachtet. Siehe Punkt 2.1.4.1 dieser Arbeit.

4 BASF-Gruppe

4.1 Gesamtunternehmung

4.1.1 Allgemeine Unternehmensdaten

Die BASF-Gruppe ist eines der größten Chemieunternehmen der Welt und rangiert auf Platz 3 der Rangliste.[1] Die Produktpalette der über 8.000 chemischen Erzeugnisse reicht von Roh- und Hilfsstoffen über Vor- und Zwischenprodukte bis hin zu Endprodukten sowohl für den industriellen Einsatz als auch für den Endverbrauch.[2] Die Produktionsstandorte verteilen sich weltweit auf 39 Länder, wobei der deutsche Standort und Heimatsitz Ludwigshafen mit einem Beschäftigungsanteil von 44 % der gesamten Gruppe immer noch den regionalen industriellen Schwerpunkt der BASF darstellt.

Die BASF-Gruppe verzeichnet im Betrachtungszeitraum zwischen 1988 und 1995 zunächst eine steigende Umsatzentwicklung auf rd. 46 Mrd. DM in 1989.[3] Hieran schließt sich jedoch ein kontinuierlicher Umsatzrückgang an, der konjunkturell bedingt in 1993 einen Tiefstwert von rd. 40,6 Mrd. DM erreicht. Mit dem konjunkturellen Aufschwung ab 1994 steigt der Umsatz wieder auf rd. 46 Mrd. DM im Jahr 1995 an. Die Entwicklung des Betriebsergebnisses weist analoge Tendenzen auf. Das Betriebsergebnis erreicht im Jahre 1989 einen Höhepunkt von rd. 4,3 Mrd. DM, fällt auf rd. 2 Mrd. DM im Jahr 1991 und sinkt auf ein Rekordtief von rd. 1 Mrd. DM im Krisenjahr 1993. In den beiden Folgejahren verdoppelt sich indessen das Betriebsergebnis wieder auf 2 Mrd. DM im Jahr 1994 und 4 Mrd. DM im Jahr 1995. Die Umsatzrentabilität sinkt zwischen 1989 und 1993 von 9,4 % auf 2,5 % und steigt ab da rapide auf 8,7 % im Jahr 1995. Hieran läßt sich die relative Konjunkturabhängigkeit des Konzerns erkennen, welche auf das starke Engagement in den klassischen Chemiebereichen zurückzuführen ist.

Die Höhe der Sachanlageinvestitionen bleibt trotz der konjunkturellen Einbrüche im Zeitverlauf auf einem hohen Niveau zwischen rd. 3,3 Mrd. DM und 4,8 Mrd. DM. Im Jahr 1992 erreichen die Sachanlageinvestitionen sogar annähernd 5,5 Mrd. DM, wenn man die dort nicht ausgewiesenen Investitionen in Höhe von 1,3 Mrd. DM für den Bau eines Steamcrackers in Antwerpen mit einbezieht. Die Sachanlageinvestitionsquote schwankt in den Jahren 1988 bis 1993 zwischen 8,3 % und 10,8 % und sinkt jedoch ab auf 6,2 % im Jahr 1994 und 6,5 % im Jahr 1995. Die Kennziffer Sachanlageinvestitionen je Beschäftigten beziffert sich im Betrachtungszeitraum auf 25.000 DM bis 37.000 DM. Im Vergleich zu den anderen beiden untersuchten Chemieunternehmen bewegt sich die BASF-Gruppe hier auf einem hohen Niveau. Die Ausgaben für Forschung und Entwicklung (F&E-Ausgaben) schwanken zwischen 1,8 Mrd. DM und 2,1 Mrd. DM. Die F&E-Quote bleibt im Betrachtungszeitraum auf einem relativ stabilen Niveau von durchschnittlich 4,5 % und liegt damit deutlich unter der Sachan-

---

[1] Vgl. Anhang, Tabelle 1.

[2] Vgl. BASF AG, Daten, S. 2.

[3] Im folgenden: Vgl. Anhang, Tabelle 2.

lageinvestitionsquote. Dies ist auf die mit dem Chemiegeschäft verbundene hohe Anlageintensität zurückzuführen. Anhand der Kennziffer F&E-Ausgaben je Beschäftigten läßt sich im Zeitverlauf jedoch eine wachsende Forschungsintensität beobachten, welche auf eine höhere Gewichtung der forschungsintensiveren Bereiche im Gesamtproduktportfolio schließen läßt.

Der Beschäftigungsstand erreicht bei der BASF-Gruppe im Jahr 1989 einen Höhepunkt von weltweit 136.990 Mitarbeitern und sinkt danach auf 106.565 Mitarbeiter im Jahr 1995. Der Umsatz je Beschäftigten kann zwischen 1988 und 1995 erheblich gesteigert werden: von rd. 314.000 DM auf rd. 434.000 DM. Dies läßt auf erhebliche Rationalisierungseffekte schließen.

4.1.2 Unternehmensstrategien

4.1.2.1 Vision 2010

Die BASF-Gruppe verabschiedete Ende 1994 die Vision 2010[1], die als langfristige Orientierung und Ausgangspunkt aller davon abgeleiteten Strategien, mittel- und langfristiger Planungsinstrumente des Unternehmens gilt.[2] Zentrale Inhalte der Vision sind die globale Orientierung auf die Hauptabsatzmärkte der Triade Westeuropa, USA/Kanada und Japan sowohl mit Produktion als auch mit Forschung und Entwicklung, einem Verständnis von der BASF als transnationalem Unternehmen, der Schwerpunktsetzung der Wertschöpfungsaktivitäten im Rahmen des Verbundsystems auf die Chemie, den Ausbau angrenzender und konjunkturstabilerer Bereiche Erdgas und Pharma und der Erzielung einer im Konjunkturverlauf durchschnittlichen Rendite auf das eingesetzte Kapital von 10 %. Hierzu sollen die Aktivitäten auf Kernarbeitsgebiete konzentriert werden, in denen das Unternehmen über eine herausragende Kompetenz verfügt und im weltweiten Wettbewerb eine marktführende Stellung erzielt hat oder erzielen kann.[3]

Grundlage der Vision stellt ein Szenario dar, in dem erstens davon ausgegangen wird, daß die westeuropäischen Länder, Nordamerika und Japan als Absatzmärkte weiterhin für die Chemische Industrie von Bedeutung sind, allerdings gegenüber anderen Ländern mit geringerem Vorsprung. Zweitens wird davon ausgegangen, daß insbesondere Westeuropa in Zukunft von standortbezogenen Umstrukturierungen verstärkt betroffen sein wird, da die arbeits- und energieintensiven Industrien zunehmend in Länder mit günstigeren Rahmenbedingungen und besseren Wachstumsperspektiven abwandern. Dies wird auch für Abnehmerindustrien der Chemischen Industrie angenommen. Darüber hinaus wird unterstellt, daß die Region Süd- und Ostasien von den Abwanderungen aus Westeuropa am meisten profitieren und die dort mit dem raschen Bevölkerungswachstum einhergehende Industrialisierung zu einem erhöhten Chemieverbrauch führen wird. Als Folge wird erwartet, daß sich diese Region zum zweitgrößten Chemiemarkt der Welt entwickelt.[4] Schließlich wird davon ausgegangen, daß asiati-

[1] Vgl. BASF AG, Vision, S. 1f.
[2] Vgl. BASF AG, BASF-Gruppe, S. 1.
[3] Vgl. BASF AG, Erläuterungen, S. 2ff.
[4] Vgl. BASF AG, Erläuterungen, S. 3f.

sche Wettbewerber zunehmend auf den europäischen Markt drängen. Aus diesem Szenario folgert die BASF-Gruppe für die westeuropäische Chemie und insbesondere das eigene Unternehmen, daß das Vordringen asiatischer Wettbewerber abgewehrt werden muß. Außerdem sollen verlorengegangene Marktanteile in Westeuropa durch Marktanteilsgewinne in Südostasien mittels einer massiven Investitionspolitik kompensiert werden.[1]

Die Wertschöpfungsaktivitäten der BASF-Gruppe erstrecken sich zwar auf die ganze Wertkette chemischer Produktion, der Schwerpunkt liegt jedoch - wie weiter unten skizziert wird - in der Herstellung von Grundchemikalien und chemischen Zwischen- sowie Industrieprodukten und weniger in der Herstellung komplexer Endprodukte und Systeme. So produziert das Unternehmen von 300 sogenannten „Unsterblichen" der chemischen Grund- und Zwischenprodukte, die Basis für rd. 30.000 Produkte sind[2], rund 200 selbst. In der Herstellung dieser breiten Vorproduktbasis und der Schwerpunktsetzung auf die Chemiebereiche werden die Kernkompetenzen des Unternehmens gesehen, die nunmehr über leistungsfähige Produktverbundsysteme in der Triade global ausgebaut werden sollen. Da viele chemischen Industrieprodukte aufgrund der Transportschwierigkeiten auf die räumliche Nähe ihrer Abnehmerindustrien angewiesen sind, sichert sich die BASF-Gruppe über diese globale Orientierung langfristig die eigene existentielle Basis gegenüber heranwachsenden Konkurrenten in den Zukunftsmärkten.

Im folgenden sollen die Produkt-Markt-, Wettbewerbs- und Internationalisierungsstrategien der BASF-Gruppe im einzelnen skizziert werden.

4.1.2.2 Produkt-Markt- und Wettbewerbsstrategien

Die Geschäftsaktivitäten der BASF-Gruppe lassen sich grob in 6 Arbeitsgebiete unterteilen, die sich auf 22 Geschäftsbereiche[3] erstrecken und über 100 Geschäftsfelder umfassen. Da nur über die Arbeitsgebiete ein veröffentlichtes Zahlenmaterial vorliegt, müssen diese zur Darstellung wesentlicher Produkt-Markt- und Wettbewerbsstrategien herangezogen werden.

Das **Arbeitsgebiet Öl und Gas** wird durch die 100 %-BASF Tochter Wintershall Gruppe vertreten und umfaßt die Suche und Gewinnung von Erdöl und Erdgas, die Rohölverarbeitung, den Vertrieb von Mineralölprodukten und den Handel mit Erdöl und Erdgas.[4]

Das Arbeitsgebiet verzeichnet zwischen 1990 und 1994 einem sinkenden Umsatz von rd. 6,2 Mrd. DM auf 4 Mrd. DM und einen Anstieg des Umsatzes im Jahr 1995 auf 4,2 Mrd.

---

[1] Vgl. HEINZELBECKER/GRONYCH, Szenario, S. 11.

[2] Vgl. WILMES/KOWALEWSKY, Risiko, S. 157.

[3] Bei der BASF-Gruppe wird hier von Unternehmensbereichen gesprochen. Um eine einheitliche Begriffswahl in der Untersuchung sicherzustellen, wird abweichend von der unternehmensbezogenen Begriffsbestimmung die in den theoretischen Grundlagen erarbeitete Begrifflichkeit gewählt.

[4] Vgl. BASF AG, Geschäftsbericht 1994, S. 16.

DM.[1] Der Anteil des Arbeitsgebiets am Konzernumsatz bleibt dabei mit durchschnittlich 10 % relativ konstant. Das Betriebsergebnis beträgt im Jahr 1990 noch 335 Mio. DM und sinkt rapide auf 38 Mio. DM im Jahr 1992, um dann im Folgejahr wieder sprunghaft auf rd. 300 Mio. DM anzusteigen und bis 1995 wieder auf 201 Mio. DM zu sinken. Die uneinheitliche Entwicklung des Betriebsergebnisses ist auf die Schwankungen der Rohölnotierungen und den Preisdruck beim Absatz von Mineralölprodukten zurückzuführen.

Die F&E-Ausgaben des Arbeitsgebiets pendeln auf einem niedrigen Niveau zwischen 4 % und 6 % der gesamten F&E-Ausgaben des Konzerns. Die Sachanlageinvestitionen schwanken im Betrachtungszeitraum zwischen 171 Mio. DM und 470 Mio. DM, ausgenommen im Jahr 1993. Hier erfolgen Sachanlageinvestitionen in Höhe von rd. 1,2 Mrd. DM für die Fertigstellung der Ferngasleitung MIDAL von Emden nach Ludwigshafen. Der Anteil des Arbeitsgebiets an den Konzernsachanlageinvestitionen steigt entsprechend sprunghaft von einem geringen Niveau in Höhe von 6 % im Jahre 1992 auf 29 % im Jahr 1993 und beträgt in den Jahren 1994 und 1995 15 % bzw. 16 %. Die hohen Investitionen fließen in den Ausbau des Erdgasgeschäfts der BASF, das bis 1994 rd. 3,3 Mrd. DM an Investitionsmitteln gebunden hat. Davon wurde der größte Teil der Summe nicht als Sachanlageinvestitionen verbucht, sondern als Ausleihungen an verbundene Unternehmen finanzinvestiv wirksam. Neben dem Bau der Ferngasleitung MIDAL wurde die Ferngasleitung STEGAL durch Sachsen und Thüringen errichtet. Die Gasversorgung erfolgt dabei im wesentlichen durch den russischen Kooperationspartner und Erdgaskonzern Gazprom, mit dem die BASF-Gruppe das Gemeinschaftsunternehmen Wingas unterhält.[2]

Durch den Ausbau des Erdgasgeschäfts vollzieht die BASF-Gruppe, deren Werk Ludwigshafen nach eigenen Angaben zu den größten industriellen Erdgasabnehmern Deutschlands gehört, eine Rückwärtsintegration, die zu einer größeren Unabhängigkeit und auf längere Sicht - bezieht man die bisherige Quasi-Monopolsituation der Ruhrgas AG als Energielieferant in die Überlegungen mit ein[3] - auch zu erheblichen Kostensenkungen im Energiebereich führen wird. Da gerade die Energiekosten einer der wichtigsten Standortfaktoren für ein Chemieunternehmen sind, bildet diese Rückwärtsintegration nicht nur einen aus Risikostreuungsgründen zu vertretende Diversifizierung, sondern stellt einen grundlegenden Schritt zur Stärkung der vorhandenen industriellen Chemieaktivitäten in Europa und insbesondere Deutschland dar. Durch die auf längere Sicht sich abzeichnenden Kostensenkungen im Energiebereich kann sich die BASF-Gruppe einen wichtigen Wettbewerbsvorteil gegenüber der internationalen Konkurrenz sichern, welcher vor allem bei der Produktion von Grund- und Industriechemikalien voll zum Tragen kommt. Darüber hinaus gilt der Vertrieb von Erdgas an regionale und industrielle Großkunden als weniger konjunkturanfällig, so daß das Unternehmen durch den Ausbau dieses Bereichs seine konjunkturabhängigen Aktivitäten stärkt. Es wird damit zum zweitgrößten Gasanbieter in Deutschland,[4] wenngleich die Abhängigkeit von dem poli-

---

[1] Im folgenden: Vgl. Anhang, Tabelle 3.

[2] Vgl. EINECKE, BASF, S. 28; KOUBEK/KUNZE, Strategien, S. 25.

[3] Die Ruhrgas AG hatte bislang einen Marktanteil am deutschen Erdgasmarkt von mehr als 70 %. Vgl. o.V., Ruhrgas, S. 36.

[4] Vgl. WILMES/KOWALEWSKY, Risiko, S. 158.

tisch-instabilen Erdgasförderland Rußland nicht zu vernachlässigen ist. Wesentliche Wettbewerbsstrategie im Arbeitsgebiet ist demzufolge die Kostenstrategie.

Das Arbeitsgebiet **Chemikalien** umfaßt die Herstellung von Grundchemikalien, die weitgehend für den eigenen Bedarf bestimmt sind, die Produktion von Industriechemikalien sowie Feinchemikalien, insbesondere Vitamine.

Der Umsatz sinkt aus konjunkturellen Gründen von rd. 7,3 Mrd. DM im Jahr 1990 auf 5,4 Mrd. DM im Jahr 1993 und steigt danach wieder auf 6,5 Mrd. DM im Jahr 1995.[1] Der Anteil des Arbeitsgebiets am Konzernumsatz liegt relativ stabil zwischen 15 % und 16 %, mit Ausnahme des Jahres 1993, wo der Anteil auf 13 % sinkt. Im Gegensatz dazu steht der Anteil des Arbeitsgebiets am Betriebsergebnis des Konzerns. Mit 34 % im Jahr 1990, ansteigend auf 73 % im Jahr 1993 und immer noch 61 % im Jahr 1994 bzw. 51 % im Jahr 1995 trägt das Arbeitsgebiet hauptsächlich zum Betriebsergebnis des Konzerns bei. In absoluten Werten betrachtet, schwankt das Betriebsergebnis des Arbeitsgebiets im Betrachtungszeitraum zwischen 0,76 Mrd. DM und 2,1 Mrd. DM.

Die F&E-Ausgaben des Arbeitsgebiets bewegen sich auf einem niedrigen Niveau und sinken von 330 Mio. DM im Jahr 1991 auf 230 Mio. DM im Jahr 1995. Entsprechend sinkt der Anteil des Arbeitsgebiets an den Forschungsausgaben des Konzerns stetig von 16 % auf 11 % im Jahr 1995.

Die Entwicklung der Sachanlageinvestitionen verläuft bis 1991 mit steigender, dann sinkender Tendenz. Im Jahr 1995 beträgt das Investitionsvolumen mit 401 Mio. DM nur noch die Hälfte des Investitionsvolumens von 1991. Der Anteil des Arbeitsgebiets an den Konzerninvestitionen sinkt von 18 % in den ersten Jahren des Betrachtungszeitraums auf 13 % im Jahr 1995. Allerdings enthalten die ausgewiesenen Sachanlageinvestitionen nicht die Ausgaben für die Errichtung eines Steam Crackers in Antwerpen/Belgien mit einem Gesamtvolumen von rd. 1,3 Mrd. DM, so daß die Sachanlageinvestitionen deutlich höher zu veranschlagen sind. Hierbei handelt es sich um eine große Produktionsanlage, in der Rohöl zu Naphta „gecrackt" wird.[2] Dieses ist Ausgangsprodukt für sämtliche Primärchemikalien, wie z.B. Ethylen. Im Rahmen der chemischen Verbundproduktion sind zahlreiche Prozeßketten zur Herstellung weiterer Chemikalien nachgeschaltet. Damit wurde neben den beiden Steam Crackern in Ludwigshafen eine weitere große Produktionsanlage geschaffen, die im wesentlichen der Eigenversorgung mit Grundchemikalien dient und zum Aufbau eines - neben dem Stammwerk Ludwigshafen - weiteren Verbundstandortes der BASF-Gruppe in Europa führt.[3] Die hohe Investitionssumme von über 1 Mrd. DM und die mit der Produktionsanlage verbundene Verfahrenstechnologie führen dazu, daß die BASF-Gruppe gegenüber weltweit nachwachsenden Konkurrenten, insbesondere aus Schwellenländern, Wettbewerbsvorteile erzielt: Zum einen greift in dieser Anlage das Massenproduktionsgesetz, das zu erheblichen Kostenvorteilen

---

1 Im folgenden: Vgl. Anhang, Tabelle 4.

2 Vgl. AMECKE, Chemiewirtschaft, S. 135.

3 Vgl. o.V., BASF-Investition , S. 12; WOLTER, Investitionswelle, S. 20.

führt, zum anderen erschwert die hohe Kapitalintensität der Anlage das Nachwachsen von Konkurrenten. Da das Unternehmen die entstehenden Kapazitäten weitgehend zur Eigenversorgung nutzt, sichert es sich auf Dauer eine von externen Lieferanten unabhängige Versorgung mit Primärchemikalien. Unter der Voraussetzung eines stabilen Absatzes der eigenen chemischen Erzeugnisse führt dieser Kapazitätsausbau im Rahmen der Verbundproduktion auch zu erheblichen Kostenvorteilen für die nachgeschaltete Produktion.[1] Demzufolge läßt sich für das Arbeitsgebiet Chemikalien in weiten Teilen eine Kostenstrategie ableiten.

Das Arbeitsgebiet **Kunststoffe und Fasern** erstreckt sich auf die Herstellung von Standard- bis hin zu Spezialkunststoffen sowie auf die Herstellung von Fasern. Die BASF-Gruppe ist der größte Kunststoffhersteller in Europa.

Das Arbeitsgebiet stellt das umsatzträchtigste Arbeitsgebiet dar. Sein Anteil am Konzernumsatz steigt von 21 % im Jahr 1990 auf 27 % im Jahr 1995.[2] Absolut betrachtet bleibt der Umsatz des Arbeitsgebiets dennoch zwischen 1990 und 1993 relativ konstant zwischen 9,1 und 9,8 Mrd. DM, steigt allerdings sprunghaft auf über 12,5 Mrd. DM im Jahr 1995. Die Gewinnentwicklung folgt jedoch der Umsatzentwicklung bis zum Jahr 1994 nicht. Vielmehr zeichnet sich das Arbeitsgebiet im Betrachtungszeitraum durch ein erheblich beeinträchtigtes Betriebsergebnis aus. Beträgt das Betriebsergebnis im Jahr 1990 noch 403 Mio. DM, sinkt es im Jahr 1991 auf -52 Mio. DM und fällt drastisch auf -340 Mio. DM im Jahr 1993. Erst im Jahr 1994 kann aufgrund der allgemeinen konjunkturellen Belebung wieder ein positives, wenn auch, gemessen am Umsatz des Arbeitsgebiets, niedriges Betriebsergebnis in Höhe von 54 Mio. DM erzielt werden. Der Anteil am Konzernbetriebsergebnis sinkt entsprechend von 15 % im Jahr 1990 auf -33 % im Jahr 1993 und beträgt im Jahr 1994 auch nur 3 %. Im Jahr 1995 steigt das Betriebsergebnis indessen rapide auf 1,5 Mrd. DM, so daß das Arbeitsgebiet am Konzernergebnis einen Anteil von 37 % erwirtschaftet.

Die trotz der hohen Umsatzzahlen unbefriedigende Gewinnentwicklung in dem Zeitraum von 1990 bis 1994 ist auf das niedrige Preisniveau des bis dahin von Überkapazitäten gekennzeichneten Weltmarkts im Bereich von Standardkunststoffen und Faserprodukten zurückzuführen. Neben der drastischen Erhöhung der Mengennachfrage auf dem Weltmarkt ab 1994 konnten die Ergebnisverbesserungen ab 1994 durch gezielte Rationalisierungsmaßnahmen und Umstrukturierungen erreicht werden. So wurden die durch den Kostendruck aus Fernost unrentabel gewordenen Faseraktivitäten, wie z.B. die Herstellung von Polyesterfäden oder bestimmten Nylonprodukten, eingestellt und die noch vorhandenen Geschäftsaktivitäten auf die Fertigung von Nylon-6-Produkten konzentriert. Zum weiteren wurde vor dem Hintergrund des Verlusts an Absatzpotentialen die Entwicklung und Fertigung von Hochleistungskunststoffen

---

[1] Bei einem Absatzeinbruch der eigenen industriellen chemischen Erzeugnisse und demzufolge geringeren Eigenbedarfs an Primärchemikalien kann das Unternehmen diese auch an andere weiterverarbeitende Unternehmen der Chemischen Industrie verkaufen, da die BASF in Europa einige der wenigen Unternehmen der Chemischen Industrie darstellt, die Steam Cracker betreiben. Im übrigen verkauft die BASF-Gruppe auch schon derzeit einen Teil seiner Kapazitäten in Antwerpen an das Chemie-Unternehmen Dow.
Vgl. o.V., Ethylen-Bilanz, S. 2.
Vgl. hierzu: BASF AG, Geschäftsbericht 1994, S. 22.

[2] Im folgenden: Vgl. Anhang, Tabelle 5.

eingestellt.[1] Dagegen führte der Zukauf der seit längerem auf BASF-Anlagen gefertigten Polypropylen-Erzeugnisse von ICI[2] zu einer Stärkung dieser Aktivitäten im Kunststoffbereich, so daß durch die Ausweitung des Mengenangebots Kostenvorteile erzeugt werden können. Stärken der BASF-Gruppe liegen insbesondere im Bereich von Polyolefinen, PVC und technischen Kunststoffen.[3] Die technischen Kunststoffe stellen dabei den Umsatzträger dar. Neben großvolumigen Standardkunststoffen wie Polyolefine und Polystyrol produziert die BASF-Gruppe umfangreiche Spezialitäten. Das breite Produkt-Portfolio im Kunststoffbereich hält die Auswirkungen von internen Substitutionsprozessen zwischen einzelnen Kunststoffarten (z.B. Polypropylen gegenüber Polystyrol oder ABS gegenüber PVC) begrenzt.[4]

Die F&E-Ausgaben sinken im Zeitverlauf von 413 Mio. DM im Jahr 1990 auf 335 Mio. DM im Jahr 1995. Der Anteil an den Konzern-F&E-Ausgaben schwankt zwischen 20 % und 16 % und stellt neben dem Arbeitsgebiet Farbstoffe und Veredelungsprodukte den zweitwichtigsten Forschungsschwerpunkt der BASF-Gruppe dar. Dabei partizipiert besonders der Geschäftsbereich Technische Kunststoffe von den Forschungsausgaben des Arbeitsgebiets. Betrachtet man hingegen die F&E-Ausgaben im Verhältnis zum Umsatz des Arbeitsgebiets, so sinkt die F&E-Quote des Arbeitsgebiets von 4,3 % auf 2,7 % und verzeichnet gegenüber dem Konzerndurchschnitt von rd. 4,5 % eine sinkende Tendenz.

Die Sachanlageinvestitionen weisen einen stark sinkenden Verlauf von 934 Mio. DM im Jahr 1990 auf weniger als die Hälfte im Jahr 1995 in Höhe von 387 Mio. DM auf. Der Anteil an den konzernweiten Sachanlageinvestitionen reduziert sich demgemäß von 21 % im Jahr 1990 auf 13 % im Jahr 1995. Die Sachanlageinvestitionsquote sinkt ab 1991 kontinuierlich von 10,3 % auf 3,1 % im Jahr 1995. Sie bleibt im Zeitverlauf unterhalb des Konzerndurchschnitts, was u.a. auf die erheblichen Desinvestitionen im Faserbereich zurückzuführen ist. Das Arbeitsgebiet ist in weiten Teilen seiner Geschäftsaktivitäten durch eine Kostenstrategie gekennzeichnet, im Geschäftsbereich Technische Kunststoffe werden hingegen über Produktinnovationen Differenzierungsvorteile angestrebt.

Das Arbeitsgebiet **Farbstoffe und Veredelungsprodukte** bezieht sich auf die Herstellung von verschiedenen Farbstoffen und Pigmenten, insbesondere für die Textil- und Lederindustrie, sowie auf die Herstellung von Veredelungsmitteln und Prozeßchemikalien.

Die Umsatzentwicklung verläuft zwischen 1990 und 1994 weitgehend gleichmäßig zwischen 7,5 Mrd. DM und 8,2 Mrd. DM.[5] Das Arbeitsgebiet trägt dabei stabil zum Konzernumsatz zwischen 18 % und19 % bei. Der Anteil des Arbeitsgebiets am Betriebsergebnis des Konzerns ist beträchtlich und schwankt zwischen 27 % und 34 %. In absoluten Werten ausgedrückt,

---

1 Die Hochleistungskunststoffe fanden bislang ihren Hauptabnehmer in der Rüstungsindustrie. Da die Investitionen im Rüstungsbereich in den letzten Jahren stark abnahmen, die Kunststoffe aber sehr kostspielig sind, konnte die Produktion und Weiterentwicklung ökonomisch rentabel nicht mehr betrieben werden.

2 Vgl. o.V., ICI-Geschäft, S. 4.

3 Vgl. o.V., Chemie, S. 13; o.V., Kunststoffgeschäft, S. 18; o.V., Wachstum, S. 9.

4 Vgl. o.V., Kunststoffe, S. 6.

5 Im folgenden: Vgl. Anhang, Tabelle 6.

trägt das Arbeitsgebiet zwischen 402 Mio. DM und 739 Mio. DM zum Betriebsergebnis der BASF-Gruppe bis 1994 bei und rangiert damit auf Platz zwei der Konzernumsatzträger. Im Jahr 1995 sinkt dagegen das Betriebsergebnis auf 291 Mio. DM und die Umsatzrentabilität beträgt nur noch 2,7 % gegenüber dem Vorjahr in Höhe von 9,0 %. Hierfür zeichnen vor allem die strukturellen Umwandlungen in der europäischen Textil- und Lederindustrie verantwortlich.

Die F&E-Ausgaben bewegen sich auf einem stabilen Niveau zwischen 326 Mio. DM und 376 Mio. DM. Die Entwicklung der Sachanlageinvestitionen verläuft im Arbeitsgebiet uneinheitlich. Bis zum Jahr 1992 steigen sie auf 638 Mio. DM an, fallen im Jahr 1993 auf 399 Mio. DM und steigen dann wieder 645 Mio. DM im Jahr 1995. Der Anteil an den Sachanlageinvestitionen des Konzerns schwankt zwischen 10 % und 21 %. Die Investitionen im Arbeitsgebiet fließen zunehmend nach Südostasien, insbesondere Shanghai und Indien, da dort im wachsenden Maße die Abnehmerindustrien Textil- und Lederwaren ansässig sind. Im Arbeitsgebiet wird neben der Weiterentwicklung von Produkten in weiten Teilen auf eine Kostenstrategie über Technologieführerschaft gesetzt, um auf diesem Wege weiterhin international wettbewerbsfähig zu bleiben.

Das Arbeitsgebiet **Landwirtschaft** umfaßt die Geschäftsbereiche Pflanzenschutz und Düngemittel sowie den im Jahr 1992 rechtlich ausgegliederten und in einem Gemeinschaftsunternehmen geführten Bereich Kali und Salzaktivitäten.

Das Arbeitsgebiet zeichnet sich durch eine sinkende Umsatzentwicklung von 5 Mrd. DM im Jahr 1990 bzw. 5,2 Mrd. im Jahr 1991 auf 3,7 Mrd. im Jahr 1994 aus.[1] Die Anteile am Gesamtumsatz des Konzerns sinken im Zeitverlauf geringfügig von 11 % auf 9 %. Diese Entwicklung ist jedoch erheblich auf die Ausgliederung der Kali- und Salzaktivitäten zurückzuführen, die umsatzmäßig nur noch bis 30.6.1993 zu Buche schlagen. Geht man somit von einer relativ stabilen Umsatzentwicklung des Arbeitsgebiets aus, so zeigt sich die Entwicklung des Betriebsergebnisses stark konjunkturabhängig. Die Ausschläge gehen von -40 Mio. DM Verlust im Jahr 1990 auf 127 Mio. DM Gewinn im Folgejahr, um dann wieder auf 45 Mio. DM im Jahr 1991 und -129 Mio. DM im Jahr 1992 zu sinken und schließlich im Jahr 1994 wieder sprunghaft auf 169 Mio. DM Gewinn anzusteigen. Der Anteil am Konzernbetriebsergebnis schwankt entsprechend: der Tiefstwert wird mit -13 % im Jahr 1993, der Höchstwert mit 8 % im Jahr 1994 erreicht.

Die Sachanlageinvestitionen sinken von 261 Mio. DM im Jahr 1990 auf 100 Mio. DM im Jahr 1994. Der Anteil an den Konzernsachanlageinvestitionen bleibt im Betrachtungszeitraum gering und sinkt von 6 % auf 4 %. Die F&E-Ausgaben sind dagegen auf einem vergleichsweise hohen Niveau und betragen zwischen 268 Mio. DM und 328 Mio. DM. Der Anteil des Arbeitsgebiets an den konzernweiten Forschungsausgaben beläuft sich auf 14 % bis 16 %.

---

[1] Im folgenden: Vgl. Anhang, Tabelle 7.

Das Arbeitsgebiet Landwirtschaft faßt agrarbezogene Geschäftsbereiche zusammen, die sich jedoch von den Marktbedingungen und daher wettbewerbsstrategisch stark unterscheiden. Der Geschäftsbereich Düngemittel und die ausgegliederten Kali- und Salzaktivitäten sind durch einen von Überkapazitäten und rückläufiger Nachfrage geprägten Agrarmarkt insbesondere in Europa gekennzeichnet. Die damit verbundenen Preissenkungen müssen durch Kostenreduzierungen aufgefangen werden. In den Geschäftsbereichen werden demzufolge Desinvestitionen durchgeführt und Kapazitätsabbau sowie Senkung der Fixkosten stehen im Vordergrund der Kostenstrategien.

Der Geschäftsbereich Pflanzenschutz agiert dagegen in einem Markt, der durch hohe produktbezogene Konkurrenz bei wachsendem Nachfragevolumen gekennzeichnet ist. Die BASF-Gruppe steht hier weltweit auf Platz 10. Die Erzielung einer Marktführerschaft auf der Basis von Differenzierungsvorteilen erfordert intensive Forschungsanstrengungen. Die hohen F&E-Ausgaben des Arbeitsgebiets Landwirtschaft sind demzufolge größtenteils dem Geschäftsbereich Pflanzenschutz zuzurechnen.

Das Arbeitsgebiet **Verbraucherprodukte** umfaßt mit seinen vier Geschäftsbereichen konsumnahe Produkte. Der Geschäftsbereich Pharma, vertreten durch die 100 %-BASF-Tochter Knoll-Gruppe, erzeugt Arzneimittel, die 100 %-Tochter Lacke und Farben AG repräsentiert die beiden Geschäftsbereiche Farben/Lacke und Drucksysteme. Im Geschäftsbereich Informationssysteme sind die 100 %-Tochter BASF Magnetics GmbH und die 100 %-Tochter Comparex Software und Service GmbH zusammengefaßt. Die BASF Magnetics GmbH produziert Videokassetten, während sich die Geschäftsaktivitäten der Comparex GmbH auf Großrechner, Peripheriesysteme und Dienstleistungen im informationstechnologischen Bereich beziehen.

Insgesamt stellt sich dieses Arbeitsgebiet für die BASF-Gruppe als drittumsatzstärkstes dar. Der Umsatz bleibt im Zeitverlauf relativ konstant bei leichten Schwankungen und beträgt im Jahr 1994 8,9 Mrd. DM.[1] Dies entspricht einem Konzernumsatzanteil von 20 %. Die hohe Bedeutung des Arbeitsgebiets am konzernweiten Umsatz schlägt sich jedoch keineswegs auf das Betriebsergebnis nieder. Vielmehr verzeichnet das Arbeitsgebiet über den gesamten Betrachtungszeitraum Verluste, beginnend mit -18 Mio. DM im Jahr 1990, einem weiteren dramatischen Einbruch auf -345 Mio. DM im Jahr 1991, einer Verbesserung auf -103 im Jahr 1992 und weiteren Verlusten von -171 Mio. DM im Jahr 1993 und -37 Mio. DM im Jahr 1994. Diese sind überwiegend auf die Geschäftsbereiche Farben/Lacke und Drucksysteme zurückzuführen.

Die Sachanlageinvestitionen des Arbeitsgebiets Verbraucherprodukte steigen von 501 Mio. DM im Jahr 1990 auf 600 Mio. DM im Jahr 1992, um dann bis zum Jahr 1994 auf die Hälfte in Höhe von 301 Mio. DM zu sinken. Der Anteil des Arbeitsgebiets an den Konzerninvestitionen steigt von 11 % im Jahr 1990 auf 14 % im Jahr 1992 und sinkt dann wieder auf 10 %

[1] Im folgenden: Vgl. Anhang, Tabelle 8.

im Jahr 1993 und 11 % im Jahr 1994. Die Sachanlageinvestitionsquote liegt dabei deutlich unter dem Konzerndurchschnitt.

Die F&E-Ausgaben sind dagegen mit Werten zwischen 498 Mio. DM und 560 Mio. DM im Vergleich zu den anderen Arbeitsgebieten am höchsten und partizipieren demgemäß an den Konzernforschungsausgaben mit einem Anteil von 26 % bis 29 %. Die F&E-Quote des Arbeitsgebiets liegt mit rd. 6 % durchweg über dem Konzerndurchschnitt. Mehr als die Hälfte der Forschungsausgaben im Arbeitsgebiet fließen dabei in den Geschäftsbereich Pharma, der eine überdurchschnittlich hohe F&E-Quote aufweist. Diese verzeichnet seit 1988 ein stetiges Wachstum von rd. 12 % auf über 16 % im Jahr 1994.[1]

Im Arbeitsgebiet stellen die Geschäftsbereiche Farben/Lacke und Drucksysteme die Problembereiche dar, da sie im Gegensatz zum Pharmabereich in relativ gesättigten und durch harten Preisdruck geprägten Absatzmärkten agieren. Die Verkaufspreise auf den Hauptabnehmermärkten in der Automobil-, Druck- und Verpackungsindustrie stehen unter großem Druck, während die Rohstoffpreise steigen[2]. Entsprechend stehen die beiden Bereiche unter hohem Kostendruck. Das Umsatzvolumen beziffert sich auf rd. 1,7 Mrd. DM, die Ertragslage ist unbefriedigend. Die Umsatzrentabilität der BASF Lacke und Farben AG liegt im Jahr 1993 bei 0,8 % und im Jahr 1994 bei 2,9 %.[3] Insbesondere weist der Geschäftsbereich Drucksysteme trotz Mengenwachstums in den letzten Jahren dauerhaft Verluste auf.[4] Ähnliches gilt für den Geschäftsbereich Informationssysteme. Im Magnetbandgeschäft wurden jahrelang Verluste geschrieben[5] und im Jahr 1994 erstmals wieder ein positives Ergebnis erzielt.[6]

Der Geschäftsbereich Pharma agiert dagegen in einem grundsätzlich expandierenden Markt, der jedoch durch Reglementierungen und Kostendämpfungsmaßnahmen im Gesundheitsbereich sowie wachsender Konkurrenz von seiten der Generikahersteller gekennzeichnet ist.[7] Als Problem stellten sich bislang für den Geschäftsbereich die geringen Umsatzmargen von rd. 2 Mrd. DM heraus, welche wegen der hohen Forschungsausgaben die im Pharmabereich notwendige kritische Umsatzgröße von rd. 1 % am Weltmarkt nicht erreichten. So liegt die F&E-Quote im Jahr 1994 bei rd. 16 %.[8] Dieses Problem betreffend hat die BASF-Gruppe strategisch eine entscheidende Weiche gestellt. Durch den Kauf des amerikanischen Pharmaunternehmens Boots Pharmaceuticals Corporation im Jahr 1995 erhöhte der Konzern seinen Pharmaumsatz auf über 3 Mrd. DM, was einem Marktanteil von weltweit rd. 2 % ent-

---

1 Vgl. KNOLL AG, Geschäftsberichte 1988-1992; KNOLL AG, Information 1993-1994. Eigene Berechnungen.

2 Vgl. o.V., Lacke, S. 9f.

3 Vgl. BASF LACKE UND FARBEN AG, Geschäftsberichte 1993-1994. Eigene Berechnungen.

4 Vgl. o.V., Umbau, S. 9; o.V., Druckfarben, S. 10.

5 Vgl. WILMES/KOWALEWSKY, Risiko, S. 158.

6 Vgl. o.V., BASF, S. 12.

7 Vgl. o.V., Belebung, S. 16.

8 Vgl. KNOLL AG, Information 1994. Eigene Berechnungen.

spricht. Hiermit wird die kritische Umsatzgröße überschritten in einem Weltmarkt mit einem Marktvolumen von rd. 230 Mrd. $[1], an dem die weltweit führenden Hersteller auf maximal 6 % Marktanteil gelangen. BASF Pharma rangiert nunmehr auf Platz 30 der weltweit größten Pharmaunternehmen.[2] Außerdem eröffnet sich die BASF-Gruppe über Boots den Zugang zum wichtigen nordamerikanischen Pharmamarkt im Bereich von Originalpräparaten.[3] Darüber hinaus verschaffte sich das Unternehmen durch die Kooperation mit dem größten Generika-Hersteller IVAX Corporation in Europa,[4] den Erwerb von Zweitzulassungen der Firma Hexal sowie den Erwerb der Vertriebsgesellschaft Sagitta Arzneimittel GmbH den Markteintritt ins Generika-Geschäft,[5] das als zweites Standbein im Pharmabereich ausgebaut werden soll.[6] Über die neu gegründete BASF Generics GmbH soll der Generika-Markt (Nachahmerprodukte ohne Patentschutz) in Deutschland bearbeitet werden.[7] An den Akquisitionen der jüngsten Zeit läßt sich erkennen, daß der Geschäftsbereich Pharma im Arbeitsgebiet Verbraucherprodukte zu den strategisch bedeutsamen Kernarbeitsgebieten des Konzerns gehört.

Seit 1996 grenzt die BASF-Gruppe ihre Geschäftsaktivitäten rechnerisch neu ab, so daß die Arbeitsgebiete zum Teil anders strukturiert sind.[8] Die größten Veränderungen betreffen das Arbeitsgebiet Verbraucherprodukte, das bislang sämtliche verbrauchernahen Endprodukte der BASF-Gruppe zusammenfaßte, ohne die heterogenen Produkt-Markt-Bedingungen zu berücksichtigen. Es wurde rechnerisch aufgelöst und sämtliche informationstechnologischen Geschäftsaktivitäten in dem neuen Arbeitsgebiet **Informationssysteme** mit einem Umsatzvolumen von 2,5 Mrd. DM erfaßt.[9] Die Geschäftsbereiche Farben/Lacke und Drucksysteme wurden dem Arbeitsgebiet Farbstoffe/Farbmittel und Veredelungsprodukte zugeordnet, so daß dieses nunmehr sämtliche Wertschöpfungsaktivitäten vom Vor- bis zum Endprodukt rechnerisch abbildet.

Neu entstanden ist das Arbeitsgebiet **Gesundheit und Ernährung**, das den Geschäftsbereich Pharma und das bisherige Arbeitsgebiet Landwirtschaft mit den Geschäftsbereichen Pflanzenschutz und Düngemitteln umfaßt. Damit deckt das neue Arbeitsgebiet in großen Teilen die wirkstofforientierten Bereiche der BASF-Gruppe ab, wenngleich mit der Einschränkung, daß der Geschäftsbereich Düngemittel zu den Chemiebereichen zu zählen ist. Das neue Arbeitsgebiet erzielt im Jahr 1995 einen Umsatz von rd. 8 Mrd. DM und hält damit einen Anteil am

---

1 Vgl. WOLTER, Mauerblümchen, S. 9.
2 Vgl. o.V., Kauf, S. 2.
3 Vgl. o.V., Pharma, S. 17; o.V., Originalpräparate, S. 6.
Vgl. auch: o.V., Boots, S. 16.
4 Vgl. hierzu: o.V., Ivax, S. 11.
5 Vgl. o.V., Pharma, S. 17; o.V., Pharma-Geschäft, S. 16.
6 Vgl. o.V., BASF, S. 12; o.V., Offensive, S. 21.
7 Vgl. o.V., Generika, S. 3.
8 Vgl. BASF AG, Geschäftsbericht 1996, S. 6ff.
Vgl. Anhang, Tabelle 16.
9 Vgl. Anhang, Tabelle 10.

Konzernumsatz in Höhe von 17 %.[1] Die Umsatzrentabilität in Höhe von 2,4 % ist jedoch im Vergleich zu den Chemiearbeitsgebieten relativ gering.

4.1.2.3 Internationalisierungsstrategien

Entgegen dem in der Vision 2010 angestrebten Zustand einer globalen Standortpräsenz konzentrieren sich die Wertschöpfungsaktivitäten der BASF-Gruppe bislang stark auf Europa und hier besonders auf Deutschland. Rd. 2/3 des weltweit getätigten Umsatzes werden von europäischen Gesellschaften, die Hälfte des weltweit getätigten Umsatzes von deutschen Gesellschaften (insb. der BASF AG) erzielt.[2] Im Jahr 1995 erwirtschaftet der Konzern 19 % des Umsatzes in Nordamerika. Dagegen bleibt der Umsatz der in der Weltregion Asien vertretenen BASF-Gesellschaften noch gering (zusammen mit Afrika und Australien: 4 %).

Eine andere Gewichtung erhält das Regionalportfolio der BASF-Gruppe, wenn man den Umsatz nach seiner regionalen Herkunft, also dem regionalen Sitz der Kunden, betrachtet.[3] Es läßt sich zwar immer noch eine regionale Konzentration des BASF-Umsatzes in Europa erkennen, die Bedeutung der Region Asien/Afrika/Australien als Absatzmarkt liegt jedoch mit rd. 11 %, bzw. mit rd. 8 % allein in Asien[4], deutlich höher als es bisher durch den Umsatz der dort ansässigen Gesellschaften vermittelt wird. Der erwirtschaftete Umsatz in der Region Nordamerika in Höhe von 19 % entspricht dem Umsatzanteil der nordamerikanischen Gesellschaften. Eine deutliche Differenz hinsichtlich der regionalen Verteilung von Produktion und Absatz erkennt man wiederum im Heimatmarkt der BASF: während der Absatzmarkt Deutschland sich auf einen Umsatzanteil von rd. 27 % beziffert, erzielen die deutschen Gesellschaften einen Anteil von 51 % am weltweiten Umsatz des Unternehmens. Hieran erkennt man deutlich die noch starke Heimatland- und Heimatregionbindung der BASF-Gruppe.

Auch im Betriebsergebnis schlägt sich der europäische Schwerpunkt der Geschäftsaktivitäten nieder. So erwirtschaftet die BASF-Gruppe im Betrachtungszeitraum ihren Gewinn hauptsächlich in Europa und dort insbesondere in Deutschland. Der Anteil der europäischen Gesellschaften am Betriebsergebnis schwankt zwischen 83 % im Jahr 1990, 106 % im Jahr 1994 und 76 % im Jahr 1995.[5] Der Anteil der deutschen Gesellschaften am Betriebsergebnis des Konzerns liegt im Jahr 1995 sogar bei 85 %. Der Anteil Nordamerikas am Betriebsergebnis verzeichnet eine uneinheitliche Entwicklung: beginnend mit 13 % im Jahr 1990 sinkt es auf -4 % im Jahr 1992, steigt auf 17 % im Jahr 1993 wieder an, sinkt auf -15 % im Jahr 1994 und steigt wiederum auf 19 % im Jahr 1995. Der Anteil Asien/Afrika/Australien am weltweiten Betriebsergebnis verläuft auf einem geringen Niveau zwischen 1 % und 4 %.

---

[1] Vgl. Anhang, Tabelle 9.

[2] Vgl. Anhang, Tabelle 11.

[3] Im folgenden: Vgl. Anhang, Tabelle 12.

[4] Vgl. o.V., Vision, S. 19.

[5] Im folgenden: Vgl. Anhang, Tabelle 13.

Betrachtet man die Sachanlageinvestitionen, die eine wichtige Kennziffer zur Konstatierung künftiger Entwicklungstendenzen darstellt, läßt sich anhand des zur Verfügung stehenden statistischen Materials bislang keine - gegenüber den Umsatzzahlen - veränderte Internationalisierungsstrategie erkennen.[1] Die ab 1991 den Berechnungen zugrunde gelegten Daten weisen einen deutlichen regionalen Investitionsschwerpunkt in Europa auf, welcher weitgehend seinem gesellschaftsbezogenen Umsatzanteil entspricht. Berücksichtigte man die in den Sachanlageinvestitionen nicht ausgewiesenen Investitionen für den Steam Cracker in Antwerpen in Höhe von 1,3 Mrd. DM im Jahr 1992, so würde der europäische Anteil überproportional zu Buche schlagen.

Zwischen 1989 und 1994 verringert sich der Beschäftigtenstand weltweit um 28.082 Mitarbeiter, davon allein in Europa 23.512 Mitarbeiter. Dennoch bleibt die weltregionale Verteilung der Beschäftigung in der BASF-Gruppe im Betrachtungszeitraum weitgehend gleich.[2] Der europäische Anteil an der Gesamtbeschäftigung des Konzerns verringert sich nur geringfügig von 78 % im Jahr 1990 auf 76 % im Jahr 1995. Die Beschäftigungsanteile der nordamerikanischen Region bleiben mit 14 %, die der lateinamerikanischen Region mit 8 % gleich. Eine Ausnahme bildet die Region Asien/Afrika/Australien. Hier kommt es im Gegensatz zu allen anderen von der BASF bearbeiteten Regionen zu einem Beschäftigungsaufbau: von 1 % auf 3 % der konzernweiten Beschäftigung. Der Personalaufbau in dieser Region bezieht sich vor allem auf Asien, insbesondere China, wobei diesem Land eine Schlüsselfunktion für die Erschließung der gesamten asiatischen Region zugeschrieben wird.[3] Bis zum Jahr 2000 strebt das Unternehmen allein in China eine Umsatzverdoppelung auf rd. 1 Mrd. DM an.[4] Zur Zeit werden in der asiatischen Region hohe Investitionen getätigt mit dem Ziel, einen Verbundstandort nach dem Vorbild Antwerpens zur Versorgung der asiatischen Region aufzubauen.[5] Schon derzeit werden rd. 40 % des in der Region erwirtschafteten Umsatzes auch vor Ort hergestellt. Dieser Produktionsanteil soll zukünftig erhöht werden. Es bestehen Planungen, bestimmte Produkte (z.B. Pigmente, Textilfarbstoffe) aus der asiatischen Region dann nach Amerika und Europa zu exportieren.[6] Somit geben die vergangenheitsbezogenen Daten der hier vorgenommenen tabellarischen Auswertung die derzeitigen Unternehmensplanungen noch nicht wieder. Diese lassen jedoch für die Zukunft ein verändertes regionales Investitionsverhalten der BASF-Gruppe erwarten.

In der Vision 2010 negiert die BASF-Gruppe zudem die Vorstellung, ein internationales Unternehmen mit deutschen Wurzeln zu sein und formuliert den Anspruch, ein transnationales Unternehmen werden zu wollen. Dieses veränderte Selbstverständnis bleibt nicht ohne verän-

---

1 Vgl. Anhang, Tabelle 14.

2 Im folgenden: Vgl. Anhang, Tabelle 15.

3 Vgl. FISCHER, Südostasien, S. 130.
Vgl. auch: o.V., Chemie-Konzerne, S. 18; o.V., Asien-Geschäft, S. 26.

4 Vgl. o.V., Dynamik, S. 20.

5 Die BASF-Gruppe gilt jetzt schon als größter China-Investor. Der Aufbau eines Verbundstandortes wird mit rd. 3-4 Mrd. DM beziffert.
Vgl. o.V., Chemie, S. 13; o.V., China, S. 6.

6 Vgl. o.V., Dynamik, S. 20; o.V., Asien, S. 31.

derte Gewichtung in der unternehmensstrategischen Ausrichtung des Internationalisierungsprozesses: Die traditionelle Heimatlandbindung wird vom Anspruch her relativiert mit der Folge, daß sich die heimischen deutschen Standorte einer wachsenden internationalen Standortkonkurrenz innerhalb des Gesamtunternehmens stellen müssen. Erste Anzeichen in diese Richtung sind zu erkennen. Die Umstrukturierungen innerhalb der europäischen Region zu Lasten der deutschen Standorte, insbesondere des Stammsitzes Ludwigshafens, lassen sich schon jetzt nachvollziehen. So ist der Aufbau des neuen Verbundstandortes in Antwerpen[1] mit einer langsamen Desinvestitionspolitik in Ludwigshafen verbunden. Zudem verzeichnen die deutschen Standorte gegenüber den anderen europäischen Standorten einen überproportionalen Beschäftigungsabbau. Berücksichtigt man hierbei die Investitionen und den Beschäftigungsaufbau an den Standorten in den Neuen Bundesländern, ist wiederum überwiegend Ludwigshafen betroffen.

4.1.2.4 Zusammenfassung

An den jeweiligen Umsatzvolumina der Arbeitsgebiete der BASF-Gruppe läßt sich im Zeitverlauf u.a. die jeweilige Bedeutung der einzelnen Arbeitsgebiete für das Gesamtunternehmen ermessen.

Die konjunkturabhängigen Bereiche der klassischen Chemieaktivitäten (Chemikalien, Kunststoffe und Fasern, Farbstoffe und Veredelungsprodukte) haben einen Umsatzanteil zwischen 55 % im Jahr 1990 und 66 % im Jahr 1995, wobei die absoluten Umsatzwerte bis auf die konjunkturell bedingten Einbrüche in den Jahren 1992 und 1993 sogar steigend sind.[2] Die Chemiebereiche stellen dabei nicht nur die bedeutendsten Umsatzträger der BASF-Gruppe dar, sondern auch die wichtigsten Ergebnisträger. So geht die Erwirtschaftung des Betriebsergebnisses nahezu vollständig auf die drei Chemiebereiche zurück und die Umsatzrentabilität beziffert sich je nach konjunktureller Lage auf 3,6 % bis 12,6 %.[3] Bei den Konzernsachanlageinvestitionen und selbst bei den F&E-Ausgaben partizipieren die Chemiebereiche nahezu zur Hälfte an den konzernweiten Ausgaben.[4] Dies zeigt, daß in den Chemiebereichen die Kostenstrategien im wesentlichen über Technologieführerschaft erzielt werden sollen.

Rechnet man das Arbeitsgebiet Öl und Gas zu den Chemiebereichen hinzu, so beläuft sich der gesamte Anteil der kostenorientierten Arbeitsgebiete am Gesamtumsatz des Konzerns auf über 70 % im Jahr 1995. Dagegen sind die wirkstofforientierten Bereiche in der BASF-Gruppe, vertreten durch die Geschäftsbereiche Pharma und Pflanzenschutz, nur kleine Umsatz- und Ergebnisträger, für die der Konzern gemessen an ihren Umsatzanteilen hohe F&E-Ausgaben tätigen muß.

---

1 Für den Standort Antwerpen sprachen vor allen Dingen die gegenüber Ludwigshafen deutlich niedrigeren Energiekosten.

2 Vgl. Anhang, Tabelle 16.

3 Vgl. Anhang, Tabelle 17.

4 Vgl. Anhang, Tabelle 18; Tabelle 19.

Das in der Vision 2010 zum Ausdruck gebrachte Bekenntnis zur Chemie läßt sich folglich durch die Zahlen belegen. Die BASF-Gruppe verfügt hier über große Kernkompetenzen, die sich auch in den Anteilen am gesamten Betriebsergebnis niederschlagen. Die das Betriebsergebnis stark beeinflussenden konjunkturellen Einflüsse dieser Bereiche sollen langfristig durch den Ausbau der weniger konjunkturanfälligen Geschäftsbereiche Erdgas, Pharma, Pflanzenschutz und Feinchemie[1] geschmälert werden. Hierzu wurden in den letzten Jahren hohe Sachanlageinvestitionen im Erdgasgeschäft und hohe Finanzinvestitionen im Pharmabereich getätigt. Diese konjunkturstabileren Bereiche sollen bis zum Jahr 2010 die Hälfte des Gesamtumsatzes erwirtschaften.[2] Es ist auf Dauer absehbar, daß die im Rahmen der Vision 2010 angestrebte Stärkung von Kernarbeitsgebieten und die Erzielung einer Gesamtkapitalrendite von durchschnittlich 10 % zu einer Straffung des vorhandenen Produktprogramms nach Rentabilitätsgesichtspunkten führt. Längerfristig unrentable Bereiche und Produktfelder werden abgestoßen, andere ausgebaut. Am Arbeitsgebiet Kunststoffe und Fasern läßt sich dieser Fokussierungsprozeß exemplifizieren.

Insgesamt stellt sich die BASF-Gruppe als Chemieunternehmen dar, das den Schwerpunkt seiner unternehmerischen Aktivitäten auf den Beginn der chemischen Wertkette legt bis hin zur Herstellung von Zwischen- und Industrieprodukten. Aus der Vernetzung der Produktschritte im Verbund zieht das Unternehmen erhebliche Kosten- und demzufolge Wettbewerbsvorteile. Eine Stärkung dieser unternehmensstrategischen Ausrichtung als Chemieunternehmen erfolgt derzeit durch den Ausbau des Erdgasgeschäfts. Gleichsam stellt sich das Unternehmen dem wachsenden globalen Wettbewerb und der Verlagerung der eigenen Abnehmerindustrien in andere Weltregionen.[3] Durch den Aufbau von Verbundstandorten in wachsenden Märkten, insbesondere Asien, erhält sich das Unternehmen seine Kernkompetenzen im internationalen Wettbewerb und sichert sich damit seine eigene existentielle Basis. Die in der Vision 2010 angestrebte Transnationalität des Unternehmens und der nunmehr stark forcierte Internationalisierungsprozeß führen längerfristig zu einer abnehmenden Bedeutung der deutschen Standorte, insbesondere des im internationalen Maßstab hohen Gewichts des deutschen Standortes Ludwigshafens.

Die BASF-Gruppe zeichnet sich demzufolge als Unternehmen der Chemischen Industrie mit stark ausgeprägtem „Chemie"-Profil aus. Bei den Wettbewerbsstrategien dominieren Technologie- und Kostenstrategien. Die Produkt-Markt-Bedingungen der Geschäftsaktivitäten sind in weiten Teilen ähnlich strukturiert und technologiebedingte Integrationseffekte können ökonomisch effizient genutzt werden. Hierin werden auch Kernkompetenzen des Unternehmens gesehen, die als Wettbewerbsvorteile genutzt werden sollen und als Ausgangspunkt für Kerngeschäfte und -produkte gesehen werden. Die derzeit zu beobachtende Stärkung des Pharmabereichs verweist demnach weniger auf einen schrittweise zu vollziehenden Ausstieg aus den Chemiebereichen als auf den Versuch, die Konjunkturanfälligkeit der Gesamtunternehmung für die Zukunft durch konjunkturstabilere Bereiche zu begrenzen.

---

1 Vgl. o.V., Talfahrt, S. 10.

2 Vgl. BASF AG, Information b, S. 7.

3 Vgl. auch: o.V., Farben, S. 14.

4.1.3 Strukturorganisation

4.1.3.1 Gesellschaftsrechtliche Struktur

Größte Einzelgesellschaft der Gruppe mit rd. 44 % im Jahr 1994 und 46 % des Umsatzes im Jahr 1995 ist die deutsche Ober- und Muttergesellschaft BASF AG, deren Sitz und Produktionsaktivitäten sich auf Ludwigshafen konzentrieren.[1] Insgesamt umfaßt die BASF-Gruppe im Jahre 1994 weltweit 354 Gesellschaften, wovon 95 Gesellschaften in den Konzernabschluß einbezogen werden.

Bezogen auf den Umsatz hat neben der BASF-AG die US-Landesgesellschaft BASF Corporation mit rd. 21 % des Gruppenumsatzes größere Bedeutung. Danach folgen die Wintershall-Gruppe mit rd. 10 % und die BASF Antwerpen N.V. mit rd. 7 % des Gruppenumsatzes. Die BASF Lacke und Farben AG mit rd. 4 %, die BASF plc und BASF Magnetics GmbH mit rd. 3 % und schließlich die den Pharmabereich der BASF repräsentierende Knoll-Gruppe Deutschland mit rd. 2 % des Konzernumsatzes schließen die umsatzrelevanten Gesellschaften ab. Die restlichen 7 % des Umsatzes verteilen sich auf die im Gruppenabschluß erfaßten verbleibenden 77 Gesellschaften.[2]

Die BASF AG stärkte dabei in den letzten Jahren noch ihre Rolle als Hauptergebnisträger des Konzerns.[3] So erwirtschaftete die AG im Jahr 1994 allein 89 % des Konzernbetriebsergebnisses und im Jahr 1995 immer noch 58 %. Der AG-Anteil an den Konzern-F&E-Ausgaben in Höhe von rd. 68 % im Jahr 1994 und 63 % im Jahr 1995 ist gemessen an ihren Umsatzanteilen weit überdurchschnittlich, was auf die zentrale Konzentration der Forschung in Ludwigshafen zurückzuführen ist. Die gegenüber dem Konzerndurchschnitt überdurchschnittliche F&E-Quote der AG belegt diesen Zusammenhang. Der Anteil der AG an den Konzernsachanlageinvestitionen von 27 % im Jahr 1995 ist dagegen im Vergleich zu den AG-Anteilen am Konzernumsatz in Höhe von 46 % und am Konzernbetriebsergebnis in Höhe von 58 % weit unterdurchschnittlich. Die drastische Reduzierung der Sachanlageinvestitionsquote der AG von 7,2 % im Jahr 1991 auf 3,2 % im Jahr 1994 bzw. 3,8 % im Jahr 1995 verweist auf eine Desinvestitionsstrategie.[4]

Diese Aussage findet ihre Bestätigung, wenn man die Sachanlageinvestitionen und die Abschreibungen auf das Sachanlagevermögen der AG vergleicht. Hier ist in den letzten Jahren eine Verringerung des Netto-Wertes des Sachanlagevermögens zu verzeichnen. Es wird an dieser Stelle deutlich, daß die in Antwerpen und im Erdgasgeschäft getätigten Investitionen vor allem durch die positiven Ergebnisse der AG finanziert wurden.[5] Eine ähnliche Cash-Cow-Strategie ist für den Aufbau der Standorte in Asien zu erwarten. Dies wird zur Folge ha-

---

1 Vgl. Anhang, Tabelle 21.

2 Vgl. BASF AG, Daten, S. 18.

3 Im folgenden: Vgl. Anhang, Tabelle 21.

4 Vgl. hierzu auch: KOUBEK/KUNZE, Strategien, S. 39.

5 Vgl. KOUBEK/KUNZE, Strategien, S. 41.

ben, daß auf längere Sicht die derzeit noch vorhandene Dominanz der Muttergesellschaft gegenüber anderen Gesellschaften in der BASF-Gruppe sich schrittweise verringert.

Die AG bildet auch hinsichtlich der traditionellen und organisch gewachsenen, im chemischen Verbund betriebenen Wertschöpfungsaktivitäten einen einheitlichen gesellschaftsrechtlichen Rahmen in Deutschland. In eigenständigen Gesellschaften befinden sich die dem Verbund vorgelagerten (Arbeitsgebiet Öl und Gas) bzw. nachgelagerten Wertschöpfungsaktivitäten (Arbeitsgebiet Verbraucherprodukte), welche in den meisten Fällen auch zugekauft wurden, wie z.B. die Wintershall AG oder die Knoll AG des Geschäftsbereichs Pharma etc. Die BASF AG stellt demzufolge noch den Kern der BASF-Gruppe dar, sowohl was ihren Anteil an den Arbeitsgebieten der klassischen Chemie ausmacht[1] und im wesentlichen zum Chemie-Profil der BASF beiträgt als auch, was ihre Stellung gegenüber anderen Landesgesellschaften des Unternehmens betrifft. Denn trotz der internationalen Ausrichtung der Gruppe bildete die deutsche Muttergesellschaft BASF AG bislang weiterhin den weltregionalen Schwerpunkt. An dieser gesellschaftsrechtlichen Konstruktion des internationalen Stammhauskonzerns BASF läßt sich noch gut die historische Entwicklung des Unternehmens vom nationalen zum internationalen Konzern erkennen, ohne daß die Stammhauszentrierung abgestreift wurde. Dabei ist noch die Besonderheit zu beachten, daß sich sämtliche Wertschöpfungsaktivitäten der AG auf weitgehend einen Standort, nämlich Ludwigshafen, konzentrieren. Dies bleibt nicht ohne Auswirkungen auf die führungsorganisatorische Struktur des Gesamtunternehmens.

4.1.3.2 Führungsorganisatorische Struktur

Der gesellschaftsrechtlichen Struktur überlagert ist die führungsorganisatorische, die den organisatorischen Rahmen für die Bildung von Strategien und die Steuerung von Geschäftsprozessen bildet.

Die BASF-Gruppe unterhält eine Geschäftsbereichsorganisation, die in Form des Matrixmodells bzw. eines Tensormodells gestaltet ist. Diese mehrdimensionale Organisation wurde mit Beginn der 80er Jahre im Zuge der Internationalisierung eingeführt.[2]

Unter der Vorstandsebene sind 22 *Geschäftsbereiche* angesiedelt, die für die Entwicklung von Produkt- und Technologiestrategien weltweit zuständig sind. In ihre Regie fallen des weiteren die Investitionsplanung, die Preispolitik und die strategische Marketingentwicklung der Produkte. Die Geschäftsbereiche sind für die Produktion zuständig und tragen weltweit Ergebnisverantwortung. Daneben sind 13 bzw. ab Mitte 1996 11 *Länderbereiche*[3] unter dem Vorstand angesiedelt, die für die Erarbeitung von Länderkonzepten, insbesondere Markttaktik und den

---

1 Vgl. auch: Anhang, Tabelle 22.

2 Vgl. BASF AG, Daten, S. 5ff.

3 Zum 1.7.1996 wird die Europaorganisation der BASF-Gruppe gestrafft und von 5 auf 3 Länderbereiche reduziert: Zentral-, Nord- und Südamerika.
Vgl. o.V., Organisation, S. 14.

Vertrieb der Produkte verantwortlich zeichnen. Die Länderbereiche steuern die Geschäfte der BASF-Gruppengesellschaften in einem Land oder einer Region und sind für die jeweilige Region ergebnisverantwortlich. Der Sitz der Länderbereiche ist in den jeweiligen Regionen. Als dritte Dimension übernehmen 12 *Zentralbereiche* die weltweite Koordination bestimmter Funktionen (z.B. Finanzen, Ingenieurtechnik, Personal, Umwelt und Sicherheit etc.) und üben hier im Rahmen der Gruppensteuerung nicht nur eine Service-, sondern auch eine Kontrollfunktion aus.[1]

Bis auf die Länderbereiche haben die Geschäfts- und Zentralbereiche ihren Sitz weitgehend in Ludwigshafen. Erste Änderungen werden derzeit durchgeführt: die Geschäftsbereichsleitung Textil- und Lederchemie verlegt ihren Sitz von Ludwigshafen nach Singapur in ihre Hauptabnehmerregion Südostasien.[2] Die Geschäftsbereichsleitung Fasern verlegt ihren Sitz von Ludwigshafen in den Hauptabsatzmarkt USA.

Die Ressortverteilung im Gesamtvorstand nach Geschäftsbereichen, Länder- und Zentral- bzw. Funktionsbereichen entspricht der mehrdimensionalen Organisationsstruktur. Eine strategische Verknüpfung von Geschäftsbereich und regionalem Hauptabsatzmarkt ist nicht zu erkennen. Die Führungsorganisation gleicht vielmehr einem komplexen Strukturgerüst, dem, ausgehend von der ursprünglichen Funktionalorganisation, mit Zunahme und wachsender Heterogenität der Aufgaben weitere Dimensionen aufgesetzt wurden. Die mehrdimensionale Organisationsstruktur verweist auf eine hohe Komplexität der Entscheidungsstrukturen. Hier ist zu fragen, wie der Abstimmungsprozeß zwischen den einzelnen Geschäftsbereichen erfolgt, welche Auswirkungen sich hierdurch auf den Strategiebildungsprozeß ergeben und welche Einflußmöglichkeiten die Geschäftsbereiche haben.

4.2 Geschäftsbereiche

Im folgenden werden die beiden Geschäftsbereiche Industriechemikalien und Pflanzenschutz näher betrachtet, um herauszuarbeiten, inwieweit sich diese von den Marktbedingungen unterscheiden und über welche strategische Autonomie sie verfügen.[3]

4.2.1 Geschäftsbereich Industriechemikalien

4.2.1.1 Allgemeine Daten

Der Geschäftsbereich Industriechemikalien erwirtschaftet einen jährlichen Umsatz von rd. 3 Mrd. DM, was einem Umsatzanteil am Arbeitsgebiet von rd. 50 % entspricht. Der Mitarbei-

---

[1] Darüber hinaus existieren noch Funktionsbereiche, die in großen Gesellschaften, insbesondere der AG für den Standort Ludwigshafen, Serviceleistungen erbringen.

[2] Vgl. o.V., Organisation, S. 14.

[3] Die Ausführungen basieren im wesentlichen auf den Befragungen in den Geschäftsbereichen. Vgl. Anhang, Fragebogen.

terstand beträgt weltweit ca. 1.300 Mitarbeiter. Der Internationalisierungsgrad ist hoch. Neben dem Standort Ludwigshafen gibt es weitere Standorte in Antwerpen/Belgien, Tarragona/Spanien, der Türkei und in Nordamerika, wobei die Dominanz der Geschäftsaktivitäten in Europa liegt. Wichtigste Produktfelder sind Weichmacher, Lösemittel und Leim.

4.2.1.2 Geschäftsbereichsstrategien

Der Geschäftsbereich Industriechemikalien produziert Basischemikalien und Zwischenprodukte, wie z.B. Weichmacher, Lösemittel und Leim. Die Abnehmerindustrien reichen von der Automobil- über die Möbel- und Elektroindustrie bis hin zur Pharmaindustrie. Die Herstellung der Basischemikalien als chemische Massengüter erfordern eine gewisse Größe der technischen Anlagen, so daß beim Aufbau neuer Anlagen darauf geachtet werden muß, daß keine Kapazitätsüberhänge am Weltmarkt produziert werden, die zum Preisverfall der eigenen Produkte führen. Die Anlagen können mit wenigen, hochqualifizierten Mitarbeitern betrieben werden. Der Geschäftsbereich nutzt dabei in hohem Maße die Vorteile des chemischen Verbundes im Anschluß an den Steam Cracker. Aufgrund des Logistikaufwands ist ein weltweiter Export der Güter vom Standort Ludwigshafen aus begrenzt, so daß zur Absatzsicherung die regionale Nähe zu den Abnehmerindustrien gewährleistet sein muß.

Die Wettbewerbsstrategien werden für die einzelnen Produkte bzw. Strategischen Geschäftsfeldeinheiten im Geschäftsbereich entwickelt. Die Konkurrenzsituation der Produkte ist u.a. in Abhängigkeit vom Zugang zur Verfahrenstechnologie sehr unterschiedlich. So ist der Weichmachermarkt überwiegend durch große und mittelständische Unternehmen, der Lösemittelmarkt hingegen nur durch große Unternehmen geprägt. Im Produktfeld Leim gestaltet sich hingegen die Wettbewerbssituation erheblich schwieriger, da die Verfahrenstechnologie leichter zugänglich ist. Der Markt ist zum einen durch große Unternehmen geprägt, zum anderen drängen verstärkt tschechische Unternehmen mit Billigprodukten auf den europäischen Absatzmarkt. Verschärfte Konkurrenz entsteht darüber hinaus durch die Abnehmer selbst, die auch in Eigenfertigung das Produkt herstellen können. Grund hierfür ist die für die kostengünstige Herstellung der meisten Industriechemikalien erforderliche Anlagengröße, die ein hohes Sachanlagevermögen voraussetzt. Insgesamt konnte bislang das Nachwachsen von Konkurrenten aus Schwellenländern, z.B. aus Fernost, verhindert werden.

Für den Erhalt bzw. Ausbau der Marktführerschaft liegt der F&E-Schwerpunkt im Bereich der Verfahrenstechnologien, um durch die weitere Optimierung von Produktionsprozessen oder durch Verfahrensinnovationen Kostenführerschaft zu erzielen. Die Entwicklung der Produkttechnologie ist dagegen weitgehend ausgereift, so daß vor allen Dingen stetige Produktweiterentwicklungen im Vordergrund stehen.

Die Produktionsstätten des Geschäftsbereichs konzentrieren sich derzeit noch zu 2/3 auf Europa und rd. 1/3 auf die USA, während die Absatzmärkte schon mehr globalisiert sind: von dem weltweit getätigten Umsatz werden rd. 50 % in Europa, 20 % in Nordamerika und rd. 12 % in Asien erwirtschaftet. Die globale Kostenführerschaft soll durch den Auf- und Ausbau von World-Scale-Produktionsanlagen gestärkt werden. Es besteht der Anspruch, den Abnehmern weltweit die gleiche Qualität und den gleichen Service zu bieten. Entsprechend der Absatzstrukturen und der in der Vision 2010 formulierten Internationalisierungsstrategie beabsichtigt der Geschäftsbereich, auch in Asien Produktionsstätten aufzubauen.

4.2.1.3 Strukturorganisation

Sitz der Geschäftsbereichsleitung ist in Ludwigshafen. Wichtigste Landesgesellschaften sind die AG in Deutschland und die BASF Corp. in den USA. Die Geschäftsbereichsleitung ist weltweit verantwortlich für Produktion, Marketing, anwendungsbezogene F&E und die Bildung von Wettbewerbsstrategien. Die Länderbereiche steuern vor Ort das mehr kurzfristige und operative Geschäft und stellen unter Berücksichtigung des Mitspracherechts des Geschäftsbereichs die Vertriebsorganisation. Geschäftsbereichsspezifische Wettbewerbsstrategien für ein Land oder eine Weltregion entwickeln Geschäftsbereich und Länderbereich gemeinsam.

Der Geschäftsbereich wird grundsätzlich als Profit Center mit eigener Gewinn- und Ressourcenverantwortung geführt. Über die Vision 2010 der BASF-Gruppe, die Unternehmensleitlinien und ein derzeit eingeführtes Zielvereinbarungssystem wird der Geschäftsbereich der gesamtunternehmerischen Zielsetzung verpflichtet. Die Koordination zwischen den einzelnen Unternehmensbereichen erfolgt über ein marktpreisorientiertes Transferpreissystem. Es besteht dabei der Grundsatz, daß das Gesamtunternehmensinteresse höher als das Bereichsinteresse zu gewichten ist.

Die Befragung hinsichtlich der Entscheidungsstrukturen[1] ergab, daß aus Sicht des Geschäftsbereichs die Initiative für geschäftsbereichsbezogene Entscheidungen über Produkt-Markt- und Internationalisierungsstrategien weitgehend von der Geschäftsbereichsleitung ausgeht. Auch das Treffen der Entscheidung erfolgt in diesen Feldern überwiegend durch den Geschäftsbereich allein. Beschlüsse hinsichtlich der Kapitalbudgetierung und des Erwerbs von Unternehmen werden gemeinsam mit der Konzernleitung getroffen. Entscheidungsfelder, welche die Zentralbereiche berühren, weisen eine andere Gewichtung auf. Aus Sicht des Geschäftsbereichs liegt die Initiative für die Einführung neuer Technologien oder die Einstellung und Entlassung von Führungskräften beim Geschäftsbereich, die Entscheidung hierüber wird aber von der Geschäftsbereichsleitung und dem jeweilig zuständigen Zentralbereich, d.h. der zentralen Forschungsleitung oder dem Funktionsbereich Personal der AG,[2] gemeinsam getroffen. Weitere personalpolitischen Entscheidungsfelder, wie z.B. Gestaltung der personalpolitischen Grundsatzfragen, insbesondere der Entlohnungs- oder Entlassungspolitik, werden dem Zentral- und Funktionsbereich Personal sowohl von der Inititiative als auch von der Entscheidungskompetenz allein zugeschrieben.

---

[1] Vgl. Anhang, Fragebogen II a, Fragen 8 und 9; Fragebogen II b, Fragen 10 und 11.

[2] Die Abgrenzung zwischen Funktions- und Zentralbereich Personal bei der BASF-Gruppe erfolgt unter Gliederungspunkt 4.4.1 dieser Arbeit.

4.2.2 Geschäftsbereich Pflanzenschutz

4.2.2.1 Allgemeine Daten

Der Geschäftsbereich Pflanzenschutz erwirtschaftet einen jährlichen Umsatz von rd. 2 Mrd. DM und umfaßt einen weltweiten Beschäftigungsstand von rd. 3.200 direkten Mitarbeitern zuzüglich rd. 2.000 indirekten Mitarbeitern in zentralen Einrichtungen, wie z.B. den zentralen F&E-Abteilungen.

Die BASF-Gruppe rangiert in dem auf rd. 22 Mrd. $ bezifferten Weltmarkt für Pflanzenschutzmittel auf Platz 10. Steigende Forschungskosten einerseits und Unsicherheiten in der Agrarpolitik andererseits, führten im letzten Jahrzehnt zu einer Konzentrationsbewegung im weltweiten Pflanzenschutzmarkt von 33 auf 13 forschende Unternehmen.[1] Diese Unternehmen teilen sich rd. 80 % des Marktes auf[2] und sind spezialisiert auf eines der drei Marktsegmente Herbizide, Fungizide und Insektizide, wo sie eine marktführende Stellung halten. Nur das schweizerische Unternehmen Ciba bedient alle drei Marktsegmente. Die BASF-Gruppe konzentriert sich vor allem auf das Marktsegment Fungizide.

Der Internationalisierungsgrad des Geschäftsbereichs ist hoch. Rund 80 % des Umsatzes werden im Ausland erbracht.[3] Wichtige Absatzmärkte neben Deutschland sind die USA und Frankreich. Allein in Frankreich hält die BASF-Gruppe einen Marktanteil bei Pflanzenschutzmitteln von rd. 8 %.[4] Die zehn Produktionsstandorte des Geschäftsbereichs sind weltweit auf die einzelnen Weltregionen verteilt.

Der Pflanzenschutzbereich ist durch eine hohe Forschungsaktivität gekennzeichnet. Das Gros der dem Arbeitsgebiet Landwirtschaft zugeteilten F&E-Ausgaben des Konzerns fließen dem Geschäftsbereich Pflanzenschutz in Höhe von durchschnittlich 250 Mio. DM (ohne die Umlagen für die zentralen F&E-Abteilungen) zu. Die F&E-Quote des Geschäftsbereichs Pflanzenschutz in Höhe von 15 % im Jahr 1994 ist im Vergleich zu der des Arbeitsgebiets in Höhe von 7 % und der des Konzerns in Höhe von 4 % überproportional hoch und dokumentiert die Forschungsbemühungen. Die Sachanlageinvestitionen betragen ca. 100 Mio. DM.

4.2.2.2 Geschäftsbereichsstrategien

Der Geschäftsbereich setzt sich als wichtigstes Ziel, die im Rahmen der Vision 2010 angestrebte konjunkturdurchschnittliche Gesamtkapitalrendite von 10 % zu übertreffen. Wichtigste Wettbewerbsstrategie ist der Auf- und Ausbau einer weltweiten Produkttechnologieführerschaft im bearbeiteten Marktsegment. Dabei gestaltet sich der Prozeß von der Erfindung

---

1 Vgl. o.V., Absage, S. 30.

2 Vgl. o.V., Umsatz, S. 24.

3 Die restlichen 20 % des Marktes werden von Generika-Herstellern bearbeitet. Vgl. o.V., Umsatz, S. 24.

4 Vgl. o.V., Frankreich, S. 30.

(Projektfindung) bis zur tatsächlichen Markteinführung eines Pflanzenwirkstoffs (Projektdurchführung) als sehr komplex, zeitaufwendig und kostspielig. Ausgehend von einer bis zu mehrere tausende Wirkstoffmöglichkeiten umfassenden Leitstruktur wird schrittweise über mehrere und verschiedenartige Selektionsmechanismen (Umweltprüfung, Toxische Prüfung, Biologische und ökonomische Prüfungen etc.) hinweg die Anzahl der Wirkstoffalternativen reduziert, bis schließlich ein Wirkstoff gefunden wird, der auch aus ökonomischer Sicht ein tragfähiges Projekt darstellt. Nach dieser Projektfindung schließt sich die Projektdurchführung an, die das Produkt in den einzelnen Regionen und Standorten zur Marktreife bringt. Hierzu sind lokale, anwendungsbezogene Forschungsaktivitäten zu leisten und unterschiedliche Genehmigungsverfahren zu überbrücken. Da der gesamte Entwicklungsprozeß von der Erfindung eines Pflanzenschutzmittels bis zur Markteinführung bis zu 10 Jahre dauern kann und einen finanziellen Aufwand von rd. 250 Mio. DM erzeugt,[1] legt der Geschäftsbereich auf eine Prozeßoptimierung in der Projektphase größten Wert. Am Beispiel des neuen Getreidefungizides „Opus" der BASF-Gruppe läßt sich der hohe Kapitalaufwand ermessen: allein der Forschungsaufwand für diesen Wirkstoff betrug über 100 Mio. DM, der Investitionsaufwand für die neue Produktionsanlage in Schwarzheide/Brandenburg lag bei ca. 115 Mio. DM und stellt für den Geschäftsbereich die größte Einzelinvestition für ein neues Pflanzenschutzmittel dar.[2]

Der bis zur Markteinführung eines Pflanzenwirkstoffs aufzubringende hohe F&E-Aufwand und die darin enthaltene Kapitalbindung führen dazu, daß der Weltmarkt für Pflanzenschutzmittel durch chemische Großunternehmen geprägt wird. Des weiteren bedingt die der Projektierung vorausgehende Festlegung auf eine Leitstruktur, daß das Marktsegment des zu entwickelnden Wirkstoffs von Anfang an festgelegt ist. Entsprechend weist der Pflanzenschutzmarkt eine Spezialisierung der elf Großunternehmen auf einzelne Marktsegmente auf, was zu einer oligopolistischen Marktstruktur in den jeweiligen Segmenten führt. Die BASF-Gruppe strebt dabei eine weitgehende Selbständigkeit in ihren Pflanzenschutzaktivitäten an.[3]

Der Geschäftsbereich verfolgt für die einzelnen Produkte unterschiedliche Wettbewerbsstrategien. Allgemein kennzeichnend ist hierbei, daß in nur wenigen Fällen eine globale Ausrichtung der Wettbewerbsstrategie möglich ist. Vielmehr zeichnet sich der Wirkstoffmarkt durch seine Regionalisierung aus. Durch die heterogenen klimatischen Verhältnisse in den einzelnen Ländern und Regionen, bilden sich verschiedene Pflanzen wie Unkräuter oder Schädlinge heraus, so daß die Einsatzmöglichkeiten der Wirkstoffe weitestgehend regional begrenzt bleiben. Wichtigste Einzelmärkte für den Geschäftsbereich Pflanzenschutz sind die USA, Frankreich und Deutschland. In China bestehen seit 1993 Bestrebungen, Pflanzenschutzmittel für den chinesischen Markt zu erforschen und zu entwickeln. Hierzu wurde ein Rahmenabkommen mit dem chinesischen Ministerium für Chemische Industrie abgeschlossen.[4]

---

[1] Vgl. SCHLOTHEIM-SCHOTTELIUS, Nummer, S. 28.

[2] Vgl. o.V., Umsatz, S. 24.

[3] Vgl. o.V., Absage, S. 30.

[4] Vgl. o.V., Pflanzenschutz, S. 28.

4.2.2.3 Strukturorganisation

Sitz der Geschäftsbereichsleitung ist Limburgerhof bei Ludwigshafen. Die wichtigsten Landesgesellschaften stellen die AG, die BASF Corp. und BASF France dar. Die Geschäftsbereichsleitung ist unter dem Leiter matrixartig nach Funktionsleitern (Controlling, Marketing, F&E, Biologie) und Regionalleitern (USA, Frankreich, Deutschland) gestaltet. Die weltregionale Koordination des Geschäftsbereichs erfolgt über Zielvereinbarungen und u.a. über zweimonatige regelmäßige Sitzungen. Aus Sicht der Geschäftsbereichsleitung liegen Initiative und Entscheidung über Wettbewerbsstrategien in den einzelnen Weltregionen allein beim Geschäftsbereich.

Der Geschäftsbereich wird als Profit Center geführt und über Zielvereinbarungen in die gesamtunternehmerische Zielsetzung eingebunden. Von dem Unternehmen hergestellte Vorprodukte werden i.R. des marktpreisorientierten Transferpreissystems bezogen. Grundsätzlich verfügt der Geschäftsbereich nach eigener Auffassung über große Freiheiten im operativen Bereich, die durch die funktionalen Entscheidungsfelder der Zentralbereiche, wie z.B. Finanzen, Personal, beschränkt werden.

Die Befragung zu den Entscheidungsstrukturen[1] ergab, daß sich der Geschäftsbereich weitgehend als Initiator von geschäftsbereichsbezogenen Entscheidungen sieht. Seine Entscheidungsfreiheit in den produkt-markt-strategischen Feldern der Kapitalbudgetierung, der Investition und dem Erwerb von Unternehmen wird durch die erforderliche Zustimmung der Unternehmensleitung eingeschränkt. Da die Investitionsentscheidungen über den Aufbau einer Produktionsanlage letztlich nur die schon mit hohen F&E-Ausgaben durchgeführten Projekte abschließen, ist der Gestaltungsraum des Geschäftsbereichs jedoch de facto wesentlich größer. In den anderen produkt-markt-strategischen Feldern entscheidet der Geschäftsbereich, bzw. innerhalb eines von der Geschäftsbereichsleitung vorgegebenen Rahmens die Regionalleiter der Geschäftsbereiche (z.B. Einführung neuer Produkte, Preisfestsetzung).

Auch bei den geschäftsbereichsbezogenen personalstrategischen Feldern sieht sich der Geschäftsbereich als initiativeergreifend an, wenngleich er sich nicht als Träger der Entscheidung betrachtet. So wird die Entscheidungskompetenz über die Gestaltung personalpolitischer Grundsatzfragen und der Entlohnungspolitik allein dem Zentral- bzw. Funktionsbereich Personal zugeordnet. Bei der Gestaltung der Entlassungspolitik sieht sich der Bereich als Mitentscheider neben dem Personalbereich, in Fragen der Beförderungspolitik, der Einstellung und Entlassung von Führungskräften bis zur dritten Führungsebene als alleinentscheidungsbefugt.

4.3 Spannungsverhältnis zwischen Gesamtunternehmung und Geschäftsbereichen

Die untersuchten Geschäftsbereiche weisen unterschiedliche Produkt-Markt-, Wettbewerbs- und Internationalisierungsstrategien auf. Der Geschäftsbereich Industriechemikalien produziert und vertreibt Massengüter, deren Produktinnovation nur noch gering ist. Wesentliche

[1] Vgl. Anhang, Fragebogen II a, Fragen 8 und 9; Fragebogen II b, Fragen 10 und 11.

Wettbewerbsstrategie ist das Erzielen von Kostenführerschaft über den Auf- und Ausbau von einheitlichen Produktionsanlagen in den einzelnen Regionen der Abnehmermärkte. Die Internationalisierungsstrategie erfordert keine regional bedingte Produktdifferenzierung, die globalen, z.T. oligopolistischen Märkte erlauben meist keine regional differenzierte Preisfestsetzung. Der Geschäftsbereich Pflanzenschutz hingegen ist durch eine überdurchschnittliche F&E-Quote gekennzeichnet und zeichnet sich durch eine intensive Produktentwicklung aus. Die Wettbewerbsstrategie zielt ab auf eine Produkttechnologieführerschaft in einem einzelnen Marktsegment. Die Internationalisierungsstrategie muß auf landesspezifische Besonderheiten Rücksicht nehmen und gestaltet sich entsprechend differenziert.

Diesen heterogenen Geschäftsbereichsstrategien ist die Vision 2010 überlagert, die als Unternehmensstrategie zentrale Handlungsorientierungen vorgibt. Der Ausbau des Asiengeschäfts, die Erzielung einer langfristig durchschnittlichen Gesamtkapitalrendite von 10 %, die Konzentration auf Kerngeschäfte, die zur systematischen Überprüfung des Produktportfolios im Geschäftsbereich führt, sind der Geschäftsbereichsstrategiebildung vorgelagerte strategische Ziele. Ausgehend von diesen gesamtunternehmensbezogenen Zielstellungen werden differenzierte Ergebnisziele an die Geschäftsbereiche gestellt, die demgemäß auch nach dem Produktportfolio der Gesamtunternehmung Ressourcenverteilungen auf die Geschäftsbereiche bedingen. Die Gewinn- und Ressourcenverantwortung der als Profit Center geführten Geschäftsbereiche wird hierdurch eingeschränkt.

Der Einfluß der Gesamtunternehmung auf die Geschäftsbereichsstrategiebildung und -umsetzung ergibt sich über ihre (Letzt-)Entscheidungskompetenz bei der Kapitalbudgetierung, dem Erwerb von Unternehmen und bei größeren Investitionen (ca. 60-70 % aller Investitionsentscheidungen). Für die bereichsbezogene Konkretisierung von Produkt-Markt- und Internationalisierungsstrategien und die Formulierung von Wettbewerbsstrategien sehen die Geschäftsbereiche ihre Entscheidungskompetenz. Bei personalstrategischen Entscheidungstatbeständen wird die Zuständigkeit dem Zentralbereich bzw. Funktionsbereich Personal zugeordnet, mit Ausnahme von Fragen der Einstellung, Beförderung und Entlassung von Führungskräften im Geschäftsbereich.

Da die mehrdimensionale Führungsorganisation der BASF-Gruppe durch eine hohe Komplexität der Entscheidungsstrukturen zwischen Geschäftsbereichs-, Regional- und Zentralbereichsleitern gekennzeichnet ist, stellt sich die Frage, ob die referierte geschäftsbereichsbezogene Sichtweise im Unternehmen geteilt wird. Einen möglichen Hinweis geben die Analysen der empirischen Erhebung zu den einzelnen Entscheidungstatbeständen.[1] Entgegen der Erwartung, daß aufgrund der mehrdimensionalen Führungsorganisation eine eindeutige Zuordnung zu einem Entscheidungsträger nicht möglich ist, werden im produkt-markt-strategischen Bereich die Geschäftsbereichs- oder die Unternehmensleitung von den befragten Führungskräften eindeutig als wichtigste beschlußfassende Institutionen im Unternehmen genannt. Einheitlich wird der Geschäftsbereichsleitung die Initiative für die grundlegenden strategischen Entscheidungen des Geschäftsbereichs zugewiesen sowie die Entscheidung selbst in

[1] Vgl. Anhang, Fragebogen I a, Fragen 9 und 10; Fragebogen I b, Fragen 10 und 11; Fragebogen II a, Fragen 8 und 9; Fragebogen II b, Fragen 10 und 11.

den produkt-markt-strategischen Feldern, wie. z.B. Eintreten in neue Märkte, Einführung neuer Produkte, Preisfestsetzung und Einführung neuer Technologien. Anders sieht die Zuordnung im personalstrategischen Bereich aus, wo die Initiative und das Treffen der Entscheidung nicht einheitlich zugeordnet wurde. Entsprechend der mehrdimensionalen Führungsorganisation ergab sich eine recht breite Streuung auf die Entscheidungsträger Unternehmens-, Geschäftsbereichs-, Funktions- und Regionalleitung. So wurde das eigentliche Treffen von personalstrategischen Entscheidungen mehreren Entscheidungsträgern zugewiesen. In den Feldern Beförderungspolitik, Einstellung und Entlassung von Führungskräften kommt der Geschäftsbereichsleitung, in den Feldern Gestaltung personalpolitischer Grundsätze, Entlohnungs- und Entlassungspolitik dem Personalbereich das größte Gewicht im Entscheidungsprozeß zu. Allein der Entscheidungstatbestand Gestaltung personalpolitischer Grundsatzfragen und die Initiative bei personalstrategischen Fragen weist eine weitgehende Zuordnung zum Personalbereich auf.

Für die Klärung der Frage, inwieweit die Geschäftsbereiche, ausgehend von einer allgemeinen unternehmensstrategischen Ausrichtung, eigenständig Geschäftsbereichsstrategien entwickeln und umsetzen können, sind Führungsorganisation und Koordinationsmechanismen nochmals näher zu betrachten.

Wesentliches Führungsinstrument zwischen Gesamtvorstand und Geschäftsbereichsleitern ist die jährliche Zielvereinbarung und Budgetplanung. Die weltregionale Koordination des Geschäftsbereichs erfolgt ebenfalls über Zielvereinbarungen zwischen Geschäftsbereichsleitung und Länderbereichsleitern. Hier sind jedoch zunächst strukturelle Zielkonflikte zu konstatieren. Die Geschäftsbereiche sind für das weltweite Ergebnis ihrer Produkte verantwortlich, entsprechend vertreten sie bereichsspezifische Interessen. Die Länderbereiche hingegen tragen Verantwortung für das regionale Ergebnis der gesamten BASF-Gruppe und vertreten demgemäß das regionale Gesamtinteresse. Über die jährlichen Zielvereinbarungen müssen die beiden Unternehmensbereiche hinsichtlich Investitionsplanungen, Akquisitionen, Personalplanungen etc. Einvernehmen erzielen.

Trotz der formal gleichrangigen Stellung der beiden Organisationsdimensionen existiert eine Aufgabenteilung. Die Geschäftsbereiche sind vor allen Dingen für die produktbezogene Strategiebildung und Entwicklung von Regionalstrategien zuständig, während die Länderbereiche mehr für die kurzfristige Steuerung des Geschäfts in den einzelnen Ländern, die Vertriebsorganisation und die Berücksichtigung lokaler Besonderheiten verantwortlich zeichnen. Wettbewerbsstrategien werden demzufolge durch die Strategischen Geschäftsfeldeinheiten produktbezogen unter Berücksichtigung der regionalen Besonderheiten und Mitwirkung der Länderbereiche entwickelt. Einer reaktionsschnellen und weltweit durchgängigen Steuerung und Umsetzung von Geschäftsbereichsstrategien steht die relative Selbständigkeit der Länderbereiche und der nur lockere Zusammenhang zu den Bereichsinteressen der Geschäftsbereiche entgegen. Da die Länderverantwortlichen vor allen Dingen das Gesamtgeschäft in ihrem Land im Auge haben, können bereichsspezifische Interessen z.B. im Hinblick auf eine Produktionsstillegung oder Zukauf von externen Vorprodukten unter Verweis auf das Gesamtinteresse informell verzögert oder verhindert werden. Schließlich sind die Bereichsländerverantwortlichen der Geschäftsbereiche organisatorisch und disziplinarisch in den jeweiligen Landesgesellschaften eingebunden. Hier sind die eigenständigen Organisationsstrukturen und informellen Berichtswege in den Landesgesellschaften trotz formaler Koordinationsmechanismen nicht zu unterschätzen. Die Aufsplittung von längerfristiger Strategiebildung und taktischer bzw. operativer Umsetzung in den einzelnen Ländern kann demzufolge Rückwirkungen auf die eigentliche Strategiebildung des Geschäftsbereichs haben.

Aus den Analysen kann geschlossen werden, daß die Geschäftsbereiche zwar als Profit Center konzipiert sind, ihre Selbständigkeit und strategische Autonomie sich jedoch weitestgehend auf die Konkretisierung von Produkt-Markt-, Wettbewerbs- und Internationalisierungsstrategien auf Geschäftsbereichsebene beschränkt. Die Unternehmensleitung steuert erstens über zentrale Mechanismen eigenständiger Unternehmenspolitik wie Investition, Akquisition und Kapitalbudgetierung, zweitens über die Länderbereiche und drittens über die Zentral- bzw. Funktionsbereiche in Funktionalfragen. Ein geschäftsbereichsbezogenes Agieren quasi als selbständiges Unternehmen ist aufgrund dieser Zentralisationstendenzen nur bedingt möglich. Durch das Prinzip, daß das Gesamtunternehmensinteresse vor Bereichsinteressen steht, sollen Synergievorteile erzielt werden. Offen bleibt, ob die Einschränkungen der unternehmerischen Gestaltungsfreiheit der Geschäftsbereiche und die mit der komplexen Entscheidungsstruktur verbundenen Zeitverzögerungen nicht zu Behinderungen der Geschäftsbereiche führen, sich in ihren Märkten strategisch und reaktionsschnell gegenüber Konkurrenten zu positionieren.

Insgesamt ist somit festzuhalten, daß in der BASF-Gruppe Unternehmensstrategien im wesentlichen die Geschäftsbereichsstrategien bestimmen. Da das Unternehmen ein ausgeprägtes Chemieprofil aufweist, sind die Wettbewerbsstrategien der Geschäftsbereiche überwiegend an ähnlichen chemietypischen Produkt-Markt-Bedingungen ausgerichtet. Es dominieren entsprechend Strategien der Technologie- und Kostenführerschaft. Als wichtige Kernkompetenz können über die Verbundproduktion technologische Integrationseffekte effizient nutzbar gemacht werden. Da die wirkstofforientierten Bereiche eine nur untergeordnete Rolle im Gesamtgeschäft der BASF-Gruppe einnehmen, resultieren aus der Marktheterogenität zwischen Chemie- und wirkstofforientierten Bereichen bislang nur geringfügige Spannungen in der Gesamtunternehmung. Der bestehende hohe Integrationsgrad der Geschäftsbereichsorganisation kann angesichts überwiegend gleicher Produkt-Markt-Bedingungen eine strategiegerechte Ausprägung der Führungsorganisation darstellen.

4.4 Personalfunktion

Bezogen auf die Personalfunktion soll nunmehr gefragt werden, wie diese sich im Spannungsfeld zwischen Gesamtunternehmung und Geschäftsbereichen gestaltet, inwieweit Personalstrategien auf den beiden Ebenen identifizierbar sind und schließlich, welche Bedeutung Personalstrategien in dem angesprochenen Spannungsfeld haben. Dabei ist bei der BASF-Gruppe von Interesse, inwieweit der hohe Integrationsgrad der Geschäftsbereichsorganisation auch für die Gestaltung der Personalfunkton gilt. Hierzu soll zunächst der organisatorische Rahmen der

Personalarbeit betrachtet werden, um daran anschließend Personalstrategien auf den beiden Ebenen beschreiben zu können.

4.4.1 Struktur und Aufgaben der Personalarbeit

Die Personalfunktion wird im Gesamtunternehmen durch den Zentralbereich Personal der BASF-Gruppe mit rd. 70 Mitarbeitern repräsentiert. Die wesentlichen Aufgabenfelder des Zentralbereichs umfassen die Führungsnachwuchsbetreuung im kaufmännischen Bereich, die gesamte Führungskräfte-Planung des Konzerns sowie das Personal- und Sozialwesen der Gruppe. Dieses beinhaltet Fragen der Transferbetreuung, des europäischen Betriebsverfassungsrechts und der Verbandpolitik, der Personalplanung und der personalpolitischen Grundsatzangelegenheiten. Neu eingerichtet wurde das Referat Personalstrategien, das den Unternehmensstrategiebildungsprozeß aus einer Personalsicht begleiten soll.

Wichtigste Verantwortungsbereiche des Zentralbereichs Personal der BASF-Gruppe sind dabei die Betreuung des kaufmännischen Führungskräftenachwuchses und die Stellen- und Entwicklungsplanung der Oberen Führungskräfte. Die Gruppengesellschaften in den einzelnen Ländern sind dem Zentralbereich Personal disziplinarisch nicht unterstellt und verfügen mit Ausnahme der Führungskräfteplanung über große personalpolitische Gestaltungsfreiheiten. Der Zentralbereich Personal des Stammhauskonzerns BASF hat weltweit und gesellschaftsübergreifend eine Informations- und Koordinationsfunktion, dagegen eine Richtlinienfunktion weitgehend nur für die Führungskräfteplanung. Führungsorganisatorisch sind somit die Tochtergesellschaften in der Gestaltung ihrer Personalfunktion weitgehend autark.

Der Zentralbereich Personal des Konzerns wird durch den Arbeitsdirektor im Gesamtvorstand geleitet, der neben dem Ressort Finanzen ebenso für den zentralen Funktionsbereich Personal der Muttergesellschaft AG zuständig ist. Formal und organisatorisch ist die Personalfunktion der Gesamtunternehmung und die der größten Einzelgesellschaft BASF AG getrennt, wenngleich sowohl die Mitarbeiter des Zentralbereichs als auch die des Funktionsbereichs Personal aufgrund der gesellschaftsrechtlichen Einheit Beschäftigte der AG sind. Gerade diese gesellschaftsrechtliche Einheit und die Standortkonzentration der AG auf Ludwigshafen, an dem sich sowohl der Funktionsbereich als auch der Zentralbereich befinden, erschweren die funktionale Aufgabentrennung. So besteht die Gefahr, daß aus Sicht anderer Gesellschaften der Gruppe die führungsorganisatorische Aufgabentrennung der beiden Bereiche nicht nachvollzogen und der Zentralbereich Personal als AG-Anhängsel und weniger als Einheit der gesamten Gruppe gesehen wird. Die Durchsetzung der führungsorganisatorischen Aufgabenteilung zwischen Muttergesellschaft und Konzern wird erschwert durch die Größe des Funktionsbereichs Personal, d.h. des zentralen Personalbereichs der AG in Ludwigshafen, der rd. 1.900 Mitarbeiter umfaßt. Den größten Anteil haben hier Werkschutz, Aus- und Weiterbildungswesen und die Werkbetriebe (z.B. Kantine, etc.). Für die Personalaufgaben im engeren Sinne sind rd. 300 Mitarbeiter zuständig. Sämtliche personalpolitischen Aktivitäten der AG sind dem Personalwesen in Ludwigshafen zugeordnet, so daß dem Funktionsbereich Personal eine wesentliche Koordinationsfunktion für die zentrale betriebliche Personalpolitik zukommt. Zugleich nimmt die AG als größte Einzelgesellschaft und Muttergesellschaft im Konzernverbund eine Leitfunktion hinsichtlich personalpolitischer Gestaltungsfragen ein. Dies gilt vor allen Dingen für die deutschen Beteiligungsgesellschaften.

Grundlegendes Organisationsprinzip der im Funktionsbereich der AG zentralisierten Personalarbeit ist die Gliederung der einzelnen personalwirtschaftlichen Aufgabengebiete nach Funktionsgesichtspunkten (z.B. Entgeltabrechnung, Personalmarketing und -beschaffung, Personalentwicklung, -controlling etc.) und Mitarbeitergruppen (kaufmännisch, technisch, naturwissenschaftlich, Behinderte, Frauen, Auszubildende etc.). Daneben wurden in jüngster Zeit dezentrale Personalstellen gegründet, die für die fachliche Betreuung und operative Personalarbeit der Geschäftsbereiche zuständig sind. Ihre Aufgaben erstrecken sich auf die Mitwirkung bei personellen Einzelmaßnahmen, der Entgeltregulierung im Hinblick auf eine Harmonisierung der Mitarbeiterentlohnung am Standort Ludwigshafen, Mitarbeiterbetreuung, Beratung der Vorgesetzten bei Disziplinarmaßnahmen, Umsetzung von Arbeitszeitregelungen, Vorbereitung der Personalplanung, Zusammenarbeit mit der Arbeitnehmervertretung sowie die Sicherstellung von betrieblichen, tariflichen und gesetzlichen Regelungen in den jeweiligen Bereichen. Fachlich sind die dezentralen Personalstellen dem Funktionsbereich Personal unterstellt, disziplinarisch dagegen dem Controller des Geschäftsbereichs.

Die Dezentralisation der Personalarbeit beschränkt sich demzufolge auf die operativen Aufgaben, die mit der Mitarbeiterbetreuung und Unterstützung der Personalführungsaufgabe der Vorgesetzten verbunden sind. Eine bereichsbezogene Orientierung der Personalarbeit im Hinblick auf mehr konzeptionelle und strategische Fragen, wie z.B. Personalbeschaffung, Mitarbeiterentwicklung, Nachfolgeplanung oder Entgeltpolitik, ist hiermit nicht verbunden. Personalstrategische Fragen sowie umfangreichere operative Funktionen der Personalarbeit werden zentral wahrgenommen, so daß innerhalb der BASF AG im wesentlichen die Personalfunktion nach dem Kernbereichsmodell gestaltet wird.

4.4.2 Personalstrategien der Gesamtunternehmung

Der Zentralbereich Personal ist formal anderen Zentralbereichen bzw. den Geschäfts- und Länderbereichen im Rahmen der mehrdimensionalen Organisationsstruktur gleichgestellt. Seine Funktion liegt jedoch vor allen Dingen darin, in wichtigen personalpolitischen Grundsatzfragen zwischen Gesamtvorstand und Personalbereichen der einzelnen Gruppengesellschaften zu koordinieren. Zentrale Bereiche seiner Tätigkeit im Gruppenauftrag sind dabei die Führungskräfteplanung, die Entwicklung von Transferinstrumenten und Betreuung der transferierten Führungskräfte sowie die personalpolitischen Grundsatzfragen, die aus Gesamtunternehmenssicht von Bedeutung sind.

In einer Personalkonzeption[1] formuliert der Zentralbereich Personal Grundsätze, die für das gesamte Unternehmen gelten. Demnach soll die Personalarbeit grundsätzlich regional gestaltet werden, gleichwohl unter Berücksichtigung weltweit gültiger Unternehmensleitlinien und

---

[1] Vgl. BASF AG, Personalkonzeption, S. 1ff.

darin festgelegter personalpolitischer Grundsätze. Ziel ist es dabei, weltweit ein übereinstimmendes personalpolitisches Grundverständnis in der BASF-Gruppe zu erzielen. Die Grundsätze erstrecken sich auf die Bereiche Personalauswahl und -einsatz, Arbeitsentgelt und Sozialleistungen, Zusammenarbeit und Führung, Qualifizierung der Mitarbeiter, Entwicklung von Führungskräften sowie die Zusammenarbeit mit Arbeitnehmervertretungen.

Im einzelnen sind hier folgende Grundsätze festgehalten: Bei der Auswahl von Führungskräften wird die Bereitschaft zum Auslandseinsatz zunehmend zum Auswahl- und Bewertungskriterium.[1] Die aus der Unternehmensstrategie abgeleiteten einheitsspezifischen Zielsetzungen sollen über individuelle Vereinbarungen zwischen Vorgesetzten und Mitarbeitern von den Mitarbeitern eigenständig umgesetzt werden. Dieses zielorientierte Führungsverständnis wird ergänzt durch eine systematisch und regelmäßig durchzuführende Mitarbeiterbeurteilung, die Arbeitsergebnis, Qualität der Zusammenarbeit sowie berufliche Zielvorstellungen und Entwicklungsmöglichkeiten zum Gegenstand hat. Die Mitarbeiterbeurteilungen und -gespräche fließen in entsprechende Personalentwicklungsmaßnahmen ein. Breite Mitarbeiterqualifizierung wird als wesentlicher Beitrag zum Unternehmenserfolg gesehen.[2] Die Führungskräftenachwuchsentwicklung wird über gezielten funktions- und gesellschafts- und länderübergreifenden Aufgabenwechsel betrieben. Die Zusammenarbeit der Gesellschaften mit den Arbeitnehmervertretungen erfolgt über einen konstruktiven Dialog auf der Basis der jeweiligen landesüblichen Gepflogenheiten und rechtlichen Regelungen.[3] Das Entgeltsystem ist nach Aufgabenstellung und persönlicher Leistung individuell zu differenzieren. Dabei orientieren sich Umfang und Struktur von Entgelt und Sozialleistungen in ihrer Gesamtheit an der Konkurrenzsituation der einzelnen Gesellschaften am jeweiligen Arbeitsmarkt.[4]

Kern dieser personalpolitischen Grundsätze ist die hohe Autonomie der einzelnen Gruppengesellschaften in der inhaltlichen Gestaltung ihrer Personalarbeit und die hierdurch entstehende landes- und gesellschaftsbezogene Differenzierung von Personalarbeit im Gesamtunternehmen. Personalstrategien sind entsprechend zwischen Gesamtunternehmung und Gesellschaften zu differenzieren.

Aus der Vision 2010 leiten sich dabei für den Zentralbereich im wesentlichen drei Personalstrategien ab:

- Personalpolitische Unterstützung des Internationalisierungsprozesses, insbesondere in Asien

Hier geht es vor allen Dingen darum, die mit der Internationalisierungsstrategie verbundenen personalpolitischen Anforderungen zu erkennen und zu gestalten. Zentral ist hierbei die Rekrutierungsproblematik beim Aufbau neuer Produktionsanlagen in Fernost sowie die perso-

[1] Vgl. BASF AG, Personalkonzeption, S. 4.
[2] Vgl. BASF AG, Personalkonzeption, S. 3f.
[3] Vgl. BASF AG, Personalkonzeption, S. 5.
[4] Vgl. BASF AG, Personalkonzeption, S. 2.

nalpolitische Absicherung von produktionstechnischen Prozeßabläufen, Produktqualität und Vertriebsmaßnahmen. Darüber hinaus sind die sich aus der Transnationalität ergebenden Führungskräfteanforderungen zu bestimmen.

- Identifizierung und Gestaltung notwendiger personalpolitischer Grundsätze in einem transnationalen Unternehmen

Über die Klärung der Frage, welche personalpolitischen Grundsätze und Aufgaben aus Gesamtunternehmenssicht in einem transnationalen Unternehmen einheitlich zu gestalten sind, ergibt sich die relative personalstrategische Handlungsautonomie der Gesellschaften.

- Stärkung der Position als Zentralbereich des Gesamtunternehmens und Akzeptanzsicherung

Der Zentralbereich Personal wird in der Gesamtunternehmung nur dann akzeptiert, wenn er sich aus der Dominanz der AG löst. Hier stellt sich die Frage, inwieweit räumliche Distanz erforderlich ist und der Internationalisierungsgrad dieser Einheit erhöht werden muß.

Insgesamt sieht der Zentralbereich Personalstrategien aus den Unternehmensstrategien abgeleitet. Langfristige Zielvorstellung ist es, Personalstrategien auch als Teil von Unternehmensstrategien im Unternehmen zu etablieren.

Zur Konkretisierung der unternehmensweiten Personalstrategien sollen nunmehr die personalpolitischen Funktionsfelder Führungskräfteplanung und Entgeltsysteme im einzelnen betrachtet werden.

4.4.2.1 Führungskräfteplanung und -entwicklung

Der Zentralbereich Personal zeichnet weltweit verantwortlich für die Führungskräfteplanung der Oberen Führungskräfte des Unternehmens. Diese ist zuständig für die Entwicklungs-, Nachfolge- und Einsatzplanung der Führungskräfte der zweiten bis vierten Hierarchieebene (Bereichsleiter, Abteilungsdirektoren, Unterabteilungsleiter). Zu diesem Zweck werden in den Einheiten durch die Unternehmensbereiche jährlich auf der Basis eines weltweit einheitlichen Bewertungsschemas Potentialkandidaten ermittelt. Auf dem jährlich stattfindenden Koordinationsausschuß Führungskräfteplanung beraten Bereichsleiter und Gesamtvorstand über Nachfolgeplanung und Entwicklungsmaßnahmen einzelner Potentialkandidaten. Die Führungskräfteplanungsabteilung verfügt über ein Vorschlagsrecht in diesen Fragen, das Letztentscheidungsrecht liegt beim Gesamtvorstand.

Der Einfluß der Führungskräfteabteilung im Zentralbereich Personal beschränkt sich auf die systematische Erfassung von weltweiten Potentialkandidaten, die Koordination der weltweiten Nachfolgeplanung und Registrierung wie Initiativgebung von Personalentwicklungsmaßnahmen. Sie hat somit vor allem eine Informations- und Koordinationsfunktion, aber keine

Steuerungsfunktion gegenüber den Bereichen. Die Entwicklungsmaßnahmen und Führungskräftetrainings werden im Gruppenauftrag von der AG wahrgenommen. Seit kurzem gibt es jedoch einen eigenständigen Etat im Zentralbereich Personal für Entwicklungsmaßnahmen von „High Potentials".

Aus der Internationalisierungsstrategie der Vision 2010 ergeben sich, bezogen auf Führungskräfte, die zentralen Personalstrategien:

- Aufbau von einheimischen Führungsmannschaften in den einzelnen Landesgesellschaften
- Entwicklung eines international einsetzbaren Top-Managements

Aus dem Anspruch der Transnationalität folgt, daß in den jeweiligen Landesgesellschaften einheimische Führungskräfte zu entwickeln sind, die in der Zukunft die jeweiligen Gesellschaften leiten, um hierdurch auch in der Öffentlichkeit eine landesspezifische Identifikation zu erleichtern. Ergänzend hierzu soll mit dem Aufbau eines international einsetzbaren Top-Managements die Einheitlichkeit in den aus Gesamtunternehmenssicht zentralen Bereichen (z.B. Finanzen, Controlling etc.) und Grundsätzen gesichert werden. Im Zuge der fortschreitenden Internationalisierung des Konzerns besteht die Forderung, daß das Top-Management in Zukunft nicht mehr überwiegend aus (deutschen) Führungskräften der AG rekrutiert werden kann, sondern zunehmend auch Führungskräfte aus anderen Landesgesellschaften berücksichtigt werden müssen. Als Anforderungen an zukünftig international einsetzbare Obere Führungskräfte werden Erfahrungen in mindestens zwei Kulturen sowie die Beherrschung von Englisch formuliert.[1] Aus den Planungen ist zu folgern, daß längerfristig die Dominanz des Stammhauses Ludwigshafen bei der Besetzung von Auslandspositionen aufgegeben wird und Entsendungen nicht mehr allein auf den Transfer zwischen Stammhaus und Landesgesellschaften beschränkt bleiben, sondern auch Transfers zwischen einzelnen Landesgesellschaften einschließen werden.

Das Anforderungsprofil einer Oberen Führungskraft ist darüber hinaus an General Manager-Qualifikationen orientiert, die neben Fachwissen in wachsendem Maße Schlüsselqualifikationen wie unternehmerisches Denken etc. beinhalten. Eine entlang der heterogenen Wettbewerbsbedingungen orientierte geschäftsbereichsorientierte Differenzierung von Führungskräfteanforderungen sind im Rahmen der unternehmensweiten Führungskräfteplanung nicht enthalten. Ebenso werden bei den Führungskräfteanforderungen offiziell keine länderbezogenen Differenzierungen z.B. nach Kulturräumen berücksichtigt. Das weltweite Potentialerfassungs- und Nachfolgeplanungssystem ist demgemäß nach unternehmenseinheitlichen Maßstäben konzipiert, die vom (deutschen) Stammhaus entwickelt wurden. Die Personalentwicklungsmaßnahmen beziehen sich dabei nur auf die Schulung allgemeiner Managementfähigkeiten und Marketingqualifikationen. Die Funktionalausbildung obliegt dagegen den jeweiligen Geschäftsbereichen und Ressorts. Für die Personalentwicklung unterhalb der vierten Führungsebene sind die Unternehmensbereiche eigenverantwortlich.

---

[1] Vgl. Kley, M. (Arbeitsdirektor der BASF AG), zit. nach: BASF AG, Erfolg, S. 2.

Der Einfluß der Geschäftsbereiche auf die Führungskräfteplanung ergibt sich aus Gesamtunternehmenssicht zum einen über die eigenverantwortliche Führungskräfteentwicklung und -planung auf der fünften und sechsten Führungsebene, zum anderen über die Benennung und Förderung der Potentialkandidaten bis einschließlich der dritten Führungsebene.

4.4.2.2 Entgeltsysteme

Die Entgelt- und Anreizsysteme der Mitarbeiter sind in die jeweiligen Vergütungssysteme der Landesgesellschaften eingebunden. Diese berücksichtigen die landesüblichen Gepflogenheiten, den Arbeitsmarkt sowie vorhandene staatliche und tarifvertragliche Leistungen und stehen dabei auch in Abhängigkeit vom wirtschaftlichen Erfolg der jeweiligen Gesellschaft. Dies gilt ebenso für die Vergabe freiwilliger betrieblicher Sozialleistungen der Gesellschaften.

Im Rahmen des zukünftig beabsichtigten gesellschafts- und länderübergreifenden Transfers von Oberen Führungskräften stellt sich aus Unternehmenssicht das Problem der uneinheitlichen Bewertung von Führungsaufgaben und Leistung in den einzelnen Gesellschaften. Neu eingeführt wurde deshalb ein weltweit strukturell einheitliches Entgeltsystem für die zweite und dritte Führungsebene. Das Grundgehalt orientiert sich dabei an landesspezifischen Arbeitsmarkt- und Entlohnungsstrukturen, so daß diese Entgeltkomponente weiterhin innerhalb des Gesamtunternehmens differiert. Im Zuge der personalstrategischen Ausrichtung auf eine stärkere Kopplung des Entgelts an die individuelle Leistung enthält das Entgelt noch zusätzlich neben dem Grundgehalt variable Entgeltbestandteile (Boni). Diese stehen in Abhängigkeit von erstens dem Ergebnis der Gruppe, zweitens dem Ergebnis der Gesellschaft bzw. Unternehmensbereichs und drittens dem individuellen Zielergebnisgrad. Die Gewichtung der drei Entgeltbestandteile ist abhängig von dem jeweiligen Einflußbereich der Führungskräfte. Für die vierte Führungsebene ist ebenfalls die Einführung einer einheitlichen Entgeltstruktur in der Diskussion.

Aus der beschriebenen Entgeltstruktur folgt, daß die Höhe des Grundgehalts von landesspezifischen Gegebenheiten abhängt. Gleiche Aufgaben und Positionen werden im Unternehmen demgemäß unterschiedlich entgolten. Bei den variablen Entgeltbestandteilen wird das Ergebnis im wesentlichen nach der (Landes-)Gesellschaft und der individuellen Leistung differenziert. Auch hier entstehen landesbezogene Differenzierungen innerhalb des Unternehmens. So wird in der BASF Corp., USA, der Entgeltbestandteil „individuelle Leistungen“ stärker gewichtet und neben dem Kriterium „Ergebnis der Gesellschaft“ der Entgeltbestandteil „Business Unit“ geführt. Darüber hinaus besteht für den variablen Teil des Entgelts eine stärkere Dynamisierung, indem die variablen Entgeltbestandteile multiplikativ verbunden sind, was z.B. bei einem Null-Ergebnis oder Verlust der Business Unit zu einem Ausfall des variablen Entgelts führen kann. Bei Auslandsentsendungen entsteht die Notwendigkeit, das auf der Basis des Heimatgehalts und der Auslandszulage berechnete Entgelt des Entsendeten in die im Gastland übliche Entgeltstruktur einzubinden.

Es zeigt sich somit, daß in der BASF-Gruppe zentrale Personalstrategien letztlich nur die Zielorientierung und die Erstellung weltweit einheitlicher Strukturregelungen beinhalten. Die inhaltliche Konkretisierung erfolgt auf der Ebene der Gesellschaften. Die gesamtunternehmensbezogenen Personalstrategien enthalten folglich keine geschäftsbereichsbezogene Differenzierung. Dennoch können Bereichsziele über die individuelle Ergebniskomponente bei den Bereichsleitern einfließen. Eine Ausnahme bildet der Pharmabereich, dem abweichend von der beschriebenen variablen Entgeltstruktur seit kurzem ein an den internationalen Entgeltkonditionen der Branche ausgerichteter sogenannter Pharma-Bonus gewährt wird.

Die beschriebene weltweite Entgeltstruktur spiegelt demzufolge die Unternehmensstruktur der BASF-Gruppe wider. Aufgrund der Mehrdimensionalität und Komplexität der Entscheidungsstrukturen sowie den vorhandenen großen Zentralbereichen ist eine eindeutige Zuordnung von Leistung nach Geschäftsbereichen nicht möglich. Als Kriterien für die erbrachten Leistungen der Führungskräfte können letztlich nur die Leistung der Einzelnen über den individuellen Zielerreichungsgrad und die der gesamten Gesellschaft bzw. Gruppe herangezogen werden.

4.4.3 Personalstrategien der Geschäftsbereiche

Können für die Gesamtunternehmensebene Personalstrategien u.a. über den Zentralbereich Personal identifiziert werden, so gestaltet sich dies auf der Geschäftsbereichsebene schwierig. Da die Personalfunktion in die gesellschaftsrechtliche Unternehmensstruktur eingebunden ist und diese mit der führungsorganisatorischen Struktur im Stammhauskonzern nicht übereinstimmt, ist zu klären, inwieweit Personalstrategien für die Geschäftsbereiche in der BASF-Gruppe allgemein und weltweit überhaupt identifizierbar sind. Hierzu muß zum einen der Geschäftsbereich selbst, zum anderen die für ihn personalpolitisch zuständige Gesellschaft in die Betrachtung einbezogen werden.

Die Personalfunktion ist bei der BASF-Gruppe nach Landesgesellschaften differenziert. Innerhalb Deutschlands stellt die AG die größte Gesellschaft dar, daneben gibt es weitere kleinere inländische Beteiligungsgesellschaften. Jede Gesellschaft ist für die Entwicklung ihrer Personalpolitik und -strategien eigenverantwortlich, wobei die AG für die deutschen Gesellschaften eine Ordnungsfunktion einnimmt.

Einer international ausgerichteten Steuerung der Geschäftsaktivitäten der Geschäftsbereiche steht damit eine national bzw. gesellschaftsbezogene Personalpolitik gegenüber. Es stellt sich die Frage, inwieweit eine länder- bzw. gesellschaftsübergreifende Ausrichtung von Personalstrategien in der BASF-Gruppe überhaupt möglich bzw. aus Geschäftsbereichssicht erwünscht ist.

Die Mehrzahl der Geschäftsbereichsleitungen der BASF-Gruppe hat ihren Sitz in Ludwigshafen. Ebenso sind die meisten Führungskräfte Beschäftigte der Muttergesellschaft BASF AG, wie auch die Mitarbeiter dieser Geschäftsbereiche am deutschen Standort Beschäftigte der AG sind. Die Geschäftsbereichsleitungen denken international und bewegen sich mit ihren Aktivitäten in globalen Märkten, die Personalfunktion ist dagegen auf ein Land bzw. eine Gesellschaft ausgerichtet. Für die meisten Geschäftsbereichsleitungen mit Sitz in Ludwigshafen und die am deutschen Standort vertretenen Mitarbeiter ist entsprechend der Funktionsbereich Personal der AG zuständig für personalpolitische Fragen und die Entwicklung von Personalstrategien. Die bereichsbezogene Ausrichtung der Personalfunktion innerhalb der AG beschränkt sich allerdings auf die Einrichtung von dezentralen Personalstellen, welche die Geschäftsbereiche am Standort in operativen Fragen der Personalarbeit betreuen. Sie haben jedoch keine eigenständige Aufgabe zur Entwicklung von Personalstrategien im Geschäftsbereich. Personalstrategische Aufgaben werden demzufolge von der Aufgabenteilung her allein vom Funktionsbereich Personal der AG zentral wahrgenommen.

In der Vergangenheit standen in der AG Personalkostenreduzierungen über Personalabbau, Arbeitszeitflexibilisierung etc. im Mittelpunkt. Nunmehr hat sich der Funktionsbereich, ausgehend von der Vision 2010, weitere Zielstellungen gegeben. So will der Funktionsbereich einen Beitrag zur langfristigen Sicherung des Standortes Ludwigshafen im globalen Standortwettbewerb innerhalb und außerhalb der BASF-Gruppe leisten. Im Mittelpunkt steht hierbei die Überprüfung des bestehenden Kernbereichsmodells der Personalfunktion zugunsten der Einführung eines marktpreisorientierten Servicemodells zumindest für einen Teil der personalwirtschaftlichen Leistungen. Damit verbunden ist die Diskussion über eine weitere Dezentralisierung von operativen Aufgaben der Personalarbeit. Grundlegendes Kriterium für den Erhalt zentraler Leistungen (z.B. Personalbeschaffung, Entgeltabrechnung etc.) ist die Nutzung von Synergien. Zur Standortsicherung Ludwigshafens soll auch die Entwicklung von Beurteilungsmaßstäben dienen, auf deren Basis eine mehr an individueller Leistung orientierte Entgeltfindung umgesetzt werden kann. Hierzu wurden im Mai 1994 Vorschläge unterbreitet, die von der AG zusätzlich zu den tariflichen Entgeltzahlungen geleisteten freiwilligen Sozialleistungen in einer Höhe von rd. 1,1 Mrd. DM einzuschränken und die Struktur des Entgeltsystems leistungsbezogener zu gestalten. Zur Debatte standen die Reduzierung von Dienstaltersprämien und sonstigen Prämien, die Streichung des Pensionsurlaubs und der jährlich ausgeschütteten Treueprämien sowie die Abkoppelung der übertariflichen Leistungen von der jährlichen Tarifdynamik durch die Ausschüttung von festen DM-Beträgen. Die betriebliche Altersversorgung, die den größten Anteil der freiwilligen sozialen Leistungen der BASF-Gruppe ausmacht, blieb von diesen Überlegungen unberührt.[1] Nach massiven Protesten der Belegschaft in Ludwigshafen stellte die AG zum Erhalt des sozialen Friedens die Maßnahmen zunächst zurück. Es wurde jedoch mit den Betriebsräten vereinbart, über eine Anpassung der Kostenstrukturen zu verhandeln.[2]

Die aus der Vision abgeleiteten und mit dem Ziel der Standortsicherung entwickelten neuen Personalstrategien des Funktionsbereichs sind in Einklang zu bringen mit den bislang wesentlichen Grundprinzipien personalpolitischer Arbeit in der BASF-AG: dem Senioritäts- und dem Einheitlichkeitsprinzip. Das Senioritätsprinzip, welches das Dienstalter als Maßstab für

[1] Vgl. o.V., Sozialleistungen, S. 19.
[2] Vgl. o.V., Entgelt, S. 11.

Entgeltsteigerungen festsetzt, war wesentlich bei der Ausschüttung der übertariflichen, betrieblichen Sozialleistungen. Es hatte damit eine wichtige identitätsstiftende Funktion im Rahmen der Unternehmenskultur. Eng verknüpft hiermit ist das Einheitlichkeitsprinzip. Dieses Prinzip der Gleichbehandlung prägt bislang innerhalb der AG jede personalpolitische Übereinkunft mit den betrieblichen Arbeitnehmervertretungen und demgemäß sämtliche personalstrategische Überlegungen.

Eine bereichsbezogene Differenzierung von Personalpolitik widerspricht diesem Einheitlichkeitsprinzip und wird folgerichtig in der AG vom Funktionsbereich Personal nicht vertreten. Entsprechend existieren AG-weit einheitliche Regelungen hinsichtlich des Entgelt- und Anreizsystems einschließlich des Führungskräfteanreizsystems, bei der Personalbeschaffung und -auswahl etc. Allein für die Personalentwicklung sind die Einheiten vor Ort selbstverantwortlich. Nahezu 90 % aller Ausbildungsmaßnahmen für Mitarbeiter unterhalb der Oberen Führungskräfte werden zwar von den Einheiten selbst bestimmt, das Weiterbildungsangebot und die Durchführung der Maßnahmen erfolgt dagegen weitestgehend durch den Funktionsbereich Personal.

Das Einheitlichkeitsprinzip innerhalb der AG greift somit für rd. 44 % der Beschäftigten in der BASF-Gruppe, entsprechend dominant wirken die in der AG explizit und implizit vorhandenen Personalstrategien auf die gesamte BASF-Gruppe, insbesondere den Zentralbereich Personal. Aus Sicht des Funktionsbereichs der AG werden Personalstrategien nicht nur aus Unternehmensstrategien, z.B. der Vision 2010, entwickelt, sondern sind Personalstrategien auch Teil der Unternehmensstrategien.

Für die global agierenden Geschäftsbereiche folgt daraus, daß sie innerhalb des Zuständigkeitsbereichs AG keine eigenständige, differenzierte Personalpolitik vor Ort praktizieren können. Geschäftsbereichsbezogene Personalstrategien sind nur im Hinblick auf die internationale Personalentwicklung von Führungskräften der 5. und 6. Ebene vorhanden sowie hinsichtlich der Benennung von Potentialkandidaten für höhere Führungsebenen. Die Erfassung von Potentialkandidaten sowie die Nachfolgeplanungen im Bereich werden dabei von den Geschäftsbereichsleitungen in regelmäßig stattfindenden Personalkommissionen bzw. Personalklausuren durchgeführt und eigenständig wahrgenommen. Die dezentralen Personalstellen haben hier lediglich eine Vorbereitungsfunktion. Die dezentralen Personalstellen sind an der Geschäftsbereichsleitung nicht beteiligt und nehmen auch keine konzeptionellen Aufgaben wahr. Entsprechend haben die dezentralen Personalstellen auf die allgemeine Strategiebildung der Geschäftsbereiche keinen Einfluß. Aus Sicht der befragten Geschäftsbereiche bestimmen die Geschäftsbereichsstrategien die wenigen bereichsbezogenen Personalstrategien. Ansonsten werden sämtliche mitarbeiterbezogenen Personalstrategien sowie die Entlohnungs- und Entlassungspolitik durch den Funktionsbereich der AG zentral und standortbezogen geregelt. Für den international agierenden Geschäftsbereich hat dies zur Folge, daß er auf eine für den Unternehmenserfolg zentrale Ressource, der Personalressource, zur Entwicklung und Umsetzung seiner Produkt-Markt-Strategien keinen bzw. nur geringen Einfluß hat. Dies gilt für Personalentwicklungsmaßnahmen ebenso wie für die Gestaltung der Entgelthöhe im internationalen branchenweiten Maßstab (z.B. Abschläge im Fasernbereich, Zuschläge im Pharmabereich). Als Problem wird dies bislang nur von den wirkstofforientierten Bereichen in der BASF-Gruppe wahrgenommen.

4.5 Ergebnis: Personal im Spannungsverhältnis zwischen Gesamtunternehmung und Geschäftsbereichen

Personalstrategien in der BASF-Gruppe werden zur Zeit noch vor allen Dingen von und für die BASF-AG entwickelt. Auf der Ebene der Gesamtunternehmung läßt sich als zentrale Personalstrategie die schrittweise Aufgabentrennung von AG- und Konzernpersonalfunktion beschreiben, die letztlich Voraussetzung dafür ist, die aus der Vision 2010 abgeleiteten Personalstrategien erfolgreich umzusetzen. Dabei haben personalstrategische Fragen, die im Zusammenhang mit dem Internationalisierungsprozeß stehen, Vorrang. Eine eigenständige Personalstrategie, unabhängig von der Unternehmensstrategie, wird von sämtlichen befragten Entscheidungsträgern als nicht existent gesehen. Zu fragen ist jedoch, ob neben der nicht vorhandenen expliziten Personalstrategien implizite Personalstrategien existieren.

Zentrales personalpolitisches Steuerungsinstrument in der Gesamtunternehmung stellt die Führungskräfteplanung dar. Sie wird bis einschließlich der vierten Ebene vom Zentralbereich Personal nach einheitlichen Kriterien durchgeführt. Mit der Führungskräfteplanung legt das Unternehmen über die Auswahl der Potentialkandidaten, der Festlegung von Personalentwicklungsmaßnahmen und der Nachfolgeplanung zum gegenwärtigen Zeitpunkt fest, welche Führungskräfte in der Zukunft die Unternehmenspolitik prägen und Unternehmensstrategien entwickeln werden. Die Führungskräfteplanung kann somit aus Unternehmenssicht als eine der wichtigsten zentralen Personalstrategien mit langfristigen Wirkungen gelten. Über die Entscheidung, wieviel z.B. deutsche Führungskräfte weiterhin ins Konzern-Top-Management wechseln, wird bestimmt, inwieweit die BASF-Gruppe personell die Internationalisierung vollzieht und an einer Heimatland- und Stammhausbindung auf Dauer festhält. Ebenso gibt die Klärung der Frage, ab welcher Ebene der Konzern die Führungskräfteplanung in Händen hält, Auskunft darüber, welchen Integrationsgrad die Gesamtunternehmung anstrebt. Zusammen mit der Klärung der Frage, inwieweit auf geschäftsbereichsspezifische Anforderungen an Führungskräfte bei der Planung Rücksicht genommen wird, können Schlußfolgerungen hinsichtlich des Umfangs der personalstrategischen Autonomie der Geschäftsbereiche gezogen werden.

Unterzieht man die genannten Fragestellungen einer näheren Betrachtung, so stellt man folgendes fest: Zur Zeit werden noch überwiegend deutsche Führungskräfte, insbesondere über die AG für Leitungsfunktionen der Gesamtunternehmung rekrutiert. Für die Zukunft werden nach den Unternehmensplanungen Auslandseinsatz und -erfahrung zunehmend wichtiger, um zu den oberen Führungsebenen aufzusteigen. Es ist dabei erklärtes Unternehmensziel, die Führungsmannschaft zu internationalisieren. Entsprechend werden darauf abgestimmte Anforderungen für die Personalentwicklung und Beförderungspolitik in den einzelnen Geschäftsbereichen formuliert. Die zentrale Führungskräfteplanung setzt in der Unternehmenshierarchie relativ unten an. Damit sichert sich die Gesamtunternehmung eine hohe Transparenz über das vorhandene Führungskräftepotential und gewährleistet zugleich eine systematische, unternehmensweit einheitliche personelle Steuerung. Die Beurteilungskriterien sind ebenfalls einheitlich, d.h. es gibt keine Berücksichtigung von geschäftsbereichsspezifischen Führungsanforderungen. Diese können nur implizit über die Förderung bestimmter Kandidaten in den jeweiligen Geschäftsbereichen zur Geltung kommen.

Personalstrategien sind somit in der Gesamtunternehmung im wesentlichen aus Unternehmensstrategien abgeleitet, wirken aber über die zentrale Führungskräfteplanung (z.B. die Internationalisierung der Führungsmannschaft) auf die Unternehmensstrategien der Zukunft und auf die Geschäftsbereiche.

Geschäftsbereichsstrategien berücksichtigen bereichsbezogene Personalstrategien nur im Hinblick auf die Entwicklung von Führungskräften. Auf der Ebene der Einzelgesellschaften existieren eigene Personalstrategien. Die Personalstrategien der Muttergesellschaft AG sind auf Einheitlichkeit ausgelegt und berücksichtigen nicht die möglicherweise aus unterschiedlichen Geschäftsbereichsstrategien folgende Differenzierung von Personalstrategien. Die Wahrnehmung dieses Umstandes als Problem gestaltet sich in den Geschäftsbereichen unterschiedlich. Der Geschäftsbereich Pflanzenschutz sieht eine größere Notwendigkeit zur bereichsbezogenen Differenzierung von Personalstrategien als der Geschäftsbereich Industriechemikalien. Dies mag ein möglicher Hinweis darauf sein, daß die Personalstrategien der durch die klassische Chemie, Verfahrenstechnologien und Kostenführerschaft geprägten AG für Geschäftsbereiche, die in rasch wandelnden Produktmärkten und Produktführerschaft gekennzeichneten Märkten operieren, nicht adäquat sind. Als Bestärkung dieser Annahme kann das Zugeständnis des Unternehmens an den rechtlich eigenständigen Geschäftsbereich Pharma gelten, einen an den Entgeltgepflogenheiten der pharmazeutischen Branche ausgerichteten Pharma-Bonus im Entgeltsystem für Führungskräfte einzuführen. Die Spielräume für eine bereichsbezogene personalpolitische Gestaltung sind jedoch für die Geschäftsbereichsleitungen aufgrund der AG-Strukturen in Deutschland und der zentralen Führungskräfteplanung insgesamt gering.

Als Fazit kann somit für die BASF-Gruppe festgehalten werden, daß der Integrationsgrad der Geschäftsbereichsorganisation hoch ist und sich die Geschäftsbereichsautonomie im wesentlichen auf Produkt-Markt- und Internationalisierungsstrategien innerhalb eines vom Gesamtunternehmen vorgegebenen Rahmens bezieht. Die personalstrategische Steuerung erfolgt im wesentlichen über die einzelnen autonom agierenden Landesgesellschaften. Als strategisch kritische Erfolgsfaktoren, welche eine unternehmenseinheitliche Gestaltung der Personalfunktion erfordern, sind die Führungskräfteplanung bis einschließlich der vierten Führungsebene und die Entgeltpolitik bis einschließlich der dritten Führungsebene zu konstatieren. In der BASF-Gruppe wird somit die Marktheterogenität der Geschäftsbereiche personalstrategisch nicht berücksichtigt. Das von den wirkstofforientierten Bereichen wahrgenommene Spannungsfeld zwischen dem eigenen Führungs- und Personalverständnis und dem im Gesamtunternehmen dominierenden, das durch die Marktstrukturen des Chemiegeschäfts im wesentlichen geprägt ist, war allerdings bislang noch kein Gegenstand offizieller Überlegungen. Als Grund dürfte hierfür das noch geringe Gewicht der wirkstofforientierten Bereiche am Gesamtgeschäft der BASF-Gruppe ausschlaggebend sein.

Im folgenden wird zu überprüfen sein, inwieweit ein Spannungsverhältnis bei den anderen beiden untersuchten Unternehmen auftritt, deren Geschäftsaktivititäten sowohl die Chemie- als auch wirkstofforientierten Bereiche umfassen.

5 Bayer Konzern

5.1 Gesamtunternehmung

5.1.1 Allgemeine Unternehmensdaten

Der Bayer Konzern ist eines der führenden internationalen Unternehmen der chemisch-pharmazeutischen Industrie mit einem breit diversifizierten Produktprogramm.[1]

Das Umsatzvolumen beträgt im Jahr 1995 rund 44,5 Mrd. DM.[2] Die Umsatzentwicklung des Bayer Konzerns verzeichnet dabei zwischen 1988 und 1995 unter Berücksichtigung der konjunkturell bedingten Einbrüche eine steigende Tendenz. Das Betriebsergebnis beträgt im Jahr 1989 noch 4,1 Mrd. DM, fällt dann stetig ab auf einen Tiefstwert von rd. 2,3 Mrd. DM im Jahr 1993 und erreicht im Jahr 1995 wieder das Niveau von 1989. Die Umsatzrentabilität beträgt entsprechend im Jahr 1989 noch 9,9 %, sinkt auf 5,7 % im Jahr 1993 und steigt im Jahr 1995 wieder auf 9,2 %.

Der Verlauf der Sachanlageinvestitionen verzeichnet im Betrachtungszeitraum eine uneinheitliche Tendenz und bewegt sich zwischen 2,9 Mrd. DM und 3,7 Mrd. DM. Die Sachanlageinvestitionsquote schwankt zwischen 6,9 % und 8,9 %. Die F&E-Ausgaben steigen zwischen 1988 und 1995 kontinuierlich von rd. 2,4 Mrd. auf 3,3 Mrd. DM. Die F&E-Quote steigt von 6,2 % im Jahr 1988 auf 7,8 % im Jahr 1993 und beträgt im Jahr 1995 7,3 %. Die Kennziffer F&E-Ausgaben je Beschäftigten verzeichnet in dieser Zeit eine kräftige Steigerung um rd. 54 %.

Der Beschäftigtenstand steigt bis zum Jahr 1990 auf 171.000 Mitarbeiter und sinkt dann stetig auf 142.900 Personen im Jahr 1995. Die Kennziffer Umsatz je Beschäftigten weist seit 1990 eine beträchtliche Steigerung aus, was auf Rationalisierungsmaßnahmen zurückzuführen ist.

5.1.2 Unternehmensstrategien

5.1.2.1 Produkt-Markt- und Wettbewerbsstrategien

Die Geschäftsaktivitäten sind in 19 Geschäftsbereiche unterteilt, die rechnerisch in sechs Arbeitsgebieten erfaßt werden. Drei der Arbeitsgebiete (Polymere, Organica und Industrieprodukte) gehören den klassischen Chemiebereichen an, die anderen drei Arbeitsgebiete (Gesundheit, Landwirtschaft und Informationstechnologie) sind den verbrauchernahen Produkten zuzurechnen. Dabei können die Arbeitsgebiete Gesundheit und Landwirtschaft den wirkstofforientierten Bereichen zugeordnet werden.

---

[1] Siehe im folgenden auch die Ausführungen in der von mir erstellten Fallstudie über den Bayer Konzern im Rahmen eines Forschungsprojekts:
Vgl. KOUBEK/CLEFF/PIEROTTI/SCHAFMEISTER, Unternehmensstrategien. S. 67ff.

[2] Im folgenden: Vgl. Anhang, Tabelle 23.

Das Arbeitsgebiet **Polymere** umfaßt die Herstellung von Kunststoffen, synthetischem Kautschuk, Fasern sowie Technischen Folien und Aktivitäten in der Cellulosechemie.

Es hält im Betrachtungszeitraum einen stabilen Anteil am Konzernumsatz von 17 % bis 18 %.[1] Die Konjunkturanfälligkeit des Arbeitsgebiets läßt sich am Verlauf des Betriebsergebnisses nachvollziehen. Die Verluste sowie die negative bzw. geringe Umsatzrentabilität in den Jahren 1992 und 1993 verweisen jedoch auch auf die strukturellen Verschiebungen am Weltmarkt in den Bereichen Kunststoffen und Fasern.

Das Arbeitsgebiet Polymere verzeichnet insgesamt sinkende F&E-Ausgaben. Der Anteil an den Konzern-F&E-Ausgaben verringert sich von 15 % auf 13 % zwischen 1989 und 1991, auf 8 % im Jahr 1992 und verharrt ab 1993 auf 7 %. Eine ähnliche Entwicklung weist die F&E-Quote auf, die zwischen 1991 und 1992 von 5,0 % auf 3,4 % auf zurückgeht. Die Reduzierung der F&E-Ausgaben ist auf die Umstrukturierung der Forschungsaktivitäten zurückzuführen: Forschungsintensive Produktentwicklungen mit unsicheren Marktchancen, wie z.B. der Hochleistungskunststoff Tedur, wurden aufgegeben und die Forschungsaktivitäten auf Kerngebiete konzentriert.

Das Arbeitsgebiet hält im Jahr 1988 einen Anteil an den Konzernsachanlageinvestitionen von 18 %, dieser sinkt auf 12 % im Jahr 1991 und steigt bis zum Jahr 1994 wieder auf 18 % bzw. 15 % im Jahr 1995. Die Sachanlageinvestitionsquote entspricht weitgehend dem Konzerndurchschnitt.

Seit 1990 sind durch die zunehmende Anzahl von Anbietern erhebliche Überkapazitäten auf dem Kunststoff-Weltmarkt entstanden, die einen entsprechenden Preisdruck bewirken. Der Versuch des Bayer Konzerns, seine Kunststoffaktivitäten durch die Produktion neuer Werkstoffe und Werkstoff-Verbünde, wie z.B. Tedur auf der Basis von Polyphenylensulfid, zu verbreitern,[2] stellte sich angesichts der angespannten Weltmarktlage als ökonomisch ineffizient dar. Die Streuung der finanziellen Mittel im Geschäftsbereich führte vielmehr zu einem Wettbewerbsnachteil der traditionell starken Kunststoffaktivitäten. Seit 1992 fokussiert der Konzern im Kunststoffbereich seine Ressourcen auf marktmäßig aussichtsreiche Produktfelder (z.B. Technische Polymere), in denen über Produkt- oder Verfahrensverbesserungen eine führende Marktposition gehalten bzw. ausgebaut werden kann.[3]

Ebenfalls ist in den letzten Jahren der Fasernbereich stark durch die Nachfrageschwäche der europäischen Textilindustrie, aber auch durch die wachsende Konkurrenz ostasiatischer Faserproduzenten, unter Druck geraten.[4] Hohe Verluste verzeichnet hier vor allen Dingen das Geschäftsfeld Acrylfasern (Dralon), während im Geschäftsfeld Elastanfasern (Dorlastan) die

---

[1] Im folgenden: Vgl. Anhang, Tabelle 24.

[2] Vgl. BUDZINSKY, Thermoplaste, S. 31ff.

[3] Vgl. o.V., Konzentration, S. 2.
Vgl. auch: o.V., Bayer-Kunststoffe, S. 6.

[4] Vgl. o.V., Herausforderung, S. 10.

Produktion in den USA und Deutschland ausgebaut[1] und Marktführerschaft angestrebt wird.[2] Durch die Ausgliederung des Geschäftsbereichs Fasern im Jahr 1994 in die Bayer Fasern GmbH wird versucht, über Rationalisierungs- und Kostensenkungsmaßnahmen am Standort Dormagen die deutsche Fasernproduktion wieder international wettbewerbsfähig zu gestalten.

Im Kautschukbereich ist der Bayer Konzern dagegen weltweit führend bei der Herstellung von synthetischem Kautschuk. Durch Akquisitionen stärkte das Unternehmen seine Aktivitäten in den USA und im Bereich von Spezialkautschuken. Sämtliche Unternehmenszukäufe zielen hier auf die Nutzung von Größenvorteilen durch den Ausbau von Produktionskapazitäten ab, die am Kautschukweltmarkt Kostenführerschaft sichern.

Das Arbeitsgebiet **Organica** erstreckt sich auf so verschiedene Aktivitäten wie die Herstellung Organischer Chemikalien, Farben, Duft- und Riechstoffe sowie die 50 %-Beteiligung an der EC-Erdölchemie, die petrochemische Primärchemikalien herstellt.

Das Arbeitsgebiet weist eine, von minimalen konjunkturellen Schwankungen abgesehen, relativ stabile Umsatzentwicklung auf.[3] Demgegenüber zeichnet sich das Betriebsergebnis im Betrachtungszeitraum durch eine deutlich fallende Tendenz aus. Die Umsatzrentabilität geht von rund 12 % im Jahr 1988 auf -0,5 % im Jahr 1993 zurück und beträgt im Jahr 1995 trotz einer Verbesserung nur noch 5,1 %. Ähnlich wie im Arbeitsgebiet Polymere sind auch hier nicht nur konjunkturelle, sondern ebenfalls strukturelle Gründe maßgeblich.

Die Sachanlageinvestitionen betragen seit 1990 etwa 500 Mio. DM. Der Anteil des Arbeitsgebiets an den Konzernsachanlageinvestitionen ist sinkend. Die F&E-Ausgaben bewegen sich auf einem niedrigen Niveau von rd. 220 Mio. DM, wobei die F&E-Quote eine sinkende Tendenz aufweist und gegenüber dem Konzernschnitt weit unterdurchschnittlich ist.

Das Arbeitsgebiet ist besonders in den Bereichen Farbstoffzwischenprodukte und Textilfarben von mehreren miteinander verknüpften Entwicklungen konfrontiert: die anhaltende Nachfrageschwäche der europäischen Textilindustrie, ihre zunehmende Abwanderung nach Südostasien und die heranwachsende Konkurrenz von ostasiatischen Billiganbietern. So gab der Bayer Konzern mittlerweile seine Farbstoffzwischenproduktion auf der Basis von Anthrachinon aufgrund der dauerhaften Verlustsituation auf. Eine ähnliche Wettbewerbssituation, bedingt durch die asiatischen Farbstoffhersteller, gilt auch für den Bereich Textilfarben, der trotz umfangreicher Umstrukturierungsmaßnahmen in den letzten Jahren drastische Ertragseinbußen und dauerhaft Verluste hinnehmen mußte,[4] da die asiatischen Textilfarbenhersteller ihre Produkte zu Preisen anbieten, die unter den Selbstkosten des Bayer Konzerns liegen.[5]

---

[1] Vgl. o.V., Umorganisation, S. 16.

[2] Vgl. ROHE, Italia, S. 23.

[3] Im folgenden: Vgl. Anhang, Tabelle 25.

[4] Vgl. o.V., Textilfarbstoffe, S. 2.

[5] Vgl. Schneider, M., zit. nach: o.V., Growth, S. 55.

Eine Konsequenz dieser Entwicklung ist die rechtliche Ausgliederung des Geschäftsfelds Textilfarben aus der Bayer AG Ende des Jahres 1994. Gemeinsam mit dem Farbenbereich der Hoechst AG wurde ein 50 %-50 %-Joint-Venture namens DyStar Textilfarben GmbH&Co. Deutschland KG gegründet.[1] In dem neuen Gemeinschaftsunternehmen ergänzen die beiden Unternehmen ihre jeweiligen Stärken: Der Bayer Konzern bringt technologisch modernste Produktionsanlagen ein, während der Hoechst Konzern seine veralteten Anlagen schließt, aber eine gute Marktposition einbringen kann.[2] Der Zusammenschluß verspricht erhebliche Kosteneinsparungen durch die Konzentration der Produktionsstandorte in Deutschland bei gleichbleibendem Produktionsvolumen. Darüber hinaus entstehen Kosteneinsparungen in Deutschland durch die Reduzierung des Personalaufwandes über einen Beschäftigungsabbau und die Kürzung übertariflicher Leistungen. Mit dieser Kooperation passen sich die einstigen Konkurrenten dem Nachfragebedarf der europäischen Region an. Die Produktionsstandorte in den USA, Brasilien, Indien und Indonesien und seit 1995 auch China versorgen jeweils ihre Region.[3] Inwieweit die insbesondere in Asien vorherrschenden Kostenvorteile und der wachsende Aufbau der Welt-Textilproduktion in Asien zu einem späteren Zeitpunkt eine regionale Verlagerung der gesamten Farbstoffproduktion des Geschäftsbereichs bedingen, bleibt abzuwarten.

Die restlichen Geschäftsaktivitäten des ehemaligen Geschäftsbereichs Farben wurden mit Aktivitäten anderer Geschäftsbereiche im Jahr 1996 zu einem neuen, branchenorientierten Geschäftsbereich Spezialprodukte zusammengefaßt. Im Mittelpunkt der Aufgaben des neuen Geschäftsbereichs stehen die Entwicklung maßgeschneiderter Systeme, insbesondere für die Papier- und Lederindustrie, sowie die Herstellung organischer Farbstoffe.[4]

Positives Marktwachstum im Arbeitsgebiet Organica verzeichnen dagegen Wirkstoffzwischenprodukte für den Pharmazie-, Veterinär- und Pflanzenschutzbereich. Weitere Produktionskapazitäten für die Herstellung von Maleinsäureanhydrid werden zur Zeit in den USA ausgebaut.[5] Durch die Kapazitätserweiterung sichert sich der Konzern zum einen seine Position als weltweit führender Anbieter von Maleinsäureanhydrid, zum anderen ein kostengünstiges Vorprodukt zur eigenen Herstellung von Kunststoffen, Pflanzenschutzmitteln, Lacken etc. Der Anteil von Feinchemikalien am Umsatz des Geschäftsbereichs Organische Chemikalien soll dabei in Zukunft noch erheblich gesteigert werden.[6]

Das Arbeitsgebiet Organica wird schließlich ergänzt durch die Tochtergesellschaft Haarmann&Reimer und die 50 %-Beteiligung bei EC-Erdölchemie. Der Geschäftsbereich Haarmann&Reimer, dessen Aktivitäten im Bereich von Duft- und Geschmacksprodukten angesiedelt sind, verzeichnet eine positiv-dynamische Entwicklung und gehört zu den Wachstumsschwerpunkten des Unternehmens. Die EC-Erdölchemie produziert petrochemische Pro-

[1] Vgl. o.V., Kooperationspartner, S. 25.
[2] Vgl. Schneider, M., zit. nach: o.V., Growth, S. 55.
[3] Vgl. Schneider, M., zit. nach: o.V., Textilfarbstoffe, S. 2.
[4] Vgl. BAYER AG, Geschäftsbericht 1995, S. 30.
[5] Vgl. o.V., Firmen, S. 22.
[6] Vgl. Lenz, G., zit. nach: o.V., Feinchemikalien, S. 8.

dukte, deren Marktsituation durch die hohen Überkapazitäten am Weltmarkt in den letzten Jahren angeschlagen war, so daß der Geschäftsbereich mit Verlusten abschnitt. Im Jahr 1995 verzeichnet der Bereich eine kräftige Ergebnis- und Umsatzsteigerung, die zu einem sprunghaften Anstieg der Umsatzrendite auf 30 % geführt hat.[1]

Insgesamt stellt sich die Entwicklung im Arbeitsgebiet Organica für den Bayer Konzern unbefriedigend dar, insbesondere in den Bereichen organische Chemikalien und Farben. Diese Geschäftsbereiche sind in wachsendem Maße dem Preisdruck der Produkte ostasiatischer Niedriglohnländer ausgesetzt, der zu massiven Ergebniseinbrüchen führt. Der Bayer Konzern reagiert auf diese Herausforderung strategisch mit der Straffung seines Produktprogramms und dem Versuch, in einzelnen traditionellen Marktsegmenten die Kostenführerschaft zu halten. Verlustbereiche werden abgegeben und Vorprodukte für die eigene Weiterverarbeitung von Billiganbietern bezogen: In umsatz- und gewinnträchtige Bereiche wird investiert und die Produktionskapazitäten werden ausgebaut, um wie bei der Maleinsäurehydridproduktion Marktführerschaft durch Kostenvorteile zu erzielen. Dennoch bleibt aus Sicht der Unternehmensleitung bei wachsender asiatischer Konkurrenz offen, ob die Produktion organischer Zwischenprodukte (Farbstoffe) auf Dauer in Deutschland wettbewerbsfähig betrieben werden kann.[2]

Das Arbeitsgebiet **Industrieprodukte** umfaßt im wesentlichen Anorganische Chemikalien und Pigmente, Polyurethane, Lackrohstoffe, Wolfram-, Tantalerzeugnisse sowie Ausgangsstoffe für die Ingenieurkeramik durch die Beteiligungsgesellschaft C.H. Starck[3].

Der Umsatz im Arbeitsgebiet sinkt zwischen 1989 und 1993 kontinuierlich, steigt in den Jahren 1994 und 1995 aber wieder kräftig an.[4] Der Anteil am Konzernumsatz weist einen Rückgang von 22 % auf 19 % zwischen 1988 und 1995 auf. Die Entwicklung des Betriebsergebnisses folgt der konjunkturellen Belebung des Umsatzes nicht in gleichem Maße: Von rd. 1,1 Mrd. DM im Jahr 1988 sinkt es auf 191 Mio. DM im Jahr 1993 und erreicht trotz des konjunkturellen Aufschwungs im Jahr 1995 nur 617 Mio. DM. Dieser Entwicklung entspricht eine entsprechende Reduzierung des Anteils am Konzernbetriebsergebnis von 27 % im Jahr 1988 auf nur noch 8 % im Jahr 1993 und 15 % im Jahr 1995. Die Umsatzrentabilität beträgt im Jahr 1988 noch 12,2 %, fällt auf einen Tiefstwert von 2,6 % im Jahr 1993 und erreicht weit abgeschlagen vom Ausgangsniveau 1988 im Jahr 1995 7,4 %.

Das Sachanlageinvestitionsvolumen verläuft uneinheitlich. Der Anteil des Arbeitsgebiets an den Konzernsachanlageinvestitionen beträgt zwischen 18 % und 21 %, die Sachanlageinvestitionsquote schwankt zwischen 6,6 % und 10,3 %. Der Anteil an den Konzern-F&E-Ausgaben liegt mit rd. 10 % im Jahr 1995 etwas höher als bei den anderen Chemiearbeitsgebieten, wenngleich die F&E-Quote zwischen 3,8 % und 4,5 % relativ gering bleibt.

---

1 Vgl. BAYER AG, Geschäftsbericht 1995, S. 7.

2 Vgl. Schneider, M., zit. nach: o.V., Herausforderung, S. 10.

3 Vgl. hierzu auch: ROHE, Märkte, S. 18ff.

4 Im folgenden: Vgl. Anhang, Tabelle 26.

Auch in diesem Arbeitsgebiet strafft das Unternehmen seine Geschäftsaktivitäten. So wurden im Bereich der Chromderivate der deutsche Produktionsbetrieb in Leverkusen aufgrund der hohen Konkurrenz aus Osteuropa aufgegeben[1] und im Bereich der traditionellen Keramik einzelne Betriebe verkauft. Im Bereich der Polyurethane hält das Unternehmen dagegen eine weltweit führende Marktposition, das es über Kostenführerschaft versucht, zu erhalten.

Das Arbeitsgebiet **Gesundheit** umfaßt verschreibungspflichtige und nicht-verschreibungspflichtige Arzneimittel, verbrauchernahe Produkte von der Hautpflege über Süßstoff bis hin zur häuslichen Insektenbekämpfung[2] sowie klinische Diagnosegeräte.

Das Arbeitsgebiet hält unternehmensweit den größten Beschäftigungsanteil von 27 % im Jahr 1995 und zeichnet sich in den letzten Jahren durch eine rasch wachsende Umsatzentwicklung aus.[3] Von 1988 bis 1995 hat sich im Bayer Konzern der Anteil des Arbeitsgebiets Gesundheit am Konzernumsatz von 16 % auf 25 % erhöht, während die anderen Arbeitsgebiete stagnieren oder sinken. In den nächsten Jahren soll der Umsatzanteil sogar auf 30 % erhöht werden.[4] Im Betrachtungszeitraum wird das Betriebsergebnis verdreifacht und Umsatzrentabilitäten zwischen 13,9 % und 20,4 % erzielt. Die wachsende Bedeutung des Gesundheitsbereichs für den Bayer Konzern kann eindrücklich anhand seines Anteils am Konzernbetriebsergebnis veranschaulicht werden, der zwischen 1988 und 1993 von 23 % auf 76 % steigt und in den durch den konjunkturellen Aufschwung geprägten Jahren 1994 und 1995 mit 51 % und 44 % Anteil am Konzernbetriebsergebnis gegenüber seinem Anteil am Konzernumsatz von 29 % weit überdurchschnittlich ist. Dieses Ergebnis ist beachtlich, zumal sich die Gewinnsituation wegen der in Deutschland veränderten politischen Rahmenbedingungen im Gesundheitsbereich ab 1994 verschlechterte und auch die klassischen Chemiebereiche wieder positiv zum Betriebsergebnis beitragen konnten.

Entsprechend partizipiert das Arbeitsgebiet in steigendem Maße an den Sachanlageinvestitionen des Konzerns: Beträgt der Anteil im Jahre 1988 noch 11 %, so beziffert er sich seit 1992 auf über 20 % und beläuft sich im Jahre 1995 auf 29 % der Konzernsachanlageinvestitionen. Die Sachanlageinvestitionsquote zeichnet sich ebenfalls durch eine beträchtliche Steigerung aus und weist seit 1994 ein gegenüber dem Konzernschnitt überdurchschnittliches Niveau auf. Hieraus läßt sich schließen, daß das Arbeitsgebiet Gesundheit für den Bayer Konzern einer der wichtigsten Investitionsschwerpunkte darstellt.

Darüber hinaus haben sich die Forschungsausgaben im Arbeitsgebiet seit 1988 fast verdreifacht und die F&E-Quote liegt gegenüber dem Konzerndurchschnitt weit überdurchschnittlich zwischen 11,5 % und 13,9 %. Der relative Anteil an den gesamten F&E-Ausgaben des Konzerns steigt zwischen 1988 und 1995 von 32 % kontinuierlich auf 47 % an, d.h. annähernd die Hälfte der konzernweiten F&E-Ausgaben fließt dem Arbeitsgebiet Gesundheit zu.

---

1 Vgl. BAYER AG, Chromproduktion, S. 1.

2 z.B. Satina, Delial, Natreen, Baygon.

3 Im folgenden: Vgl. Anhang, Tabelle 27.

4 Vgl. o.V., Growth, S. 54.

Von den gesetzlichen Reglementierungen im Gesundheitswesen war dabei besonders der Geschäftsbereich Pharma betroffen, der die verschreibungspflichtigen Arzneimittel umfaßt. So sank in den letzten beiden Jahren insbesondere der Umsatz in Deutschland, wenngleich dieser Rückgang durch einen gestiegenen Auslandsumsatz weitgehend kompensiert wurde. Am Pharma-Weltmarkt besetzt der Bayer Konzern z.Z. den neunten Platz.[1] Der Geschäftsbereich Pharma trägt mehr als 60 % zum Arbeitsgebietumsatz, allein 16 % zum Konzernumsatz und sogar 50 % zum Konzernbetriebsergebnis[2] im Jahr 1994 bei. Seine Geschäftsaktivitäten sind dabei im Vergleich zu denen der anderen Geschäftsbereiche global internationalisiert. Der Umsatz in den Pharmahauptmärkten der Triade ist dabei annähernd gleichgewichtig verteilt.[3] Der deutsche Umsatzanteil am weltweiten Pharma-Geschäft des Bayer Konzerns beträgt bis zur Gesundheitsreform im Jahr 1993 rd. 13 %.[4]

Auch der größte Anteil an den Konzern-Forschungsausgaben fließt in den Pharmabereich. Hier setzt das Unternehmen strategisch auf Produkttechnologieführerschaft bei ausgewählten Produkten in einem wachsenden Markt. Insbesondere biotechnologische Produkte spielen eine wachsende Rolle. Hier gehört der Bayer Konzern zu den weltweit zehn führenden Anbietern, gestützt durch rund 20 bis 25 Kooperationen. Die eigenen Kapazitäten im Bereich gentechnischer Verfahren baut das Unternehmen derzeit in Kalifornien (USA) aus.[5]

Bei den nicht mehr patentgeschützten Produkten (Generika) wird durch die Kooperation über eine Minderheitenbeteiligung mit dem im US-Generika-Markt führenden US-Unternehmen Schein Inc.[6] seit 1994 das unternehmensstrategische Ziel verfolgt, am wachsenden Generika-Markt, insbesondere auch in den USA, zu partizipieren und über die Sicherung hoher Mengenanteile die Kostenführerschaft zu erzielen. Gleichsam sichert sich das Unternehmen mit dieser Form der Verlängerung des Produktlebenszyklus die durch den Ablauf von Patenten gefährdete Amortisation hoher Forschungsaufwendungen, wenn auch mit Verzicht auf gleichbleibend hohe Gewinnspannen. Zur Senkung von Kosten und zur Absicherung einer größeren Kundennähe dient auch die Aufgabe bisheriger Vertriebsstrukturen über den Großhandel und die Mitte 1993 vollzogene Einführung des direkten Vertriebs zwischen dem Bayer Konzern und den Apotheken.[7]

Im Geschäftsbereich Consumer Care wurden im Jahr 1994 die Bereiche Selbstmedikation und Consumer Produkte zusammengefaßt,[8] welche die vorwiegend in Apotheken und Drogerien angebotenen verbrauchernahen Produkte vereinen. Das Geschäftsfeld Selbstmedikation umfaßt sämtliche nicht-verschreibungspflichtige Arzneimittel[9] und hat in den letzten Jahren ein

1 Vgl. o.V., Lücken, S. 22.
2 Vgl. o.V., Pharma-Entwicklung, S. 14.
3 Vgl. o.V., Lücken, S. 22.
4 Vgl. RÜßMANN, Team, S. 151.
5 Vgl. o.V., Bayer, S. 11.
6 Vgl. o.V., US-Hersteller, S. 4.
7 Vgl. o.V., Rezeptfreie, S. 8.
8 Vgl. o.V., Verbraucherprodukte, S. 12.
9 Vgl. z.B. Aspirin (Schmerzmittel), Talcid (Magenschmerzmittel).

hohes Marktwachstum erfahren. Durch die Akquisition der Sterling Winthrop (USA) rückte der Konzern auf Nummer fünf im weltweiten Selbstmedikationsmarkt vor.[1] Zugleich erwarb sich der Bayer Konzern mit der Akquisition seine ihm während des Krieges aberkannten Namensrechte in den USA wieder zurück.

Im Geschäftsbereich Consumer Care wird die Produkttechnologieführerschaft angestrebt. Gleichsam werden Kostensenkungsmaßnahmen mit Hilfe von Größenvorteilen durchgeführt. Es werden z.B. am Standort Bitterfeld/Deutschland die rezeptfreien Arzneimittel Aspirin, Alka Seltzer und Talcid für die gesamte europäische Region produziert.[2]

Im Diagnostikabereich ist der Bayer Konzern unter den fünf weltweit größten Anbietern moderner Diagnosetechniken[3] und verzeichnet in diesem Geschäftsbereich hohe Marktzuwächse. Durch gezielte Akquisitionen, z.B. der Cooper Technicon Inc. in den USA, baute das Unternehmen sein Geschäftsfeld diagnostische Großgeräte aus.

Insgesamt bildet sich das Arbeitsgebiet Gesundheit zu einem der wichtigsten Arbeitsgebiete des Konzerns heraus, wie an der weit überdurchschnittlichen F&E-Quote und auch der hohen Sachanlageinvestitionsquote zu erkennen ist. Hier setzt das Unternehmen in hohem Maße auf Produkttechnologieführerschaft. Gleichsam versucht es, in spezifischen Marktbereichen, wie z.B. im Generikamarkt, Kostenführerschaft zu erlangen.

Das Arbeitsgebiet **Landwirtschaft** umfaßt seit 1994 Pflanzenschutzmittel und Produkte der Tiergesundheit. Es zeichnet sich durch eine relativ stabile Umsatzentwicklung aus. Es trägt zum Konzernumsatz konstant 13 % bzw. nach neuer Rechnungslegung ab 1993 10 % bei.[4] Das Betriebsergebnis verläuft uneinheitlich. Der Anteil des Arbeitsgebiets am Konzernbetriebsergebnis schwankt zwischen 7 % und 15 % von 1988 bis 1994 und steigt im Jahr 1995 auf 18 %. Die Umsatzrentabilität, die bis 1994 zwischen 5,5 % und 9,8 % schwankt, steigt im Jahr 1995 sprunghaft auf 15,8 %.

Die Investitionstätigkeit verläuft auf relativ geringem Niveau, der Anteil an den Konzernsachanlageinvestitionen schwankt zwischen 4 % und 7 % bei einer relativ niedrigen Sachanlageinvestitionsquote zwischen 2,9 % und 4,2 %. Die F&E-Ausgaben sind dagegen vergleichsweise hoch. So beträgt der Anteil an den F&E-Ausgaben des Konzerns im Jahr 1995 17 %, wenngleich seit 1988 hier ein sinkender Verlauf zu konstatieren ist. Die F&E-Quote liegt ebenfalls überdurchschnittlich hoch und erreicht im Jahr 1994 12,6 %, im Jahr 1995 12,1 %. Im Arbeitsgebiet wird die Produkttechnologieführerschaft verfolgt.

Im Arbeitsgebiet Landwirtschaft werden heterogene Geschäftsaktivitäten zusammengefaßt, deren Gemeinsamkeit eine hohe Forschungsintensität ist. Der Umsatz des Geschäftsbereichs

---

1 Vgl. o.V., Kriegsbeute, S. 1; o.V., US-Hersteller, S. 4; o.V., Lücken, S. 22; o.V., US-Rechte, S. 20.

2 Vgl. o.V., Bitterfeld, S. 13; o.V., Baubeginn, S. 20.

3 Vgl. o.V., Lücken, S. 22.

4 Im folgenden: Vgl. Anhang, Tabelle 18.

Pflanzenschutz, der rd. 73 % zum Arbeitsgebietsumsatz beiträgt,[1] geht rund zur Hälfte auf den Absatz in Europa zurück und ist neben den witterungsbedingten Gegebenheiten auch von Einflüssen der EG-Agrarpolitik abhängig. Bislang waren die Forschungsaktivitäten in Monheim hoch konzentriert, zunehmend baut der Konzern regionale Forschungsschwerpunkte in den USA und Japan aus, um eine regional spezifische Pflanzenschutzforschung über die direkte Marktnähe besser zu ermöglichen.[2] Größter Umsatzträger im Pflanzenschutzbereich sind die Insektizide. Hier ist der Bayer Konzern am Weltmarkt mit einem Marktanteil von 10 % führend. Bei Fungiziden hält das Unternehmen mit einem Weltmarktanteil von 10 % den zweiten Platz, während es bei Herbiziden weit abgeschlagen auf Platz 10 weltweit rangiert.[3] Der Geschäftsbereich Tiergesundheit erfreut sich ebenfalls eines ständigen Wachstums. Der Bayer Konzern ist einer der größten Anbieter von veterinär-medizinischen Erzeugnissen, die sowohl Arzneimittel als auch Ernährungs- und Pflegeprodukte für Nutz- und Heimtiere umfassen. Hier bildet sich mit wachsendem Interesse ein neuer Forschungsschwerpunkt im Bereich der Parasitologie und der Infektionskrankheiten heraus. Auch in diesem Geschäftsbereich wurde durch die gezielte Akquisition der Agricon Corp./USA im Jahre 1989 insbesondere der Impfstoffbereich abgedeckt.

Das Arbeitsgebiet **Informationstechnologie** wird durch die Tochtergesellschaft Agfa Gevaert getragen und umfaßt die Geschäftsbereiche Foto, Graphische Systeme und Technische Bildsysteme.

Die Umsatzentwicklung zeichnet sich durch eine relativ hohe Stabilität aus. Dies gilt allerdings nicht für das Betriebsergebnis, welches seit 1988 einen kontinuierlichen Rückgang aufweist.[4] So sinkt die Umsatzrentabilität zwischen 1988 und 1995 von 9 % auf 3,1 %. Der Anteil des Arbeitsgebiets am Konzernumsatz bleibt zwar relativ konstant zwischen 16 % und 17 % und schließlich 15 % im Jahr 1995, der Anteil am Konzernbetriebsergebnis sinkt jedoch zwischen 1988 und 1995 von 16 % auf 5 %.

Der Verlauf der Sachanlageinvestitionen des Arbeitsgebiets ist uneinheitlich, der Anteil des Arbeitsgebiets an den Konzernsachanlageinvestitionen schwankt entsprechend zwischen 11 % und 19 %. Die Sachanlageinvestitionsquote beträgt zwischen 5,2 % und 8,1 %. Die F&E-Ausgaben bleiben im Betrachtungszeitraum relativ stabil. Angesichts der steigenden Konzern-F&E-Ausgaben sinkt der Anteil des Arbeitsgebiets an den Konzern-F&E-Ausgaben von 18 % im Jahr 1988 auf 13 % im Jahr 1995. Die F&E-Quote des Arbeitsgebiets bleibt jedoch relativ konstant.

Die sinkende Umsatzrentabilität im Betrachtungszeitraum ist auf die harte Preiskonkurrenz am Weltmarkt zwischen den drei führenden Herstellern zurückzuführen. Die Agfa-Gruppe rangiert weltweit auf Platz drei mit Standortkonzentration in Deutschland. Gegenüber den

---

1 Vgl. o.V., Bayer-Pflanzenschutz, S. 3.

2 Vgl. auch: SCHLOTHEIM, Bayer-Pflanzenschutz, S. 46ff.

3 Vgl. o.V., Bayer-Pflanzenschutz, S. 3.

4 Im folgenden: Vgl. Anhang, Tabelle 29.

Hauptkonkurrenten Fuji und Kodak[1] ist die Agfa-Gruppe indes wegen der starken DM einem verschärften währungsbedingten Druck ausgesetzt. Da nach Auffassung der Unternehmensleitung zwischen dem Geschäftsbereich Informationstechnologie und den anderen Geschäftsbereichen im Bayer Konzern keine größeren Synergien bestehen, ist bei einem Anhalten der geringen Umsatzrentabilität auf längere Sicht eine Veräußerung absehbar.[2]

5.1.2.2 Internationalisierungsstrategien

Die Regionalbetrachtung zeigt, daß sich die Bedeutung der europäischen Gesellschaften konzernweit langsam zugunsten der Gesellschaften in Nordamerika und Asien/Afrika/Australien verringert.[3] Zwischen 1988 und 1995 sinkt der Anteil der europäischen Gesellschaften von 67 % auf 60 % des Konzernumsatzes, während der Anteil der nordamerikanischen Gesellschaften stetig von 18 % auf 23 % steigt. Dies gilt ebenfalls für die Gesellschaften in der Region Asien/Afrika/Australien, die im Jahr 1988 mit rund 8 % und im Jahr 1995 mit 12 % zum Gesamtumsatz beitragen. Dabei ist zu beachten, daß rd. 70 % des in Asien/Afrika/Australien vom Bayer Konzern erwirtschafteten Umsatzes auf die asiatischen Gesellschaften entfallen[4] und hier wiederum Japan mit über 50 % des Umsatzes dominant ist. Die Produktschwerpunkte des Unternehmens liegen in Asien dabei in den wirkstofforientierten Bereichen Gesundheit und Pflanzenschutz.[5] Betrachtet man die Umsatzverteilung nach dem Sitz der Kunden, wird die wachsende Globalisierung des Bayer Konzerns dokumentiert.[6] Im Jahr 1995 werden nur noch 53 % des Umsatzes in der europäischen Region erwirtschaftet, 22 % in Nordamerika, 6 % in Lateinamerika und 19 % in der Region Asien/Afrika/Australien.

Die Betrachtung der Anteile der Regionen am operativen Gesamtergebnis zeigt, daß die europäischen Gesellschaften mit dem konjunkturellen Aufschwung ab 1994 gegenüber den anderen regionalen Gesellschaften wieder aufholen konnten.[7] So fällt zwischen 1988 und 1993 der Anteil Europas am Betriebsergebnis von 75 % auf 47 %, wohingegen der Anteil Nordamerikas sich in dieser Zeit von 12 % auf 27 % mehr als verdoppelt und der Anteil Asiens/Afrikas/Australiens sich von 10 % auf 19 % erhöht. Im Jahr 1995 entsprechen die regionalen Anteile am operativen Ergebnis des Konzerns weitgehend der regionalen Umsatzverteilung nach Gesellschaften.

Die Differenz zwischen dem regionalen Umsatz nach Gesellschaften und Kunden gibt einen ersten Aufschluß darüber, inwieweit Produkte über den eigenen Bedarf der Region hinaus produziert und exportiert werden. Der Umsatzanteil der nord- und lateinamerikanischen Ge-

---

1 Vgl. SCHWEER/WILMES, Unternehmen, S. 46.

2 Vgl. o.V., Selbstbewußtsein, S. 22.
Vgl. auch: Schneider, M., zit. nach: o.V., Growth, S. 55.

3 Im folgenden: Vgl. Anhang, Tabelle 30.

4 Vgl. SCHNEIDER, Pressegespräch, S. 4.

5 Vgl. SCHNEIDER, Asien, S. 9.

6 Vgl. Anhang, Tabelle 31.

7 Vgl. Anhang, Tabelle 32.

sellschaften entspricht annähernd ihren jeweiligen Umsatzanteilen nach Kunden. Dies läßt auf eine hohe Selbstversorgung schließen. Der Anteil der lokalen Produktion am Umsatz der US-Gesellschaft beträgt derzeit 85 %.[1] Eine große Differenz ergibt sich hingegen bei den europäischen Gesellschaften, die einen höheren Umsatz verrechnen als in der europäischen Region durch den Bayer Konzern absatzmäßig erwirtschaftet wird. Dies bedeutet, daß viele Produkte noch über den eigenen regionalen Bedarf hinaus in Europa produziert und exportiert werden. Da der Sachanlageinvestitionsanteil Europas an den Konzerninvestitionen ebenfalls deutlich über dem europäischen Umsatzanteil nach Kunden liegt, bilden die europäischen Produktionsstandorte bislang immer noch einen Schwerpunkt innerhalb des Bayer Konzerns.[2]

Betrachtet man jedoch die regionale Verteilung der Sachanlageinvestitionen im Zeitverlauf, so zeichnet sich seit 1988 eine deutliche Verlagerung der Investitionsmittel zuungunsten der europäischen Region konzernweit ab. So sinkt der Anteil Europas an den Sachanlageinvestitionen von 77 % im Jahr 1988 auf 63 % im Jahr 1995, wohingegen der Anteil Nordamerikas von 14 % auf 28 % im Jahr 1995 wächst. Der Sachanlageinvestitionsanteil Asiens verbleibt dagegen noch auf geringem Niveau, wenn auch zwischen 1993 und 1994 eine 30%ige Investitionssteigerung vorgenommen wird. Darüber hinaus lassen sich Anzeichen eines veränderten Investitionsverhaltens innerhalb der europäischen Gesellschaften, bezogen auf das deutsche Stammland des Unternehmens, konstatieren. Beträgt der Anteil Deutschlands an den Konzernsachanlageinvestitionen in den Jahren 1990 bis 1993 noch zwischen 53 % und 58 %, sinkt dieser im Jahre 1994 auf 50 % und reduziert sich nach der Unternehmensplanung für das Jahr 1995 auf 45 %.[3]

Aus den vergangenheitsbezogenen Daten läßt sich folgern, daß der Bayer Konzern bislang seine globalen Aktivitäten stammhauszentriert orientierte, so daß Europa und insbesondere Deutschland eine hohe Konzentration von Produktion und Beschäftigung aufwiesen. Entsprechend bezifferte sich der Exportanteil sehr hoch. Europa spielte als Hauptmarkt die bedeutendste Rolle. Da der europäische Markt sich nach Auffassung der Unternehmensleitung zunehmend durch Sättigungstendenzen auszeichnet, der asiatische Markt hingegen durch rasches Bevölkerungswachstum und steigende Konsumnachfrage gekennzeichnet ist, wird sich die regionale Orientierung des Konzerns in den nächsten Jahren nachhaltig verändern. Ausgangspunkt dieser regionalen Umorientierung des Bayer Konzerns sind wie in der BASF-Gruppe die strukturellen Verschiebungen am Weltmarkt bei den wichtigsten Abnehmerindustrien der chemischen Industrie.[4] So sind schon jetzt 50 % der gesamten Weltproduktion von Textilien, 32 % der Weltproduktion von Kraftfahrzeugen in der Region Asien angesiedelt, die zudem einen Weltmarktanteil von 80 % bei Elektro- und Kommunikationsgeräten hält. Der wachsende Bedarf an Chemikalien und Kunststoffen wird in dieser Region zur Zeit noch durch Importe gedeckt. Es ist jedoch mittelfristig von einer wachsenden Importsubstitution durch nachwachsende Konkurrenten auszugehen, die zugleich als Konkurrenten in den traditionellen

1 Vgl. o.V., Kern, S. 1.
2 Im folgenden: Vgl. Anhang, Tabelle 33.
3 Vgl. o.V., Growth, S. 54.
4 Im folgenden: Vgl. SCHNEIDER, Asien, S. 2ff.

Märkten Europa und Nordamerika auftreten werden. Aus diesen strukturellen Verschiebungen leitet der Bayer Konzern folgende Unternehmensstrategien ab:[1]

- Ausbau der lokalen Produktion in Asien, um am Marktwachstum zu partizipieren.
- Verbesserung der eigenen Wettbewerbsfähigkeit in angestammten Märkten durch eine forcierte Rationalisierung und konsequente Nutzung technologischen Wissens.
- Erschließung neuer Märkte und Wachstums durch innovative Verfahren und Produkte.

Hierzu soll bis zum Jahr 2000 über eine Milliarde DM in Asien, insbesondere in China, investiert werden.[2] Produktschwerpunkte liegen dabei in den wirkstofforientierten Bereichen, bei Chemiespezialitäten und hochwertigen Werkstoffen.[3]

Die Anpassung der regionalen Verteilung der Geschäftsaktivitäten an die veränderte Bedeutung der weltregionalen Hauptabsatzmärkte zieht eine Anpassung der Anteile der Sachanlageinvestitionen an die regionalen Umsatzanteile im Konzern nach sich. Dabei wird angestrebt, den derzeitigen Umsatzanteil Asiens am Konzernumsatz von rund 12 % zu verdoppeln.[4] Entsprechend ist zukünftig von einer weiteren beträchtlichen konzerninternen Umverteilung der Investitionsmittel zuungunsten der europäischen und zugunsten der asiatischen Gesellschaften mit den Schwerpunkten China,[5] Süd-Korea, Taiwan und Hongkong[6] auszugehen.

Bislang waren die Forschungsaktivitäten des Bayer Konzerns noch stärker als die Investitionen auf Europa konzentriert. So beträgt der Anteil Europas an den gesamten F&E-Ausgaben des Konzerns im Jahr 1995 74 %, der Anteil Nordamerikas 20 % und der Anteil Asiens/Afrikas/Australiens 5 %.[7] Der europäische Anteil an den F&E-Ausgaben ist dabei auf den hohen Umfang an zentraler Grundlagenforschung in Deutschland zurückzuführen. Dennoch bleiben auch die Forschungsaktivitäten von der Internationalisierung nicht unberührt, wie sich anhand der folgenden Daten gut nachzeichnen läßt: Noch Anfang der 70er Jahre beträgt der deutsche Anteil an den F&E-Ausgaben des Konzerns 85 %,[8] heute liegt er bei 60 % und mittelfristig soll er auf 50 % sinken.[9] Von der Internationalisierung der Forschungsaktivitäten partizipieren insbesondere die Landesgesellschaften in den USA und Japan.[10]

---

1 Vgl. SCHNEIDER, Asien, S. 8.
2 Vgl. SCHNEIDER, Asien, S. 11; o.V., Milliarde, S. 14.
3 Vgl. SCHNEIDER, Asien, S. 18.
4 Vgl. SCHNEIDER, Asien, S. 8.
5 Vgl. o.V., Investitionen, S. 2.
6 Vgl. SCHNEIDER, Pressegespräch, S. 11; o.V., Osten, S. 10.
7 Vgl. Anhang, Tabelle 34.
8 Vgl. FOCKENBROCK/SCHÄFER, Wettbewerb, S. 6.
9 Vgl. o.V., Selbstbewußtsein, S. 20.
10 Vgl. REISCH, Bayer Corp., S. 14.

Zielstellung ist es, einen internationalen Forschungsverbund zwischen Deutschland, USA und Japan für sämtliche Geschäftsbereiche aufzubauen, wie er schon für die Bereiche Pflanzenschutz und Pharma besteht.[1] Im Pharmabereich sind z.B. die Forschungsaktivitäten auf die Arbeitsgebiete Herz- und Kreislaufkrankheiten in Wuppertal/Deutschland, Allergien und Immunologien in Kyoto/Japan und die Krankheiten Alzheimer, Diabetes und Krebs in West Haven/USA konzentriert.[2] Gründe für die Internationalisierung der Forschung liegen dabei nicht in der Nutzung von Kostenvorteilen, da beispielsweise die Forschungskosten je Mitarbeiter sich in Japan auf einem ähnlichen Niveau wie in Deutschland bewegen[3]. Vielmehr ist ausschlaggebend, daß ein besserer Zugang zu vorhandenen Qualifikationspotentialen in den bedeutendsten Pharma-Forschungsstandorten realisiert werden kann und über diese Standortverteilung in der Triade eine marktnahe Forschung in den wichtigsten Abnehmerregionen besser gewährleistet werden kann.

Bis zum Jahr 1990 erreichte der Beschäftigungsstand einen Höchststand von 171.000 Mitarbeitern und sinkt danach kontinuierlich auf 142.900 Mitarbeiter im Jahr 1995.[4] Die regionale Verteilung der Beschäftigten hat sich seit 1988 nur leicht zugunsten Nordamerikas und Asiens verschoben.

Bezieht man in die Betrachtung jedoch die derzeitigen Unternehmensplanungen hinsichtlich der regionalen Verteilung von Investitions- und F&E-Ausgaben mit ein, so lassen sich die zu erwartenden Beschäftigungswirkungen im Zuge der Internationalisierung durchaus antizipieren. Die deutschen Standorte geraten durch die Internationalisierung des Konzerns unter wachsenden Konkurrenzdruck gegenüber den amerikanischen und asiatischen sowie europäischen Unternehmensstandorten im Hinblick auf die konzernweite Verteilung von Investitions- und F&E-Mitteln.[5] Dies gilt gerade für arbeitsintensivere Bereiche, wenn man auf der einen Seite in den Regionen Asien und Nordamerika einen tendenziell niedrigeren Personalaufwand durch erheblich geringere Lohnnebenkosten unterstellt und auf der anderen Seite die notwendigen Qualifikationspotentiale gleichermaßen zu erwarten sind. Für die Zukunft ist mit keinem Beschäftigungszuwachs in den deutschen Gesellschaften zu rechnen, da der Aufbau neuer Arbeitsplätze in der Produktion durch die Rationalisierung in den Verwaltungs- und Vertriebsbereichen kompensiert wird.[6]

5.1.2.3 Zusammenfassung

Differenziert man die Geschäftsaktivitäten des Bayer Konzerns zwischen Chemie- und wirkstofforientierten Bereichen, so stellen die Chemiebereiche mit durchschnittlich 50 % des Kon-

---

1 Vgl. o.V., Expansion, S. 17.

2 Vgl. o.V., Suche, S. 17; o.V., Pharmaforschung, S. 21.

3 Vgl. o.V., Expansion, S. 17.

4 Vgl. Anhang, Tabelle 35.

5 Vgl. FOCKENBROCK/SCHÄFER, Wettbewerb, S. 23.

6 Vgl. Schneider, M., zit. nach: KADEN/WILHELM, Über-Druck, S. 50.

zernumsatzes immer noch den wichtigsten Umsatzträger im Unternehmen dar.[1] Das Umsatzvolumen im Jahr 1995 erreicht auch wieder das Niveau von 1989. Dies gilt allerdings nicht für die Entwicklung des Betriebsergebnisses in den Chemiebereichen, das im Jahr 1995 in Höhe von rd. 1,4 Mrd. DM trotz der deutlichen konjunkturellen Belebung immer noch weit unter dem Niveau von 1988 und 1989 in Höhe von rd. 2,1 Mrd. DM bleibt.[2] Immerhin kann der Anteil am Konzernergebnis von 2 % im Krisenjahr 1993 auf 33 % im Jahr 1995 gesteigert und wieder eine Umsatzrentabilität von 6,1 % im Jahr 1995 erzielt werden.[3]

Die wirkstofforientierten Bereiche, hiervon insbesondere das Arbeitsgebiet Gesundheit, stellen dagegen die Wachstumsschwerpunkte dar. Im Betrachtungszeitraum verzeichnen sie einen Umsatzanstieg um ein Drittel und ein kontinuierliches Wachstum des relativen Anteils am Konzernumsatz von 29 % auf 35 %. Dabei zeichnen sich die wirkstofforientierten Bereiche im Gegensatz zu den Chemiebereichen durch eine hohe Konjunkturstabilität und Verbrauchernähe aus. Das Betriebsergebnis weist ein rapides Wachstum aus, was in den jährlich steigenden Umsatzrentabilitäten zum Ausdruck kommt. Halten sich die Chemie- und wirkstofforientierten Bereiche im Jahr 1988 mit rd. 10 % Umsatzrentabilität die Waage, so verschiebt sich das Verhältnis im Zeitverlauf nachhaltig zugunsten der wirkstofforientierten Bereiche. Im Jahr 1995 weisen diese eine Umsatzrentabilität von 16,2 % gegenüber einer Umsatzrentabilität der Chemiebereiche von 6,1 % auf. Die Anteile am Konzernbetriebsergebnis kehren sich zwischen den beiden Bereichen im Betrachtungszeitraum nahezu um: die wirkstofforientierten Bereiche erwirtschaften im Jahr 1995, trotz der für die Chemiebereiche günstigen konjunkturellen Wirtschaftslage, immer noch 62 % des Konzernbetriebsergebnisses gegenüber 30 % im Jahr 1988, während die Chemiebereiche im Jahr 1988 noch 54 % und im Jahr 1995 nur noch 33 % zum Konzernbetriebsergebnis beitragen.

Der Entwicklungsverlauf der Sachanlageinvestitionen dokumentiert deutlich den Aufbau der wirkstofforientierten Bereiche seit 1992, der jedoch nicht zu Lasten der Chemiebereiche, sondern des Arbeitsgebiets Informationstechnologie vollzogen wird.[4] Die Anteile der Bereiche an den Konzernsachanlageinvestitionen entsprechen den jeweiligen Umsatzanteilen. Die Betrachtung der Sachanlageinvestititionsquote zeigt, daß den Bereichen in den letzten beiden Jahren, gemessen an ihrem Umsatzvolumen, relativ gleichgewichtig Sachanlageinvestitionen zugeflossen sind. Die wirkstofforientierten Bereiche weisen dabei im Betrachtungszeitraum eine wachsende Sachanlageinvestitionsquote auf, was u.a. auf die hohen Investitionen im Selbstmedikationsbereich in Bitterfeld zurückzuführen ist.

Von den im Betrachtungszeitraum jährlich steigenden F&E-Ausgaben partizipieren allein die wirkstofforientierten Bereiche.[5] Der Anteil dieser Bereiche an den F&E-Ausgaben des Konzerns steigt entsprechend von 55 % auf 64 %, während der Anteil der Chemiebereiche von 27 % auf 23 % sinkt. Die F&E-Quote der Chemiebereiche liegt erwartungsgemäß auf einem

---

1 Vgl. Anhang, Tabelle 36.

2 Vgl. Anhang, Tabelle 37.

3 Vgl. Anhang, Tabelle 40.

4 Vgl. Anhang, Tabelle 38.

5 Vgl. Anhang, Tabelle 39.

niedrigen Niveau zwischen 3 % und 4 %, da hier, von Einzelprodukten abgesehen, auch nicht mehr Produktinnovationen im Mittelpunkt stehen, sondern Verfahrensverbesserungen zur Kostensenkung. Die wirkstofforientierten Bereiche verzeichnen hingegen eine F&E-Quote zwischen 11 % und 13 %.

Die Chemiebereiche vereinen 46 %, die wirkstofforientierten Bereiche 37 % der Konzernbeschäftigten auf sich.[1] Da der Bayer Konzern erst seit 1994 Beschäftigungszahlen der Arbeitsgebiete veröffentlicht, lassen sich derzeit keine Aussagen zu Beschäftigungsverschiebungen zwischen den Bereichen treffen.

Zusammenfassend läßt sich feststellen, daß der Bayer Konzern die wirkstofforientierten Bereiche, insbesondere das Arbeitsgebiet Gesundheit, massiv ausbaut. Dies führt jedoch nicht zu einem Ausstieg aus den Chemiebereichen, wie aus dem zur Verfügung stehenden Datenmaterial zu erkennen ist. Vielmehr zeichnet sich eine schrittweise Veränderung der Produktstruktur in den Chemiebereichen zu Lasten der Grundchemikalien und zugunsten der Spezialprodukte und maßgeschneiderten Feinchemikalien ab. Das Unternehmen versteht sich auch in Zukunft bewußt als führendes chemisch-pharmazeutisches Unternehmen. Aus der produktionstechnischen Verknüpfung der klassischen Chemie- und pharmazeutischen bzw. wirkstofforientierten Bereiche und ihrem Know-how-Transfer treten nach Auffassung der Unternehmensleitung Synergien auf, die als Wettbewerbsvorteile genutzt werden.[2] Die effiziente Nutzbarmachung dieser Synergien stellen demzufolge eine Kernkompetenz des Bayer Konzerns dar. Die unternehmensstrategische Ausrichtung sowohl auf die Chemie- als auch auf die wirkstofforientierten Bereiche antizipiert zudem langfristig mögliche Renditeeinbrüche in den wirkstofforientierten Bereichen, deren Marktbedingungen durch Konzentrationstendenzen und politische Instabilitäten gekennzeichnet sind.

Angesichts der wachsenden internationalen Wettbewerbsintensität, der sich viele Geschäftsfelder stellen müssen, und angesichts der steigenden Forschungsausgaben, die insbesondere im Pharmabereich für Produktentwicklungen erforderlich sind, konzentriert das Unternehmen zunehmend seine Ressourcen auf Gebiete, in denen es Marktführerschaft behaupten kann und will. Im Rahmen eines mehr finanzwirtschaftlich orientierten Produktportfolios werden wettbewerbsfähige und als strategisch relevant anerkannte Kerngeschäfte durch Investition und Akquisition gestärkt, während dauerhaft verlustträchtige bzw. mit geringer Umsatzrentabilität ausgestattete Geschäftsfelder rascher als bislang abgestoßen werden. Die Produkt-Markt-Strategien zielen damit auf eine Straffung des immer noch breiten Produktprogramms. Der Anspruch, als Großkonzern in sämtlichen Teilmärkten mit Marktpräsenz aufzuwarten, wird aufgegeben. In den Chemiebereichen wird aufgrund des großen Problemdrucks in einzelnen Geschäftsfeldern das Produktprogramm grundlegend umstrukturiert. Unternehmenspolitische Entscheidungen hinsichtlich von Produkten und Märkten werden zumindest mittelfristig mehr nach Rentabilitätsgesichtspunkten als nach traditionellen Produkt- und Standortbindungen ausgerichtet. Es bleibt abzuwarten, inwieweit es dem Bayer Konzern in den Chemiebereichen

---

1 Vgl. Anhang, Tabelle 41.

2 Vgl. hierzu auch: Schneider, M., zit. nach: SCHWEER/WILMES, Unternehmen, S. 48.

gelingt, die im Jahr 1988 noch erzielte Umsatzrentabilität von 10 % mittels der eingeleiteten Rationalisierungsmaßnahmen und der Konzentration auf erfolgsträchtige Kerngeschäfte wieder zu erreichen.

Die wachsende Bedeutung der wirkstofforientierten Bereiche im Bayer Konzern impliziert eine Zunahme der Produktanteile an chemischen Spezialprodukten und der für ihre Herstellung notwendigen Feinchemikalien. Beide Produktarten sind gegenüber den Grund- und Industriechemikalien mit einem veränderten Produktionsverfahren verbunden. So werden die Produkte der klassischen Chemiesparten in Großanlagen hergestellt, dagegen Fein- und Spezialchemikalien wegen ihres hohen Differenzierungsgrades und der vergleichsweise geringen Produktionsmenge in kleinen Vielzweckanlagen gefertigt. Dabei spielen bio- und gentechnische Verfahren eine immer bedeutendere Rolle. Da die USA in der Bio- und Gentechnologie weltmarktführend ist, entsteht ein zusätzlicher Sog, die Forschung und Produktion von Wirkstoffen und Arzneimitteln in die USA zu verlagern. Diese Annahme wird bestätigt, wenn man die Struktur der F&E-Ausgaben des Bayer Konzerns in den USA betrachtet: rd. 80 % der dortigen F&E-Ausgaben fließen in die wirkstofforientierten Bereiche.[1]

Insgesamt befindet sich der Bayer Konzern somit in einem globalen Internationalisierungsprozeß, der eine, gemessen an der regionalen Umsatzverteilung, gleichgewichtige Verlagerung von Produktions- und Forschungskapazitäten auf die drei Weltregionen Europa, Nordamerika und Asien beinhaltet. Das Unternehmen versteht sich zwar weiterhin als internationaler Konzern mit deutschem Unternehmenssitz, dennoch ist aus der deutschen Stammlandbindung keine selbstverständliche Priorität mehr für Deutschland als Produktions- und Forschungsschwerpunkt des Bayer Konzerns abzuleiten.[2] Vielmehr geht mit der Internationalisierung und den Veränderungen im Produktportfolio des Unternehmens eine wachsende Produktionsstandortkonkurrenz auch innerhalb Europas einher. Dies führt dazu, daß sich die Wettbewerbsfähigkeit des Produktionsstandortes Deutschland im Bayer Konzern nicht nur gegenüber den Standorten aus anderen Weltregionen erweisen muß, sondern ebenfalls gegenüber anderen Standorten in Europa.

Der Bayer Konzern verfügt zwar nicht wie die anderen beiden untersuchten Unternehmen über ein veröffentlichtes Strategiekonzept für das nächste Jahrzehnt, die verfolgten unternehmensstrategischen Überlegungen lassen sich jedoch den verschiedenen Reden und Äußerungen des Konzernvorstands deutlich entnehmen. Neben der schon ausgeführten Internationalisierungsstrategie in Asien und dem Ausbau des Gesundheitsbereichs steht im Rahmen der unternehmensweiten Produkt-Markt-Strategien der Erhalt und Ausbau der Technologieführerschaft in den Kernaktivitäten im Mittelpunkt.[3] Dabei werden die sog. Commodity-Bereiche, d.h. die technologisch ausgereiften Produktfelder, in die strategische Zielsetzung explizit einbezogen. Zur Sicherung der Technologieführerschaft dienen gezielte Kooperationen und Akquisitionen zur Schließung vorhandener technischer Lücken und die entsprechende Aus-

---

[1] Vgl. REISCH, Bayer Corp., S. 14.

[2] Vgl. hierzu auch: Schneider, M., zit. nach: FOCKENBROCK/SCHÄFER, Wettbewerb, S. 23.

[3] Die folgenden Ausführungen basieren auf: SCHNEIDER, Strukturwandel, S. 8ff.

richtung der eigenen Forschungsaktivitäten nicht nur auf zukunftsträchtige Produkte, sondern auch auf zukunftsträchtige Schlüsseltechnologien, wie z.B. der Gen- und Biotechnologie. Mit dem finanzwirtschaftlich orientierten Portfolio-Management wird eine auf den Unternehmenswert bezogene Wachstumsstrategie verfolgt, welche in Zukunft die Interessen der Anteilseigner mehr in den Vordergrund rückt. Damit einher geht eine auf nach ökonomisch strategischen Überlegungen basierende Fokussierung in sämtlichen Arbeitsgebieten. Zur Stärkung der internationalen Wettbewerbsfähigkeit führt das Unternehmen darüber hinaus zum einen einen konsequenten Fixkostenabbau über Personalreduzierungen durch, mit dem Bestreben, nicht-wertschöpfungsorientierte Aufwendungen mittelfristig zu streichen. Zum anderen führt es Reorganisationsmaßnahmen durch, welche die Entscheidungsabläufe im Unternehmen verkürzen und effektivieren sollen.

5.1.3 Strukturorganisation

5.1.3.1 Gesellschaftsrechtliche Struktur

Der Bayer Konzern umfaßt neben der Bayer AG, die als Obergesellschaft fungiert, im Jahr 1995 30 konsolidierte deutsche und 141 ausländische Tochtergesellschaften, bei denen die AG unmittel- oder mittelbar mehrheitlich beteiligt ist bzw. eine einheitliche Leitung durch die AG ausgeübt wird. Daneben hält die AG an weiteren 26 Gemeinschaftsunternehmen eine 50 %-Beteiligung. Unberücksichtigt bleiben im Konzernabschluß 133 Tochterunternehmen und 43 assoziierte Unternehmen, die, gemessen an der Vermögens-, Finanz- und Ertragslage des Konzerns eine untergeordnete Bedeutung haben. [1]

Der Muttergesellschaft Bayer AG kommt im Konzern ein noch immer großes Gewicht zu, da sie die größte Einzelgesellschaft ist. Der Anteil der AG am Konzernumsatz beträgt im Jahr 1988 44 %, im Jahr 1995 40 %.[2] Das Betriebsergebnis der AG folgt im Betrachtungszeitraum dem allgemeinen Konjunkturverlauf. Die Umsatzrentabilität der AG, deren Produktionsstandorte sich auf Leverkusen, Dormagen, Wuppertal und Uerdingen verteilen, liegt jedoch vor allen Dingen in den letzten Jahren deutlich unter der Umsatzrentabilität des Konzerns. Dies liegt zum einen in den im internationalen Vergleich höheren Kosten- und währungsbedingten Belastungen der deutschen Standorte begründet. Zum anderen liegt dies in der Produktstruktur der AG begründet, die eine Dominanz an Chemieaktivitäten aufweist[3] und daher von den strukturellen Umbrüchen am Weltchemiemarkt stärker betroffen ist. Einen kompensierenden Ausgleich können die Geschäftsaktivitäten der AG im Gesundheitsbereich nur bedingt leisten, da der AG-Anteil am Konzernumsatz dieses Arbeitsgebiets nur bei rd. einem Drittel liegt.

Das Sachanlageinvestitionsvolumen der AG verzeichnet im Betrachtungsraum eine sinkende Tendenz. Die Sachanlageinvestitionsquote der AG weist seit 1992 gegenüber der des Konzerns ein niedrigeres Niveau auf. Der Anteil der AG an den Konzernsachanlageinvestitionen

[1] Vgl. BAYER AG, Geschäftsbericht 1995, S. 53.
[2] Im folgenden: Vgl. Anhang, Tabelle 42.
[3] Vgl. Anhang, Tabelle 43.

sinkt zwischen 1991 und 1994 von 45 % auf 28 % und erreicht im Jahr 1995 wieder 34 %. Die F&E-Ausgaben der AG verzeichnen im Betrachtungszeitraum eine steigende Tendenz, der Anteil der AG an den Konzern-F&E-Ausgaben zeigt einen leichten Rückgang von 60 % im Jahr 1988 auf 57 % im Jahr 1995. Der hohe Anteil der AG an den Konzern-F&E-Ausgaben begründet sich dabei auf die in der AG noch stark konzentrierte zentrale Grundlagenforschung.

Aufgrund der Internationalisierungsbemühungen des Unternehmens im Hinblick auf die regionale Verteilung sowohl der Produktionsstandorte als auch der Grundlagen- und anwendungsbezogenen Forschungsstandorte ist absehbar, daß die Bedeutung der Muttergesellschaft AG gegenüber anderen Gesellschaften innerhalb des Konzerns zukünftig weiter abnehmen wird. Diese Tendenz wird beschleunigt werden, wenn die AG im Vergleich zu der US-Gesellschaft Bayer Corp. nicht adäquat an den Mitteln des größten Investitions- und Forschungsschwerpunktes im Konzern, dem Pharmabereich, partizipieren kann.

Die Bayer Corporation ist mit einem Anteil am Konzernumsatz von rd. 25 % die zweitgrößte Einzelgesellschaft. Sie vertritt in den USA im wesentlichen die Geschäftsaktivitäten des Unternehmens. An dritter Stelle folgt die Agfa-Gevaert Gruppe mit rd. 6 % Anteil am Konzernumsatz. Größere Bedeutung haben im weiteren die belgische Landesgesellschaft Bayer Antwerpen N.V., die italienische Landesgesellschaft Bayer S.p.A. sowie die japanische Gesellschaft Bayer Yakuhin Ltd. mit jeweils 2 % bis 3 % Anteil am Konzernumsatz.

Innerhalb Deutschlands wurden bislang die intern und organisch gewachsenen und angestammten Geschäftsaktivitäten des Bayer Konzerns von der Grundchemieproduktion bis hin zur Herstellung von Arzneimitteln im wesentlichen in einem einheitlichen gesellschaftsrechtlichen Rahmen durch die AG vertreten. Nur die durch Akquisition erworbenen Geschäftsaktivitäten wurden in rechtlich eigenständigen Gesellschaften geführt: das Arbeitsgebiet Informationstechnologie, das durch die Agfa Gevaert-Gruppe geführt wird, der Erdölbereich, vertreten durch die 50 %-Beteiligung bei der EC Erdölchemie GmbH, sowie in den klassischen Chemiesparten die Gesellschaften Haarmann&Reimer GmbH, H.C. Starck GmbH&Co.KG und die Wolff Walsrode AG. Eine ähnliche gesellschaftsrechtliche Struktur läßt sich in anderen Ländern feststellen, wo ebenfalls eine Bayer Landesgesellschaft die wesentlichen Geschäftsaktivitäten vertritt. Nur in Spanien läßt sich eine gesellschaftsrechtliche Trennung der Geschäftsaktivitäten nach Chemie- und Pharmaziegeschäft feststellen.

Neuerdings zeigen sich in Deutschland bei der Bayer AG Abweichungen von dem gesellschaftsrechtlichen Prinzip der Einheit von Rechtsform und angestammten Geschäftsaktivitäten. So wurden im Jahr 1994 die Geschäftsbereiche Fasern und Farben rechtlich ausgegliedert. Beide Bereiche stehen unter einen hohen internationalen Konkurrenzdruck und schreiben seit Jahren Verluste. Durch die rechtliche Ausgliederung aus der Bayer AG in die Tochtergesellschaft Bayer Faser GmbH bzw. DyStar Textilfarben GmbH entfallen für die übernommenen Mitarbeiter nach einem Jahr des Betriebsübergangs die übertariflichen betrieblichen Leistungen der AG[1]. Die Bayer Fasern GmbH fällt mit ihrem geringen Mitarbeiterstamm aus der Reichweite des Mitbestimmungsgesetzes von 1976. Darüber hinaus sind die beiden Gesellschaften durch die abgegrenzten und homogenen Produktfelder Fasern bzw. Textilfarben im Falle weiterer Verluste bzw. geringer Umsatzrentabilitäten leichter stillzulegen oder zu verkaufen. Unternehmensstrategisch weist die Ausgliederung auf eine Kostenreduzierungsstrategie in Produktfeldern hin, die nicht mehr zum Kerngeschäft gehören. Sämtliche Kerngeschäfte wie Gesundheit, Landwirtschaft, thermoplastische Polymere und Chemiespezialitäten werden weiterhin in der AG geführt. Daraus ist zu schließen, daß die rechtlichen Ausgliederungen nicht auf die gesellschaftsrechtliche Differenzierung der Geschäftsaktivitäten nach wettbewerbsstrategischen Gesichtspunkten abzielen. Die Unternehmensleitung bestätigt auch immer wieder, daß eine gesellschaftsrechtliche Trennung der Chemie- und Pharmaaktivitäten im Bayer Konzern nach dem Muster von ICI und Zeneca nicht geplant ist.[2]

5.1.3.2 Führungsorganisatorische Struktur

Der Bayer Konzern übt seine Führung über eine Geschäftsbereichsorganisation im Rahmen des Matrixmodells aus. Unter dem Vorstand sind im Jahr 1995 19 Geschäftsbereiche und sechs Zentralbereiche sowie die Konzernzentrale angesiedelt. Damit ist die Führungsstruktur gegenüber der BASF-Gruppe deutlich schlanker. Eine Reorganisation im Jahr 1994 führte zur Abschaffung der bis dahin noch bestehenden sektoralen Führungsebene zwischen Vorstand und Geschäftsbereichen und zu einer Verkürzung der Hierarchieebenen konzernweit von sieben auf vier unterhalb des Konzernvorstands.

Der Konzernvorstand, der zugleich Vorstand der Bayer AG ist, hat keine geschäftsbereichsbezogene Aufgabenverteilung, sondern alle Vorstandsmitglieder sind - bis auf Pharma - gleichermaßen produktverantwortlich. Es besteht aber eine regionale Verantwortung der Vorstandsmitglieder und eine funktionale Zuordnung von Aufgaben über die Leitung bzw. Mitgliedschaft in den Vorstandsausschüssen. Darüber hinaus stehen die Vorstandsmitglieder im Rahmen ihrer funktionalen Hauptverantwortung den jeweiligen Zentralen Konferenzen bzw. Zentralkommissionen vor, an der sämtliche Unternehmensbereichsleiter (Geschäftsbereichs-/ Ressort- und Zentralbereichsleiter) sowie Vertreter von Tochtergesellschaften beteiligt sind. Der seit Anfang 1996 bestellte Arbeitsdirektor übt den Vorsitz im Vorstandsausschuß Personal aus und ist Mitglied in den Vorstandsausschüssen Finanzen sowie Marketing und Logistik. Außerdem fungiert er als Sprecher der Region Europa.[3] Das hauptverantwortlich für Finanzen zuständige Vorstandsmitglied im Bayer Konzern ist für die Konzernkoordinierung sowie Personal zuständig und stellt den Vorsitz der Zentralen Personalkonferenz Obere Führungskräfte. Darüber hinaus führt dieses Vorstandsmitglied die Konzernzentrale.[4]

---

1 Die Sozialleistungen der Bayer AG sollen bestehen bleiben.
Vgl. Europa Chemie 3/94, S. 5.

2 Vgl. Schneider, M., zit. nach: SCHWEER/WILMES, Unternehmen, S. 48; Schneider, M., zit. nach: o.V., Bayer-Chef, S. 11.

3 Vgl. BAYER AG, Bayer-Vorstand, S. 1.

4 Vgl. BAYER AG, Geschäftsbericht 1995, S. 80.

Die Aufgabenverteilung läßt erkennen, daß der Personalbereich des Bayer Konzerns und der AG nicht mehr wie in der BASF-Gruppe durch ein Vorstandsmitglied geführt wird, sondern eine Aufgabenteilung zwischen dem durch das Mitbestimmungsgesetz von 1976 im Vorstand zu berufenden Arbeitsdirektor und dem für die Personalangelegenheiten der Oberen Führungskräfte im Konzern zuständigen Vorstandsmitglied besteht. Hier ist im weiteren zu fragen, welcher Art die Aufgabenteilung ist und welche Auswirkung diese auf die Personalstrategiebildung und -umsetzung im Gesamtunternehmen hat.

Die Geschäftsbereiche tragen weltweit Verantwortung für das operative Geschäft ihrer Produkte und Geschäftsfelder. Die Zentralbereiche sind für die Entwicklung konzernweit einheitlicher Leitlinien und Techniken zuständig. Bis auf die Geschäftsbereichsleitung Diagnostica, die ihren Sitz in den USA hat, sind sämtliche Geschäftsbereichs- und Zentralbereichsleitungen des Bayer Konzerns in Leverkusen bei der Konzernleitung ansässig.

Bei der führungsorganisatorischen Struktur des Bayer Konzerns bleibt die Regionaldimension bis auf die regionale Sprecherfunktion der Vorstandsmitglieder unbeachtet. Zu fragen ist hier folglich, welche Funktion die Landesgesellschaften, die als gesellschaftsrechtlicher Rahmen der geschäftsbereichsbezogenen Aktivitäten in den einzelnen Ländern fungieren, im Bayer Konzern ausüben. Zum weiteren ist, bezogen auf die Personalfunktion, zu fragen, welche Rolle dem Zentralbereich Personal gegenüber den Geschäftsbereichen zukommt und welche Auswirkung dies auf die Strategiebildungsprozesse hat.

5.2 Geschäftsbereiche

Im folgenden wird der Geschäftsbereich Kautschuk stellvertretend für die Chemiebereiche und der Geschäftsbereich Consumer Care stellvertretend für die wirkstofforientierten Bereiche dargestellt.[1]

5.2.1 Geschäftsbereich Kautschuk

5.2.1.1 Allgemeine Daten

Die Geschäftsaktivitäten des Geschäftsbereichs Kautschuk erstrecken sich auf die Produktion von synthetischem Kautschuk[2] und seiner Ausgangsstoffe. Wichtige Kunden sind die Gummi- und Reifenindustrie sowie die Kfz-Industrie. Bei den Produkten handelt es sich weitgehend um chemische Industrieprodukte, d.h. um differenzierte Massenprodukte mit Anwendungsbezug für den Kunden. Im Arbeitsgebiet Polymere des Bayer Konzerns trägt der Geschäftsbereich im Jahr 1995 mit 3,5 Mrd. DM rd. 43 % zum Umsatz bei und stellt damit den größten

---

[1] Die Ausführungen basieren im wesentlichen auf den Befragungen in den Geschäftsbereichen. Vgl. hierzu: Anhang, Fragebogen II a; Fragebogen II b.

[2] Nitril-, Butyl-, Chloropren-Kautschuk, Allzweckkautschuke (z.B. Polybutadien, Styrobutadien) und Spezialkautschuke (z.B. Baypren).

Geschäftsbereich im Arbeitsgebiet dar. Der Internationalisierungsgrad ist mit Schwerpunkt der Aktivitäten in Europa und Nordamerika hoch.

5.2.1.2 Geschäftsbereichsstrategien

Die Geschäftsaktivitäten des Geschäftsbereichs Kautschuk unterteilen sich in die fünf Geschäftsfelder: Kautschuk, Kautschukchemikalien, Klebstoffrohstoffe, Latices und Polymeradditive. Der Geschäftsbereich entwickelt für jedes Geschäftsfeld aufgrund der heterogenen Marktbedingungen eigene Wettbewerbsstrategien. Das Geschäftsfeld Kautschuk zeichnet sich beispielsweise durch eine oligopolistische Nachfragestruktur am Weltmarkt aus. Dies führt dazu, daß die Wettbewerbsstrategien in diesem Geschäftsfeld global ausgerichtet sind. Einheitliche Produktqualität und einheitliches Kostenmanagement sind hierfür kennzeichnend.

Als grundlegende Produkt-Markt-Strategie des Geschäftsbereichs gilt das Ziel der weltweiten Technologieführerschaft. Im Bereich des Massenkautschuk soll dabei die Marktführerschaft durch die Kostenführerschaft gesichert werden. Zugleich zielt die Internationalisierungsstrategie darauf ab, in allen drei Weltregionen der Triade mit Produktionsstätten vertreten zu sein.

Durch die gezielten Zukäufe von Unternehmen in den letzten Jahren, z.B. der US-amerikanischen Mobay Synthetics Corp. im Jahr 1988 und der kanadischen Polysar Rubber Division im Jahr 1990, stärkte der Bayer Konzern seine Geschäftsaktivitäten in Nordamerika und im Bereich von Spezialkautschuken und positionierte sich damit insgesamt als Marktführer im Kautschukweltmarkt. Eine weitere Verfestigung der weltweiten Marktführerschaft gelang durch den Erwerb der Kautschuk-Aktivitäten der Hüls AG im Jahr 1994. Daneben führt der Geschäftsbereich Fokussierungen durch, die u.a. das Geschäftsfeld Latices betreffen. Dieses wird im Jahr 1996 ausgegliedert und mit den weltweiten Latex-Aktivitäten der Hüls AG in einem Gemeinschaftsunternehmen betrieben.[1]

Grundlegend gibt der Geschäftsbereich dem internen Wachstum den Vorrang. Anhand des in den letzten Jahren vor allem durch Akquisition getragenen Ausbaus der Weltmarktposition läßt sich jedoch schlußfolgern, daß über die Zukäufe von Unternehmen der rasche globale Ausbau von Marktanteilen forciert wurde. Vor dem Hintergrund einer weitgehend oligopolistischen Kundenstruktur führt dies zu größeren Verhandlungsspielräumen bei der Preisgestaltung und damit zur Sicherung von Kostenvorteilen. Die Erhöhung der Produktionskapazitäten verbessert zugleich die Bemühungen um weltweite Kostenführerschaft und dient demzufolge der nachhaltigen Sicherung der internationalen Wettbewerbsfähigkeit.

5.2.1.3 Strukturorganisation

Der Geschäftsbereich Kautschuk gliedert sich unter dem Geschäftsbereichsleiter funktional in die Ressorts Forschung und Entwicklung, Produktion, Ingenieurtechnik und Marketing mit

---

[1] Vgl. BAYER AG, Geschäftsbericht 1995, S. 6; BAYER AG, Gemeinschaftsunternehmen, S. 1.

globaler Budgetverantwortung. Geschäftsbereichsleiter und Ressortleiter bilden die Geschäftsbereichsleitung mit Sitz in Leverkusen. In jedem Ressort sind die Aktivitäten wiederum nach den Geschäftsfeldern unterteilt. Die Geschäftsfeldverantwortlichen der vier Ressorts bilden ressortübergreifende sog. Business Team Committees, die für das zentrale Produktmanagement der Geschäftsfelder zuständig sind.

Der Geschäftsbereich ist grundsätzlich als Profit Center mit eigener Gewinn- und Ressourcenverantwortung strukturiert. Für die Entwicklung geschäftsbereichsbezogener Wettbewerbsstrategien ist im Rahmen der Vorstandsrichtlinien allein die Geschäftsbereichsleitung zuständig. Aufgrund der weltweiten oligopolistischen Abnehmerstruktur erfolgt die weltweite Koordination und Steuerung, z.B. hinsichtlich der Preis- und Mengenpolitik, zentral in Leverkusen. Die Vertriebsaktivitäten in den einzelnen Ländern werden durch die jeweiligen Landesgesellschaften eigenverantwortlich durchgeführt.

Die Befragung hinsichtlich der Entscheidungsstrukturen[1] ergab, daß innerhalb der Geschäftsbereichsleitung den Ressortleitern bei der Initiative für geschäftsbereichsbezogene Entscheidungen die bedeutendste Rolle zukommt. Sie sind innerhalb ihres jeweiligen Aufgabengebiets zuständig für die Entscheidungsvorbereitung bei Fragen der Kapitalbudgetierung, der Investitionsplanung, dem Eintreten in neue Märkte, der Einführung neuer Produkte und Technologien sowie der Einstellung und Entlassung von Führungskräften. Bei der Preisfestsetzung in den wichtigsten Produktbereichen und -linien zeichnen die Business Team Committees für die Entscheidungsvorbereitung verantwortlich. Die Entscheidungszuständigkeit ist dagegen je nach Tatbestand unterschiedlich verteilt. Das Eintreten in neue Märkte und die Einführung neuer Produkte wird im Geschäftsbereich Kautschuk im wesentlichen durch die davon betroffenen Ressortleiter F&E und Marketing entschieden. Die Entscheidung über die Einführung neuer Technologien und den Erwerb von Unternehmen erfolgt durch die gesamte Geschäftsbereichsleitung. Dies gilt im wesentlichen auch für die Entscheidungstatbestände Kapitalbudgetierung, Investitionen sowie Einstellung und Entlassung von Führungskräften, wobei hier die Unternehmensleitung über ein Letztentscheidungsrecht verfügt. Sämtliche personalstrategischen Entscheidungstatbestände werden sowohl hinsichtlich der Initiative als auch der eigentlichen Entscheidung aus Sicht des Geschäftsbereichs dem Zentralbereich Personal zugeordnet.

Der Geschäftsbereich beeinflußt somit stark seine Produkt-Markt-Politik, seine Entscheidungsautonomie ist jedoch durch die Genehmigungsfunktion des Konzernvorstands und durch die auf Einheitlichkeit abzielenden Richtlinien des Konzernvorstands eingeschränkt. Einheitliche Richtlinien bestehen z.B. im Hinblick auf Umweltschutz- und Sicherheitsaspekte, Bereiche der Finanzpolitik, Öffentlichkeitsarbeit oder Kooperationsfragen mit Arbeitnehmern und nicht zuletzt aufsichtsratspflichtige Belange, wie sie mit dem Erwerb eines Unternehmens verbunden sind. Im Zusammenspiel zwischen Geschäftsbereichs- und Unternehmensinteressen kommt auch den funktional ausgerichteten Zentralkonferenzen eine stark koordinierende Rolle zu, an denen die Ressortleiter der Geschäftsbereiche beteiligt sind. Insgesamt sieht sich

[1] Vgl. Anhang, Fragebogen II a, Fragen 8 und 9; Fragebogen II b, Fragen 10 und 11.

der Geschäftsbereich selbst in seiner Handlungsautonomie im Bereich von Produkt-Markt-Entscheidungen und bei der Entwicklung und Umsetzung von geschäftsbereichsbezogenen Produkt-Markt- und Internationalisierungsstrategien nur wenig eingeschränkt.

5.2.2 Geschäftsbereich Consumer Care

5.2.2.1 Allgemeine Daten

Der Geschäftsbereich Consumer Care stellt einen im Jahre 1994 neu gegründeten Geschäftsbereich dar, der aus dem Zusammenschluß der beiden Bereiche Selbstmedikation und Consumer Produkte hervorgegangen ist,[1] so daß die vorwiegend in Apotheken und Drogerien angebotenen verbrauchernahen Produkte zusammengefaßt wurden. Das Produktprogramm umfaßt sämtliche nicht-verschreibungspflichtige Arzneimittel[2] und weitere verbrauchernahe Produkte von der Hautpflege über Süßstoff bis hin zur häuslichen Insektenbekämpfung.[3] Durch die Akquisition des US-amerikanischen Unternehmens Sterling Winthrop Corp. rückte der Konzern weltweit auf Nummer fünf im Selbstmedikationsbereich vor.

Der Internationalisierungsgrad des Geschäftsbereichs ist hoch. Im Selbstmedikationsbereich bestehen Produktions- und Absatzschwerpunkte in Europa und Nordamerika, bei den Produkten der häuslichen Insektenbekämpfung in Europa, Lateinamerika und Asien. Der Bereich umfaßt zur Zeit rd. 5.000 Mitarbeiter, wovon ca. 10 % in Deutschland beschäftigt sind. Im Jahr 1995 erwirtschaftet er rd. 2,7 Mrd. DM und trägt damit zum Umsatz des Arbeitsgebiets Gesundheit 24 % bei.

5.2.2.2 Geschäftsbereichsstrategien

Die wichtigsten Ziele des Geschäftsbereichs sind in einer bereichsbezogenen Vision 2010 festgehalten:

- Konsumentennähe
- Globalisierung
- Marktführerschaft
- Nutzung von Mitarbeiterpotentialen

Aus dieser Vision leitet der Geschäftsbereich ganzheitlich Strategien ab, die Produkt-Markt-, Internationalisierungs- und Personalstrategien umfassen.

---

1 Vgl. o.V., Verbraucherprodukte, S. 12.

2 z.B. Aspirin (Schmerzmittel), Talcid (Magenschmerzmittel).

3 z.B. Satina, Delial, Natreen, Baygon.

Über ein bereichsbezogenes Portfoliomanagement werden Kerngeschäfte und Kernmarken des Geschäftsbereichs benannt, mit denen globale Wachstumsziele erreicht und globale Marktführerschaften errungen werden können und in denen Kernkompetenzen des Unternehmens gesehen werden. Wurden vor einigen Jahren noch über 50 Marken gleichermaßen hergestellt und vertrieben, konzentriert sich der Geschäftsbereich heute auf nur wenige Kernmarken, im wesentlichen auf die rezeptfreien Arzneimittel Aspirin, Alka-Seltzer und Canesten sowie die Insektenschutzmittel Baygon und Autan.[1] Die bislang im Geschäftsbereich Consumer Care angesiedelten Haut- und Körperpflegeprodukte Delial, Quenty und Satina sowie das Süßstoffmittel Natreen sollen an ein Unternehmen mit entsprechenden Kernkompetenzen verkauft werden, um die Wachstumspotentiale der Produkte besser realisieren zu können.

Die Fokussierung der Geschäftsaktivitäten auf rezeptfreie Arzneimittel und Insektenschutzmittel läßt darauf schließen, daß wesentliche Kernkompetenzen des Bayer Konzerns im Geschäftsbereich Consumer Care nur bei den Produkten gesehen werden, die einerseits direkte Synergien zu anderen Geschäftsbereichen zulassen, andererseits einem chemisch-pharmazeutischen Unternehmen einen effizienten und erfolgreichen Absatz ermöglichen.

Im Fall der rezeptfreien Arzneimittel können Synergien mit dem Geschäftsbereich Pharma genutzt werden: Erkenntnisse aus der Grundlagenforschung des Pharmabereichs können im Geschäftsbereich Consumer Care anwendungsbezogen weiterentwickelt werden. Darüber hinaus können Synergievorteile durch den Informations- und Erfahrungsaustausch entstehen, da beide Geschäftsbereiche von den gleichen gesetzlichen Bestimmungen hinsichtlich der Einführung und Vermarktung von Arzneimitteln in den einzelnen Ländern tangiert sind. Ein wesentlicher Unterschied zwischen den beiden Geschäftsbereichen liegt in den Vertriebsstrukturen, da der Geschäftsbereich Consumer Care sich durch größere Verbrauchernähe aufgrund des fehlenden Mittlers Arzt auszeichnet. Das heißt, es besteht ein direkter Kontakt mit den privaten Endverbrauchern, die die Arzneimittel in Apotheken erwerben. Überzeugungsarbeit und Marketinganstrengungen sind entsprechend nicht wie im Pharmabereich gegenüber Ärzten und Krankenhäusern zu leisten, sondern gegenüber Endverbrauchern und Apotheken. Im Fall der häuslichen Insektenschutzmittel bestehen Synergien mit dem Geschäftsbereich Pflanzenschutz, insbesondere in der Forschung. Bis 1994 war das Geschäftsfeld dem Arbeitsgebiet Landwirtschaft zugeordnet. Wesentlicher Unterschied zum Geschäftsbereich Pflanzenschutz liegt ebenfalls in der Kundenstruktur, da nicht Landwirte, sondern wiederum private Endverbraucher und Drogerien im Mittelpunkt der Absatzpolitik stehen.

Die Vertriebsstrukturen der beiden Geschäftsfelder Selbstmedikation und häusliche Insektenschutzmittel sind ähnlich und auf Apotheken und Drogerien konzentriert. Im Gegensatz dazu erfordert der Vertrieb von Hautpflege- und Körperschutzmitteln sowie Süßstofferzeugnissen eine davon abweichende Vertriebsorganisation, da diese vorwiegend im normalen Groß- und Einzelhandel vertrieben werden und sie im Wettstreit stehen mit Produkten spezialisierter Nahrungsmittel- und Körperpflegekonzerne. Es bleibt an dieser Stelle jedoch abzuwarten, ob

---

[1] Vgl. BAYER AG, Konzentration, S. 2.

die nunmehr praktizierte Diversifikationspolitik des Bayer Konzerns von Erfolg getragen sein wird. Das Unternehmen verabschiedet sich damit von spezifischen Endprodukten der chemischen Wertkette, die Wachstumspotentiale beinhalten und insbesondere im Bereich der Haut- und Körperpflegemittel durchaus zu einem wirkstofforientierten Profil des Unternehmens passen würden.

Insgesamt verfolgt der Geschäftsbereich für die einzelnen Produkte unterschiedliche Wettbewerbsstrategien. Grundlegend ist hierbei das Erreichen der weltweiten Produktführerschaft in den Kernmarken. Hierzu setzt der Geschäftsbereich auf hohe Produktqualität und versucht, über ein adäquates Marketingkonzept ein Markenimage bei den Verbrauchern aufzubauen. Angesichts der wachsenden Konkurrenz durch Nachahmerprodukte wie Generika im Geschäftsfeld Selbstmedikation und No-Name-Produkten im häuslichen Insektenschutzmittelbereich und des damit verbundenen Preisdrucks steigt im Geschäftsbereich die Notwendigkeit, zusätzlich Kostensenkungsmaßnahmen durchzuführen. Die Zentralisierung der europäischen Aspirin-Produktion in Bitterfeld kann als wichtige Kostensenkungsmaßnahme gelten.

Wesentliche Internationalisierungsstrategie ist die Globalisierung der Geschäftsaktivitäten auf die Triade. Im Geschäftsfeld Selbstmedikation wird dabei der Ausbau von Produktion und Absatz in Asien forciert. Die Absatzmärkte unterscheiden sich regional hinsichtlich der Art und Dauer von Genehmigungsverfahren bei neuen Produkten, des Patentschutzes und nicht zuletzt der kulturellen Gewohnheiten, so daß die Internationalisierungsstrategie lokale Besonderheiten in den einzelnen Regionen und Ländern berücksichtigen muß.

Da das Personal im Geschäftsbereich als wichtige Ressource für den Geschäftserfolg gesehen wird, impliziert die Vision auch geschäftsbereichsbezogene Personalstrategien, die weiter unten behandelt werden.[1]

5.2.2.3 Strukturorganisation

Der Geschäftsbereich Consumer Care unterhält eine Matrixstruktur: Unter dem Geschäftsbereichsleiter sind zum Zeitpunkt der Erhebung vier Geschäftsfeldleiter, ein Ressortleiter Technik und Logistik, vier Regionalleiter und zwei sog. Business Group Representives[2] bzw. Bereichslandesverantwortliche angesiedelt.

Die Geschäftsfelder erstrecken sich zur Zeit der Erhebung im Januar 1996 auf die Bereiche Medical Care, Wellness und Prevention, Skin und Body sowie Household Products.[3] Nach der Veräußerung der Geschäftsaktivitäten im Haut- und Körperpflege- sowie Süßstoffbereich fal-

---

[1] Siehe Punkt 5.4.3 dieser Arbeit.

[2] Im Geschäftsbereich wird nur der englische Begriff für den Geschäftsbereichsvertreter in der Landesgesellschaft verwendet. Da der Gebrauch von Anglizismen in der Geschäftssprache eines Geschäftsbereichs Ausdruck der bestehenden Organisationskultur ist, wird im folgenden der englische Begriff Business Group Representive übernommen.

[3] Auch hier werden wieder Anglizismen angewandt.

len die beiden Geschäftsfelder Wellness und Prevention und Skin und Body weg. Die Geschäftsfeldleiter zeichnen verantwortlich für die globale strategische Markenentwicklung, Marktforschung, Registrierung, Produktentwicklung, insbesondere Analytik und Anwendungstechnik, sowie biologisch-medizinische Forschung und Entwicklung. Für diese Aufgaben verfügen sie nach Absprache mit dem Geschäftsbereichsleiter über ein eigenständiges Budget.

Die Regionalleiter für Westeuropa, Osteuropa, Asien/Afrika/Australien und Amerika (ohne USA) sind für die Entwicklung von Regionalstrategien zuständig und leiten fachlich die in den einzelnen Ländern den Geschäftsbereich vertretenden Business Group Representives. Aufgrund der großen Bedeutung der Absatzmärkte Deutschland und USA für den Geschäftsbereich, unterstehen die Business Group Representives USA und Deutschland vom Regionalprinzip abweichend direkt dem Geschäftsbereichsleiter.

Die Investitionspolitik fällt in den Verantwortungsbereich des Ressortleiters Technik und Logistik. Dabei ist er nicht allein für die Einhaltung einheitlicher Qualitäts- und Umweltstandards sowie die Prüfung verfahrenstechnischer Fragen zuständig, sondern zeichnet ebenfalls verantwortlich für Standortfragen im Rahmen der Geschäftsbereichsstrategie.

Die Geschäftsbereichsleitung, die sog. Management Team Conference, stellen der Geschäftsbereichsleiter, die Geschäftsfeld- und Regionalleiter, der Ressortleiter Technik und Logistik sowie der geschäftsfeld- und regionenübergreifende Leiter Stabsabteilung. Der dem Geschäftsbereich fachlich zugeordnete Bereichspersonalleiter ist kooptiertes Mitglied der Geschäftsbereichsleitung. Die Leitung des Geschäftsbereichs Consumer Care hat ihren Sitz in Leverkusen. Derzeit bestehen Überlegungen zur Veränderung der führungsorganisatorischen Struktur des Geschäftsbereichs, die der regionalen Differenzierung der Geschäftsaktivitäten mehr Rechnung trägt. Es ist davon auszugehen, daß zumindest die Regionalleiter in Zukunft ihren Sitz in den von ihnen betreuten Regionen verlegen werden.

Die Befragung im Geschäftsbereich ergab,[1] daß aus Sicht des Geschäftsbereichs die Initiative für Wettbewerbsstrategien weitgehend von ihm selbst ausgeht und ihm die eigentliche Entscheidung in 80 % bis 90 % der Fälle obliegt. In 10 % bis 20 % der Fälle wird die Entscheidung zusammen mit der Unternehmensleitung getroffen. Die Einbindung des Geschäftsbereichs in die gesamtunternehmerische Zielsetzung erfolgt dabei über die jährlichen Vereinbarungen von Geschäftsbereichszielen und Budgetplanung zwischen Geschäftsbereichsleiter und Konzernvorstand. Die Verteilung der Mittel auf die Geschäftsbereiche richtet sich dabei nach den strategischen Prioritäten des Konzernvorstands.

Die weltregionale Koordination des Geschäftsbereichs erfolgt über die Regionalverantwortlichen in der Geschäftsbereichsleitung und den ihnen fachlich unterstellten Business Group Representives in den einzelnen Landesgesellschaften. Sie sind zuständig für die lokalen Anpassungen der Produkte und die Entwicklung eines Markenimage in dem jeweiligen Land.

---

[1] Vgl. Anhang, Fragebogen II a; Fragebogen II b.

Darüber hinaus haben sie die Aufgabe, landesspezifische Wettbewerbspotentiale von Produkten zu erkennen und die Wettbewerbsfähigkeit der Produkte zu fördern. Für die Entwicklung der Landesstrategien und die operativen Aufgaben tragen die Business Group Representives Budgetverantwortung für das laufende Jahr. Disziplinarisch sind sie in die jeweilige Landesgesellschaft eingebunden, fachlich unterstehen sie dem Regionalverantwortlichen der Geschäftsbereichsleitung, mit dem sie Produktziele für das Land vereinbaren und dem sie regelmäßig berichten. Das heißt, die Business Group Representives vertreten die Interessen des Geschäftsbereichs in der jeweiligen Landesgesellschaft. Der Regionalleiter in der Geschäftsbereichsleitung ist damit nicht nur für die Umsetzung der Geschäftsbereichsstrategien in den Regionen zuständig, sondern ebenso für die Personalführung der Business Group Representives, mit Ausnahme der Landesverantwortlichen USA und Deutschland. Die Führung erfolgt dabei zielorientiert über die jährlichen Planungen des Geschäftsbereichs.

Bezogen auf die Fragen, wie sich die Entscheidungsabläufe im Geschäftsbereich zwischen der Geschäftsbereichsleitung und den Landesgesellschaften sowie zwischen Geschäftsbereichsleitung und Unternehmens- bzw. Funktionsbereichsleitung gestalten, gibt die Befragung weiteren Aufschluß.[1] Die Initiative für die geschäftsbereichsbezogenen Entscheidungsfelder Investitionen, Erwerb von Unternehmen, Eintreten in neue Märkte und der Einführung neuer Produkte wird im wesentlichen der Geschäftsbereichsleitung zugeschrieben, wenngleich hier auch die Unternehmensleitung als initiativeergreifend benannt wurde. Die eigentliche Entscheidung über die geschäftsbereichsbezogenen Tatbestände Kapitalbudgetierung, Investitionen über einer Wertgrenze von 2 Mio. DM, dem Erwerb neuer Unternehmen wird dagegen im wesentlichen der Unternehmensleitung zugeordnet. Die Geschäftsbereichsleitung entscheidet über Investitionen unterhalb der Wertgrenze, der Einführung neuer Technologien und über das Eintreten in neue Märkte und die Einführung neuer Produkte.

Die Zuordnung der Entscheidungsinitiative in den personalstrategischen Feldern ergab bei den befragten Geschäftsbereichsvertretern keinen einheitlichen Befund. Nur die Initiative für die Einstellung und Entlassung von Führungskräften im Bereich wird einheitlich der Geschäftsbereichsleitung zugeordnet. Diese trägt hierüber auch die Entscheidungsverantwortung. Die Entscheidung über personalpolitische Grundsatzangelegenheiten werden sowohl der Unternehmensleitung als auch der Geschäftsbereichsleitung zugeordnet. Bei der bereichsbezogenen Beförderungspolitik wird dagegen die Geschäftsbereichsleitung als wesentlicher Entscheidungsträger betrachtet.

5.3 Spannungsverhältnis zwischen Gesamtunternehmung und Geschäftsbereichen

Die Geschäftsbereiche weisen beide einen hohen Internationalisierungsgrad mit Schwerpunkt auf Europa und Nordamerika auf. Die Internationalisierungsstrategie zielt beiderseits auf den Ausbau der asiatischen Marktpräsenz ab. Hieraus ist zu schließen, daß die unternehmensweite Internationalisierungsstrategie und die geschäftsbereichsbezogenen Strategien eng miteinan-

---

[1] Vgl. Anhang, Fragebogen II a, Fragen 8 und 9; Fragebogen II b, Fragen 10 und 11.

der verflochten sind, wobei die Ausrichtung der Unternehmensstrategie auf den Markt Asien für die Geschäftsbereichsstrategien Eckdaten darstellen.

Ein wesentlicher Unterschied läßt sich in den Wettbewerbsstrategien und der Führungsorganisation erkennen. Der Geschäftsbereich *Kautschuk* operiert in Märkten mit oligopolistischen Industriekundenstrukturen, welche die Bearbeitung der globalen Märkte zentral durch die Geschäftsbereichsleitung ermöglichen. Eine lokale Anpassung der Produkte ist nicht notwendig. Die Wettbewerbsstrategie ist auf Technologie- und Kostenführerschaft ausgerichtet, da Kosten und Preis den Geschäftserfolg im Massenproduktbereich im wesentlichen bedingen.

Der Geschäftsbereich *Consumer Care* hingegen operiert in polypolistischen, lokal differenzierten Absatzmärkten. Die zentrale Steuerung bleibt weitgehend auf die Entwicklung von globalen Markenstrategien begrenzt. Die Wettbewerbsstrategie ist auf Technologie- und Produktführerschaft ausgerichtet, da der Geschäftserfolg in den durch die privaten Endverbrauchern geprägten Absatzmärkten vor allem vom Markenimage und der Nutzung von Differenzierungsvorteilen abhängt. Marketingkonzepte und rasch an lokale Gegebenheiten anpaßbare Wettbewerbsstrategien sind ebenfalls für den Markterfolg relevant. Die Business Group Representives als eigenständige Vertreter des Geschäftsbereichs in den Landesgesellschaften erhalten führungsorganisatorisch eine große Bedeutung.

Bei der Entwicklung ihrer Produkt-Markt-Strategien haben die Geschäftsbereichsleitungen weitgehende Handlungsautonomie. Im Rahmen des unternehmensweit angewandten Portfoliomanagements berücksichtigen auch die Geschäftsbereichsstrategien die unternehmensstrategische Konzentration auf Kerngeschäfte und -produkte. Die Landesgesellschaften haben hinsichtlich der Bildung von Wettbewerbs- und Produkt-Markt-Strategien der Geschäftsbereiche einen untergeordneten Einfluß, jedoch großen Einfluß bei der Strategieimplementation.

Die Handlungsautonomie der Geschäftsbereiche, die als Profit Center strukturiert sind, wird eingeschränkt durch das Letztentscheidungsrecht der Unternehmensleitung bei der Budgetierung, den Investitionen und dem Erwerb von Unternehmen. In diesem Zusammenhang ist vor allem entscheidend, daß die Unternehmensleitung an die Geschäftsbereiche im Rahmen ihres Gesamtportfoliomanagement unterschiedliche Umsatz- und Ergebniserwartungen stellt mit der Folge, daß die finanziellen Mittel nach der unternehmensstrategischen Bedeutung der Geschäftsbereiche unterschiedlich verteilt werden. Das bedeutet, daß die eigenständige Gewinn- und Ressourcenverantwortung, die im wesentlichen ein Profit Center definiert, eingeschränkt wird.

Die Gewinn- und Ressourcenverantwortung der Geschäftsbereiche wird darüber hinaus durch die für einheitliche Regelungen zuständigen Zentralbereiche eingeschränkt. Dies betrifft zunächst die Höhe der Umlagen, die den Zentralbereichen abzuführen sind und auf deren Höhe der Geschäftsbereich keinen Einfluß hat. Zum weiteren besteht die Pflicht zur Abnahme von konzerninternen Vorleistungen, z.B. Leistungen des zentralen Einkaufs oder des Personalbereichs[1]. Somit ist der Einfluß des Geschäftsbereichs auf seine Kosten stark eingeschränkt. Schließlich wird die Handlungsautonomie des Geschäftsbereichs durch eine Vielzahl einheitlicher Regelungen und Formalvorschriften des Unternehmens begrenzt, die seine Ressourcen binden und den Beeinflussungsgrad des Geschäftsbereichs auf seinen Gewinn beschränken. Zum Beispiel bestehen einheitliche Regelungen im Bereich der Qualitätssicherung, der Forschung und Entwicklung, des Einkaufs, der Kosten und der Arbeitgeber-Arbeitnehmer-Beziehungen. Als grundlegendes Prinzip gilt dabei im Bayer Konzern, daß das Gesamtunternehmensinteresse höher zu gewichten ist als die Bereichsinteressen, weil davon ausgegangen wird, daß der Synergiegewinn in der integrierten Gesamtunternehmung höher ist als die Summe separater Einzelaktivitäten der Geschäftsbereiche. Der Synergievorteil wird dann unterlaufen, wenn der Bezug interner Leistungen teurer ist als die am Weltmarkt angebotenen Produkte bzw. externen Dienstleistungen. Über die Einführung eines marktpreisorientierten Transferpreissystems soll in Zukunft versucht werden, die Wettbewerbsfähigkeit der eigenen Leistungen zu erhöhen. Im Zusammenspiel zwischen Bereichs- und Unternehmensinteressen haben die einzelnen Landesgesellschaften die Funktion, das Gesamtunternehmensinteresse gegenüber den Bereichsinteressen zu wahren.

Wertet man die Gesamtbefragung hinsichtlich der Entscheidungsstrukturen im Bayer Konzern aus,[2] so werden nur wenige Tatbestände einheitlich den Entscheidungsträgern zugeordnet. Dies läßt auf einen heterogenen Informationsstand der Befragten schließen oder aber auf formale Strukturen, die informalen Entscheidungsprozessen Raum lassen. Dennoch zeigen die Analysen, daß der Geschäftsbereichsleitung in den meisten produkt-markt-strategischen Entscheidungsfeldern die größte Initiativfunktion zukommt. Die Unternehmensleitung spielt hier nur eine geringe Rolle. Der Funktionsbereichsleitung kommt Bedeutung bei der Initiative von Entscheidungen hinsichtlich der Preisfestsetzung von Produkten und der Einführung neuer Technologien zu. Die Entscheidungsverantwortung von Kapitalbudgetierung, Investitionen und dem Erwerb von Unternehmen des Geschäftsbereichs werden mehrheitlich der Unternehmensleitung zugeordnet, wenngleich bei Investitionen auch die Geschäftsbereichsleitung über Einfluß auf die Entscheidung verfügt. Der Konzernvorstand übt in diesen Feldern jedoch insgesamt das Letztentscheidungsrecht aus. Die anderen geschäftsbereichsbezogenen Entscheidungstatbestände zur Durchsetzung von Produkt-Markt-Strategien werden im wesentlichen von der Geschäftsbereichsleitung getroffen. Dagegen wird die Entscheidungszuständigkeit für die Mehrzahl der befragten personalstrategischen Felder, mit Ausnahme der Einstellung und Entlassung von Führungskräften, wiederum der Unternehmensleitung zugeordnet.

Die Geschäftsbereiche Kautschuk und Consumer Care haben verschiedenartige Führungsorganisationsstrukturen. Der Geschäftsbereich Kautschuk ist unterhalb der Bereichsleitung funktional organisiert, während der Geschäftsbereich Consumer Care unterhalb des Leiters mit Ausnahme des Ressort Technik und Logistik nach Geschäftsfeldern und Regionen gegliedert ist. Dies läßt zweierlei Schlüsse zu: zum einen bezieht sich die Handlungsautonomie der

---

1 Z.B. Weiterbildungsangebote der AG.

2 Vgl. Anhang, Fragebogen I a, Fragen 9 und 10; Fragebogen I b, Fragen 10 und 11; Fragebogen II a, Fragen 8 und 9; Fragebogen II b, Fragen 10 und 11.

Geschäftsbereiche auch auf die Gestaltung ihrer Organisation, zum anderen wird die führungsorganisatorische Struktur der Geschäftsbereichsstrategie angepaßt.

Im Geschäftsbereich *Kautschuk* bilden Kosten- und Verfahrensentwicklung die Hauptparameter strategischer Überlegungen. Aufgrund der oligopolistischen Marktstruktur und des Massengeschäfts gilt die Nutzung von funktionalen Synergievorteilen als hoch effizient. Die funktionale Führungsorganisation des Geschäftsbereichs entspricht diesen Gegebenheiten. Im Geschäftsbereich *Consumer Care* sind lokale Besonderheiten und private Kundenbedürfnisse zu berücksichtigen. Die Führungsorganisation des Geschäftsbereichs folgt diesen Marktbedingungen mit der Matrix-Gliederung nach Geschäftsfeldern und Regionen.

Insgesamt zeichnet sich der Bayer Konzern durch eine Geschäftsbereichsorganisation aus, die den Geschäftsbereichen bei der Bildung von Produkt-Markt- und Internationalisierungsstrategien und der führungsorganisatorischen Gestaltung weitgehende Autonomie im Rahmen des gesamtunternehmerischen Portfolio-Managements überläßt. Gleichwohl ist die Integrationsfunktion der oben beschriebenen verschiedenen Koordinationsmechanismen, durch welche die Gewinn- und Ressourcenverantwortung der Geschäftsbereiche eingeschränkt werden, nicht zu vernachlässigen. Die Umsetzung des geplanten marktpreisorientierten Transferpreissystems im Unternehmen, welches die Leistungen der Zentralbereiche einschließen soll, wird jedoch nur dann zu einer erheblichen Vergrößerung der geschäftsbereichsbezogenen Handlungsautonomie führen, wenn damit die Abnahmeverpflichtung unternehmensinterner Leistungen wegfällt und reale Marktmechanismen wirken können. Dies würde den Geschäftsbereichen die Möglichkeit geben, unabhängig vom Interesse der Gesamtunternehmung eigenständige Geschäftsbereichsstrategien zu entwickeln. Die Folge wäre eine wachsende Differenzierung in der Gesamtunternehmung. Von der Unternehmensleitung des Bayer Konzerns werden aber gerade die Synergiegewinne, die durch die Integration der marktheterogenen Geschäftsbereiche der Chemie- und wirkstofforientierten Bereiche in der Gesamtunternehmung entstehen, immer wieder als Wettbewerbsvorteil betont und Differenzierungen, z.B. über die rechtliche Eigenständigkeit der Geschäftsbereiche in einer Management-Holding, als unternehmensstrategisches Konzept abgelehnt.

Zusammenfassend läßt sich somit konstatieren, daß der Bayer Konzern im Spannungsverhältnis zwischen Integration und Differenzierung dem Gestaltungsprinzip folgt, soviel Differenzierung wie notwendig, soviel Integration wie möglich. Den Geschäftsbereichen wird soviel Handlungsspielraum gewährt, wie es unter Integrationsgesichtspunkten noch sinnvoll ist. Den Differenzierungsanforderungen der wirkstofforientierten Bereiche im Hinblick auf eine globale bereichsbezogene Steuerung der Geschäftsaktivitäten wird zu Lasten des Gesamtunternehmensinteresses - vermittelt durch die Landesgesellschaften - zum Teil nachgegeben. Dies kommt in der engen führungsorganisatorischen Anbindung der Business Group Representives an die global agierende Geschäftsbereichsleitung zum Ausdruck. Der Geschäftsbereich Consumer Care hat dadurch direktere Einflußmöglichkeiten auf die bereichsbezogene Strategiebildung und -umsetzung in den Landesgesellschaften. Entsprechend ist die strategische Autonomie der Geschäftsbereiche höher anzusetzen als die der Geschäftsbereiche in der BASF-Gruppe, die sich im Rahmen des Strategiebildungsprozesses noch mit den Länderbereichen abstimmen müssen. Dennoch darf auch im Bayer Konzern der Einfluß der einzelnen Landesgesellschaften bei der Strategieimplementierung nicht übersehen werden. Ähnlich wie in der BASF-Gruppe werden im Bayer Konzern im Zweifel die Interessen der Gesamtunternehmung höher gewichtet als die Bereichsinteressen.

Die Geschäftsbereiche sind damit, bezogen auf die Bildung von Produkt-Markt-Strategien, weltweit eigenverantwortlich, die letztendliche Ausrichtung ist jedoch eingebettet in die von der Gesamtunternehmung bestimmte unternehmensstrategische Orientierung. Diese identifiziert das Profil des Konzerns im Verbund von Chemiespezialitäten und wirkstofforientierten Bereichen. Zur effizienten Nutzung der hieraus entstehenden Synergien werden die Kerngeschäfte dabei einheitlich von den das Gesamtunternehmensinteresse vertretenden Bayer Landesgesellschaften geführt, um so die Integration zu bewahren. Über Akquisition erworbene Geschäftsaktivitäten werden entsprechend in die Bayer Landesgesellschaften integriert. Produktfelder und Geschäftsaktivitäten hingegen, die nicht zu den Kerngeschäften gehören, werden - wenn möglich - verkauft, oder rechtlich in einer Tochtergesellschaft oder in einem Gemeinschaftsunternehmen verselbständigt.

Der Bayer Konzern weist somit einen mittelhohen Integrationsgrad seiner Geschäftsbereichsorganisation auf. Angesichts der zunehmenden Bedeutung der wirkstofforientierten Bereiche im Bayer Konzern stellt sich die Frage, ob von diesen Bereichen ausgehend nicht in wachsendem Maße der Druck nach größerer Differenzierung gegenüber den Chemiebereichen zunimmt. In diesem Zusammenhang ist zu fragen, wie die Personalfunktion im Bayer Konzern gestaltet wird, zumal die Befragungsergebnisse die Entscheidungszuständigkeit hierüber weitgehend auf der Ebene der Gesamtunternehmung ansiedeln.

5.4 Personalfunktion

5.4.1 Struktur und Aufgaben der Personalarbeit

Die Personalfunktion wird auf der Unternehmensebene durch den Zentralbereich Personal, der unterhalb des Konzernvorstands auf gleicher Linie mit den Geschäftsbereichen organisatorisch angesiedelt ist und durch das im Unternehmensbereich Konzernzentrale angesiedelte Ressort Obere Führungskräfte, Koordinierung Personal Ausland ausgeübt. Diese Aufteilung stellt dabei die führungsorganisatorische Trennung zwischen der Personalfunktion der Muttergesellschaft und der des Konzerns innerhalb der gesellschaftsrechtlichen Einheit Bayer AG dar. Im Gegensatz zur BASF AG sind die beiden Funktionen auch innerhalb des Konzernvorstands personell getrennt. Es stellt sich die Frage, welcher Art die Aufgabenteilung ist.

Die in der Konzernzentrale angesiedelte Abteilung Obere Führungskräfte, Koordination Personal Ausland ist allein für Regelungen, welche die Oberen Führungskräfte betreffen, zuständig. In ihren Aufgabenbereich fallen somit Führungskräfteentwicklung, Entgeltregelungen bei Auslandstransfer, Betreuung von Entsendeten sowie ihre Wiedereingliederung bei Rückkehr in die Heimatgesellschaft.

Der Zentralbereich Personal der Bayer AG stellt den arbeitsdirektorialen Zuständigkeitsbereich dar und nimmt sämtliche personalpolitischen Aufgaben innerhalb der AG wahr. Insgesamt sind hier rd. 2.000 Mitarbeiter beschäftigt, wovon rd. 800 Mitarbeiter den Personalfunktionen i.e.S. (Personalbetreuung, Aus- und Weiterbildung, Personalpolitik) zuzurechnen sind. Dem Personalbereich kommt eine Verwaltungs- und Ordnungsfunktion zu,[1] die sich nicht zuletzt aus der personalpolitischen Aufgabe des Unternehmens ergeben, die Vielzahl gesetzlicher und tariflicher Bestimmungen in Deutschland einzuhalten. Darüber hinaus ist der Zentralbereich für die unternehmensweite Optimierung der Personalressourcen zuständig und versteht sich als Dienstleister für die Unternehmensleitung, die Unternehmensbereiche und Mitarbeiter.[2] Im Rahmen einer von der Unternehmensleitung als notwendig erachteten konzernweit einheitlichen Personalpolitik erbringt der Zentralbereich Personal wichtige Koordinationsleistungen und verfügt hierzu über Richtlinienkompetenzen.

Der Zentralbereich Personal hat jedoch grundsätzlich keine internationale Verantwortung in personalpolitischen Belangen, da die jeweiligen Landesgesellschaften für ihre Personalpolitik eigenverantwortlich sind. Seine Ordnungs- und Verwaltungsfunktion bezieht sich somit in erster Linie auf die AG. Einfluß besteht noch bei den inländischen Beteiligungsgesellschaften, die zum einen in räumlicher Nähe zur Muttergesellschaft stehen und wo zum anderen eine 100 %-Beteiligung ausgeübt wird. Geringerer Einfluß besteht bei inländischen Tochtergesellschaften, die nicht nur gesellschaftsrechtlich eigenständig geführt werden, sondern auch anderen Tarifverträgen unterliegen. Der geringste Einfluß besteht bei ausländischen Beteiligungsgesellschaften. Grundlegender Rahmen für den personalstrategischen Einfluß des Zentralbereichs Personal ist somit die gesellschaftsrechtliche Struktur.

Da 19 der 20 Geschäftsbereiche ihren Sitz in Leverkusen haben, sind deren Leitungen Teil der AG. Für die geschäftsbereichsbezogene Personalpolitik und die Entwicklung geschäftsbereichsbezogener Personalstrategien ist damit der Zentralbereich Personal der AG zuständig.

Der Zentralisationsgrad der Personalarbeit ist in der Bayer AG nicht so hoch wie in der BASF AG. Durch die räumliche Verteilung der Werke auf Leverkusen, Dormagen, Wuppertal und Uerdingen ergibt sich schon zwangsläufig eine werks- bzw. standortbezogene Dezentralisation von Personalaufgaben. Darüber hinaus besteht schon seit längerem eine geschäftsbereichsbezogene Zuordnung der Personalaufgaben und eine entsprechende fachliche Betreuung (Referentenmodell). Seit 1992 sind die geschäftsbereichsbezogenen Personalabteilungen auch räumlich bei den Geschäftsbereichsleitungen angesiedelt, um einen schnelleren Informationsaustausch zu gewährleisten und die Dienstleistung Personal effizienter erbringen zu können. Die Geschäftsbereichspersonalleiter in der AG sind dabei fachlich und disziplinarisch weiterhin dem Zentralbereich Personal im Rahmen des Richtlinienmodells der Personalfunktion unterstellt. Es existiert keine formale Regelung hinsichtlich ihrer hierarchischen Einbindung im Geschäftsbereich, d.h. sie sind zwar fachlich dem Geschäftsbereich in personalpolitischen Fragen zugeordnet, formal aber kein Mitglied der Geschäftsbereichsleitung. Die Bereichsper-

---

[1] Vgl. RICHTER/KARY, Auswirkungen, S. 37.

[2] Vgl. hierzu: BAYER AG, Selbstverständnis, S. 1ff.

sonalabteilungen haben einerseits die Aufgabe, Personalstrategien des Zentralbereichs bzw. der Unternehmensleitung auf Geschäftsbereichsebene umzusetzen, andererseits sollen sie personalpolitische Belange identifizieren und bearbeiten, die überwiegend Geschäftsbereichsbezug haben. Faktisch stehen die Bereichspersonalabteilungen somit im Spannungsfeld zwischen den zur Differenzierung neigenden Interessen der Geschäftsbereiche und den mehr auf Unternehmenseinheitlichkeit abzielenden Interessen des Zentralbereichs Personal.

Die organisatorische Einbindung der Personalfunktion in die Geschäftsbereichsleitung gestaltet sich unterschiedlich. So ist im Geschäftsbereich Consumer Care der Bereichspersonalleiter de facto assoziiertes Mitglied der Geschäftsbereichsleitung, während im Geschäftsbereich Kautschuk nur die formale Zuständigkeitsregelung gilt. Durch die unterschiedliche organisatorische Einbindung ergeben sich geschäftsbereichsspezifische Unterschiede im Hinblick auf Umfang und Inhalt von Personalstrategien.[1]

5.4.2 Personalstrategien der Gesamtunternehmung

Auf Gesamtunternehmensebene wird die Trennung personalpolitischer Aufgaben zwischen dem Bereich Konzernkoordinierung/Obere Führungskräfte und dem Zentralbereich Personal relevant.

Der Zentralbereich Personal, dessen Zuständigkeit sich grundsätzlich allein auf die AG erstreckt, entwickelt in bestimmten personalpolitischen Feldern, die für das Gesamtunternehmen besondere Bedeutung haben, Personalstrategien und betreut ihre Umsetzung in einzelnen Landesgesellschaften durch die Entsendung von Personalfachleuten. Wichtige internationale Aufgabenfelder des Zentralbereichs Personal sind z.B.:

- Aus- und Weiterbildung

Bestimmte, in der AG eigenständig entwickelte und erfolgreich durchgeführte Ausbildungsgänge werden auf einige Landesgesellschaften übertragen und ebenfalls durchgeführt, z.B. in Brasilien. Es besteht der Anspruch, die Fortbildungsmaßnahmen konzernweit auf einen einheitlichen Standard zu bringen. Im Rahmen von Projekten betreut der Zentralbereich die Aktivitäten im Ausland.

- Betriebliche Altersversorgung

Im Konzern besteht das Bestreben, eine einheitliche Struktur auf der Basis eines beitragsorientierten betrieblichen Altersversorgungssystems in den einzelnen Landesgesellschaften zu erzielen. Dem Zentralbereich Personal kommt hier eine wichtige Koordinierungsfunktion zu.

---

[1] Siehe Punkt 5.4.3 dieser Arbeit.

- Koordination der Personalpolitik in den europäischen Gesellschaften

Der Zentralbereich Personal koordiniert die auf europäischer Ebene regelmäßig stattfindenden Personalleitertreffen mit dem Versuch, eine inhaltliche Abstimmung der personalpolitischen Grundsätze zu erreichen.

Insgesamt zeichnet sich ab, daß der Bayer Konzern neben den für Obere Führungskräfte konzernweit geltenden Regelungen personalstrategisch der Aus- und Weiterbildung einen hohen Stellenwert beimißt. Außer der Übertragung stammhauserprobter Ausbildungsgänge existieren konzernweit einheitliche Leitlinien für die Aus- und Weiterbildung in den ausländischen Konzerngesellschaften.[1] Hierin wird der Stellenwert von Personalauswahl und -entwicklung im Unternehmen betont. In den Leitlinien werden zum weiteren fachliche und persönliche Kompetenz, Selbständigkeit und Bereitschaft zur Teamarbeit, Flexibilität, Verantwortungsbewußtsein und besondere Identifikation mit dem Unternehmen als wesentliche Zielsetzungen der Qualifizierungsmaßnahmen formuliert. Zielgruppe sind nicht nur Führungsnachwuchskräfte, sondern explizit auch tarifliche Mitarbeiter, die schon länger im Unternehmen tätig sind. Die Entwicklungsmaßnahmen umfassen bei letzterem Personenkreis die Stärkung der Leistungsbereitschaft, die Anpassung an wirtschaftliche und technische Veränderungen oder die Vorbereitung auf andere Aufgaben im Unternehmen. Aus Sicht des Bayer Konzerns wird hierdurch in den einzelnen Ländern eine bildungs- und beschäftigungspolitische Verantwortung wahrgenommen. Gleichwohl wird der unternehmenspolitische Bezug der Bildungsmaßnahmen betont, die arbeitsplatzbezogen und zielorientiert angelegt sein müssen. Zur Bildung einer unternehmensweiten gemeinsamen Identifikation sollen neue Mitarbeiter über die weltweiten Aktivitäten des Bayer Konzerns informiert werden. Bei der Personalentwicklung sollen die von der AG entwickelten Instrumente des Führungsgesprächs und der Entwicklungsbeurteilung angewandt werden, wobei eine Anpassung an lokale Besonderheiten möglich ist. Insgesamt gilt der Grundsatz der kostengünstigen Gestaltung von Bildungsmaßnahmen. Entsprechend wird die Entsendung einzelner Mitarbeiter zu Seminaren externer Institute nur akzeptiert, wenn ein dringender Bedarf besteht, der über firmenspezifische Bildungsmaßnahmen nicht gedeckt werden kann oder der Erfahrungsaustausch mit Externen bzw. externes Knowhow im Vordergrund steht. Zur besseren Koordination soll über sämtliche Bildungsmaßnahmen das Stammhaus informiert werden. Die Führungsrolle der AG für das Gesamtunternehmen kommt zusätzlich darin zum Ausdruck, daß besonders qualifizierte Mitarbeiter einzelner Landesgesellschaften an Bildungsmaßnahmen des Stammhauses teilnehmen können und als allgemeine Voraussetzung für diese Entwicklungsmaßnahme wie auch für die Entwicklung zur Führungskraft die Kenntnis der deutschen Sprache gilt.

Der Konzern versteht sich als internationaler Konzern mit deutschem Unternehmenssitz. Der Firmenname Bayer steht international für ein in den einzelnen Ländern akzeptiertes, aber deutsches Unternehmen. Die Entwicklung und Umsetzung von Personalstrategien obliegt aufgrund der jeweiligen landesspezifischen Besonderheiten den einzelnen Landesgesellschaften bzw. Konzerngesellschaften. Über die konzernweit gültigen Richtlinien hinsichtlich der Aus-

[1] Die folgenden Ausführungen basieren auf: BAYER AG, Leitlinien, S. 2ff.

und Weiterbildung oder der betrieblichen Altersversorgung, die explizit nicht nur den Kreis der Oberen Führungskräfte betreffen, drückt der Bayer Konzern somit den einzelnen Landesgesellschaften personalstrategisch einen „deutschen" Stempel auf, der vor allem angesichts der unterschiedlichen Landeskulturen ein unternehmensweit einheitliches kulturelles Verständnis schafft. Der verantwortungsvolle Umgang mit Ressourcen von Mitarbeitern steht damit, zumindest vom normativen Anspruch her, unternehmensweit einheitlich als Kennzeichen deutscher Managementpraxis.

Der Bereich Konzernkoordinierung/Obere Führungskräfte ist für sämtliche Angelegenheiten der Oberen Führungskräfte zuständig, wie z.B. Führungskräfteplanung und -entwicklung, Entgeltfragen, Auslandstransfer etc. Im folgenden sollen die personalpolitischen Felder Führungskräfteentwicklung und Entgeltsysteme näher betrachtet werden.

5.4.2.1 Führungskräfteplanung und -entwicklung

Die inhaltliche und strukturelle Ausrichtung der Entwicklung von Oberen Führungskräften fällt in die Zuständigkeit der Führungskräfteentwicklungsabteilung im Bereich Konzernkoordinierung. Hierbei geht es im wesentlichen um die weltweite Erfassung von Potentialkandidaten, die Gestaltung von Personalentwicklungsmaßnahmen und die weltweite Nachfolgeplanung für die zweite bis vierte Führungsebene (Bereichs-, Ressort-, Abteilungsleiter). Ziel ist es, ein Top-Management zu entwickeln, das über Managementerfahrungen in unterschiedlichen Bereichen, Funktionen und Ländern verfügt.

Grundsätzlich werden die Aufstiegschancen für Führungskräfte an den Kriterien Leistung und Befähigung ausgerichtet und unabhängig von der Nationalität betrachtet. Es wird angestrebt, die Führungspositionen der einzelnen Landesgesellschaften mit international erfahrenen Führungskräften zu besetzen, wobei das einheimische, lokale Element überwiegen sollte.[1] Die Führungspositionen in der Muttergesellschaft und dem Konzern-Top-Management sind bislang jedoch fast ausschließlich mit Deutschen besetzt. Die Führungskräfteentwicklung basiert im Bayer Konzern auf weltweit einheitlichen Auswahl- und Beurteilungskriterien, die sich auf Fachwissen, interkulturelle Befähigung und Managementfähigkeiten, wie z.B. Problemlösefähigkeit, praktische Urteilsfähigkeit, Initiative, physische und psychische Belastbarkeit, soziale Kompetenz und Führungsverhalten, beziehen.[2] Für die Gestaltung dieser Kriterien ist die Führungskräfteentwicklungsabteilung des Konzerns im Einvernehmen mit dem Konzernvorstand zuständig. Daneben gibt es innerhalb der Landesgesellschaften eigenständig entwickelte nationale Systeme der Führungskräfteentwicklung, die insbesondere auch für Führungskräfte zum Tragen kommen, deren Mobilität auf das Heimatland bzw. die Heimatweltregion beschränkt ist.

Grundlegende Instrumente im Rahmen der Führungskräfteentwicklung sind Personalbeurteilungen in regelmäßig stattfindenden Führungsgesprächen, Entwicklungsbeurteilungen, För-

---

1 Vgl. BAYER AG, Grundsätze, S. 2.

2 Vgl. BAYER AG, Entwicklungsbeurteilung, S. 7.

dervorschläge und schließlich interne Assessment Center für Leitende Angestellte. Diese Instrumente weisen einen hohen Systematisierungsgrad auf und sind durch die vom Zentralbereich Personal herausgegebenen Leitlinien fundiert erläutert.[1]

Als wesentliche Maßnahmen im Rahmen der Führungskräfteentwicklung fungieren dabei konzernweit:[2]

- Job Rotation

Zielstellung ist hier neben der Vertiefung von Wissen und der Verbreiterung der Einsatzfähigkeit der Führungsnachwuchskraft eine ausgewogene Beurteilung durch mehrere Vorgesetzte. Die Job-Rotation bezieht sich auf den Wechsel von Tätigkeiten innerhalb eines Bereichs, auf den Wechsel von Funktionsbereichen (z.B. Stab, Vertrieb, Produktion, Forschung) oder auf den Wechsel von Unternehmensbereichen (z.B. Geschäftsbereich, Zentralbereich, Konzernverwaltung, in- und ausländische Beteiligungsgesellschaften).

- Projektbeteiligung

Die Leitung von längerfristigen Projekten dient als wichtige Führungskräfteentwicklungsmaßnahme und besondere Form der Job Rotation.

Für die Erlangung von Führungspositionen ist dabei zunehmend der internationale Einsatz von Bedeutung. Die Oberen Führungskräfte sollen mindestens zwei bis drei Jahre außerhalb ihres Heimatlandes bei einer anderen Bayer Konzerngesellschaft tätig gewesen sein. Oberste Führungskräfte, die z.B. die Geschäftsführung in wichtigen Landesgesellschaften übernehmen, sollen eine Stammhauserfahrung in der Bayer AG von mindestens zwei bis drei Jahren aufweisen. Darüber hinaus wird bei Oberen Führungskräften neben guten Kenntnissen der englischen Sprache die Kenntnis der deutschen Sprache als relevant erachtet.[3] Der internationale Einsatz hat dabei über seine Funktion als Führungskräfteentwicklungsmaßnahme hinaus weitere Funktionen: den Transfer von Know-how, die Mitarbeit bei Projekten, die Wahrnehmung von Aufgaben, für die vor Ort keine geeigneten Führungskräfte zur Verfügung stehen und schließlich die Hilfestellung bei der Eingliederung von neu erworbenen Unternehmen.[4] Bislang gestaltet sich der Führungskräftetransfer noch vorwiegend zweistromig, d.h. zwischen der AG, insbesondere dem Stammhaus Leverkusen und den Auslandsgesellschaften. In Zukunft soll der Quertransfer zwischen einzelnen Auslandsgesellschaften eine größere Bedeutung bekommen und das Top-Management mehr internationalisiert werden. Gleichwohl besteht aus Unternehmenssicht im Transfer deutscher Führungskräfte zu Auslandsgesellschaften weiterhin die wichtige Funktion, den Erfahrungsaustausch zwischen Stammhaus und Aus-

---

1 Vgl. BAYER AG, Führungsgespräch, S. 3ff.; BAYER AG, Führungsgrundsätze, S. 5ff.; BAYER AG, Entwicklungsbeurteilung, S. 3ff.

2 Im folgenden: Vgl. BAYER AG, Richtlinien, S. 3.

3 Vgl. BAYER AG, Grundsätze, S. 3.

4 Vgl. BAYER AG, Grundsätze, S. 3.

landsgesellschaften zu sichern und den kontinuierlichen Informations- und Koordinationsaustausch aufgrund der besseren Kenntnis konzernbezogener Systeme (z.B. Controlling, Rechnungswesen etc.) zu gewährleisten.

Auf den zweimal jährlich stattfindenden Zentralen Personalkonferenzen Obere Führungskräfte beraten Konzernvorstand und Unternehmensbereichsleiter über die von der Konzernpersonalentwicklungsabteilung vorgeschlagenen Entwicklungsmaßnahmen für Potentialkandidaten und über die Nachfolgeplanung. Die Letztentscheidung über die Besetzung von Führungspositionen obliegt dem Konzernvorstand.

Zielstellung der konzernweiten Führungskräfteentwicklung ist die Entwicklung von Oberen Führungskräften bis zur vierten Führungsebene, die dem Anforderungsprofil eines General Managers entsprechen. Die Geschäftsbereiche beeinflussen die Entwicklung von Führungskräften über ihre Beurteilungen und ihre Fördervorschläge von Potentialkandidaten. Die Besetzung von Führungspositionen innerhalb eines Geschäftsbereichs erfolgt im Einvernehmen mit dem Geschäftsbereichsleiter. Unterhalb der vierten Führungsebene steht es den Geschäftsbereichen frei, eigene Personalentwicklungssysteme im Rahmen der unternehmensweit geltenden Grundsätze zu gestalten. Obgleich es auch aus Sicht der Gesamtunternehmung geschäftsbereichsbezogene Unterschiede im Hinblick auf die Führungskräfteanforderungen gibt, wird eine vom Grundsatz her unternehmensweit einheitliche Entwicklung der Oberen Führungskräfte gestaltet und umgesetzt. Faktisch existieren dennoch gewisse Einschränkungen beim geschäftsbereichsübergreifenden Transfer. So wird der Führungskräftetransfer in den meisten Fällen auf bestimmte Bereiche begrenzt, die sich hinsichtlich Marktstrukturen und Produkttechnologie ähnlich sind.

Die konzernweite Führungskräfteentwicklung überlagert die landesspezifischen Personalentwicklungssysteme. Die Gesamtunternehmung beeinflußt damit im wesentlichen das Anforderungsprofil der Führungskräfte für die ersten vier Führungsebenen und beeinflußt damit auf längere Sicht die unternehmensstrategische Ausrichtung des Konzerns. Die unternehmenskulturelle Identifikation mit dem deutschen Stammsitz bei gleichzeitigen Bemühungen um mehr Internationalität der Top-Führungsmannschaft verweist auf einen aufgeklärten Ethnozentrismus in den gesamtunternehmerischen Personalstrategien. Offen bleibt, inwieweit eine wachsende Internationalität der konzernweiten Führungsmannschaft nicht zur Erosion der deutschen kulturellen Identität des Unternehmens führt, was gleichsam zum verstärkten Infragestellen der deutschen Managementpraxis führen dürfte.

Insgesamt stellt die Konzernführungskräfteentwicklung im Bayer Konzern wie in der BASF-Gruppe ein zentrales Instrument der personalstrategischen Steuerung dar. Für den globalen Einsatz einer internationalen Führungsmannschaft auf Unternehmensebene sind somit weniger geschäftsbereichsbezogene Unterschiede relevant als landeskulturelle Gegebenheiten, die einen globalen Einsatz erschweren können.

5.4.2.2 Entgeltsysteme

Das Entgeltsystem ist im Bayer Konzern ähnlich aufgebaut wie in der BASF-Gruppe. Die Entgeltstrukturen der Führungskräfte sind in die jeweiligen landesspezifischen Systeme eingebunden, die von den einzelnen Landesgesellschaften entwickelt werden.

Innerhalb der Bayer AG besteht analog zur BASF AG das Prinzip der Einheitlichkeit. Dies galt bislang ebenso für das Führungskräfteentgeltsystem. Im Jahr 1995 wurde in der Bayer AG für die zweite und dritte Führungsebene (Unternehmensbereichs- und Ressortleiter) eine einheitliche Entgeltstruktur eingeführt, welche die individuelle Leistung der Obersten Führungskräfte mehr berücksichtigt. Das Einkommen basiert dabei auf einem Grundgehalt und einer variablen Einkommenskomponente, die vom individuellen Zielerreichungsgrad abhängt und maximal 20 % des Grundgehalts beträgt. Da die jährlichen individuellen Zielvereinbarungen mit dem Konzernvorstand bei Geschäftsbereichs- und Ressortleitern Bereichsziele enthalten, können implizit in Abhängigkeit von differenzierten bereichsbezogenen Umsatz- und Ergebniserwartungen nunmehr Unterschiede im variablen Entgelt entstehen. Da aber die variable Entgeltkomponente nur 20 % des Grundgehalts maximal erreichen darf, sind geschäftsbereichsbezogene Differenzierungen nur in geringem Umfang möglich.

Die Reform des Entgeltsystems im Jahr 1995 bezieht sich nicht nur auf die Obersten Führungskräfte, sondern umfaßt ebenfalls eine um die Leistungskomponente bereicherte Neufassung der Entgeltregelungen insbesondere für die Tarifmitarbeiter in der AG und den inländischen Beteiligungsgesellschaften. Die übertariflichen Leistungen werden von den Tariferhöhungen abgekoppelt[1] und nach vereinbarten Übergangsregelungen schrittweise in Abhängigkeit von der individuellen Leistung variabel gewährt. Die dem einzelnen Tarifmitarbeiter dann entrichtete individuell bestimmte und variable Leistungszulage bestimmt sich nach leistungsabhängigen Kriterien, wie z.B. Einsatzbereitschaft, Selbständigkeit, Arbeitsqualität, Kundenpflege.[2] Bei den Leitenden Angestellten wird das gesamte Einkommen in regelmäßigen Abständen leistungsbedingt überprüft und neben dem jährlich festen Funktionseinkommen eine Sonderprämie ausgeschüttet. Die Koppelung der Sonderprämien an jährlich zu vereinbarende individuelle Ziele, wie es neuerdings Praxis bei den Obersten Führungskräften ist, blieb bislang aus. Es bestehen hierzu allerdings Planungen. Zusätzlich zu den beschriebenen tariflichen und übertariflichen Leistungen erhalten alle Mitarbeiter in der Bayer AG einen jährlich neu bestimmten und vom Unternehmenserfolg bzw. -ergebnis abhängigen Bonus bzw. variable Einmalzahlungen.[3]

Die in der AG eingeführten variablen Entgeltbestandteile gibt es in den US-Gesellschaften des Bayer Konzerns schon länger und weisen einen zum Gesamteinkommen deutlich höheren Prozentsatz auf. Dies führt in gewinnträchtigen Geschäftsfeldern dazu, daß Obere Führungskräfte der US-Gesellschaften ein höheres Einkommen beziehen als deutsche Spitzenführungs-

---

[1] Vgl. o.V., Entgelt, S. 11.

[2] Vgl. o.V., Kompromiß, S. 16.

[3] Im Jahr 1994 betrug der Bonus 40 %, im Jahr 1995 sogar 80 % eines durchschnittlichen Monatseinkommens. Vgl. o.V., Bonus, S. 25; o.V., BAYER AG, Mitarbeiter, S. 1.

kräfte. Aus den landesspezifisch geprägten Entgeltsystemen resultieren demzufolge landesbezogene Differenzierungen im konzernweiten Entgeltgefüge, die insbesondere beim internationalen Transfer der Mitarbeiter zu erheblichen Akzeptanzproblemen führen können. Beim Transfer von Führungskräften ins Ausland wird deshalb zunächst das Nettoentgelt des Heimatlands als Ausgangsgröße für das zu berechnende Entgelt des Auslandsdelegierten zugrunde gelegt. Nach Berücksichtigung von Transfer- und Lebenshaltungsaufwand sowie Steuern und Sozialversicherungen im Gastland wird das Entgelt des Auslandsdelegierten ermittelt und im letzten Schritt in die im Gastland übliche Entgeltstruktur eingebunden.

Daraus folgt, daß im Bayer Konzern keine unternehmensweit einheitliche Anreizstruktur vorhanden ist, auch nicht für Obere Führungskräfte. Eine einheitliche Entgeltstruktur für 19 der 20 Geschäftsbereichsleiter und der weiteren Unternehmensbereichs- und Ressortleiter ergibt sich nur aus dem Faktum, daß diese zur Zeit allesamt Mitglieder der AG sind. Damit bilden landesbezogene Differenzierungen im Entgeltsystem das wesentliche Strukturmerkmal. Vor dem Hintergrund der vom Bayer Konzern erwünschten internationaleren Besetzung von Führungspositionen stellt sich die Frage, ob nicht auf längere Sicht ein *konzern*weit einheitliches Entgeltsystem für die Obersten Führungskräfte, die international rotieren und gleiche Aufgaben und Tätigkeiten verrichten, entwickelt werden muß.

5.4.3 Personalstrategien der Geschäftsbereiche

Die Personalpolitik ist im Bayer Konzern wie in der BASF-Gruppe nach den einzelnen Landesgesellschaften zu differenzieren. Innerhalb Deutschlands spielt dabei die AG eine zentrale Rolle, da sie zum einen konzernweit den größten Beschäftigungsanteil von rd. 35 % im Jahr 1995 aufweist, zum anderen die AG als Muttergesellschaft bislang die zentralen Konzernfunktionen und Unternehmensbereichsleitungen im Rahmen des Stammhauskonzerns beherbergt. Darüber hinaus hat sie für die inländischen Beteiligungsgesellschaften Vorbildfunktion und erbringt Dienstleistungen, z.T. übernimmt sie Steuerungsfunktionen.

In der Bayer AG gilt das Einheitlichkeitsprinzip in der Personalpolitik als wesentlicher Faktor für den strategischen Erfolg. Die einheitlichen Personalstrategien richten sich auf die Entgelt- und Arbeitszeitpolitik, Qualifizierung der Mitarbeiter, Führungsgundsätze, Arbeitsorganisation etc. Wichtige Personalstrategien der letzten Zeit lagen in der leistungsorientierteren Ausrichtung der Entgeltpolitik, der Flexibilisierung und Differenzierung von Arbeitszeiten, der Erprobung von teamorientierten Arbeitsstrukturen in der Produktion und nicht zuletzt dem sozialverträglichen Personalabbau.[1] Im Mittelpunkt der derzeitigen geplanten Personalstrategien steht die Erzielung einer erhöhten Arbeitseffizienz als Voraussetzung für den Erhalt der deutschen Wettbewerbsfähigkeit gegenüber den ausländischen Konzerngesellschaften.[2] Dabei werden viele personalpolitische Aufgaben noch zentral abgewickelt, wie z.B. die Entgeltabrechnung, die Aus- und Weiterbildung oder die Personalentwicklung. Die Geschäftsbereiche

---

[1] Vgl. hierzu: o.V., Teamarbeit, S. 17; BAYER AG, Flexibilisierung, S. 1ff.; o.V., Personalabbau, S. 15; o.V., Erziehungspause, S. 19; JASPERT, Gestaltung, S. 36f.

[2] Vgl. RICHTER, Arbeitsmarkt, S. 2ff.

sind verpflichtet, diese personalwirtschaftlichen Leistungen intern zu beziehen. Es bestehen Planungen, die eingeleitete Dezentralisierung der Personalarbeit fortzusetzen und weitere Aufgaben an die Bereichspersonalabteilungen zu delegieren, z.B. die Entgeltabrechnung.

Geschäftsbereichsbezogene Personalstrategien gibt es im Rahmen der einheitlichen Personalpolitik der AG nur bedingt und sind in ihrer Ausprägung zum einen abhängig von der organisatorischen Einbindung der Personalbereichsleitung in die Geschäftsbereichsleitung, zum anderen von der Auffassung der Personalbereichsleitung selbst.

Im Geschäftsbereich *Kautschuk* ist die Personalbereichsleitung nicht in die Geschäftsbereichsleitung integriert. In geschäftsbereichsbezogenen personalpolitischen Belangen wird sie hinzugezogen, insbesondere wenn es um Handlungsfelder geht, welche die Aufgaben des Zentralbereichs Personal der AG berühren. Da der Geschäftsbereich umfangreiche internationale Geschäftsaktivitäten aufweist, stehen der Bildung globaler Produkt-Markt-Strategien Personalstrategien des Zentralbereichs gegenüber, welche in hohem Umfang die nationalen (deutschen) Rahmenbedingungen berücksichtigen. Die Bereichspersonalleitung vertritt im Rahmen ihrer disziplinarischen Unterstellung die Interessen des Zentralbereichs Personal der AG, versteht sich gleichzeitig aber als Dienstleister für den Geschäftsbereich. Die wichtigsten personalstrategischen Aufgaben der letzten Zeit waren für den Geschäftsbereich der Personalabbau und die -kostenreduzierung. Aufgrund der Industriekundenstruktur und der oligopolistischen Nachfragestruktur spielt das Marketing eine nur geringe Rolle. Vielmehr kommen produktbezogene Wettbewerbsvorteile, wie z.B. Produktqualität, Liefertermintreue zum Tragen. Das Verständnis der Personalarbeit ist bislang stark durch die Auffassung von Personal als Kostenfaktor geprägt. Es dominiert der Verwaltungsgedanke und die optimale operative Abwicklung der Personalaufgaben. In der einheitlichen Rahmenvorgabe personalpolitischer Arbeit, der Festlegung von Richtlinien und Systemen durch den Zentralbereich Personal werden aus Sicht der Bereichspersonalabteilung Synergien im Hinblick auf die verwaltungsorientierte Personalarbeit an den deutschen Standorten ermöglicht.

Dennoch existieren erste Überlegungen einer bereichsbezogenen globalen Personalstrategiebildung. So soll der Internationalität des Geschäftsbereichs mit einer bereichsbezogeneren Führungskräfteentwicklung Rechnung getragen werden, die das mittlere und untere Management (ab der fünften Führungsebene: z.B. Gruppen-, Betriebsleiter, Spezialisten, Techniker) einschließen können. Zielstellung ist die langfristige Internationalisierung der Führungsmannschaft und die Verankerung einer globalen Bereichskultur. Personalstrategisch soll dies z.B. über die Verankerung eines gemeinsamen globalen Führungsverständnisses erzielt werden.

Die Wahrnehmung im Hinblick auf die Rolle der Personalfunktion im Strategiebildungsprozeß ist entsprechend bei den befragten Vertretern des Geschäftsbereichs uneinheitlich.[1] Die Bereichspersonalabteilung sieht Personalstrategien abgeleitet aus Geschäftsbereichsstrategien, wobei der Zentralbereich Personal den einheitlichen Rahmen vorgibt. Aus Sicht der Geschäftsbereichsleitung dagegen sind Personalstrategien unabhängig von Geschäftsbereichs-

---

1 Vgl. Anhang, Fragebogen II a; Fragebogen II b.

strategien, sollten aber Teil der Geschäftsbereichsstrategien sein. Insgesamt wird der Einfluß der Bereichspersonalabteilung im Strategiebildungsprozeß des Geschäftsbereichs auf personalpolitische Belange beschränkt. Zum weiteren führt der hohe Internationalisierungsgrad von Produktion und Absatz des Geschäftsbereichs dazu, daß die Mehrzahl der Mitarbeiter und die entsprechenden Personalaufgaben durch die verschiedenen ausländischen Beteiligungsgesellschaften geregelt werden. Aus Sicht der Geschäftsbereichsleitung ist deshalb die Reichweite personalpolitischer Regelungen des Zentralbereichs Personal nur gering.

Im Geschäftsbereich *Consumer Care* existiert dagegen bei den befragten Vertretern des Geschäftsbereichs ein einheitliches Verständnis von Personalarbeit.[1] Auch ist die Wahrnehmung hinsichtlich der Rolle der Personalfunktion im Strategiebildungsprozeß des Geschäftsbereichs einheitlich. So werden Personalstrategien als Teil der Geschäftsbereichsstrategien betrachtet. Im Verständnis von Personalarbeit dominiert die Sichtweise von Personal als einer wichtigen Ressource für den Geschäftserfolg. Dieser Betrachtung entspricht die strukturelle Verankerung der Bereichspersonalleitung im Geschäftsbereich durch die faktische Mitgliedschaft in der Geschäftsbereichsleitung (Management Team Conference). Geschäftsbereichsstrategien einschließlich der Personalstrategien werden gemeinschaftlich in diesem Team entwickelt. Die Bereichspersonalleitung identifiziert sich dabei mit den Interessen des Geschäftsbereichs und versteht sich als Teil des Geschäftsbereichs.

Die Vision des Bereichs enthält die Sichtweise, daß die Nutzung von Mitarbeiterpotentialen eine wichtige Voraussetzung zur Erzielung eines Geschäftserfolgs ist. Personalstrategische Anforderungen entstehen insbesondere in den Feldern Produktqualität und Marketing, welche die Strategie der globalen Produktführerschaft gewährleisten sollen. Hierzu wurde systematisch der Qualifikationsbedarf im Geschäftsbereich ermittelt und wird derzeit ein entsprechendes bereichsbezogenes einheitliches Schulungskonzept für die Business Group Representives, d.h. die Geschäftsbereichsvertreter in den einzelnen Landesgesellschaften, und andere Mitarbeiter des Vertriebs erstellt. Das Schulungskonzept wird dabei auf Initiative des Geschäftsbereichs entwickelt, wobei der Zentralbereich Personal unterstützend mitwirkt. Darüber hinaus wird für die Business Group Representives weltweit ein einheitliches Beurteilungssystem aufgebaut. Bei der Besetzung dieser Geschäftsbereichsvertreter in den einzelnen Landesgesellschaften hat die dortige Geschäftsführung ein Einvernehmen mit der Geschäftsbereichsleitung zu erzielen. Die globale Ausrichtung der Bereichspersonalpolitik und die Entwicklung globaler Bereichspersonalstrategien ist, bezogen auf die Business Group Representives in den einzelnen Landesgesellschaften, konzeptionell schon relativ weit fortgeschritten und in den Anfängen der Umsetzung. Die Geschäftsbereichsleitung kann damit unabhängig von gesellschaftsrechtlichen Strukturen auf Beurteilung, Entwicklung und Schulung sowie Besetzung der Business Group Representives Einfluß ausüben.[2] Dies gilt nicht für die Gestaltung des Entgeltsystems, das jeweils der Gestaltungsfunktion der einzelnen Landesgesellschaften unterliegt. Hier gibt es zur Zeit im Zentralbereich die Diskussion, unternehmensweit einheitliche Grundsätze zu entwickeln.

---

1 Vgl. Anhang, Fragebogen II a; Fragebogen II b.

2 Siehe Punkt 5.2.2.3 dieser Arbeit.

Die globalen Personalstrategien im Geschäftsbereich beschränken sich jedoch nicht allein auf die wichtigen Geschäftsbereichsrepräsentanten in den einzelnen Landesgesellschaften, sondern schließen sämtliche Mitarbeiter ein. So ist in der Planung, ein bereichsbezogenes weltweit einheitliches Fort- und Weiterbildungs- sowie Personalförderungskonzept im Sinne der Förderung persönlicher Entwicklungspläne für alle Mitarbeiter des Bereichs zu entwickeln. Die in der AG praktizierte jährliche Mitarbeiterbeurteilung und das im Anschluß geführte Mitarbeitergespräch sollen ebenfalls weltweit umgesetzt werden und die Vorgesetztenbeurteilung von seiten des Mitarbeiters einbeziehen. Ziel ist es, eine gemeinsame weltweite Bereichskultur und Mitarbeiteridentifikation mit den Aufgaben des Geschäftsbereichs zu schaffen, welche durch das Portfoliomanagement vorgegeben werden und sich an der gemeinsamen Vision orientieren. Dabei werden explizit nicht nur Führungskräfte in die personalstrategischen Überlegungen einbezogen, sondern alle Mitarbeiter. Die Arbeitsorganisation des Geschäftsbereichs ist stark teamorientiert und international ausgerichtet. Die Bereichspersonalabteilung entwickelt insgesamt Rahmenvorgaben, die inhaltlich Freiraum für landesspezifische Besonderheiten in der Ausgestaltung läßt.

Aus den bisherigen Ausführungen wird deutlich, daß in der Bayer AG das Einheitlichkeitsprinzip ebenfalls als bestimmendes Element der Personalstrategiebildung gelten kann. Eine einheitliche Vorgehensweise schafft Synergien und stärkt die Berücksichtigung personalpolitischer Belange im Unternehmen. Dennoch existieren in den Geschäftsbereichen ansatzweise eigene Personalstrategien, die vor allem von dem Geschäftsbereich Consumer Care forciert werden. Ähnliche Tendenzen zur eigenständigen und differenzierten Entwicklung von Personalstrategien bestehen im Geschäftsbereich Pharma.[1] Außerdem gab es hier im Zuge von Reorganisationsmaßnahmen im Jahr 1994 auch Bestrebungen, über eine rechtliche Ausgliederung mehr Handlungsspielräume für eine leistungsdifferenzierte Entgeltstruktur zu bekommen,[2] die auch eine Anpassung des Entgeltniveaus an die gegenüber der Chemiebranche international höhere Entgeltstruktur in der Pharmabranche ermöglicht hätte. Aufgrund der unternehmensstrategischen Ausrichtung des Bayer Konzerns auf den Erhalt des Synergieverbunds von Chemie- und Pharmaaktivitäten wurden diese Überlegungen jedoch nicht umgesetzt.

Für den Bayer Konzern kann somit festgestellt werden, daß es eine geschäftsbereichsbezogene Differenzierung von Personalstrategien - mit Ausnahme der als eigenständige Gesellschaften geführten Bereiche - nur in Ansätzen gibt, soweit sie den Richtlinien des Zentralbereichs Personal bzw. der Landesgesellschaften nicht widersprechen. Das grundlegende Ordnungsprinzip für die Reichweite von Personalstrategien ist somit wie in der BASF-Gruppe die gesellschaftsrechtliche und weniger die führungsorganisatorische Struktur. Im Zentralbereich Personal der AG gibt es zwar Dezentralisierungsbestrebungen, welche den heterogenen Anforde-

---

[1] Z.B. Einführung der teamorientierten Arbeitsorganisation für sämtliche Bereiche einschließlich Vertrieb und Geschäftsbereichsleitung.
Vgl. KROGH, Gipfelstürmer, S. 142ff.; o.V., Struktur, S. 21.

[2] Vgl. RÜßMANN, Team, S. 153.
Eine Anpassung an das internationale Entgeltniveau der Pharmabranche, abweichend von Unternehmenstarifen, wurde in der BASF-Gruppe mit dem Pharma-Bonus vollzogen.

rungen in den Geschäftsbereichen mehr Gewicht zukommen lassen wollen, bislang wird jedoch grundlegend am Einheitlichkeitsprinzip in der AG festgehalten. Durch die disziplinarische Leitung der Bereichspersonalleitung sichert der Zentralbereich Personal seinen internationalen Einfluß auf die Personalstrategiebildung und damit auch auf die Ausprägung von Managementtechniken, auf die Unternehmenskultur und letztlich auf den internationalen Führungskräftenachwuchs im Bereich des mittleren Managements. Er sichert sich damit zugleich seine Position gegenüber der Gesamtunternehmensleitung und die für Obere Führungskräfte zuständige Konzernkoordinierung, was nicht zuletzt gleichbedeutend ist mit der Behauptung der führenden Gestaltungsrolle der Muttergesellschaft AG gegenüber anderen in- und vor allen Dingen ausländischen Beteiligungsgesellschaften. Über die Bereichspersonalleitungen und ihre konzeptionelle Betreuung der Geschäftsbereichsleitung in personalstrategischen Feldern stärkt der Zentralbereich Personal informell seine internationale Verantwortung in den Bereichen Personalbeurteilung und -entwicklung, Führungsgrundsätze und -techniken.

Es bleibt an dieser Stelle offen, ob das Einheitlichkeitsprinzip innerhalb der AG den aus der Marktheterogenität resultierenden, differenzierten personalpolitischen Anforderungen zwischen den Chemie- und den wirkstofforientierten Bereichen gerecht werden kann.

5.5 Ergebnis: Personal im Spannungsverhältnis zwischen Gesamtunternehmung und Geschäftsbereichen

Unternehmensweite internationale Personalstrategien sind im Bayer Konzern eng verknüpft mit der Unternehmensstrategie, welche die Globalisierung und die Technologieführerschaft weltweit forciert. Als zentraler unternehmensweiter Steuerungsmechanismus dient der internationale Führungskräftetransfer, der eine enge Anbindung an das Stammhaus aufweist. Wenngleich ein polyzentrischer Ansatz in den einzelnen Landesgesellschaften bei der Besetzung von Führungspositionen verfolgt wird, dient die Entsendung deutscher Führungskräfte zur Besetzung von Geschäftsführer- oder Spezialistenpositionen weiterhin als wichtiger Steuerungs- und Koordinationsmechanismus. Die Obere Führungskräfteentwicklung und -planung fungiert damit wie in der BASF-Gruppe als zentrale Personalstrategie des Gesamtunternehmens. Da die Obere Führungsmannschaft im Bayer Konzern nur wenig internationalisiert ist, spielen bislang Fragen der konzernweiten Einheitlichkeit des Entgeltsystems für diese Zielgruppe nur eine untergeordnete Rolle. Darüber hinaus bestehen konzernweite Personalstrategien, die versuchen, eine größere Einheitlichkeit in der Struktur von Regelungen hinsichtlich Altersversorgung sowie Aus- und Weiterbildung zu erreichen.

Durch die Vermischung von rein AG-bezogenen und unternehmensweit bezogenen Aufgaben des Zentralbereichs Personal besteht keine funktional klar zu beschreibende Aufgabenzuordnung innerhalb des Konzerns. Die Befragung erhärtet diese Aussage.[1] So werden sämtliche geschäftsbereichsbezogenen Entscheidungen in personalstrategischen Feldern mit Ausnahme der Einstellung und Entlassung von Führungskräften der Unternehmensleitung zugeordnet,

[1] Im folgenden: Vgl. Anhang, Fragebogen I a, Fragen 9 und 10; Fragebogen I b, Fragen 10 und 11; Fragebogen II a, Fragen 8 und 9; Fragebogen II b, Fragen 10 und 11.

sowohl hinsichtlich der Initiative als auch des Treffens von Entscheidungen. Dies läßt zwei Interpretationen zu: Erstens, der Zentralbereich Personal wird als Vertreter der personalpolitischen Interessen der Unternehmensleitung identifiziert. Oder zweitens, der Unternehmensleitung wird explizit die Entscheidung in personalpolitischen Feldern zugeschrieben, was implizit auf eine Ablehnung des Zentralbereichs Personal hinsichtlich seiner zentralen personalpolitischen Funktion im Unternehmen hinweisen könnte.

Insgesamt werden auf der Gesamtunternehmensebene Personalstrategien einheitlich als Teil der Unternehmensstrategien betrachtet und personalpolitische Fragestellungen direkt zu Beginn des Planungsprozesses in die offizielle Unternehmensstrategiebildung miteinbezogen. Hier besteht gegenüber anderen Funktionsfeldern eine gleichberechtigte und z.T. initiative Beteiligung der Personalvertreter im Vorstand bzw. in den Zentralkonferenzen.

Im Rahmen der Internationalisierungsbemühungen des Konzerns und der Optimierung der Wertschöpfungsaktivitäten lassen sich ebenfalls als zentrale Zielstellungen, die Sicherung der führenden Rolle der AG für den Konzern gegenüber anderen Beteiligungsgesellschaften und die Bewahrung der deutschen Managementkultur, erkennen. Hierzu dienen die Personalstrategien, die zum einen auf eine langfristige Sicherung der Wettbewerbsfähigkeit der deutschen Standorte, zum anderen auf die Beibehaltung der disziplinarischen Anbindung der Bereichspersonalabteilungen an den Zentralbereich Personal abzielen.

Es fällt auf, daß im Bayer Konzern Personalpolitik nicht allein auf Obere Führungskräfte begrenzt bleibt, sondern die Mitarbeiter bis zur untersten Ebene in die Personalstrategien einbezogen werden. Die im Unternehmen, insbesondere in der AG, stark ausgeprägte gemeinschaftliche Kultur der „Bayer Familie“ wurde über die Förderung von Vereinen und verschiedenen sozialen Institutionen gepflegt. Zwar wird derzeit der Umfang der betrieblichen sozialen Leistungen schrittweise gekürzt, dennoch wird die Substanz der Unternehmenskultur versucht, unter Hinzufügung von Leistungsaspekten, unternehmenspolitisch aufrechtzuerhalten. Im Mitarbeiterbezug der Personalpolitik spiegelt sich die kulturelle Identität im Bayer Konzern wider, die über bereichsbezogene Personalstrategien nunmehr weltweit übertragen wird. Nicht zuletzt durch diese Bestrebungen baut der Zentralbereich Personal seine internationale Verantwortung für die Gestaltung personalpolitischer Strukturen aus, was personalstrategisch den Anspruch unterstreicht, ein internationaler Konzern mit deutschem Unternehmenssitz, d.h. deutscher Managementkultur, zu sein. Inwieweit sich dies bei der längerfristig angestrebten Internationalisierung der Führungsmannschaft allerdings aufrechterhalten läßt, bleibt fraglich.

Die Internationalisierungsbestrebungen des Zentralbereichs Personal deuten darauf hin, daß eine weitergehende geschäftsbereichsbezogene Differenzierung in Eigenregie der Geschäftsbereiche derzeit nicht geplant ist, sondern der Integrationsgrad trotz Internationalisierung und Marktheterogenität der Geschäftsbereiche aufrechterhalten bleiben soll. Die Geschäftsbereiche verfügen entsprechend über relativ große Handlungsfreiheit bei der Bildung und Umsetzung ihrer Produkt-Markt-Strategien, ihre eigenständige Gewinn- und Ressourcenverantwortung wird jedoch eingeschränkt durch die Investitionsentscheidungen des Vorstands und dessen Entscheidung über die Ergebnisverwendung sowie die Einschränkungen in personalstrategischen Feldern durch den Zentralbereich Personal. Trotzdem sind durch die Schaffung der Bereichspersonalabteilungen grundsätzlich Möglichkeiten geschaffen worden, bereichsbezogene Ansätze zu entwickeln. Inwieweit der Geschäftsbereich Einfluß auf die Ressource Personal nimmt, ist u.a. abhängig von der Stellung des Bereichspersonalleiters auf Geschäftsbereichsebene und nicht zuletzt vom Personalverständnis im Geschäftsbereich. Auf der anderen Seite kann die disziplinarische und fachliche Anbindung an den Zentralbereich Personal nicht nur Barrieren für eine bereichsbezogene Personalpolitik bilden, sondern je nach Personalverständnis überhaupt die Berücksichtigung personalpolitischer Belange in der Geschäftsbereichsstrategiebildung ermöglichen und sichern helfen.

Als Fazit kann somit für den Bayer Konzern festgehalten werden, daß sich seine Geschäftsbereichsorganisation noch durch einen mittleren Integrationsgrad auszeichnet und Synergievorteile höher gewichtet werden als Differenzierungsvorteile. Die zentrale Unternehmensstrategie des Konzernvorstands gibt den Rahmen für die zu entwickelnden Geschäftsbereichsstrategien vor. Eine geschäftsbereichsbezogene Differenzierung besteht bei Produkt-Markt-Strategien, bei Personalstrategien jedoch nur in Ansätzen.

6 Hoechst Konzern

6.1 Gesamtunternehmung

6.1.1 Allgemeine Unternehmensdaten

Der Hoechst Konzern rangiert wie die beiden anderen untersuchten deutschen Konzerne unter den ersten fünf Chemieunternehmen der Welt und fertigt ein breit diversifiziertes Produktprogramm von chemischen Zwischen- und Endprodukten sowie pharmazeutischer Erzeugnissen.

Das Unternehmen erwirtschaftet im Jahr 1995 einen Umsatz von rd. 52,2 Mrd. DM und erzielt ein Betriebsergebnis von ca. 3,6 Mrd. DM.[1] Im Betrachtungszeitraum zwischen 1988 und 1995 kann somit ein beträchtlicher Umsatzanstieg verzeichnet werden, der sich allerdings nicht im Betriebsergebnis niederschlägt. Die Umsatzrentabilität, die im Jahr 1988 noch 9,8 % beträgt, sinkt im konjunkturellen Krisenjahr 1993 auf 3,2 % und erreicht im Jahr 1995 6,9 %.

Das Sachanlageinvestitionsniveau schwankt zwischen 2,8 Mrd. DM und 3,8 Mrd. DM bei einer Sachanlageinvestitionsquote von 6,3 % bis 8,2 %. Insgesamt läßt sich dennoch eine steigende Investitionsintensität (Sachanlageinvestitionen je Beschäftigten) feststellen. Die F&E-Ausgaben verzeichnen zwischen 1988 und 1995 ein kontinuierliches Wachstum von 2,4 Mrd. DM auf 3,4 Mrd. DM, was sich in einem Anstieg der F&E-Quote von 5,9 % auf 6,7 % widerspiegelt. Anhand der im Betrachtungszeitraum von 14.685 DM auf 21.500 DM gestiegenen F&E-Ausgaben je Mitarbeiter zeigt sich die deutlich gewachsene Forschungsintensität des Hoechst Konzerns, die mit dem Bayer Konzern vergleichbar ist.

Die Beschäftigungsentwicklung verzeichnet bis zum Jahr 1991 ein kontinuierliches Wachstum auf einen konzernweiten Höchststand von rd. 177.000 Mitarbeitern. Seit 1992 reduziert sich der Beschäftigungsstand und erreicht im Jahr 1995 nur noch 161.000 Mitarbeiter.

6.1.2 Unternehmensstrategien

6.1.2.1 Aufbruch 1994

Im Jahr 1994 leitete der Hoechst Konzern mit dem personellen Wechsel des Vorstandsvorsitzes umfassende Reorganisationsmaßnahmen ein, die sich sowohl auf die strategische Neubestimmung sämtlicher Geschäftsaktivitäten als auch auf die unternehmensorganisatorische Neugestaltung beziehen. Im Mittelpunkt der unternehmensstrategischen Neuausrichtung stehen die Bereinigung des Gesamtproduktportfolios und die Optimierung der Forschungs-, Produktions- und Vertriebsstandorte, im Mittelpunkt der unternehmensorganisatorischen Neuaus-

[1] Im folgenden: Vgl. Anhang, Tabelle 44.

richtung stehen die Einführung neuer Führungs- und Kommunikationsstrukturen und die Schaffung einer neuen Unternehmenskultur.[1]

Ausgangspunkt der Umstrukturierungen waren auf der einen Seite wachsende Kommunikationsprobleme durch verkrustete Hierarchie- und Bürokratiestrukturen, insbesondere in der Muttergesellschaft AG, und auf der anderen Seite die drastischen Ergebniseinbrüche im europäischen Chemiegeschäft aufgrund der weltregionalen Verschiebungen der chemischen Abnehmerstrukturen und dem Auftreten neuer Konkurrenten aus Ostasien und Osteuropa.[2]

Mit der unternehmensstrategischen Neuorientierung versucht der Hoechst Konzern nunmehr seine Position als chemischer und pharmazeutischer Weltkonzern zu behaupten und über die globale Internationalisierung und eine weltweit führende Marktposition seine Kerngeschäfte abzusichern. Als Kerngeschäfte werden dabei solche Geschäftsaktivitäten definiert, bei denen das Unternehmen weltweit oder mindestens in einer der drei Weltregionen der Triade zu den drei führenden Anbietern gehört und angemessene Rentabilitäten erwirtschaftet. Geschäftsaktivitäten, die dieses Kriterium nicht erfüllen, werden umstrukturiert, in Gemeinschaftsunternehmen eingebracht oder aufgegeben.[3] Im Zuge der strategischen Neubewertung wurden einige Geschäftsaktivitäten, wie z.B. der gesamte Kosmetikbereich oder ein Teil des Technikbereichs, verkauft und andere Aktivitäten, z.B. der Pharmabereich durch die Akquisition des amerikanischen Unternehmens Marion Merell Dow Inc., deutlich gestärkt. Neben diesen großen Umschichtungen im Gesamtportfolio des Unternehmens wurden zudem in den Geschäftsbereichen selbst die einzelnen Produkte auf ihre Marktposition hin bewertet und umfangreiche Umstrukturierungen vorgenommen. Entscheidende Kriterien für die Weiterführung einzelner Geschäftsaktivitäten sind die internationale Wettbewerbsfähigkeit und die Honorierung der eigenen Leistungen durch die Kunden.[4]

Im folgenden sollen die Produkt-Markt- und Internationalisierungsstrategien des Hoechst Konzerns näher betrachtet werden.

6.1.2.2 Produkt-Markt- und Wettbewerbsstrategien

Im Rahmen der Reorganisation reduzierte der Hoechst Konzern die Anzahl seiner Geschäftsbereiche von neun auf sieben und die Anzahl seiner Strategischen Geschäftsfeldeinheiten bzw. Business Units von über 100 auf 30. Die Geschäftsaktivitäten lassen sich dabei mittels der sechs Arbeitsgebiete darstellen, wobei die Arbeitsgebiete Chemikalien, Fasern und Polymere bzw. Kunststoffe den Chemiebereichen und die Arbeitsgebiete Gesundheit und Landwirtschaft den wirkstofforientierten Bereichen zurechenbar sind.

---

[1] Vgl. BERNHARD/WEBER, Chemiegigant, S. 17.

[2] Vgl. Dormann, J., zit. nach: BERNHARD/WEBER, Chemiegigant, S. 17.

[3] Vgl. Dormann, J., zit. nach: BERNHARD/WEBER, Chemiegigant, S. 17.

[4] Vgl. HOECHST AG, Initiative, S. 4.

Das Arbeitsgebiet **Chemikalien** umfaßt die Geschäftsbereiche Chemikalien und Spezialchemikalien. Im Geschäftsbereich Chemikalien werden chemische Massenprodukte hergestellt, wie z.B. Anorganische Chemikalien, Essigsäure und Folgeprodukte, Oxoprodukte, Methanol, Formaldehyd, während im Geschäftsbereich Spezialchemikalien maßgeschneiderte Problemlösungen im Bereich von Feinchemikalien, Tensiden und Hilfsmitteln, Polymerysate, Textilfarbstoffe, Lebensmittelzusatzstoffen etc. im Vordergrund stehen.

Das Arbeitsgebiet verzeichnet insbesondere seit 1993 einen steigenden Umsatz.[1] Sein Anteil am Konzernumsatz bleibt im Betrachtungszeitraum relativ stabil und beträgt im Jahr 1995 26 %. Das Betriebsergebnis sinkt konjunkturell bedingt von rd. 1,3 Mrd. DM im Jahr 1988 auf 0,2 Mrd. im Jahr 1993 und steigt dann rapide auf 1,4 Mrd. DM im Jahr 1995. Die konjunkturelle Abhängigkeit läßt sich anhand der Entwicklung der Umsatzrentabilität eindrucksvoll wiedergeben: Ausgehend von 12,2 % im Jahr 1988 sinkt sie auf 1,7 % im Jahr 1993 und steigt dann wieder auf 10,6 %. Im Jahr 1995 hält das Arbeitsgebiet Chemikalien einen Anteil am Konzernbetriebsergebnis von 40 %.

Die Sachanlageinvestitionen des Arbeitsgebiets partizipieren mit 22 % im Jahr 1995 an den Konzernsachanlageinvestitionen, was annähernd dem Anteil des Arbeitsgebiets am Konzernumsatz entspricht. Die F&E-Ausgaben bewegen sich zwischen 1988 und 1995 gleichbleibend auf einem niedrigen Niveau von rd. 0,3 Mrd. DM. Dies kommt auch in den niedrigen F&E-Quoten zwischen 2,3 % und 3,6 % zum Ausdruck.

Die Wettbewerbsstrategien im Arbeitsgebiet Chemikalien können zwischen den Geschäftsbereichen differenziert werden. Im Geschäftsbereich Chemikalien werden standardisierte Massenprodukte hergestellt, so daß eine marktführende Position über Kosten- und Technologieführerschaft angestrebt wird. Insbesondere die Essigsäure- und Vinylacetat-Produktion stellen dabei derzeit Investitionsschwerpunkte dar, die in den USA, Europa und Asien erheblich erweitert werden. So führt der Aufbau einer Vinylacetat-Produktionsanlage in Singapur mit einer Jahreskapazität von 150.000 Tonnen zu einer deutlichen Steigerung der Präsenz in den ostasiatischen Wachstumsmärkten.[2] Im Bereich der Essigsäureproduktion ist der Hoechst Konzern weltweit führender Anbieter.

Im Geschäftsbereich Spezialchemikalien hingegen sind die Produkte durch einen hohen Differenzierungsgrad gekennzeichnet, so daß in vielen Fällen die Eigenschaften der Produkte an den speziellen Kundenwünschen ausgerichtet werden, z.B. im Bereich von Farbstoffpigmenten für Kunststoffe oder Lacke. Gleichwohl sind die meisten Geschäftsfelder als Vorproduktlieferanten für Anwendungsbranchen wie die Kunststoff-, Druck-, Lackindustrie etc. durch einen hohen Kostendruck gekennzeichnet. So trägt der Geschäftsbereich im Jahr 1995 zwar rd. 60 % zum Umsatz des Arbeitsgebiets bei, sein Anteil am Betriebsergebnis beträgt jedoch nur 19 % bei einer Umsatzrentabilität von 3,4 %.

---

[1] Im folgenden: Vgl. Anhang, Tabelle 45.

[2] Vgl. HOECHST AG, Position, S. 12.

Im Rahmen der unternehmensstrategischen Orientierung auf Kerngeschäfte wurden mehrere Geschäftsfelder aufgegeben: Der Textilfarbstoffbereich wurde aus der Hoechst AG ausgegründet und in das mit der Bayer AG betriebene Gemeinschaftsunternehmen DyStar eingebracht; die auf hochwertige Keramik spezialisierte Beteiligungsgesellschaft Riedel-de Haën und das Druckplattengeschäft wurden veräußert; die Chlorparaffinproduktion wurde schrittweise aufgegeben. Dagegen wurden die Geschäftsfelder organische Pigmente oder Lebensmittelzusatzstoffe (z.B. Süßstoffe) durch den weiteren Ausbau der Produktionskapazitäten gestärkt. Insgesamt dominiert in diesem Geschäftsbereich eine Strategie der Kostenführerschaft, wenngleich im Gegensatz zum Geschäftsbereich Chemikalien für den Erhalt der Marktführerschaft der Produktentwicklung eine bedeutendere Rolle zukommt.

Das Arbeitsgebiet **Fasern** umfaßt die Herstellung von textilen und Technischen Fasern sowie Faservorprodukten, insbesondere auf der Basis von Polyester und Acetat. Hier ist der Hoechst Konzern weltweit einer der größten Hersteller.

Das Arbeitsgebiet verzeichnet seit 1988 einen Umsatzrückgang von rd. 2 Mrd. DM, was zu einer Reduzierung des Anteils am Konzernumsatz von 20 % auf 14 % führt.[1] Das Betriebsergebnis weist vor allem in den Jahren 1993 und 1994 einen erheblichen Einbruch auf, der im Jahr 1995 allerdings wieder ausgeglichen werden kann. Die Umsatzrentabilität sinkt entsprechend von 7,1 % im Jahr 1988 auf 3,2 % im Jahr 1993 und steigt wieder auf 7,2 % im Jahr 1995. Bei der Bewertung dieser Zahlen ist jedoch zu berücksichtigen, daß ca. 70 % des Fasern-Umsatzes von der US-Beteiligungsgesellschaft Hoechst Celanese Inc.[2] erwirtschaftet werden und die Gewinneinbrüche allein auf die anhaltenden Verluste des europäischen Fasergeschäfts, insbesondere der deutschen Textilfaserproduktion, zurückzuführen sind. Diese konnte wegen des anhaltenden Preisdrucks durch die Konkurrenz mit den ostasiatischen Herstellern einerseits und des Zusammenbrechens traditioneller Absatzmärkte durch die Abwanderung der europäischen Textilindustrie andererseits nicht mehr wettbewerbsfähig betrieben werden.[3] Im Jahr 1994 wurden deshalb die gesamten europäischen Faseraktivitäten aus der Hoechst AG ausgegliedert und in die Hoechst Trevira GmbH&Co.KG eingebracht.[4] Neben der Schließung zahlreicher Standorte und der Konzentration der Produktion auf Standorte mit modernsten Verfahrenstechnologien werden vor allen Dingen Personalkosten reduziert.[5] So war mit der Ausgliederung ein Personalabbau von rd. 25 % verbunden, der vor allem an den deutschen Standorten zum Tragen kam.[6] Darüber hinaus wurden die Personalkosten in Deutschland durch den Wegfall der übertariflichen Leistungen der AG reduziert. Nach Aussagen der Unternehmensleitung wird mit der Ausgliederung nicht zuletzt die Möglichkeit eröffnet, einen eigenständigen Haustarifvertrag mit niedrigeren Sätzen als in der Chemiebranche

---

1 Im folgenden: Vgl. Anhang, Tabelle 46.

2 Vgl. HOECHST AG, Einsatz, S. 7.

3 Vgl. HOECHST AG, Einsatz, S. 6.

4 Vgl. o.V., Fasern, S. 12.

5 Vgl. o.V., Faserproduktion, S. 16.

6 Die anderen Unternehmensstandorte in Portugal und Nordirland produzieren nach Unternehmensangaben kostengünstiger.
Vgl. o.V., Chemiefasern, S. 2.

üblich abzuschließen.[1] Demgegenüber werden im Bereich der Technischen Fasern die Produktionskapazitäten in Nordamerika weiter ausgebaut. Hier hält der Hoechst Konzern die weltweite Technologieführerschaft.[2]

Die Sachanlageinvestitionsquote beträgt im Jahr 1995 5,6 %. Anhand der niedrigen F&E-Quoten im Betrachtungszeitraum zwischen 2,8 % und 1,8 % läßt sich erkennen, daß im Arbeitsgebiet Fasern Produkt- und Verfahrensverbesserungen keine dominante Rolle spielen und die Marktführerschaft überwiegend durch Kostenstrategien erzielt werden soll.

Das Arbeitsgebiet **Polymere** umfaßte bis 1994 die Herstellung von Standardkunststoffen, Folien und Technischen Kunststoffen sowie von Farben und Lacken. Im Rahmen der Reorganisation wurde der Bereich Farben und Lacke, der rechtlich eigenständig durch die Herberts-Gruppe vertreten wird, und der Bereich Kunstlacke, der ebenfalls in eine eigenständige Gesellschaft namens Vianova Resins eingebracht wurde, aus dem Arbeitsgebiet rechnerisch ausgrenzt und dem Arbeitsgebiet Beteiligungsgesellschaften zugeordnet. Das Arbeitsgebiet Polymere wurde in Kunststoffe umbenannt und repräsentiert nunmehr die beiden Geschäftsbereiche Kunststoffe und Technische Kunststoffe.

Das Arbeitsgebiet verzeichnet bis 1991 eine steigende, dann sinkende Umsatzentwicklung von rd. 8,0 Mrd. DM auf 7,0 Mrd. DM im Jahr 1994.[3] Auffallend ist hierbei, daß das Betriebsergebnis trotz der anfänglichen Umsatzexpansion über den gesamten Betrachtungszeitraum hinweg rapide sinkt und ab 1993 sogar in die Verlustzone gerät. Erst im Jahr 1995 wird im Arbeitsgebiet wieder ein positives Ergebnis ausgewiesen. Die Umsatzrentabilität sinkt entsprechend von 14,8 % im Jahr 1988 auf -8,7 % im Jahr 1994 und erreicht nach der Reorganisation im Jahr 1995 immerhin 5,4 %.

Zwei Drittel des Umsatzes im Bereich der Standardkunststoffe erwirtschaftet der Hoechst Konzern mit Polyethylen und Polypropylen. In den letzten Jahren war der Standardkunststoffweltmarkt durch Überkapazitäten gekennzeichnet, die zu einem Preisverfall führten. Das Unternehmen reagierte hierauf mit Standortkonzentrationen und Rationalisierungen in den Bereichen Forschung und Entwicklung, Logistik und Vertrieb, insbesondere in Europa. Im Jahr 1995 konnte wieder ein positives Ergebnis und eine Umsatzrentabilität des Geschäftsbereichs Kunststoffe von 10 % erreicht werden.[4] Auch das Foliengeschäft wurde grundlegend umstrukturiert, indem die einzelnen Geschäftsaktivitäten aus der AG ausgegliedert und in verschiedene Gemeinschaftsunternehmen eingebracht wurden: So ging das Geschäftsfeld Polyesterfolien in das zusammen mit der japanischen Mitsubishi Chemical Inc. betriebene Gemeinschaftsunternehmen Hoechst Diafoil, das Geschäftsfeld Polypropylenfolien in das zusammen mit der britischen Courtaulds betriebene Gemeinschaftsunternehmen Hoechst

1 Vgl. Dormann, J., zit. nach: DUNSCH, Unternehmensgespräch , S. 13; o.V., Hoechst-Fasergeschäft, S. 25.
2 Vgl. HOECHST AG, Einsatz, S. 7.
3 Im folgenden: Vgl. Anhang, Tabelle 47.
4 Vgl. HOECHST AG, Geschäftsbericht 1994, S. 42; HOECHST AG, Geschäftsbericht 1995, S. 44.

Trespaphan und schließlich das Geschäftsfeld Hartfolien in das zusammen mit Klöckner Pentaplast betriebene Gemeinschaftsunternehmen Kalle Hartfolien auf.

In den letzten Jahren wurden vielseitige Einsatzmöglichkeiten der preiswerten Standardkunststoffe entdeckt. Insbesondere in den Spezialanwendungsgebieten (High-Chem-Bereiche) entstand ein Substitutionswettbewerb zwischen Standard- und Technischen Kunststoffen, der mit einem drastischen Preisverfall bei den Technischen Kunststoffen verbunden war. Gleichzeitig ging von den Automobilproduzenten im Rahmen ihrer Beschaffungsoptimierungsstrategien ein enormer Druck auf die Absatzpreise der Kunststoffproduzenten aus. Viele Unternehmen sahen sich trotz Kostensenkungsmaßnahmen und Kooperationen nicht mehr in der Lage, eine kostendeckende Produktion aufrechtzuerhalten, so daß die Fertigung von Technischen Kunststoffen bzw. Hochleistungskunststoffen aufgegeben wurde. Der Hoechst Konzern, der in vielen Geschäftssegmenten des Kunststoffbereichs eine marktführende Stellung inne hat, versucht dagegen durch internes Wachstum oder Kooperationen[1] das gesamte Spektrum im Kunststoffgeschäft weltweit marktführend abzudecken, wodurch Substitutionseffekte ausgeglichen und die Technologieführerschaft gesichert werden kann.

Im Bereich der klassischen Technischen Kunststoffe strebt das Unternehmen weltweite Kostenführerschaft durch Größenvorteile an. So hält der Hoechst Konzern beispielsweise bei Polyacetal einen Weltmarktanteil von 45 % und ist als Marktführer in jeder Weltregion vertreten.[2] In den anderen Produktfeldern der klassischen Technischen Kunststoffe, wie z.B. Polyester oder Polyamid 6.6, bestehen weltregionale Marktschwerpunkte, die global ausgebaut werden sollen. Insbesondere in Asien werden hohe Wachstumsraten für Technische Kunststoffe prognostiziert. Schon jetzt partizipiert die japanische Beteiligungsgesellschaft Polyplastics Co. Ltd.[3] am asiatischen Marktwachstum mit jährlichen Zuwachsraten von 11 % bis 45 % bei den klassischen Technischen Kunststoffen und mit 70 % bei den neu eingeführten Hochleistungskunststoffen.[4] Bei Hochleistungskunststoffen fokussiert der Hoechst Konzern seine Aktivitäten wie der Bayer Konzern auf wenige Produkte. Während der Bayer Konzern seinen Hochleistungskunststoff Tedur auf der Basis von Polyphenylensulfid aufgab, setzt der Hoechst Konzern hier bewußt einen Schwerpunkt in Kooperation mit dem japanischen Hersteller Kureha. Im Bereich der Hochleistungskunststoffe wird versucht, eine marktführende Position durch Produktführerschaft zu erzielen.

Das Arbeitsgebiet **Gesundheit** erfuhr im Jahr 1995 eine grundlegende Umstrukturierung. Faßte es bislang die Pharma- und Diagnostikaaktivitäten im Geschäftsbereich Pharma und die Aktivitäten im Haar- und Hautpflegebereich der Beteiligungsgesellschaften Schwarzkopf, Jade und Marbert im Geschäftsbereich Kosmetik zusammen, so beinhaltet es nunmehr nur den Geschäftsbereich Pharma und den neu gegründeten Geschäftsbereich Diagnostika. Die gesamte Kosmetiksparte wurde im Rahmen der strategischen Neubewertung der Hoechst Ge-

---

1 Vgl. Metz, G. (Vorstandsmitglied des Hoechst Konzerns), zit. nach: MÜLLER, Unternehmen, S. 2.

2 Vgl. BUDZINSKI, Hoechst, S. 15f.

3 Der Hoechst Konzern hält hier eine 45 %-Beteiligung durch die US-Gesellschaft Hoechst Celanese.

4 Vgl. BUDZINSKI, Hoechst, S. 16.

schäftsaktivitäten als ein Geschäft identifiziert, das in Kooperation mit spezialisierten Unternehmen der Kosmetikbranche verbessert Marktchancen realisieren kann. Im Jahr 1995 wurde es deshalb veräußert.[1]

Die Umsatzentwicklung des Arbeitsgebiets ist durch ein kontinuierliches Wachstum gekennzeichnet, was sich ebenfalls im Anstieg des Arbeitsgebietsanteils am Konzernumsatz von 18 % im Jahr 1988 auf 24 % im Jahr 1994 niederschlägt.[2] Damit stellt sich das Arbeitsgebiet Gesundheit als zweitumsatzstärkstes hinter dem Arbeitsgebiet Chemikalien dar. Das Umsatzwachstum ist dabei im wesentlichen auf den Geschäftsbereich Pharma zurückzuführen, der bis 1994 annähernd 90 % des Umsatzes im Arbeitsgebiet tätigt. Im neu geschaffenen Arbeitsgebiet stellt der Geschäftsbereich Pharma, jetzt ohne die Diagnostikaaktivitäten, ebenfalls mit über 90 % den größten Umsatzanteil.

Die tabellarische Auswertung dokumentiert zum weiteren einen raschen Anstieg des Betriebsergebnisses mit Umsatzrentabilitäten zwischen 9,4 % und 13,1 %. Unterbrochen wird diese Entwicklung im Jahr 1993, wo Ertragseinbußen aufgrund des verabschiedeten Gesundheitsstrukturgesetzes in Deutschland hingenommen werden mußten. Der Anteil des Betriebsergebnisses am Konzernbetriebsergebnis erhöht sich zwischen 1988 und 1993 von 17 % auf 77 % und sinkt im Jahr 1994 angesichts der verbesserten Gewinnentwicklung in den anderen Arbeitsgebieten auf 65 %. Aber auch der wachsende Forschungsdruck wird erkennbar, wenn man die im Zeitverlauf kontinuierlich steigenden F&E-Ausgaben betrachtet: so beträgt der Anteil des Arbeitsgebiets an den Konzern-F&E-Ausgaben 43 % im Jahr 1988 und schließlich 50 % im Jahr 1994. Die F&E-Quote bewegt sich im Betrachtungszeitraum auf einem hohen Niveau zwischen 12,4 % und 14,5 %.

Das neu strukturierte Arbeitsgebiet Gesundheit gehört zu den wichtigsten Kerngeschäften des Unternehmens. Aus dem Verkauf der Kosmetikgesellschaften wurde z.T. die Akquisition des amerikanischen Pharmaunternehmens Marion Merrell Dow Inc. in Höhe von über 10 Mrd. DM finanziert. Durch den Zukauf erhöhte sich der Pharmaumsatz des Hoechst Konzerns weltweit um rd. 3 Mrd. DM. Das Unternehmen unterhält nunmehr eine globale Marktpräsenz in dem hoch polypolistischen Pharmaweltmarkt, die zur Zeit von keinem Wettbewerber erreicht wird.[3]

Der Geschäftsbereich Pharma, der im wesentlichen durch die Hoechst AG in Deutschland, die Roussell Uclaf in Frankreich und Marion Merrell Dow. (bzw. jetzt Hoechst Marion Roussel Inc.) in Nordamerika gesellschaftsrechtlich vertreten wird, gehört damit zu den weltweit führenden Pharmaherstellern. Sein Anteil am Konzernumsatz beträgt im Jahr 1995 24 %. Durch die umfangreichen Strukturmaßnahmen, die im Rahmen des Integrationsprozesses der drei

---

1 Die Beteiligung an der Schwarzkopf GmbH wurde an die deutsche Henkel KGa.A., die Beteiligung an der Jade Cosmetic GmbH an den französischen Konzern L´ôreal und die Beteiligung an der Marbert GmbH an die italienische Performance Gruppe, allesamt in der Kosmetikbranche tätige Unternehmen, verkauft. Vgl. o.V., Kosmetik-Beteiligung, S. 10.

2 Im folgenden: Vgl. Anhang, Tabelle 48.

3 Vgl. HOECHST AG, Umstrukturierungsmaßnahmen, S. 4.

Unternehmen anfielen und allein im Jahr 1995 mit rund 1 Mrd. DM zu Buche schlagen, fällt das Betriebsergebnis mit 518 Mio. vergleichsweise gering aus. Neben der Schließung von Fertigungsstandorten auf fast die Hälfte umfassen die Strukturmaßnahmen eine strategische Bewertung der einzelnen Geschäftsaktivitäten. Im Rahmen eines Geschäftsbereichsportfolios sollen sämtliche Aktivitäten positioniert und darauf basierende Maßnahmen der Investition oder Desinvestition ergriffen werden. Die F&E-Quote, die im Jahr 1995 16,3 % beträgt, dokumentiert eindrucksvoll die hohen Forschungsaufwendungen im Vergleich zum Umsatz. Das Unternehmen konzentriert dabei seine Forschungsaktivitäten auf acht Gebiete an vier Hauptstandorten: Herz-Kreislauferkrankungen, Stoffwechselstörungen, Rheumatologie/Immunologie in Frankfurt/Deutschland; Infektionskrankheiten in Romainville/Frankreich; Knochenerkrankungen in Romainville und Kawagoe/Japan; Zentrales Nervensystem, Onkologie und Atemwegserkrankungen in Bridgewater/USA.

Der Geschäftsbereich Pharma umfaßt neben der Herstellung von patentgeschützten Arzneimitteln bei Hoechst Marion Roussel hinaus weitere kleinere Bereiche. So vertreibt der Hoechst Konzern über den 1993 erworbenen amerikanischen Generika-Herstellers Copley Inc. auch Generika[1],[2] so daß die eigenen Produkte, deren Patente abgelaufen sind, weiter vertrieben werden können. So wurde z.B. der gesamte Plasmaproteinbereich ausgegliedert und in ein Gemeinschaftsunternehmen mit der amerikanischen Tochtergesellschaft des französischen Rhône-Poulenc Rorer Konzern eingebracht. Das neue Unternehmen namens Centeon mit Unternehmenssitz in den USA stellt mit einem Weltmarktanteil von 24 % das weltweit führende Unternehmen in der Plasmaproteinindustrie dar und ist das erste global agierende Unternehmen in der Branche.[3]

Der Geschäftsbereich Diagnostika, der durch die eigenständige Tochtergesellschaft Behring Diagnostics geführt wird, wurde durch den Zukauf des amerikanischen Diagnostika-Unternehmens Syva Inc. deutlich gestärkt[4] und stellt einen weiteren Wachstumsschwerpunkt im Unternehmen dar, wenngleich das Betriebsergebnis im Jahr 1995, nicht zuletzt bedingt durch die Sparmaßnahmen im deutschen Gesundheitswesen, negativ ausfällt. Auch hier werden die Geschäftsaktivitäten auf Kerngeschäfte konzentriert und Randbereiche ausgegliedert. In Deutschland ist der Hoechst Konzern nach Boehringer Mannheim und der Bayer AG drittgrößter Hersteller.[5] Im gesamten Arbeitsgebiet Gesundheit läßt sich als Wettbewerbsstrategie die Produktführerschaft ableiten, die mittels hoher Forschungsausgaben abgesichert wird. Gleichsam erfordern aber gerade diese hohen Forschungsausgaben ein verstärktes Kostenmanagement, um freiwerdende Ressourcen nutzen zu können.

Das Arbeitsgebiet **Landwirtschaft** umfaßt die im Jahr 1994 in ein Gemeinschaftsunternehmen mit Schering und Roussel Uclaf eingebrachten Pflanzenschutzaktivitäten der AgrEvo und die Aktivitäten im Tiergesundheitsbereich, die ab Mitte 1996 in einem Gemeinschaftsunter-

---

[1] Generika sind pharmazeutische Nachahmerprodukte.

[2] Vgl. o.V., Ertragseinbußen, S. 24.

[3] Vgl. HOECHST AG, Unternehmen, S. 1ff.

[4] Vgl. o.V., Marion Merell Dow, S. 25.

[5] Vgl. o.V., Diagnostika-Hersteller, S. 18.

nehmen der Hoechst Veterinär GmbH und Roussel Uclaf namens Hoechst Roussel Vet repräsentiert werden.[1]

Das Arbeitsgebiet zeichnet sich durch ein relativ stabiles Umsatzniveau aus, das im Jahr 1994 durch die Bündelung der Pflanzenschutzaktivitäten mit der Schering AG einen um rd. 1,3 Mrd. höheren Umsatz ausweist.[2] Der Anteil des Arbeitsgebiets am Konzernumsatz bleibt mit 7 % im Jahr 1995 dennoch relativ gering. Das Betriebsergebnis ist durch Schwankungen geprägt bei einer Umsatzrentabilität zwischen 1,0 und 6,6 %. Berücksichtigt man die hohen F&E-Ausgaben mit einem Anteil an den Konzern-F&E-Ausgaben von 12 % im Jahr 1995 und einer F&E-Quote im Betrachtungszeitraum zwischen 9,9 % und 13,4 %, so beläuft sich das Betriebsergebnis auf einem relativ niedrigen Niveau.

Die unbefriedigende Ertragslage auf dem europäischen Markt, die mit den EG-Agrarbeschlüssen und einem Absatzeinbruch in Osteuropa nach der Wende[3] erklärt werden, waren angesichts steigender Forschungsausgaben auch der Grund für die Errichtung des Gemeinschaftsunternehmens AgrEvo im Jahr 1994, an dem der Hoechst Konzern mit 60 %[4] und die Schering AG mit 40 % beteiligt sind.[5] Dabei ergänzen sich die Aktivitäten der Unternehmen derart, daß die Hoechst AG ihren Schwerpunkt bei Herbiziden, Roussel Uclaf bei Insektiziden und die Schering AG bei Fungiziden einbringen, so daß ein breites Spektrum an Produkten des Pflanzenschutzes und der Schädlingsbekämpfung sowohl in den Bereichen der Landwirtschaft als auch der privaten Haushalte angeboten werden kann. Das Unternehmen erzielt im Jahr 1995 ein Umsatzvolumen von rd. 3,0 Mrd. DM und erreicht nunmehr einen Marktanteil von weltweit rd. 9 %.[6] Durch die neue Unternehmensgröße wurden die Voraussetzungen geschaffen, einerseits die im Pflanzenschutzmarkt erforderlichen hohen F&E-Ausgaben weiter tragen zu können und andererseits Rationalisierungspotentiale durch eine gemeinsame Vertriebsorganisation und Registrierung neuer Produkte nutzen zu können.[7]

Auch die Weltmarktstrukturen für veterinärmedizinische Erzeugnisse sind hoch konzentriert. Mit der Errichtung des Gemeinschaftsunternehmens Hoechst Roussel Vet wurde eine Unternehmensgröße geschaffen, welche eine höhere Marktdurchdringung sichern hilft. Zudem können die erforderlichen hohen F&E-Ausgaben besser amortisiert und durch eine gemeinsame Organisations- und Infrastruktur die Kostenbelastungen reduziert werden. Im gesamten Arbeitsgebiet verweisen die hohen F&E-Ausgaben und die hohe F&E-Quote auf die Strategie der Produktführerschaft.

Das Arbeitsgebiet **Technik** wurde bis einschließlich 1994 im wesentlichen durch die Beteiligungsgesellschaften Messer Griesheim, SGL Carbon, Uhde und Hoechst Ceram Tech mit ei-

---

1 Vgl. hierzu auch: HOECHST AG, AgrEvo, S. 8f.

2 Im folgenden: Vgl. Anhang, Tabelle 49.

3 Vgl. SCHLOTHEIM-SCHOTTELIUS, Nummer, S. 28.

4 Davon hält die Hoechst AG 43 % und die Beteiligungsgesellschaft Roussell Uclaf 17 % der Anteile.

5 Vgl. o.V., Pflanzenschutzmittel, S. 6.

6 Vgl. HOECHST AG, Geschäftsbericht 1994, S. 29.

7 Vgl. HOECHST AG, Geschäftsbericht 1995, S. 35f.

nem Umsatzvolumen von rd. 6,0 Mrd. DM im Jahr 1994 repräsentiert.[1] Es stellt den Versuch des Hoechst Konzerns dar, neben seinen originären Aktivitäten im Chemie- und pharmazeutischen Bereich breiter zu diversifizieren, insbesondere in solchen Bereichen, die gegenüber den klassischen Chemiebereichen weniger konjunkturellen Schwankungen ausgesetzt sind. Betrachtet man die Entwicklung der Umsatzrentabilitäten, die zwischen 1988 und 1992 eine kontinuierlich sinkende Tendenz von 6,1 % auf 0,2 % aufweisen und ab 1993 wieder eine steigende Tendenz auf 4,7 % im Jahr 1994 verzeichnen, so zeigt sich, daß die branchenfremde Diversifikation unter Rentabilitätsgesichtspunkten unbefriedigend bleibt. Auch die erwartete Kompensationsfunktion für die konjunkturell abhängigen Chemiesparten konnte das Arbeitsgebiet nicht erfüllen. Denn gerade in den Rezessionsjahren 1992 und 1993 sinkt der Betriebsgewinn des Arbeitsgebiets drastisch. Zwar hält das Arbeitsgebiet in den beiden Jahren einen Anteil am Konzernumsatz von 15 % bzw. 14 %, kann aber zum Konzernbetriebsergebnis nur 1 % im Jahr 1992 und 4 % im Jahr 1993 beisteuern und weist demgemäß ein zyklisches Verhalten auf.

Im Rahmen der unternehmensstrategischen Neuorientierung auf Kerngeschäfte sollen nur die Geschäftsaktivitäten im Konzern verbleiben, die allein oder in einem Gemeinschaftsunternehmen über Wachstumspotentiale verfügen und eine führende Rolle am Weltmarkt einnehmen. Entsprechend standen auch die einzelnen Beteiligungsgesellschaften im Arbeitsgebiet Technik zur Disposition. Ergebnis dieser strategischen Neuorientierung war im Jahr 1995 die Veräußerung der Tochtergesellschaft Uhde, die Chemieanlagen herstellt und in den letzten Jahren ein negatives Betriebsergebnis schrieb, sowie der Verkauf der Tochtergesellschaft Hoechst Ceram Tech, die mit der Herstellung Technischer Keramik lange Zeit das Aushängeschild des Hoechst Konzerns für Aktivitäten im Bereich neuer Werkstoffe war.

Die im ehemaligen Arbeitsgebiet Technik verbliebenen Beteiligungsgesellschaften Messer Griesheim (Herstellung von Technischen Gasen) und SGL Carbon (u.a. Kohlenstoff- und Graphitprodukte) werden nunmehr zusammen mit der das Geschäftsfeld Lacke repräsentierenden Herberts Gruppe sowie weiterer Beteiligungsgesellschaften im Arbeitsgebiet Beteiligungsgesellschaften rechnerisch geführt. Da im Jahr 1995 die Umsatzrentabilitäten der Beteiligungsgesellschaften Messer Griesheim bei rd. 10 % und SGL Carbon bei rd. 17 % liegen, lassen sich keine Rentabilitätsgesichtspunkte für eine Veräußerung der chemiebranchenfremden Geschäftsaktivitäten erkennen. Angesichts der Fokussierungsbemühungen auf Kerngeschäfte der chemisch-pharmazeutischen Wertschöpfungskette im engeren Sinne, die bei dem Hoechst Konzern mit dem Verkauf der gesamten Kosmetiksparte einherging, stellt sich jedoch die Frage, ob auf Dauer die Techniksparte im Konzern weiterbetrieben oder nicht ebenfalls zum Zwecke der Finanzierung des weltweiten Ausbaus einer marktführenden Position im Pharmabereich veräußert werden.

Mit einem Umsatz von über 10,3 Mrd. DM stellt das nach der Reorganisation im Jahr 1995 umbenannte Arbeitsgebiet **Beteiligungsgesellschaften** nunmehr einen Anteil am Konzernumsatz von 19 % und einen Anteil am Betriebsergebnis von 17 % dar. In diesem Arbeitsge-

---

[1] Im folgenden: Vgl. Anhang, Tabelle 50.

biet sind sämtliche konsolidierte Beteiligungsgesellschaften zusammengefaßt, die nicht im engeren Sinne den Arbeitsgebieten Gesundheit, Landwirtschaft, Chemikalien, Kunststoffe und Fasern von seiten des Konzerns zugerechnet werden. Der Anteil des Arbeitsgebiets an den Konzernsachanlageinvestitionen beträgt im Jahr 1995 23 % und übersteigt somit den Anteil des Arbeitsgebiets am Konzernumsatz. Unterzieht man jedoch die Investitionsverteilung im Arbeitsgebiet einer näheren Betrachtung, so stellt man fest, daß davon allein 47 % auf Messer Griesheim und annähernd 80 % auf die drei großen Beteiligungsgesellschaften Messer Griesheim, SGL Carbon und Herberts entfallen. Die Vielzahl der kleinen Beteiligungsgesellschaften, die rd. 42 % des Arbeitsgebietsumsatzes erwirtschaften, partizipieren demzufolge an den Investitionen des Arbeitsgebiets mit nur ca. 20 %.

Wenngleich als Bewertungsbasis hier nur die Daten von 1995 vorliegen, so legen diese doch den Schluß nahe, daß das Arbeitsgebiet Beteiligungsgesellschaften einen rechnerischen Sammelposten für Geschäftsaktivitäten bildet, die nicht zu den Kernarbeitsgebieten der Chemie- und wirkstofforientierten Bereiche gehören. Demzufolge dürften die Geschäftsaktivitäten im Arbeitsgebiet Beteiligungsgesellschaften nicht zu den längerfristigen Investitionsschwerpunkten gehören und es muß auf längere Sicht mit einem Verkauf oder einer Überführung der Geschäftsaktivitäten in ein Gemeinschaftsunternehmen gerechnet werden.

6.1.2.3 Internationalisierungsstrategien

Die strategische Neuorientierung des Hoechst Konzerns hinsichtlich der weltregionalen Verteilung der Geschäftsaktivitäten basiert auf den gleichen Begründungszusammenhängen wie bei der BASF-Gruppe und dem Bayer Konzern. Es besteht demnach der Anspruch, in allen drei Weltregionen der Triade marktführend mit Produktion und Absatz vertreten zu sein. Aber auch bei diesem Unternehmen zeigt die Ex-Post-Betrachtung der regionalen Geschäftsaktivitäten bislang noch andere Schwerpunkte: Im Jahr 1995 erwirtschaften die europäischen Gesellschaften immer noch 63 %, die amerikanischen Gesellschaften 33 % und die asiatisch-afrikanisch-ozeanischen Gesellschaften 10 % des Konzernumsatzes, wenngleich die europäischen Gesellschaften im Betrachtungszeitraum seit 1988 ihre Dominanz langsam verlieren.[1]

Die regionale Verteilung des Umsatzes nach Kunden verzeichnet beim Hoechst Konzern ebenfalls wie bei den anderen beiden untersuchten Chemieunternehmen eine Schiefverteilung gegenüber dem Umsatz nach Gesellschaften.[2] So ist der europäische Absatzmarkt mit einem Umsatz von rd. 53 % im Jahr 1995 erheblich kleiner als es die Betrachtung des Umsatzes der europäischen Gesellschaften mit 63 % nahelegt. Im Wirtschaftsgebiet Asien/Afrika/Ozeanien stellt sich das Verhältnis umgekehrt dar: Der Umsatz nach Kunden verzeichnet in dieser Region einen prozentualen Anteil von 17 % am weltweiten Konzernumsatz und ist damit erheblich höher als der Umsatzanteil von 10 % der in dieser Region ansässigen Gesellschaften des Unternehmens.

---

1 Vgl. Anhang, Tabelle 51.

2 Im folgenden: Vgl. Anhang, Tabelle 52.

Bezogen auf den Anteil am Konzernbetriebsergebnis, bleiben bis auf das Krisenjahr 1993 die europäischen Gesellschaften die wichtigsten Ergebnisträger des Konzerns, obgleich hierfür auch währungsbedingte Einflüsse eine Rolle spielen.[1]

Im Betrachtungszeitraum bildet bislang eindeutig die europäische Region den Investitionsschwerpunkt mit einem Anteil an den Konzernsachanlageinvestitionen zwischen 62 % und 72 %, wohingegen die asiatische Region mit 3 % bis 5 % gegenüber ihren Umsatzanteilen innerhalb des Konzerns weit unterrepräsentiert bleibt und die amerikanischen Gesellschaften an den Investitionsmitteln ihrem Umsatz entsprechend partizipieren.[2] Für die Zukunft plant der Hoechst Konzern in der asiatischen Region eine Umsatzsteigerung von 10 % auf 20 %,[3] die u.a. mittels Investitionen in Höhe von rd. 2,5 Milliarden bis zum Jahr 2000, insbesondere in der Volksrepublik China und Indien,[4] gestützt werden soll. Dieses Investitionsvolumen entspricht einer Verdoppelung der bislang dort jährlich zugeteilten Mittel.

Die Betrachtung der F&E-Ausgaben im Zeitverlauf zeigt eine deutliche Umverteilung der Forschungsmittel zugunsten der nordamerikanischen und geringfügig zugunsten der asiatischen Gesellschaften.[5] So sinkt der Anteil der in der europäischen Region getätigten Forschungsausgaben allein zwischen 1994 und 1995 von 78 % auf 68 %, während im gleichen Zeitraum der Anteil der in der nordamerikanischen Region getätigten Konzern-F&E-Ausgaben von 17 % auf 26 % steigt. Dies ist auf den Ausbau der US-Forschungsaktivitäten im Arbeitsgebiet Gesundheit zurückzuführen, das neben Deutschland, Frankreich und Japan vor allen Dingen in den USA einen Forschungsschwerpunkt setzt.

Hinsichtlich der regionalen Verteilung der Beschäftigung im Hoechst Konzern lassen sich allerdings eindeutige Anzeichen einer Verschiebung zu Lasten der europäischen und zugunsten der Region Amerika und Asien/Afrika/Ozeanien konstatieren.[6] So sinkt im Betrachtungszeitraum der Anteil der europäischen Beschäftigten von 72 % auf 62 %, während der Anteil der amerikanischen Beschäftigten von 22 % auf 28 % und des Personals in der Region Asien/ Afrika/Ozeanien von 6 % auf 10 % steigt. Absolut betrachtet verzeichnen die europäischen Gesellschaften seit 1991 einen überproportionalen Beschäftigungsabbau von rd. 20.000 Mitarbeitern, während im gleichen Zeitraum bei den amerikanischen Gesellschaften ein Zuwachs von rd. 2.000 Mitarbeitern und bei den Gesellschaften der Region Asien/Afrika/Ozeanien sogar von rd. 6.000 Mitarbeitern zu erkennen ist.

Insgesamt befindet sich somit auch der Hoechst Konzern in einem umfassenden und globalen Internationalisierungsprozeß, der mit einem drastischen Beschäftigungsabbau in den europäischen Gesellschaften verbunden ist. Angesichts der Investitionsplanungen für die asiatische

---

1 Vgl. Anhang, Tabelle 53.

2 Vgl. Anhang, Tabelle 54.

3 Vgl. HOECHST AG, Position, S. 12.

4 Vgl. o.V., Erwartungen, S. 19; o.V., Jahrtausendwende, S. 20; o.V., Milliardeninvestition, S. 9.

5 Vgl. Anhang, Tabelle 55.

6 Im folgenden: Vgl. Anhang, Tabelle 56.

Region und der wachsenden Bedeutung des F&E-Schwerpunktes in den USA, der über die dort angesiedelten Pilotprojekte auch als Produktionsstandort zunehmend an Gewicht gewinnt, ist mit weiteren Personalreduzierungen des Hoechst Konzerns in Europa zu rechnen.

6.1.2.4 Zusammenfassung

Die Auswertung der Daten zwischen 1988 und 1994 zeigt die ungleichgewichtige Entwicklung der Chemiebereiche mit den Arbeitsgebieten Chemikalien, Kunststoffe und Fasern einerseits und der wirkstofforientierten Bereiche mit den Arbeitsgebieten Gesundheit und Landwirtschaft andererseits. Tragen die wirkstofforientierten Bereiche in dieser Zeit rd. 70 % zum Umsatzwachstum des Konzerns bei, bringen es die Chemiebereiche nur auf einen Anteil von rd. 20 %.[1] Entsprechend verringern sich die Anteile der Chemiebereiche am Konzernumsatz von 64 % im Jahr 1988 auf 56 % im Jahr 1994 und die Anteile der wirkstofforientierten Bereiche erhöhen sich im gleichen Zeitraum von 24 % auf 32 %.

Nach der Reorganisation im Jahr 1995 erwirtschaften die Chemiebereiche noch 50 % und die wirkstofforientierten Bereiche, die zu diesem Zeitpunkt nur noch die Pharma-, Diagnostika-, Pflanzenschutz- und Tiergesundheitsaktivitäten umfassen, 31 % des Konzernumsatzes. Allerdings ist bei dem relativen Anteil der Chemiebereiche zu berücksichtigen, daß im Arbeitsgebiet Beteiligungsgesellschaften rechnerisch ebenfalls Chemieaktivitäten subsumiert werden, so daß die Anteile der Chemiebereiche am Konzernumsatz ein noch höheres Niveau aufweisen. Da in den Chemie- und wirkstofforientierten Arbeitsgebieten die Kernaktivitäten des Unternehmens zusammengefaßt werden, ist wiederum davon auszugehen, daß die Chemieaktivitäten im Arbeitsgebiet Beteiligungsgesellschaften langfristig abgestoßen werden und somit die rechnerisch in den Chemiebereichen zusammengefaßten Arbeitsgebiete die Chemieaktivitäten des Konzerns mittelfristig repräsentieren.

Auch in der Entwicklung des Betriebsergebnisses zwischen 1988 und 1994, das durch einen kontinuierlichen Anstieg gekennzeichnet ist, läßt sich die wachsende Bedeutung der wirkstofforientierten Bereiche für den Hoechst Konzern konstatieren.[2] Sie nehmen in den Rezessionsjahren 1992 bis 1994 in vollem Umfang eine Stabilisierungsfunktion wahr und kompensieren zum Teil die drastischen Gewinneinbrüche in den Chemiebereichen. Der Anteil der wirkstofforientierten Bereiche am Konzernbetriebsergebnis beträgt in diesen drei Jahren zwischen 60 % und 85 %! Im Jahr 1995 sieht das Verhältnis zwischen diesen beiden Bereichen wieder vollständig anders aus: Bedingt durch den weltweiten konjunkturellen Aufschwung erholen sich die Chemiebereiche rapide und erwirtschaften ein Betriebsergebnis von über 2,3 Mrd. DM, was dem Niveau von 1989 und einem Anteil am Konzernbetriebsergebnis von 63 % entspricht. Die wirkstofforientierten Bereiche, deren Betriebsergebnis sich aufgrund der umfangreichen Strukturmaßnahmen halbierte, erwirtschaftet hingegen nur noch 20 % des Konzernbetriebsergebnisses. Es ist jedoch davon auszugehen, daß nach erfolgreicher Integration und

[1] Im folgenden: Vgl. Anhang, Tabelle 57.
[2] Im folgenden: Vgl. Anhang, Tabelle 58.

der Realisierung der Größenvorteile im Pharmabereich das Betriebsergebnis der wirkstofforientierten Bereiche wieder relativ kurzfristig auf das alte Niveau ansteigen wird.

Der Ausbau der wirkstofforientierten Bereiche wird nicht nur durch die über die Akquisition von Marion Merrel Dow Inc. erreichte Erhöhung der Marktanteile betrieben, sondern ebenfalls durch verstärktes internes Wachstum. So beträgt der Anteil der Sachanlageinvestitionen dieses Branchenschwerpunkts im Jahr 1995 37 % und ist damit nahezu annähernd so hoch wie der der Chemiebereiche mit 40 %.[1] Die Sachanlageinvestitionsquote der wirkstofforientierten Bereiche liegt im Jahr 1995 mit einem Wert von 8,6 % sogar deutlich über der Quote der Chemiebereiche mit 5,9 %.[2] Die Differenz zwischen den Chemie- und wirkstofforientierten Bereichen ist im Hinblick auf die Verteilung der finanziellen Mittel im Konzern noch deutlicher bei den Forschungsausgaben zu erkennen, wo die wirkstofforientierten Bereiche durchweg F&E-Quoten über 12 % mit steigender Tendenz aufweisen, während die Chemiebereiche F&E-Quoten zwischen 2 % und 3 % aufweisen. Bezieht man in diese Betrachtung noch die F&E-Ausgaben des Hoechst Konzerns ein, die im Betrachtungszeitraum mit steigender Tendenz und im Jahr 1995 zu 70 % den wirkstofforientierten Bereichen zufließen, wird deutlich, daß die wirkstofforientierten Bereiche - und hier besonders der Pharmabereich - einen deutlichen Wachstumsschwerpunkt des Unternehmens darstellen.[3]

Zusammenfassend stellt sich somit der Hoechst Konzern als Unternehmen dar, das wie der Bayer Konzern immer noch mehr als die Hälfte seiner Geschäftsaktivitäten in den Chemiebereichen ansiedelt und einen deutlichen Ausbau seiner wirkstofforientierten Bereiche, insbesondere des Pharmabereichs, betreibt. Als zentrale Unternehmensstrategie läßt sich dabei die Konzentration auf Kerngeschäfte der chemisch-pharmazeutischen Wertkette identifizieren, die zu einer stringenten Fokussierung auf solche Geschäftsaktivitäten führt, in denen der Hoechst Konzern weltweit zu den ersten drei Anbietern gehört oder reelle Chancen hat, eine solche Position am Weltmarkt kurz- bis mittelfristig einzunehmen. Systematisch werden hierzu die Kerngeschäfte durch Akquisitionen und/oder hohe Investitionsaufwendungen gestärkt, oder aber in Gemeinschaftsunternehmen eingebracht, wo über Kooperationen unter Begrenzung des finanziellen Aufwands die marktführende Rolle zu realisieren ist.

Der Geschäftsbereich Pharma stellt ein Beispiel für die Schaffung von Größenvorteilen durch Akquisition und Investition dar, der Geschäftsbereich Pflanzenschutz steht beispielhaft für die Kooperationsanstrengungen des Konzerns. Galt in der Vergangenheit das Wachstum aus eigener Kraft als wesentliche Unternehmenszielsetzung, die demgemäß spezifische Produkt-Markt-Strategien implizierte und nicht zuletzt der Geheimnissicherung diente, stellt nunmehr vor allem die Sicherung einer führenden Weltmarktrolle und die Erzielung angemessener Umsatzrentabilitäten zielleitendes Kriterium für die Strategiebildung dar. Die gerade im Hoechst Konzern in den letzten Jahren sprunghaft angestiegenen Kooperationen in Forschung, Produktion und Vertrieb bis hin zur gesellschaftsrechtlichen Verschmelzung ganzer Geschäftsbe-

---

[1] Vgl. Anhang, Tabelle 59.

[2] Vgl. Anhang, Tabelle 61.

[3] Vgl. Anhang, Tabelle 60.

reiche mit anderen Unternehmen sind Ausdruck dieser veränderten Unternehmenszielsetzung und -strategie. Dabei berühren die Kooperationen nicht wie im Bayer Konzern nur solche Geschäftsaktivitäten, die wie der Textilfaserbereich in den letzten Jahren nur Verluste zeichneten, sondern sie schließen explizit Geschäftsaktivitäten aus Kernarbeitsgebieten, wie z.B. die Pflanzenschutz- oder Tiergesundheitsaktivitäten, ein. Geschäftsaktivitäten, die aus Sicht des Unternehmens nicht zu einem Kerngeschäft zählen und auch keine weltweit marktführende Stellung inne haben, werden - wenn möglich - an andere Unternehmen verkauft. Als Beispiel kann hier die Veräußerung der gesamten Kosmetikgesellschaften gelten. Konsequenz dieser strikten unternehmensstrategischen Fokussierungsstrategie auf Kerngeschäfte ist u.a. die Stärkung der Chemiespezialitäten und der schrittweise Rückzug aus unrentablen Massengeschäften im Chemiebereich, was gleichwohl zu einem langsamen Rückzug aus der technischen Verbundproduktion führt.

Im Rahmen dieser strategischen Neuorientierung und der umfassenden Reorganisationsmaßnahmen wurde das Gesamtportfolio des Unternehmens zum Teil erheblich umstrukturiert. Kennzeichnend für sämtliche Produkt-Markt- und Wettbewerbsstrategien ist die unternehmerische Zielsetzung der Marktführerschaft, die über Produkttechnologie- oder Verfahrenstechnologie- und Kostenführerschaft erreicht werden soll. Dabei wird unternehmensstrategisch eine gleichgewichtige globale Präsenz in den wichtigsten Hauptabsatzmärkten der Triade verfolgt, die entsprechende Marktanteile in den einzelnen Weltregionen voraussetzt. Diese globale Präsenz, bezogen auf den Umsatz, wird auch hinsichtlich der regionalen Verteilung von Produktion und Beschäftigung in den nächsten Jahren durch den weiteren Ausbau der Sachanlageinvestitionen, zusätzliche Akquisitionen und Kooperationen vor allem in den USA und Ostasien anvisiert. Der Pharmabereich Hoechst Marion Roussel, der nach erfolgreicher Integration mit einem Umsatzvolumen von rd. 15 Mrd. DM annähernd 35 % zum Konzernumsatz beiträgt, leistet dabei für den Konzern einen entscheidenden Beitrag im Globalisierungsprozeß.[1]

Insgesamt befindet sich somit auch der Hoechst Konzern in einem Prozeß der globalen Internationalisierung und der Bereinigung des Gesamtportfolios nach Marktgesichtspunkten. Die im Rahmen der Reorganisation daraus abgeleiteten gesellschaftsrechtlichen und führungsorganisatorischen Veränderungen unterscheiden sich jedoch grundlegend gegenüber den anderen untersuchten Unternehmen.

6.1.3 Strukturorganisation

6.1.3.1 Gesellschaftsrechtliche Struktur

Der Hoechst Konzern wird im Jahr 1995 repräsentiert durch die Muttergesellschaft Hoechst AG mit Unternehmenssitz in Frankfurt und 406 konsolidierten Beteiligungsgesellschaften.[2] Die AG stellt mit einem Anteil am Konzernumsatz von 27 % im Jahr 1995 die größte Gesell-

---

1 Vgl. o.V., Jahrtausendwende, S. 20.

2 Vgl. Anhang, Tabelle 62.

schaft dar, dicht gefolgt von der Hoechst Celanese Inc., die mit einem Anteil am Konzernumsatz von 20 % den Hoechst Konzern in Nordamerika vertritt.[1] Drittgrößte Beteiligungsgesellschaft ist die Roussel Uclaf Gruppe[2] mit Sitz in Frankreich, die zum Konzernumsatz im Jahr 1995 rd. 9 % beiträgt. Weitere größere Beteiligungsgesellschaften mit einem Umsatzvolumen von 2 bis 3 Mrd. DM im Jahr 1995 sind die in Deutschland ansässigen Unternehmen Hoechst Schering AgrEvo Gruppe[3], Messer Griesheim Gruppe[4], Herberts Gruppe sowie die Hoechst Trevira GmbH&CoKG, die ihren Unternehmenssitz sowie die Gesellschaft Hoechst Marion Roussel Inc. in den USA und die Hoechst Japan Gruppe.

Die gerade in den letzten Jahren forcierte Ausgliederung von Geschäftsaktivitäten aus der Muttergesellschaft AG und die globale Internationalisierung des Konzerns lassen sich neben dem sprunghaften Anstieg der Beteiligungsgesellschaften von 289 im Jahr 1993 auf 406 im Jahr 1995 auch anhand des Datenmaterials zur AG veranschaulichen.[5] So sinkt der Anteil der AG am Konzernumsatz zwischen 1988 und 1995 kontinuierlich von 39 % auf 27 % und der Anteil der AG am Betriebsergebnis von 35 % auf 15 % trotz des guten Chemiegeschäfts im Jahr 1995.[6] Die AG erwirtschaftet dabei ihren Umsatz überwiegend in Europa.[7] Betrachtet man das Produktportfolio der AG, so zeigt sich im weiteren deutlich die im Betrachtungszeitraum vollzogene Verschiebung der Schwerpunktsetzung: die im Jahr 1988 noch vorzufindende relative Streuung von Geschäftsaktivitäten auf sämtliche Arbeitsgebiete des Konzerns mit leichter Dominanz des Arbeitsgebiets Chemikalien, verändert sich bis 1995 zu einem deutlichen Übergewicht des Arbeitsgebiets Chemikalien, bedingt durch die Ausgliederungen ganzer Arbeitsgebiete, wie z.B. Fasern und Landwirtschaft.[8]

Aber auch im Hinblick auf den Anteil der AG an den konzernweiten Sachanlageinvestitionen und F&E-Ausgaben ist ein drastischer Rückgang der AG-Anteile von nahezu 40 % bzw. 41 % im Jahr 1988 auf 28 % als Folge des europäischen und nunmehr globalen Internationalisierungsprozesses des Konzerns festzustellen. Entsprechend sinkt im Betrachtungszeitraum der Anteil der AG an den Konzernbeschäftigten von 39 % auf 25 %.[9] Schon derzeit erwirtschaftet die AG weit mehr als zwei Drittel ihres Umsatzes in Europa. Es ist abzusehen, daß der Aufbau neuer Produktionsstätten in der asiatischen Region den Umsatzanteil der AG am Konzernumsatz weiter verringern wird.

Unterzieht man das veränderte Produktprogramm der AG einer näheren Analyse, so zeigt sich, daß die AG für den Konzern mit knapp der Hälfte des konzernweit erwirtschafteten Chemikalienumsatzes im Arbeitsgebiet Chemikalien eine tragende, im Arbeitsgebiet Kunst-

---

1 Im folgenden: Vgl. HOECHST, Geschäftsbericht 1995, S. 66.

2 Die Hoechst AG hält an diesem Unternehmen eine Mehrheitsbeteiligung von 56,6 %.

3 Die Hoechst AG hält an diesem Unternehmen eine Mehrheitsbeteiligung von 60 %.

4 Hier besteht eine Kapitalmehrheit der Hoechst AG von 66,7 %.

5 Vgl. Anhang, Tabelle 62.

6 Vgl. Anhang, Tabelle 63.

7 Vgl. Anhang, Tabelle 65.

8 Vgl. Anhang, Tabelle 64.

9 Vgl. Anhang, Tabelle 63.

stoffe mit einem Anteil an konzernweiten Arbeitsgebietsumsatz zwischen rd. 30 % und 40 % ebenfalls eine wichtige Bedeutung besitzt.[1] Dies gilt nicht für das Arbeitsgebiet Fasern, das vor allem von der US-Beteiligungsgesellschaft Hoechst Celanese Inc. vertreten wird. Eine weniger bedeutende Rolle spielt die Hoechst AG mit einem Anteil am konzernweiten Arbeitsgebietsumsatz von rd. 20 % im Arbeitsgebiet Gesundheit. Das Arbeitsgebiet Landwirtschaft wurde mit einem Anteil der AG von zuletzt 24 % am konzernweiten Arbeitsgebietsumsatz im Jahr 1994 ausgegliedert. Im Rahmen der Reorganisation im Jahr 1995 wurden weitere zahlreiche Geschäftsfelder aus der AG ausgegliedert: die Faseraktivitäten in die Hoechst Trevira GmbH, die Aktivitäten im Tiergesundheitsbereich in die Hoechst Roussel Vet, die Blutplasmaaktivitäten in die Centeon, die Kunstharzaktivitäten in die Vianova Resins etc.

Die Hoechst AG repräsentiert demzufolge im Konzern in wachsendem Maße die Chemiebereiche in Europa, während diese in Amerika durch die Beteiligungsgesellschaft Hoechst Celanese Inc. gebündelt werden. Es ist abzusehen, daß die Ausgliederungsstrategien mittelfristig ebenfalls den Pharmabereich in der AG tangieren und dieser, wie in den USA schon gesellschaftsrechtlich vollzogen, in eine eigenständige Beteiligungsgesellschaft Hoechst Marion Roussel eingebracht werden wird.

Angesichts der umfangreichen Ausgliederungspolitik im Hoechst Konzern stellt sich die Frage, inwieweit die AG auf Dauer im Konzern ihre derzeitige Doppelfunktion als Obergesellschaft zum einen und als eine produzierende Gesellschaft zum anderen beibehalten wird. Vielmehr verweisen die zahlreichen Ausgliederungen auch auf eine gesellschaftsrechtliche Forcierung der unternehmensstrategischen Neuausrichtung: die schrittweise Auflösung der länderbezogenen gesellschaftsrechtlichen Einheitsunternehmen zugunsten einer nach Marktgesichtspunkten gesellschaftsrechtlich differenzierten Unternehmung, d.h. einer Management-Holding. Zwei gesellschaftsrechtliche Alternativen wären, bezogen auf eine Management-Holding Hoechst, hier denkbar: Erstens, im Rahmen der Bündelung sämtlicher europäischer Chemieaktivitäten des Konzerns in der AG stellt sie eine Gesellschaft unter vielen dar. Gleichzeitig wird eine eigenständige Konzern-Obergesellschaft gegründet, die allein die Konzernlenkungsfunktionen ohne Produktionsanteile wahrnimmt. Zweitens, die AG bleibt Obergesellschaft des Konzerns und zeichnet verantwortlich für die Konzernlenkung, es werden jedoch alle operativen Geschäftsaktivitäten in eigenständige Tochtergesellschaften ausgegliedert.

Die folgenden Analysen über die führungsorganisatorische Struktur nach der Reorganisation und die Befunde zur personalstrategischen Ausrichtung geben möglicherweise Hinweise auf die angesprochenen gesellschaftsrechtlichen Gestaltungsalternativen als Konsequenz der Ausgliederungs- und Differenzierungspolitik im Hoechst Konzern. Sie sind auf alle Fälle bei den Analysen als Denkmuster zu antizipieren, da sie grundlegende Auswirkungen auf die Personalstrategien und die Unternehmenskultur haben.

---

[1] Vgl. Anhang, Tabelle 66.

6.1.3.2 Führungsorganisatorische Struktur

Die Unternehmensorganisation im Hoechst Konzern war von 1969 bis Anfang der 90er Jahre wie die BASF-Gruppe als Geschäftsbereichsorganisation im Rahmen des Tensormodells gestaltet und nach Funktion, Region und Produkt dreidimensional gegliedert. Sowohl die Geschäftsbereiche als auch die Regionalbereiche wurden als Profit Center unterhalb des Konzernvorstands gleichberechtigt geführt und hatten Entscheidungen den jeweilig anderen Unternehmensbereich betreffend gemeinsam zu treffen.[1] Zentrale Steuerungsinstrumente des Gesamtunternehmens waren im Rahmen komplexer Planungssysteme u.a. die Budgethöhe und die Abstimmung von Einzelinvestitionen. Die Geschäftsbereiche unterhielten wiederum eine funktionale Organisation. Unterhalb des Bereichsleiters waren die Leiter Forschung&Entwicklung, Produktion, Marketing sowie Controlling angesiedelt. Gemeinsam trugen sie als Geschäftsbereichsleitung die Ergebnisverantwortung.[2] Darunter bestand eine nur schwache Ausprägung einer funktionsübergreifenden produktorientierten Koordination, dergestalt wie sie im Geschäftsbereich Kautschuk des Bayer Konzerns heute noch praktiziert wird.

Im Zuge der Reorganisationsmaßnahmen, die Anfang der 90er Jahre eingeleitet wurden, stand eine konsequentere Umsetzung des Produktprinzips im Mittelpunkt der Gestaltungsmaßnahmen. Durch den wachsenden Anteil des europäischen Geschäfts und der Heterogenität der Marktbedingungen einzelner Geschäftsfelder wollte man über die Bildung von Strategischen Geschäftseinheiten den veränderten Rahmenbedingungen organisatorisch Rechnung tragen.[3] Ergebnis dieser Maßnahmen bildete die Gründung von 120 Strategischen Geschäftsfeldern bzw. Business Units[4] als integrale Bestandteile der Führungsorganisation, die den 15 Geschäftsbereichen zugeordnet wurden. Die Führungsorganisation des Geschäftsbereichs wurde unterhalb des Bereichsleiters nicht mehr nach Funktionen, sondern nach den produktorientierten Business Units und der Funktion Controlling gegliedert. Der Bereichsleiter sollte die Verantwortung für die Strategiebildung des Bereichs und der Business Units tragen und die Business Unit-Leiter über Vereinbarungen hinsichtlich der auf das operative Geschäft bezogenen Geschäftsfeldziele führen. Die Funktionen sollten damit nur noch eine unterstützende und koordinierende Rolle ausüben. Gleichsam sollte der Konzernvorstand nur noch strategische Aufgaben im Rahmen seiner Gesamtunternehmensverantwortung wahrnehmen und die unternehmensstrategische Ausrichtung bestimmen.[5]

Im Mittelpunkt dieser Reorganisation stand somit die systematische Einführung des Produktprinzips als wesentliches Gliederungsprinzip der Führungsorganisation. Dabei sollten die neu geschaffenen Business Units quasi als selbständige Unternehmen im Gesamtunternehmen

---

1 Vgl. DORMANN, Geschäftssegmentierung, S. 1069.

2 Vgl. DORMANN, Geschäftssegmentierung, S. 1073.

3 Vgl. DORMANN, Geschäftssegmentierung, S. 1068ff.

4 Im Hoechst Konzern werden die Strategischen Geschäftsfelder als Business Units bezeichnet. Da im Zuge der Reorganisation eine Vielzahl englischer Begrifflichkeiten Eingang in die offizielle Unternehmenssprache gefunden hat, sollen diese im Rahmen der Darstellung zur Verdeutlichung der damit einhergehenden Veränderung von Organisationskultur verwandt werden.

5 Vgl. DORMANN, Geschäftssegmentierung, S. 1070.

produktorientiert agieren. Hierzu wurde schon im Jahr 1992 im Rahmen einer evolutionären Prozeßbeschreibung des Organisationswandels im Hoechst Konzern die Zielstellung formuliert, den Business Units mittelfristig neben der Produkt-Markt-Verantwortung auch weitgehende Kostenkontrolle zu übertragen. Es bestanden erste Planungen hinsichtlich der schrittweisen Dezentralisierung großer Teile der funktionsorientierten Unternehmensbereiche, wie der Ingenieurtechnik mit rd. 12.000 Mitarbeitern, der Informatik und Kommunikation mit 1.000 Mitarbeitern oder des Personal- und Sozialwesens mit rd. 3.000 Mitarbeitern, in die Geschäftsbereiche. Gleichzeitig sollten die Business Units auch landesübergreifend Ergebnisverantwortung tragen mit der Folge, daß die bis dahin für das regionale Ergebnis verantwortlichen Landesgesellschaften zurückgestuft werden sollten auf reine Infrastrukturbereitstellungs- und Verwaltungsstellen. Die Steuerungsmechanismen sollten entsprechend vereinfacht werden und maßgeblich über Zielvereinbarungen hinsichtlich Ergebnis und Rendite erfolgen.[1]

Die wesentlichen Inhalte dieser Planungen wurden im Jahr 1994 mit dem Wechsel des Vorstandsvorsitzenden im strategischen Konzept „Aufbruch '94“ des Konzernvorstands nachdrücklich formuliert und in weiterentwickelter Form im Hoechst Konzern ab 1995 umgesetzt. Dabei stellt die zentrale Unternehmensstrategie, in sämtlichen vom Hoechst Konzern bearbeiteten Geschäftsfeldern eine weltmarktführende Rolle einzunehmen, die Anforderungen, unternehmerische Entscheidungsprozesse zu vereinfachen und im Rahmen der Ablauforganisation eine höhere Flexibilität im markt- und kundenorientierten unternehmerischen Handeln zu gewährleisten. Die weitere Umgestaltung der Führungsorganisation bezieht sich demgemäß sowohl auf die veränderte Regelung von Entscheidungsverantwortung als auch auf die Effektivierung der Entscheidungsprozesse selbst im Unternehmen, die eine Verringerung der komplexen Entscheidungsabläufe zum Ergebnis haben soll.

Führungsstruktur

Die gesamte führungsorganisatorische Struktur wird nunmehr an den Geschäftsprozessen ausgerichtet und klare Verantwortungsbereiche werden geschaffen. Demnach konzentriert sich der *Konzernvorstand*, welcher bislang noch Geschäftsbereiche, Ressort- und Zentralfunktionen, Business Units, Ausländische Beteiligungsgesellschaften und Werke gleichermaßen führte, nur noch auf die Führung des Gesamtunternehmens. Hierbei wird er durch eine kleine Konzernverwaltung mit rd. 200 Mitarbeitern unterstützt. Der Konzernvorstand zeichnet damit verantwortlich für die Unternehmensstrategiebildung, welche die Weiterentwicklung des Unternehmens und seiner Wertsteigerung, die Erschließung neuer Märkte, die Entwicklung und Pflege der Unternehmensidentität, die interne und externe Kommunikation sowie die Führungskräfteentwicklung einschließt. Es bestehen die Vorstandsausschüsse Strategie und Planung, Investition und Führungskräfteentwicklung. Die jetzt als *Corporate Center* bezeichnete Konzernverwaltung übt eine den Konzernvorstand unterstützende Stabsfunktion in den Bereichen Strategie, Investition, Konzernfinanzierung, -bilanzierung, -steuern, -revision und -kommunikation, Führungskräfteentwicklung sowie Sicherheit und Umwelt aus. Unternehmensweit nimmt das Corporate Center in diesen Kernfunktionen eine strategisch initiierende Auf-

---

[1] Vgl. DORMANN, Geschäftssegmentierung, S. 1074ff.

gabe wahr, jedoch keine kontrollierende Aufgaben. Als Beispiel kann das vom Corporate Center konzernweit initiierte Projekt „Business Process Excellence“ gelten, das die Dezentralisierung von Verantwortlichkeiten und flachere Organisationsstrukturen zum Ziel hat. Die Umsetzungsform dieser permanenten Organisationsentwicklung bleibt den einzelnen Unternehmenseinheiten, Abteilungen und Vorgesetzten dabei selbst überlassen.[1] Das Corporate Center begleitet diesen Prozeß der Verhaltensänderung.

Die unter dem Konzernvorstand angesiedelten *Geschäftsbereiche* wurden von 15 auf 7 reduziert, um größere überlebensfähige Einheiten zu schaffen. Sie sind für ihre Geschäftsaktivitäten weltweit hinsichtlich Strategiebildung und Ergebnis verantwortlich.[2] Hierzu sollen die ehemals zentral angesiedelten Ressort- und Zentralfunktionen im großen Umfang in die Geschäftsbereiche integriert und von ihnen selbst gesteuert werden. Darüber hinaus wurden die Business Units von 120 auf 30 reduziert. Größere Beteiligungsgesellschaften, wie z.B. die Herberts Gruppe, wurden führungsorganisatorisch aus den Geschäftsbereichen ausgegliedert und werden nunmehr als eigenständige Unternehmen geführt.[3] Demnach sind führungsorganisatorisch unterhalb des Konzernvorstands die Geschäftsbereiche Chemikalien, Spezialchemikalien, Fasern, Kunststoffe, Technische Kunststoffe, Pharma und Diagnostika neben den großen Beteiligungsgesellschaften AgrEvo, Hoechst Roussel Vet, Messer Griesheim, Herberts und SGL Carbon angesiedelt.

Innerhalb der Geschäftsbereiche sind die *Strategischen Business Units* nach Produkt oder Region untergliedert und für das operative Ergebnis ihrer Produktlinie weltweit oder ihrer bearbeiteten Region verantwortlich. Die Landesgesellschaften üben demzufolge nur den gesellschaftsrechtlichen Rahmen für die einzelnen länderbezogenen Geschäftsaktivitäten aus und stellen die Infrastruktur bereit. Die Koordination zwischen Business Unit- und Geschäftsbereichsleitern, zwischen Geschäftsbereichsleitern und Konzernvorstand erfolgt über jährliche Zielvereinbarungen im Rahmen eines Strategischen Managementprozesses. Während somit die Business Unit-Leiter für ihre Produktlinie oder Region verantwortlich zeichnen, ist der Geschäftsbereichsleiter zuständig für die Abstimmung zwischen den von den Business Units erarbeiteten Strategien und Vorhaben und die weltweite Entwicklung des Bereichs. Durch die Integration wichtiger funktionaler Bereiche gewinnt der Geschäftsbereich umfassende Ressourcenverantwortung, die sich nicht nur auf die Produkt-Markt-Verantwortung beschränkt. In der nunmehr organisatorisch verankerten globalen Ergebnisverantwortung der Geschäftsbereiche und Business Units kommt die global ausgerichtete Internationalisierungsstrategie des Unternehmens zum Ausdruck, die im Jahr 1992 noch überwiegend auf den europäischen Raum bezogen war und deshalb eine nur europäische Ergebnisverantwortung der Business Units vorsah.[4]

---

[1] Vgl. HOECHST AG, Missionare, S. 3.

[2] Vgl. o.V., Konzern, S. 17.

[3] Vgl. o.V., Organisationsstruktur, S. 10.

[4] Vgl. DORMANN, Geschäftssegmentierung, S. 1071f.

Zur Absicherung des globalen Durchgriffs der Business Units wurden alle Werke bis auf das Stammwerk Höchst in Frankfurt einem der sieben Geschäftsbereiche zugeordnet. Die Aufgaben von Werksleitungen und ausländischen Beteiligungsgesellschaften beschränken sich entsprechend auf die Bereitstellung einer kostengünstigen Infrastruktur und Verwaltung.[1]

Die ehemaligen Zentralfunktionen wie Rechnungswesen, Forschung, Recht/Patente, Materialwirtschaft oder Personal werden zur Zeit zu unternehmerisch geprägten Service-Einheiten umgestaltet, deren Leistungsumfang sich nach dem Bedarf ihrer Kunden, den Geschäftsbereichen bzw. Business Units richtet. Die Aufgaben der bisherigen Zentralbereiche werden dabei auf die folgenden drei Bereiche verteilt:

- *den Geschäftsbereichen*: Sämtliche Zentralfunktionen sollen soweit wie möglich dezentralisiert und in die Geschäftsbereiche bzw. Werke integriert werden. Damit ist die Zielstellung verbunden, möglichst schlanke Funktionsabteilungen in den Bereichen zu schaffen.

- *dem Corporate Center (Konzernverwaltung)*: Ein Teil der konzernweit erforderlichen Funktionen wie Unternehmensplanung, Konzerncontrolling und Führungskräfteentwicklung (s.o.) werden in dieser Stabsabteilung zusammengefaßt.

- *den Central Service-Units (Zentralen Service-Einheiten)*: Die Restfunktionen, die wegen zu starker Aufsplitterung in den Bereichen und des möglichen Kompetenzverlustes nicht in die Bereiche gegeben werden können, werden hier zentral gebündelt. Über Leistungsvereinbarungen sowohl mit den Geschäftsbereichen, Beteiligungsgesellschaften als auch dem Corporate Center sollen bedarfsgerechte Dienstleistungen angeboten werden,[2] die von den internen Kunden bei Schlechtleistung widerrufen und extern bezogen werden können. Durch die Einführung dieses marktbezogenen Steuerungsmechanismus kann verhindert werden, daß die funktionsbezogenen Einheiten selbstbezogene Leistungen erbringen, die unabhängig von den Geschäftsprozessen sind und auf Dauer wieder zu einer Aufblähung der Einheiten führen würden.

Die faktische Umsetzung der Dezentralisierung und der bereichsorientierten Steuerung zeigt die Analyse des bereichsbezogenen Einflusses auf die eigene Kostenstruktur: So resultierten bis zu diesem letzten Schritt der Reorganisation noch rund 50 % der Bereichskosten aus dem Umlageverfahren, während die Geschäftsbereiche nunmehr Einfluß auf rund 90 % ihrer Kosten haben.[3]

Führungsprozeß

Die Erneuerung der führungsorganisatorischen Struktur ist eng mit der Vereinfachung bislang komplexer Planungs- und Entscheidungssysteme verbunden. Die Umsetzung der Unterneh-

[1] Vgl. o.V., Konzern, S. 17; o.V., Konzernorganisation, S. 20.

[2] Vgl. o.V., Konzernorganisation, S. 20.

[3] Vgl. FISCHER, Augen, S. 56.

mensstrategie erfolgt jetzt über die konsequente Koppelung des Führungsprozesses an die Kennziffern, die im Rahmen des Konzernportfoliomanagements zur Bewertung und Klassifizierung der Strategischen Business Units eingesetzt werden. Als Bewertungskennziffern dienen Umsatz- und Eigenkapitalrentabilitäten, Marktanteile sowie Kosten- und Technologiepositionen im weltweiten Wettbewerb. Mit Hilfe dieser Kennziffern wird jedes Geschäftsfeld über einen längeren Betrachtungszeitraum im Vergleich zu seinen Wettbewerbern bewertet und einschließlich der Zukunftserwartungen über die weitere Geschäftsentwicklung in eine der drei folgenden Klassen eingestuft:[1]

- *Invest*: Hierbei handelt es sich meist um Nachwuchsprodukte oder die Einführung einer neuen Technologie, die überdurchschnittliches Marktwachstum erwarten lassen und deshalb zunächst mit hohem finanziellen Aufwand aufgebaut werden müssen. Die Erfüllung von Renditezielen und die Kapitalamortisation werden erst auf längere Sicht erwartet.

- *Re-Invest*: Hier handelt es sich um Geschäftsaktivitäten, die bei durchschnittlichem Marktwachstum über Technologie- und Kostenvorteile gute Rentabilitäten erzielen. Die Amortisation der Investitionen wird auf mittlere Sicht erwartet.

- *Cash*: Im Rahmen des Produkt-Lebenszyklus-Konzeptes handelt es sich hierbei um Geschäftsaktivitäten, deren Produkttechnologie ausgereift und deren Verfahrenstechnologie allgemein zugänglich ist, so daß sich Investitionen im wesentlichen auf Produktivitätssteigerungen konzentrieren. Ihre Amortisation ist innerhalb eines kurzen überschaubaren Zeitraums zu erbringen.

Ausgehend von der strategischen Einstufung im Rahmen des Konzernportfoliomanagements werden die Strategischen Geschäftsfeldeinheiten bewertet, inwieweit sie die strategischen Anforderungen erfüllen, nur zum Teil oder gar nicht. Auf dieser Grundlage erarbeiten die Business Units zwei strategische Optionen einschließlich von Zwischenzielen, die im Vorstandsausschuß Strategie und Planung diskutiert und bewertet werden. Wenn ein Vorstandsbeschluß für eine der beiden strategischen Optionen vor dem Hintergrund der gesamtunternehmerischen Zielsetzung und der Ressourcenverteilung vorliegt, sind die Business Units für die weitere Umsetzung eigenverantwortlich. Die erfolgreiche Umsetzung der verfolgten Option entscheidet im weiteren darüber, ob größere Einzelinvestitionen in der Geschäftseinheit genehmigt werden. Über die jährlichen Zielvereinbarungen zwischen Konzernvorstand und Geschäftsbereichsleitern sowie Business Unit-Leitern und über die regelmäßige Erfolgskontrolle wird größere Transparenz hinsichtlich der Ressourcenverteilung im Unternehmen geschaffen und zum weiteren der ehemals komplexe Planungs- und Steuerungsprozeß vereinfacht.[2] Personalstrategisch erfährt dieser strikt an den Geschäftsprozessen und der Unternehmensstrategie ausgerichtete Koordinationsmechanismus im Unternehmen seine Unterstützung durch die Verknüpfung der erfolgsabhängigen Entgeltbestandteile der Führungskräfte an den Erfüllungsgrad der jährlichen Zielvereinbarungen.

---

[1] Vgl. DINGES, SMP, S. 19.

[2] Vgl. DINGES, SMP, S. 19.

Die systematische Umgestaltung des Hoechst Konzerns von der mehrdimensionalen hin zu einer eindimensionalen produktorientierten Geschäftsbereichsorganisation, die sich nicht nur auf die Aufbau-, sondern ebenso auf die Ablauforganisation bezieht, steht somit in enger Verbindung zur unternehmensstrategischen Ausrichtung. Der wachsenden Marktheterogenität wird damit nicht nur über differenzierte Wettbewerbsstrategien Rechnung getragen, sondern ebenfalls durch umfangreiche führungsorganisatorische Veränderungen. Die Führungsorganisation des Hoechst Konzerns ist demzufolge durch einen hohen Differenzierungsgrad gekennzeichnet, der in einem wachsenden Maße gesellschaftsrechtlich zum Ausdruck kommt.

Die Differenzierung wird auch hinsichtlich der führungsorganisatorischen Umsetzung der globalen Internationalisierungsstrategie vorangetrieben und die Stammhauszentrierung schrittweise abgestreift. Eine Vielzahl der Business Unit-Leitungen hat ihren Sitz nicht mehr in Deutschland, sondern in ihren Hauptabsatzmärkten. Ebenfalls sind auf der Geschäftsbereichsleitungsebene von den sieben Geschäftsbereichen mittlerweile drei außerhalb Deutschlands angesiedelt. Neben der Hoechst AG, mit ihrem Stammhaus Höchst in Frankfurt, gewinnt in zunehmenden Maße die Hoechst Celanese Inc. in den USA als Leitungssitz von Business Units an Bedeutung. Die wachsende Internationalisierung des Hoechst Konzerns spiegelt sich zudem in der Besetzung des neunköpfigen Konzernvorstands wider, in den nunmehr zwei Nicht-Deutsche als Vorstandsmitglieder berufen wurden. Die Aufgabenteilung im Konzernvorstand gliedert sich dabei nach Geschäftsbereichen bzw. wichtigsten Beteiligungsgesellschaften, Regionen, Funktionen (Corporate Center/Central Services) und der Leitung von Vorstandsausschüssen.[1]

In der folgenden Einbeziehung der Geschäftsbereichsebene kann überprüft werden, inwieweit die auf Unternehmensebene eingeleiteten Reorganisationsmaßnahmen in den untersuchten Geschäftsbereichen auch faktisch zum Tragen kommen und wie sich das Verhältnis zwischen Unternehmens- und Geschäftsbereichsstrategien gestaltet.

6.2 Geschäftsbereiche

Auf der Geschäftsbereichsebene werden nunmehr die Geschäftsbereiche Chemikalien und Pharma dargestellt, welche die Chemie- und wirkstofforientierten Bereiche repräsentieren.[2]

6.2.1 Geschäftsbereich Chemikalien

6.2.1.1 Allgemeine Daten

Der Geschäftsbereich Chemikalien umfaßt die Herstellung von organischen und anorganischen Grundchemikalien und erwirtschaftet im Jahr 1995 rd. 5,4 Mrd. DM Umsatz. Die glo-

---

[1] Vgl. HOECHST AG, Vorstand, S. 3.

[2] Die Ausführungen basieren im wesentlichen auf der Befragung in den Geschäftsbereichen. Vgl. Anhang, Fragebogen II a; Fragebogen II b.

bale Internationalisierung der Geschäftsaktivitäten ist mit einem Anteil von jeweils 45 % in Europa und den USA und 10 % in Asien weit fortgeschritten. Insgesamt sind für den Geschäftsbereich 6.600 Mitarbeiter tätig.[1]

6.2.1.2 Geschäftsbereichsstrategien

Die Geschäftsaktivitäten im Geschäftsbereich Chemikalien sind in vier Strategische Geschäftsfeldeinheiten unterteilt: Essigsäure und Folgeprodukte mit 33 %, Anorganische Chemikalien mit 27 %, Methanol/Formaldehyd/Acrylate mit 23 % und Amine/Oxoprodukte mit 17 % des Geschäftsbereichsumsatzes. Die Strategischen Business Units sind wiederum in einzelne Produktgruppen, wie z.B. Schwefelprodukte oder Vinylacetat, unterteilt, für die jeweils eigenständig Wettbewerbsstrategien entwickelt werden.

Da Grundchemikalien überwiegend ausgereifte Produkte mit geringem Wachstumspotential darstellen, nimmt der Geschäftsbereich Chemikalien insgesamt eine strategische Cash-Klassifizierung ein. Die Betrachtung der einzelnen Geschäftsaktivitäten läßt jedoch eine differenziertere Einstufung zu. So nimmt der Hoechst Konzern z.B. im Bereich der Essigsäureproduktion eine weltmarktführende Stellung mit einer Produktionskapazität von mehr als 1,8 Mio. Tonnen ein und kann über Größenvorteile eine marktführende Stellung über Kostenführerschaft erzielen. Dieser Produktbereich bildet entsprechend einen wichtigen Investitionsschwerpunkt im Geschäftsbereich. In anderen Geschäftsfeldern besteht eine wettbewerbsfähige Stellung durch die Beherrschung von Verfahrenstechnologien, die den Marktzutritt für weitere Konkurrenten erschweren. Diese Strategischen Geschäftsfelder bzw. Produktlinien erhalten demzufolge die Reinvest-Klassifizierung. Andererseits führt allgemein die Cash-Klassifizierung des Geschäftsbereichs im Rahmen des Portfoliomanagements zur Aufgabe der Geschäftsaktivitäten, die nicht mehr wettbewerbsfähig betrieben werden können, bzw. zu Kooperationen, wo die Marktführerschaft allein nicht erzielt werden kann.

Da die Produkte des Geschäftsbereichs als Massenprodukte nur noch einen geringen Wertschöpfungsanteil beinhalten, dem aber eine hohe Fixkostenbelastung durch die kapital- und energieintensiven Anlagen entgegensteht, sind sie sehr konjunkturanfällig. Schon geringfügige Reduzierungen des Absatzpreises sind mit erheblichen Gewinneinbrüchen verbunden. Kostensenkungsstrategien stellen somit eine wesentliche Voraussetzung für das Erreichen von Zielrenditen im Geschäftsbereich dar. Die regionale Standortnähe zu den Abnehmerindustrien kann dabei aufgrund der Transportkostenreduzierungen ein wichtiger Wettbewerbsvorteil sein.

Der Geschäftsbereich verfolgt demzufolge die Technologie- und Kostenführerschaft in ausgewählten Produktfeldern. Hierzu sollen Kernkompetenzen gestärkt und eine größere Kundenorientierung realisiert werden. Im Rahmen der globalen Internationalisierungsstrategie des Hoechst Konzerns visiert auch der Geschäftsbereich Chemikalien einen Ausbau seiner bislang noch geringen Markt- und Produktionspräsenz in der asiatischen Region an.

---

[1] Vgl. HOECHST AG, Geschäftsbereich, S. 1.

6.2.1.3 Strukturorganisation

Der Geschäftsbereich Chemikalien ist ebenfalls nach dem Produktprinzip gegliedert. Unterhalb des Bereichsleiters sind die vier Leiter der Strategischen Business Units Essigsäure und Folgeprodukte (Acetyls), Anorganische Chemikalien, Methanol/Formaldehyd/Acrylate (MFP) und Amine/Oxoprodukte angesiedelt, die ihrerseits wiederum in sog. Business Lines oder Produktlinien untergliedert sind. Der Geschäftsbereichsleitung gehören der Bereichsleiter, die vier Business Unit-Leiter und die bereichsbezogenen Funktionsleiter Personal, Umwelt und Sicherheit, Vertrieb und Kundenservice sowie Controlling an.

Der vom Umsatz her gleichgewichtigen Verteilung von Geschäftsaktivitäten auf Europa und den USA entspricht auch die regionale Verteilung der Führungsfunktionen des Geschäftsbereichs auf die beiden Gesellschaften Hoechst AG und Hoechst Celanese Inc. So befindet sich der Sitz der beiden Business Unit-Leitungen Acetyls und MFP sowie der Sitz des Geschäftsbereichsleiters in den USA, während sämtliche Funktionalleitungen und die beiden anderen Business Unit-Leitungen Amine-Oxoprodukte und Anorganische Chemikalien ihren Sitz in Deutschland haben. Der hohe Internationalisierungsgrad der Geschäftsbereichsleitung erforderte die Schaffung einer organisatorischen Basis für den deutschen Teil der Geschäftsbereichsleitung, dem sog. Frankfurter Komitee.

Die weltregionale Koordination der Geschäftsaktivitäten erfolgt über die Zielvereinbarungen im Rahmen des Strategischen Managementprozesses und über die personellen Koordinationen. Die weltweite Verantwortung für die Geschäftsprozesse wurde dabei im Geschäftsbereich Chemikalien von der Ebene der Business Units weiter auf die der Business Lines dezentralisiert. In den weltweiten Zuständigkeitsbereich der Business Line-Leiter, die eine relativ homogene Produktgruppe, wie z.B. Schwefel- oder Methanolprodukte, betreuen, fallen demzufolge Forschung&Entwicklung, Produktion, Marketing sowie Controlling. Sie zeichnen weltweit verantwortlich für die Preisgestaltung, Produktionsmenge, Standortfragen etc.

Die Strategischen Business Units sind als Profit Center mit eigener Gewinn- und Ressourcenverantwortung strukturiert. Aus Sicht des Geschäftsbereichs geht dabei die Inititiative für Wettbewerbsstrategien und ihre Umsetzung weitgehend vom Geschäftsbereich aus.[1] Im Rahmen des Strategischen Managementprozesses werden strategische Ziele und Maßnahmen formuliert, die den Planungshorizont und Entscheidungsrahmen für die nächsten fünf Jahre abgeben. Entsprechend liegt die Initiative hinsichtlich bereichsbezogener Entscheidungstatbestände aus Sicht des Geschäftsbereichs mit Ausnahme der Kapitalbudgetierung, die der Unternehmensleitung obliegt, bei der Geschäftsbereichsleitung selbst, insbesondere den Business Unit- bzw. Business Line-Leitern. Auch das Treffen der einzelnen produkt-marktbezogenen Entscheidungstatbestände, d. h. Investitionen, Eintreten in neue Märkte, Einführung neuer Produkte und Technologien sowie Preisfestsetzung, wird im Geschäftsbereich der Bereichsleitung zugeordnet, wobei größere Einzelinvestitionen der Zustimmung des Vorstandsausschusses Strategie und Planung bedürfen. Der Gesamtunternehmensleitung wird ein Letztent-

[1] Im folgenden: Vgl. Anhang, Fragebogen II a, Fragen 8 und 9; Fragebogen II b, Fragen 10 und 11.

scheidungsrecht im Hinblick auf Kapitalbudgetierung und dem Erwerb von Unternehmen zugesprochen.

Der Geschäftsbereich verfügt somit über eine große Entscheidungsfreiheit in produkt-marktstrategischen Feldern, die allein über die ergebnisorientierte Führung im Rahmen des Strategischen Managementprozesses des Konzernvorstands begrenzt wird.

6.2.2 Geschäftsbereich Pharma (Hoechst Marion Roussel)

6.2.2.1 Allgemeine Daten

Der Pharmabereich des Hoechst Konzerns wird von den selbständigen Unternehmenseinheiten Hoechst AG, Roussel Uclaf und Marion Merrel Dow Inc. repräsentiert. Roussel Uclaf ist dabei eine börsennotierte französische Gesellschaft, an der Hoechst mit 56,6 % beteiligt ist.[1] Die Beiträge der drei Unternehmen zum Gesamtumsatz von Hoechst Marion Roussel verhalten sich ca. 30:30:40.[2] Der Beschäftigtenstand von rd. 50.000 Mitarbeitern vor der Integration verteilte sich jedoch auf die Gesellschaften Hoechst Marion Roussel mit 50:30:20 relativ ungleichgewichtig.[3]

Durch die Akquisition des amerikanischen Pharmaunternehmens Marion Merrel Dow., das im Jahr 1994 einen Umsatz von über 3 Mrd. DM erwirtschaftete,[4] konnte der Hoechst Konzern seine bisherige Marktpräsenz (zusammen mit Roussel Uclaf) von unter einem Prozent in Amerika auf 4,3 % erhöhen. Hoechst Marion Roussel weist damit eine ausgewogene globale Marktpräsenz in den wichtigsten Abnehmerregionen der Triade auf: 4,5 % Marktanteile in Europa/Naher Osten/Afrika, 5 % in Lateinamerika und 2,5 % in Asien/Pazifik.[5] Auch das Produktportfolio findet durch die Integration eine Ergänzung, insbesondere in den Bereichen Herz- und Kreislauf, Antiinfektiva und zentrales Nervensystem. So wird Hoechst Marion Roussel nach Abschluß der Strukturmaßnahmen ein Umsatzvolumen von rd. 15 Mrd. DM erzielen und weltweit eine Position unter den ersten fünf Pharmaunternehmen einnehmen.[6] Das Produktprogramm umfaßt dabei überwiegend verschreibungspflichtige Arzneimittel und in geringem Maße Generika. Der Hoechst Konzern engagiert sich dagegen nicht wie der Bayer Konzern im Selbstmedikationsbereich.[7]

---

1 Vgl. WERLIN, Wachstum, S. 1.

2 Vgl. HOECHST AG, Pharma, S. 3.

3 Vgl. HOECHST AG, Hoechst Marion Roussel, S. 6ff.

4 Vgl. o.V., Arzneimittelhersteller, S. 18.

5 Vgl. HOECHST AG, Umstrukturierungsmaßnahmen, S. 4.

6 Im März 1995 nach der Fusion von Ciba und Sandoz zur Novartis lag Hoechst Marion Roussel auf Platz vier. Vgl. EGLAU, Formel, S. 17.

7 Vgl. o.V., Marion Merell Dow, S. 25.

6.2.2.2 Geschäftsbereichsstrategien

Der Pharmaweltmarkt ist durch polypolistische Marktstrukturen gekennzeichnet. Diese sind durch das hohe Maß an regionalen und landesbezogenen Marktsegmentierungen bedingt. Da in jedem Land andere Genehmigungsverfahren vor der Produkteinführung, andere Vorschriften bei der Produktzusammensetzung, andere Qualitätskontrollen und schließlich andere Verbrauchergewohnheiten gelten, sind die Markteintrittsbarrieren für ausländische Unternehmen relativ groß. Deshalb wiesen bislang selbst die führenden Pharmagroßunternehmen einen nur geringen Weltmarktanteil von maximal vier Prozent aus, der sich wiederum nicht gleichgewichtig auf die einzelnen Weltregionen verteilte, sondern einen deutlichen Schwerpunkt in der jeweiligen Weltheimatregion beinhaltete. Trotz des anhaltenden Konzentrationsprozesses am Pharmaweltmarkt brachten die zehn führenden Anbieter bislang einen Marktanteil von nur 34 % gegenüber 85 % am Weltagrarmarkt auf.[1]

Die steigenden Forschungsausgaben, die bis zur erfolgreichen Einführung eines Arzneimittels zu tätigen sind,[2] lassen sich jedoch immer weniger durch ein Unternehmen allein finanzieren. Gleichsam stehen die Unternehmen durch weitere zwei Veränderungen unter Anpassungszwang: So geraten in wachsendem Maße die Preise von Arzneimitteln und diagnostischen Verfahren durch Krankenkassen, staatliche Gesundheitsbehörden oder private Gesundheitsorganisationen bzw. Krankenversicherungen in den einzelnen landesspezifischen Systemen unter Druck. Diese Tendenz wird verstärkt durch die wachsende Anzahl von Generika-Herstellern, welche die Produkte mit abgelaufenem Patenschutz erheblich preiswerter veräußern. Die forschenden Pharmaunternehmen sehen sich demgemäß einer Zangenbewegung ausgesetzt: auf der einen Seite die steigenden Kostenbelastungen durch die Forschungsausgaben, auf der anderen Seite sinkende Erlöse durch den Preisreduzierungsdruck.

Viele Pharmaunternehmen reagieren auf diese veränderten Forschungs- und Marktbedingungen mit einer wachsenden Anzahl von Forschungskooperationen im Grundlagenbereich, Produktions- und Vertriebskooperationen in einzelnen regionalen Absatzmärkten und schließlich Fokussierungen auf bestimmte Indikationsgebiete oder Produkte, die mit Veräußerungen und Akquisitionen einhergehen. Der Pharmaweltmarkt verzeichnet deshalb derzeit eine dynamische Entwicklung, welche durch die Fusionen großer traditionsreicher Pharmaunternehmen geprägt wird. Neben der Akquisition von Marion Merrel Dow Inc. durch den Hoechst Konzern, sind die Fusionen der amerikanischen Pharmaunternehmen Glaxo und Wellcome zur Glaxo Wellcome Inc. oder der großen Schweizer Unternehmen Ciba und Sandoz im Pharmabereich zum neuen Unternehmen Novartis zu nennen.[3]

Mit der globalen Marktpräsenz von Hoechst Marion Roussel schafft sich der Hoechst Konzern die Voraussetzung, auf der einen Seite die für die Entwicklung neuer Produkte erforderli-

---

[1] Vgl. WERLIN, Wachstum, S. 2.

[2] Es haben sich z.B. die Entwicklungskosten eines oralen Antidiabetikums bis zur Zulassung seit den 60er Jahren versechsfacht.
Vgl. o.V., Arzneimittelgeschäft, S. 25.

[3] Vgl. hierzu: EGLAU, Formel, S. 17ff.

chen hohen Forschungsausgaben durch die globale Marktdurchdringung rascher zu amortisieren. Auf der anderen Seite können lokale Forschungspotentiale in den einzelnen Weltregionen für die zentrale Grundlagenforschung besser genutzt werden. Schließlich verbessert die Kenntnis landesspezifischer Regelungen und die lokale Präsenz die Möglichkeit, lokale Genehmigungsverfahren rascher zu durchlaufen. Zum weiteren erhofft sich der Geschäftsbereich, mit einer globalen informationsgestützten Steuerung aller Entwicklungsprojekte, die Produktqualität zu erhöhen und die Dauer der Arzneimittelentwicklung drastisch zu verkürzen. Zielstellung ist hierbei eine Reduzierung der Entwicklungszeit um 30 % bis 40 %.[1] Das Ziel des Geschäftsbereichs ist denn auch mittelfristig eine Umsatzrendite von 20 % gegenüber der derzeitigen von 12 % zu erzielen[2] und bis zum Jahr 2000 weltweit die Rangliste im Pharmaweltmarkt anzuführen.[3]

Die Wettbewerbsstrategien sind auf Produktführerschaft gerichtet. Durch die Integration sollen organisatorische und produkbezogene Synergiepotentiale und Kostenvorteile realisiert werden. Hierzu werden umfangreiche Rationalisierungsmaßnahmen durchgeführt. Die weltweite Produktion von pharmazeutischen Vorprodukten und Wirkstoffen wird von 16 auf zehn Anlagen, die Fertigung von Wirkstoffen zu Arzneimitteln von 77 auf 38 Standorte reduziert werden. Allein in Europa werden von derzeit 32 Produktionsstandorten nur noch 14 übrig bleiben[4], was auch eine Folge der gegenüber Marion Merrel Dow ungünstigeren Relation von Beschäftigten zu Umsatz der europäischen Gesellschaften sein dürfte.

Die weltweite Produkttechnologieführerschaft im Pharmabereich soll dabei gezielt über ein breites Produktprogramm abgesichert werden. Derzeit werden über 30 % des Pharmaumsatzes von zehn Arzneimitteln erwirtschaftet.[5] Neben eigenen Forschungsbemühungen soll der globale Erwerb von Lizenzen in Kerngeschäften die Marktführerschaft stützen. Der Generikabereich spielt bei der auf Produkttechnologieführerschaft abzielenden Produkt-Markt-Strategien eine untergeordnete Rolle und kann entsprechend nicht als Kerngebiet des Hoechst Konzerns betrachtet werden. Dennoch ist Hoechst Marion Roussel mit seinen Beteiligungsgesellschaften Berk (Japan), Arthur H. Cox (Großbritannien), Copley Pharmaceutical (USA), Rugby (USA) und Noristan (Südafrika) im Generikabereich nach eigenen Angaben einer der größten weltweiten Hersteller.[6] Mit einem Umsatzvolumen von rd. 800 bis 900 Mio. DM entspricht der Generikabereich des Hoechst Konzerns dem Umsatz des führenden deutschen Generikaunternehmens Ratiopharm.[7]

---

[1] Vgl. o.V., Arzneimittelgeschäft, S. 25.

[2] Vgl. HOECHST AG, Umstrukturierungsmaßnahmen, S. 4.

[3] Vgl. o.V., Jahrtausendwende, S. 20.

[4] Vgl. HOECHST AG, Umstrukturierungsmaßnahmen, S. 2.

[5] Vgl. HOECHST AG, Pharma, S. 3.

[6] Vgl. HOECHST AG, Pharma, S. 6.

[7] Vgl. o.V., Marion Merrel Dow, S. 25.

6.2.2.3 Strukturorganisation

Die im Rahmen der Integration neu gestaltete Führungsorganisation von Hoechst Marion Roussel überlappt die drei gesellschaftsrechtlich eigenständigen Unternehmenseinheiten Marion Merrel Dow Inc. (USA), Roussel Uclaf (Frankreich) und den Pharmabereich der Hoechst AG (Deutschland). Der Geschäftsbereichsleitung bzw. dem Executive Committee stehen der Bereichsleiter und sein Stellvertreter vor. Darüber hinaus gehören der Geschäftsbereichsleitung die Regionalleiter Nordamerika, Europa/Afrika/Naher Osten, Asien/Pazifik sowie Südamerika und die Leiter der zentralen Funktionen Forschung, Entwicklung, Wirkstoffe bzw. Technik, Controlling sowie Finanzen&Verwaltung an. Der Bereichsleiter Personal ist assoziiertes Mitglied. Die Geschäftsbereichsleitung bildet zusammen mit den dem Bereichsleiter unterstellten Leitern des Internationalen Marketing, der Qualitätssicherung und -kontrolle, der Fertigungskoordination, der Kooperation/Neue Technologien und der Arzneimittelzulassungen das Management Committee, das ein Beratungsgremium darstellt.

Im Pharmabereich des Hoechst Konzerns wird demzufolge von dem Produktprinzip als Gliederungsprinzip der Führungsorganisation abgewichen. Dies liegt in der regionalen Segmentierung der Produkte begründet, die eine entsprechende Ausrichtung der Geschäftsprozesse nahe legt. Die Regionalleiter zeichnen für die Bildung von Wettbewerbsstrategien und das operative Ergebnis in den von ihnen betreuten Regionen verantwortlich. Die zentralen Funktionsleiter sind zuständig für die globale Koordination von Forschung, Entwicklung etc. in den einzelnen Regionen.

Der Sitz der Geschäftsbereichsleitung von Hoechst Marion Roussel liegt in Deutschland, wenngleich nahezu die Hälfte der Leitungsmitglieder ihren Sitz außerhalb Deutschlands hat. So sind die Regionalleiter in den von ihnen betreuten Regionen, der Leiters des Bereichs Entwicklung in den USA und der Leiter des Bereichs Wirkstoffe in Frankreich ansässig. Die anderen Funktionsleiter des Management Committee haben ihren Sitz überwiegend in den USA. Die institutionelle Verankerung des internationalen Profils von Hoechst Marion Roussel wird im weiteren unterstützt durch die personelle Besetzung der Geschäftsbereichsleitung, die sich zur Zeit der empirischen Erhebung im Januar 1996 aus fünf Führungskräften von Roussel Uclaf (einer stellt den Bereichsleiter), drei Führungskräften von Marion Merrel Dow Inc. (einer stellt den stellv. Bereichsleiter) sowie einer Führungskraft von Hoechst Celanese Inc. und drei Führungskräften der Hoechst AG zusammensetzte.[1] Darüber hinaus zeigt sich im Hinblick auf die zentralen Einrichtungen eine Standortverlagerung zugunsten der USA. So wird das Steuerungszentrum für Arzneimittelentwicklung, die globale Zentrale für Arzneimittelzulassung, internationales Marketing und Geschäftsentwicklung sowie die zentrale Biotechnologieeinheit in den USA angesiedelt. Die Forschungsaktivitäten werden auf die vier Standorte Sommerville/USA, Romainville/Frankreich, Kawagoe/Japan und Frankfurt/Deutschland als größtem Forschungsstandort konzentriert.[2]

---

1 Vgl. HOECHST AG, Hoechst Marion Roussel, S. 25ff.

2 Vgl. o.V., Pharma-Umbau, S. 16.

Hier wird deutlich, daß der Pharmabereich des Hoechst Konzerns kein deutsches Unternehmen mehr ist, sondern ein Unternehmen, das sich aus drei traditionsreichen Stammhäusern mit gewachsenen, eigenständigen Kulturen zusammensetzt, in der die deutsche Muttergesellschaft Hoechst AG keine dominierende Rolle mehr gegenüber den anderen Gesellschaften einnimmt. Der Geschäftsbereich Pharma des Hoechst Konzerns befindet sich dabei in einem Differenzierungsprozeß, der über den Aufbau einer eigenständigen Kultur innerhalb von Hoechst Marion Roussel weit hinaus geht. Die derzeitige Existenz dreier Stammhäuser mit entsprechenden unterschiedlichen Organisationsstrukturen und Kulturen soll schrittweise aufgelöst werden und einer gemeinsamen Organisation und Kultur weichen. Hierzu wurden mit der Einführung der gemeinsamen, über die gesellschaftsrechtlichen Grenzen hinweg greifenden Führungsorganisation und dem Aufbau eines einheitlichen (auf dem amerikanischen System basierenden) Dienstrangsystems[1] erste Schritte eingeleitet. In der Planung ist ebenso die Entwicklung eines eigenständiges Personalwesens für Hoechst Marion Roussel. Schließlich ist die Gründung von Landesgesellschaften vorgesehen, die von der Hoechst AG unabhängig sein sollen.[2]

Der Aufbau von eigenen Managementsystemen für Hoechst Marion Roussel führt zu erheblichen Differenzierungen gegenüber den Systemen und vor allen Dingen Inhalten der bisher für den Pharmabereich der AG gültigen Regelungen. Im Rahmen des Strategischen Managementprozesses werden an die einzelnen Geschäftsbereiche im Hoechst Konzern unterschiedliche Erwartungen gestellt. Der Pharmabereich, der zur Zeit die höchste Umsatzrentabilität erwirtschaftet, sieht sich hiermit im Vergleich zur internationalen Konkurrenz am Pharmaweltmarkt nur im Mittelfeld. Da die Bedingungen zwischen dem Pharma- und Chemieweltmarkt sehr unterschiedlich sind, wird eine an den Pharmamarktbedingungen ausgerichtete eigenständige Entwicklung von Managementsystemen als wesentliche Voraussetzung für das Bereichsziel gesehen, das erfolgreichste Pharmaunternehmen der Welt zu werden. Die Unternehmensleitung des Hoechst Konzerns, die eine langfristige Steigerung des Unternehmenswertes strategisch forciert, unterstützt diesen Differenzierungsprozeß. Bezieht man in diese Betrachtung die bisherigen Ausführungen zur unternehmensstrategischen und führungsorganisatorischen Ausrichtung des Hoechst Konzerns ein, so zeichnet sich mittelfristig die rechtliche Ausgliederung des Pharmabereichs aus der AG und Schaffung einer gesellschaftsrechtlichen Einheit von Hoechst Marion Roussel ab.[3]

Diese Aussagen werden unterstützt durch die Befragung im Geschäftsbereich hinsichtlich der Entscheidungsstrukturen.[4] Sowohl die Initiative als auch das Treffen von geschäftsbereichsbezogenen Entscheidungen werden in sämtlichen Feldern (Produkt-Markt-, Personalbereich) der Geschäftsbereichsleitung zugeordnet und nur bei größerem Kapitalbedarf für Akquisitionen oder Investitionen wird der Konzernleitung das Letztentscheidungsrecht zugeteilt. Die Ge-

---

1 Dieses umfaßt eine ausgeprägte Titelhierarchie.
Siehe Punkt 6.4.3 dieser Arbeit.

2 Vgl. HOECHST AG, Hoechst Marion Roussel, S. 29.

3 Hierbei stellt derzeit 56,6 %-Beteiligung an Roussel Uclaf ein gesellschaftsrechtliches Hemmnis dar.
Vgl. hierzu: WERLIN, Wachstum, S. 1.

4 Vgl. Anhang, Fragebogen II a, Fragen 8 und 9; Fragebogen II b, Fragen 10 und 11.

schäftsbereichsleitung von Hoechst Marion Roussel verfügt damit über umfassende Entscheidungskompetenzen und agiert quasi als selbständiges Unternehmen. Der Identifikations- und Ausgangspunkt für die Zielsetzung und Strategiebildung des Bereichs ist damit immer weniger der Hoechst Konzern, sondern der Pharmabereich. Diese Differenzierung wird durch den Konzern unterstützt, indem auch dem innerhalb der Muttergesellschaft AG angesiedelten Pharmabereich der eigenständige Aufbau von Managementsystemen zugebilligt wird. Der Pharmabereich ist damit nur über die Zielsetzungen im Rahmen des Strategischen Managementprozesses an die Konzernziele gebunden. Es wird weiter unten deshalb zu klären sein, inwieweit die Personalfunktion in den Differenzierungsprozeß eingebunden ist.[1]

6.3 Spannungsverhältnis zwischen Gesamtunternehmung und Geschäftsbereichen

Die beiden untersuchten Geschäftsbereiche Chemikalien und Pharma des Hoechst Konzerns agieren in grundlegend unterschiedlichen Märkten und entwickeln entsprechend verschiedene Produkt-Markt- und Wettbewerbsstrategien. Analog zum Bayer Konzern und der BASF-Gruppe strebt der im klassischen Chemiegeschäft operierende Geschäftsbereich Chemikalien die Verfahrenstechnologie- und Kostenführerschaft an, wohingegen der den wirkstofforientierten Bereichen zugehörende Geschäftsbereich Pharma die Produkttechnologieführerschaft anstrebt. Die Bereichsstrategien beider Geschäftsbereiche enthalten die in der Unternehmensstrategie des Konzerns formulierten Strategien der Konzentration auf Kerngeschäfte und der globalen Internationalisierung.

Entgegen den anderen untersuchten Unternehmen trägt der Hoechst Konzern den differenzierten Marktanforderungen der Chemie- und wirkstofforientierten Bereiche im Rahmen seiner unternehmensstrategischen Ausrichtung führungsorganisatorisch Rechnung und forciert aktiv die Differenzierung innerhalb des Konzerns. Hierzu wurden im Rahmen der Reorganisation große Teile der bislang zentral auf Unternehmensebene angesiedelten Funktionen in die Geschäftsbereiche dezentralisiert und zwischen den verbleibenden Zentralfunktionen und den Geschäftsbereichen Dienstleistungsvereinbarungen getroffen.

Die Gesamtbefragung[2] ergab hinsichtlich der Entscheidungskompetenz des Geschäftsbereichs in produkt-markt-strategischen Feldern ein adäquates Bild. Die Geschäftsbereichsleitung wird demnach als wesentlicher Initiator in den Feldern Investitionen, Erwerb von Unternehmen, Eintreten in neue Märkte, Einführung neuer Produkte, Preisfestsetzung oder Einführung neuer Technologien betrachtet. Als Hauptentscheidungsträger wird sie in den Feldern Eintreten in neue Märkte, Einführung neuer Produkte, Preisfestsetzung und Einführung neuer Technologien gesehen. Letztentscheidungsrecht wird der Unternehmensleitung bei Kapitalbudgetierung, Investitionen und dem Erwerb von Unternehmen zugeordnet. Diese klare Entscheidungsstruktur findet sich dagegen nicht in den personalstrategischen Feldern, mit Ausnahme der Entscheidung über Einstellung und Entlassung von Führungskräften, welche sowohl von

[1] Siehe Punkt 6.4.3 dieser Arbeit.

[2] Im folgenden: Vgl. Anhang, Fragebogen I a, Fragen 9 und 10; Fragebogen I b, Fragen 10 und 11; Fragebogen II a, Fragen 8 und 9; Fragebogen II b, Fragen 10 und 11.

der Initiative als auch der Entscheidung selbst mehrheitlich der Geschäftsbereichsleitung zugeordnet wird.

Die Befunde der Befragung zeigen, daß die mit der Reorganisation eingeleitete Dezentralisierung auch faktisch zum Tragen kommt. Angesichts dessen, daß die Geschäftsbereiche bzw. Strategischen Business Units über rd. 90 % ihrer Kosten beeinflussen können, läßt sich schließen, daß die Geschäftsbereiche nicht nur formal weltweit Kosten- und Gewinnverantwortung tragen, sondern dies auch de facto der Fall ist. Die Profit Center-Organisation wird demzufolge im Hoechst Konzern in einem hohen Maße realisiert. Die Befragung gibt jedoch keinen Aufschluß darüber, inwieweit die Dezentralisierung der Personalfunktion auch zu einer umfangreichen Ressourcenverantwortung der Geschäftsbereiche führt.

Grundlegend kann festgestellt werden, daß die ehemalige zentrale Ordnungsfunktion großer Zentralbereiche mit der Umgestaltung der unternehmensweiten Führungsorganisation in weiten Teilen zugunsten einer Servicefunktion aufgegeben wurde. Die Ordnungsfunktion des Corporate Center bezieht sich nur auf wenige, zur strategischen Steuerung des Gesamtunternehmens notwendige Funktionen, wie z.B. Finanzen und Controlling, Führungskräfteentwicklung etc. Die unternehmensstrategische Steuerung des Hoechst Konzerns erfolgt über den Strategischen Managementprozeß, in dem jährliche differenzierte Zielvereinbarungen zwischen Geschäftsbereichsleitungen und Konzernvorstand vereinbart werden. Entscheidend ist hierbei, daß mit der eingeführten Geschäftssegmentierung im Rahmen des Konzernportfoliomanagements die unternehmensweite Steuerung und weltweite Koordination direkt über die Geschäftsbereiche erfolgt, die quasi als selbständige Unternehmen im Unternehmen agieren. Damit werden Produkte und ihre Technologien, ihre weltweiten Marktbedingungen und ihre globale Wettbewerbssituation zum Ausgangspunkt des unternehmerischen Handelns. Das heißt, die globale Steuerung der Geschäftsaktivitäten erfolgt nicht mehr über zentrale Funktionen und Landesgesellschaften, sondern über die kennzifferngeleitete Lenkung der Geschäftsfelder im Rahmen des Strategischen Managementprozesses. Über diese geschäftsfeldbezogene Ausrichtung von Führungsstrukturen und -prozessen im Hoechst Konzern sichert sich die Gesamtunternehmensleitung in einem hohen Maße die weltweite strategische Steuerung der breit diversifizierten Geschäftsaktivitäten. Gestützt durch eine produktbezogene Rechnungslegung wird zudem eine große Transparenz über die weltweiten Wettbewerbsbedingungen einzelner Produktfelder geschaffen und letztendlich erst hierüber die Fokussierungsstrategie auf Kerngeschäfte ermöglicht.

Der Hoechst Konzern stellt sich somit als Unternehmen dar, das mittels umfangreicher Dezentralisierungsmaßnahmen und einer konsequenten Ausgliederungspolitik die Differenzierung im Unternehmen stark vorantreibt. Der Wandel des Konzerns von einem ehemals stammhausorientierten internationalen Unternehmen zu einem globalen multikulturellen Unternehmen wird über die schrittweise Errichtung einer Management-Holding eingeleitet. Die Hoechst AG verliert durch die Ausgliederungspolitik in wachsendem Maße ihre Führungsrolle als Muttergesellschaft. Es bleibt abzuwarten, ob sie als Muttergesellschaft neben den Geschäftsaktivitäten vor allem im klassischen Chemiebereich die Konzernführungsfunktionen beibehalten wird oder ob die Führungsfunktionen an eine Holding-Obergesellschaft abgegeben bzw. die Produktionsaktivitäten der AG vollständig ausgegliedert werden. Bei weiterer Globalisierung der Geschäftsaktivitäten und des Verlusts der Stammlandbindung, wie sie bei Hoechst Marion Roussel schon beobachtet werden kann, zeichnet sich die Gründung einer Holding-Obergesellschaft, die auch im Ausland ihren Sitz haben könnte, als durchaus denkbare unternehmensstrategische Option ab.[1]

Insgesamt läßt sich schon heute ein unternehmensstrukturell verankertes, strategisch differenziertes Bild des Hoechst Konzerns zeichnen. So sind mit der absehbaren Ausgliederung des Pharmabereichs aus der Hoechst AG die Chemie- und wirkstofforientierten Bereiche gesellschaftsrechtlich getrennt: Die zukünftige Gesellschaft Hoechst Marion Roussel faßt die gesamten Pharmaaktivitäten zusammen und führt organisatorisch die Generika-Beteiligungsgesellschaften sowie die den Diagnostikabereich repräsentierende Gesellschaft Behrings Diagnostics. Die Agraraktivitäten vereinigt das Joint-Venture AgrEvo. Die Geschäftsaktivitäten der Chemiebereiche werden im wesentlichen von der Hoechst AG in Europa und der Hoechst Celanese Corp. in Amerika betrieben. Die gesellschaftsrechtliche Trennung der Chemie- und wirkstofforientierten Bereiche ermöglicht es dem Hoechst Konzern, marktgerechte differenzierte Managementsysteme zu entwickeln. Der Verbleib im Konzernverbund wiederum ermöglicht die Nutzung von spezifischen Synergien und sichert nicht zuletzt den finanziellen Transfer zwischen den beiden Bereichen. Dieser bezieht sich einerseits auf die Abfederung konjunkturell bedingter Ertragseinbußen der Chemiebereiche durch die wenig konjunkturanfälligen wirkstofforientierten Bereiche, wie andererseits die Chemiebereiche in konjunkturell guten Zeiten mit ihren hohen Gewinnen der Finanzierung des Expansionskurses in den wirkstofforientierten Bereichen dienen. Einer auf die Erhöhung des Unternehmenswerts abzielenden vollständigen gesellschaftsrechtlichen Abspaltung der wirkstofforientierten von den Chemiebereichen, wie es das britische Unternehmen ICI mit Zeneca veranstaltete, d.h. einer Auflösung des Konzernverbunds Hoechst, gab die Unternehmensleitung bislang eine Absage. Nicht zu unterschätzen bleibt jedoch der Umstand, daß mit der weiteren rechtlichen Verselbständigung der Geschäftsbereiche bzw. -felder die Differenzierungstendenzen zunehmen.

In diesem Zusammenhang stellt sich die Frage, an welchen Punkten die Unternehmensleitung Synergievorteile im Konzernverbund sieht und demzufolge unternehmensweit geltende Richtlinien erläßt, die als strategische Klammer eine vollständige Differenzierung verhindern können. Am Beispiel der personalstrategischen Ausrichtung soll dieser Frage im weiteren Verlauf der Untersuchung nachgegangen werden.

---

[1] Die Auswirkungen auf die Beschäftigung in Deutschland und auch der damit verbundene Verlust des mitbestimmungsrechtlichen Durchgriffs sind ebenfalls zu antizipieren.

6.4 Personalfunktion

6.4.1 Struktur und Aufgaben der Personalarbeit

Bis zur Reorganisation war die Personalarbeit in der Muttergesellschaft Hoechst AG im Ressort Personal- und Sozialwesen angesiedelt und umfaßte die Gestaltung der Personal- und Sozialpolitik des Unternehmens sowie sämtliche Verwaltungs- und Dienstleistungsfunktionen von der Personalverwaltung über die Wirtschaftsbetriebe bis hin zur Werksärztlichen Abteilung und dem Werkschutz. Insgesamt beschäftigte der Zentralbereich Personal in der AG rd. 2.500 Mitarbeiter.[1] Innerhalb der AG wurden diese Aufgaben zusammen mit den Werksleitungen unmittelbar wahrgenommen. Gegenüber den gesellschaftsrechtlich selbständigen in- und ausländischen Beteiligungsgesellschaften beschränkte sich die Rolle des Zentralbereichs Personal auf eine Richtlinien- und Koordinationsfunktion in Grundsatzfragen. In den Bereichen der Sozialen Sicherung oder bei Betriebsvereinbarungen bestand eine Aufsichtspflicht.[2] Sowohl der Zentralbereich Personal als auch das eigenständige Ressort Führungskräfte, dem die Betreuung der Oberen Führungskräfte oblag, waren dem Arbeitsdirektor der Hoechst AG unterstellt.

Die Reorganisation veränderte auch nachhaltig den organisatorischen Rahmen der Personalarbeit im Hoechst Konzern. Die bislang nach funktionalen Gesichtspunkten in der AG gestaltete Personalarbeit differenzierte die verschiedenen Aufgaben nach Mitarbeitergruppen und Funktionsbereichen des Unternehmens, z.B. Ingenieurtechnik, Forschung, Vertrieb, Produktion. Im Zuge der Dezentralisierung wurde schrittweise eine Vielzahl der den Geschäftsbereich tangierenden Personalaufgaben dezentralisiert und von einem der Geschäftsbereichsleitung disziplinarisch unterstellten Referententeam eigenverantwortlich wahrgenommen.

Der Geschäftsbereichspersonalleiter, dem das Referententeam unterstellt ist, trägt die Verantwortung für die operative Personalarbeit am Standort und die personalstrategische Unterstützung der Geschäftsbereichsleitung. Hierzu gehören die Planung, Durchführung und Koordination der Personalentwicklung, die Entwicklung von Instrumenten des Personalcontrolling sowie die Koordination und Zusammenführung der dezentral durchgeführten Personalplanungen im Geschäftsbereich. Dabei kommt ihm insbesondere die Aufgabe zu, die Geschäftsbereichs- und Business Unit-Leitungen in allen personalpolitischen Fragen sachkundig zu beraten. Die Bereichspersonalabteilung wird dabei als Cost Center des Geschäftsbereichs geführt, so daß dieser in vollem Umfang sowohl Leistungen als auch Kosten der Personalarbeit beeinflussen kann.

---

1 Vgl. WEINMANN, Auswirkungen, S. 64.

2 Vgl. WEINMANN, Auswirkungen, S. 64.

Die Personalarbeit verteilt sich im Hoechst Konzern bzw. der AG nunmehr im wesentlichen auf folgende Institutionen:[1]

Corporate Center Personal/Abteilung Führungskräfte:

- Oberste Führungskräfteplanung und -entwicklung
- Personalmarketing Hochschulabsolventen
- Grundsatzfragen der konzernweiten Personal- und Sozialpolitik (Corporate Human Resources Management)

(Unternehmens- bzw. konzernweite Richtlinien und strategische Steuerung)

Service Center Personal:

- Soziale Sicherung (z.B. Altersversorgung Inland, Betriebskrankenkasse, Sterbekasse)
- Personal Service (Controlling, Entgeltabrechnungen, Wirtschaftsbetriebe, Kulturelle Veranstaltungen)
- Aus- und Weiterbildung (Bildungsservice für die wirkstofforientierten und Chemiebereiche, naturwissenschaftlichen und kaufmännischen Berufe)
- Fachreferate zur Koordinierung und Bearbeitung von Grundsatzfragen im Auftrag des Corporate Centers (z.B. Arbeitsrecht/Betriebsverfassung, Sozialpolitik, Arbeitszeit/Entgelt, Frauen- und Familienpolitik)

(AG-weite Richtlinien und Gewährleistung AG-weit einheitlicher Personal- und Sozialpolitik, z.T. Richtlinienfunktion für Inlandsgesellschaften).

Geschäftsbereichspersonalabteilung:

- Bereichsbezogene Personalpolitik und -betreuung

Werkspersonalleitung:

- Koordination der verschiedenen Anforderungen von Geschäftsbereichen und Serviceabteilungen am Standort bzw. zusätzlich Service Center Personal im Werk Hoechst
- Verantwortung für werkseinheitliche Handhabung der Personal- und Sozialpolitik und Ansprechpartner für die Belegschaftsvertretungen

(Bereitstellung der Infrastruktur am Standort)

[1] Vgl. HOECHST AG, Ressort, S. 8; WEINMANN, Auswirkungen, S. 65ff.

Die Koordination zwischen den Geschäftsbereichspersonalleitern und dem Service Center Personal in Grundsatzfragen der Personal- und Sozialpolitik erfolgt AG-weit auf regelmäßig stattfindenden Personalleiterkonferenzen.

Es wird deutlich, daß die Umgestaltung der führungsorganisatorischen Struktur im Hoechst Konzern auch für die Personalarbeit eine Bereichsorientierung mit sich brachte. Zum weiteren wird unter dem derzeit noch vorhandenen gesellschaftsrechtlichen einheitlichen Dach der Muttergesellschaft AG die formale Trennung zwischen unternehmens- bzw. konzernbezogenen Aufgaben und reinen AG-Aufgaben über die organisatorischen Einheiten Corporate Center und Service Center Personal vollzogen, wenngleich beide Aufgabenbereiche in Personalunion des Arbeitsdirektors noch durchgeführt werden. Auch war die inhaltliche Trennung der Aufgaben zur Zeit der Erhebung noch nicht abgeschlossen.

Im folgenden sollen die Personalstrategien der Gesamtunternehmung und der Geschäftsbereiche auf der Basis der organisatorischen Veränderungen und der strategischen Neuorientierung näher betrachtet werden.

6.4.2 Personalstrategien der Gesamtunternehmung

Auf Gesamtunternehmensebene geht es derzeit darum, die mit der strategischen Neuorientierung verbundenen personalstrategischen Implikationen zu identifizieren und umzusetzen. Dabei stellt sich vor dem Hintergrund zunehmender geschäftsbereichsbezogener Differenzierung im Konzern die Frage, welche Elemente ein konzernweites Personalmanagement (Corporate Human Resources Management) umfassen und wieviel Führungsebenen es einschließen sollte.

In der Abteilung Führungskräfte des Corporate Centers sind zur Zeit zwei Stäbe tätig, zu deren Aufgaben die Führungskräfteentwicklung und das Personalmarketing der Hochschulabsolventen gehören. Das Service Center Personal der AG wird im Auftrag des Corporate Centers tätig und übt noch unternehmensweite Aufgaben aus, wie z.B. im Bereich der Betreuung von Führungskräften bei Auslandsentsendungen oder von Grundsatzfragen der Internationalen Personal- und Sozialpolitik. Darüber hinaus bestehen Projekte, die sich insbesondere mit der Entwicklung eines Systems für die Nachfolgeplanung und eines Internationalen Anreizsystems für Führungskräfte (International Compensation Management) beschäftigen.[1]

Aus der unternehmensstrategischen Orientierung der Differenzierung folgt, daß in der landeskulturellen Vielfalt unterschiedlicher personalwirtschaftlicher Instrumente und Personalstrategien zum einen und in der aus der Geschäftssegmentierung resultierenden personalstrategischen Vielfalt zum anderen ein zentraler Vorteil für ein globales Unternehmen gesehen wird. Die Aufgaben eines konzernweiten Personalmanagement liegen deshalb vor allem darin, die strategische Steuerungsfunktion der Unternehmensleitung personalstrategisch zu unterstützen. Die Gestaltung der Personalfunktion der Gesamtunternehmung beschränkt sich demgemäß auf

---

1 Vgl. WEINMANN, Auswirkungen, S. 84.

die Koordination und Initiierung der für die Erzielung des Konzernerfolgs wichtigen Personalstrategien, die u.a. dazu dienen, eine strategische Klammer für die relativ selbständigen Organisationseinheiten und Subkulturen zu schaffen. Hierzu gehören z.B. die Schaffung eines gemeinsamen Personalverständnisses und die Ausrichtung der Anreizstruktur, Qualifikationsentwicklung und Auswahl des Top-Management nach konzernweiten Kriterien. Diese internationalen konzernweiten, personalpolitischen Grundsätze begrenzen die Eigenständigkeit der Geschäftsbereiche, die im Rahmen ihrer Bereichsstrategiebildung eigene Personalstrategien unter Berücksichtigung landeskultureller Besonderheiten entwickeln.

Als Ausgangspunkt erster Ansätze unternehmensweiter Personalstrategien im Hoechst Konzern kann dabei die Orientierung auf nur solche Führungskräfte gelten, die international eingesetzt werden und Konzernfunktionen ausüben, d.h. auf die Obersten Führungskräfte. Zum weiteren ist die Orientierung an Geschäftsprozessen und die Differenzierung der Geschäftsbereiche konstitutives Merkmal sämtlicher personalstrategischer Überlegungen. Hieraus folgt, daß die konzernweite Personalfunktion eher einer zusätzlichen Koordinationsebene entspricht als einer obersten Gestaltungs- und Ordnungsinstanz. Das konzernweite Personalmanagement existiert damit *zusätzlich* zu den verschiedenen eigenständigen Systemen der Beteiligungsgesellschaften bzw. Geschäftsbereichen und bezieht sich nur auf den relativ kleinen Kreis der Obersten Führungskräfte des Gesamtunternehmens, die international rotieren und Aufgaben für den Konzern wahrnehmen. Dem Differenzierungsprinzip der unternehmensstrategischen Ausrichtung der Führungsorganisation entspricht damit das *Subsidiaritätsprinzip*, das gleichsam als Ordnungsprinzip zwischen konzernweiter Personalfunktion und den bereichs- und gesellschaftsbezogenen Einheiten wirkt. Die Richtlinienkompetenz des Corporate Center Personal bezieht sich demgemäß nur auf personalpolitische Grundsätze und Strukturelemente, die zur Unterstützung des Strategischen Managementprozesses im Konzern bedeutsam sind.

Zur Zeit der Erhebung existierten keine feststehenden Konzeptionen hinsichtlich der befragten personalwirtschaftlichen Felder Führungskräfteplanung und -entwicklung bzw. Entgeltsysteme, sondern nur erste Überlegungen. Aus diesem Grunde können die beiden Felder für den Hoechst Konzern nur rudimentär dargestellt werden.

6.4.2.1 Führungskräfteplanung und -entwicklung

Aufgrund des im Hoechst Konzern praktizierten Differenzierungsprinzips existieren eine Vielzahl an eigenständigen personalwirtschaftlichen Systemen in den einzelnen Ländern und Geschäftsbereichen. Der Anspruch des Hoechst Konzerns, ein internationales multikulturelles Unternehmen zu sein, führt vor dem Hintergrund der vorhandenen und erwünschten differenzierten Personalsysteme im Rahmen des Holding-Konzeptes für die Besetzung von internationalen Konzernfunktionen (z.B. die ersten drei Führungsebenen: Vorstand, Geschäftsbereichsleiter, Business Unit-Leiter) zu einer geozentrischen Personalstrategie. Das heißt, neben den von den Geschäftsbereichen bzw. Gesellschaften eigenständig durchgeführten Nachfolgeplanungen und Führungskräfteentwicklungen wird eine konzernbezogene Führungskräfteentwicklung und Nachfolgeplanung durchgeführt, welche die Entwicklung einer multikulturellen

Obersten Führungsmannschaft zum Gegenstand hat. Dieser Personenkreis soll unabhängig von der Herkunft und Nationalität in den Schlüsselfunktionen des Konzerns international eingesetzt werden.

Eine konzernweite Führungskräfteplanung und -entwicklung für das Top-Management steht dabei vor dem Problem, daß die Personalentwicklungs- und -anreizsysteme für Führungskräfte in den einzelnen Ländern sehr unterschiedlich gestaltet sind. So dominiert im US-amerikanischen System eine mehr kurzfristige Betrachtung von Erfolg. Hiervon ist die Gestaltung des leistungsabhängigen Entgeltbestandteils im Anreizsystem und die Personalentwicklung tangiert, die mehr auf Fähigkeiten und Erfolg abstellt als auf langfristig erworbene Zertifikate. Das japanische System hingegen stellt die Langfristbetrachtung in den Mittelpunkt des personalwirtschaftlichen Systems: Das Senioritätsprinzip spielt sowohl bei der Personalentwicklung als auch bei der Vergütung eine wichtige Rolle. Die mehr am Marktwert orientierte individualistische Orientierung in den USA steht somit der japanischen Gruppenorientierung im Rahmen einer einheitlichen Gestaltung der Personalfunktion für die obersten Führungsebenen im Unternehmen entgegen. Vor dem Hintergrund dieser extrem unterschiedlichen Personalmanagement-Systeme und der daraus resultierenden Personalstrategien und landesspezifischen Selektionsmechanismen für Führungskräfte wird deutlich, wie schwierig es ist, multikulturelle konzernweite Auswahlkriterien für die Besetzung internationaler Top-Positionen zu bestimmen.

Ergänzend kommt hinzu, daß die Qualifikationsanforderungen an Führungskräfte in den Chemie- und wirkstofforientierten Bereichen durch die heterogenen Marktbedingungen sehr unterschiedlich sind und demzufolge die Bereiche verschieden geprägte Führungspersönlichkeiten entwickeln. Dies bezieht sich nicht allein auf die fachlichen Qualifikationen, sondern ebenfalls auf die Art und Ausprägung der Managementfähigkeiten. Es zeigt sich denn auch, daß der bereichsübergreifende Transfer von Führungskräften (insbesondere im Bereich von Marketing, Produktion, Forschung, weniger problematisch Controller) zwischen diesen beiden Bereichen selten ist.

Im Rahmen der Entwicklung eines konzernweiten internationalen Managements ist daher zu fragen, welche Schlüsselqualifikationen relevant sind und inwieweit für die strategische Führung von Geschäftsbereichen nicht unternehmerische Initiative, Weitsicht und konzeptionelles Denken relevant sind, die durch die Kenntnis gerade der verschiedenen Kulturen und Managementsysteme gefördert werden. Ansätze in diese Richtung werden im Hoechst Konzern zur Zeit diskutiert.

6.4.2.2 Entgeltsysteme

Auch im Hinblick auf Entgeltsysteme wird die landeskulturelle und geschäftsbereichsbezogene Vielfalt der Systeme als Vorteil gesehen. So existieren beispielsweise bei der US-Gesellschaft Hoechst Celanese Inc. 22 Vertragsstufen der Entgeltdifferenzierung, während es bei der Hoechst AG nur sechs sind. Für den internationalen Führungskräftetransfer ist vor allen Dingen der Realwert des Entgelts von Bedeutung, der von den unterschiedlichen Lebenshaltungskosten, den Arbeitsmarktbedingungen und den sozio-kulturellen Gepflogenheiten der einzelnen Länder beeinflußt wird.

Zur Zeit der Erhebung existierte kein einheitliches Entgeltsystem für die Obersten Führungskräfte im Konzern. Vielmehr waren die Entgeltniveaus und -strukturen in den einzelnen Ländern unterschiedlich. Das Entgeltsystem zwischen der Hoechst AG und Hoechst Celanese Inc. unterscheidet sich nicht nur strukturell durch die Anzahl der Vertragsstufen, sondern ebenfalls bezogen auf das Entgeltniveau. In den USA werden die Obersten Führungspositionen erheblich höher entgolten als in Deutschland, wenngleich das Entgelt zu einem großen Anteil variabel ist. Probleme aus personalstrategischer Sicht können dann entstehen, wenn im Zuge der Globalisierung des Konzerns, Job Rotation konzernweit ausgeübt wird und die Führungskräfte in gemeinsamen Projekten gleichwertige Tätigkeiten verrichten.

Es bestehen im Hoechst Konzern hier zunächst Bestrebungen, das Entgeltsystem für die Obersten Führungskräfte über Vertragsstufen vergleichbar zu machen und vor allem gleiche Entgeltstrukturen einzuführen.[1] So sollen ab 1996 die variablen Entgeltbestandteile der Obersten Führungskräfte im Rahmen des Strategischen Managementprozesses konzernweit an die Zielerfüllung der Bereichsleiter bzw. Business Unit-Leiter gekoppelt werden. Die Gestaltungsmaßnahmen zur Umsetzung dieser Personalstrategie obliegt den einzelnen Beteiligungsgesellschaften.

Die Entgeltstruktur der Führungskräfte unterscheidet sich zudem zwischen den Chemie- und wirkstofforientierten Bereichen, bedingt durch die Geschäftssegmentierung und die gesellschaftsrechtliche Verselbständigung. So liegt das durchschnittliche Entgelt für Führungskräfte im Pharmabereich international erheblich über den Entgeltsätzen von Führungskräften im Chemiebereich. Der Durchlässigkeit eines konzernweiten Transfers sind hierdurch in wachsendem Maße Grenzen gesetzt, da z.B. gutverdienende Pharmamanager keinen Anreiz zum Wechsel in einen Chemiegeschäftsbereich haben, wenn sie dort nicht zumindest das gleiche Entgelt erhalten. Es wird an dieser Stelle deutlich, welche Konsequenzen eine nach Geschäftsbereichen und Ländern differenzierte Personalpolitik auslöst. Eine nach einheitlichen Grundsätzen orientierte Anreizpolitik, die den General Manager zum Ziel hat, kann jederzeit Führungskräfte bereichsquer einsetzen und unterschiedliche Qualifikationen nutzen. Die Integrationspolitik läuft zwar Gefahr, gute Führungskräfte an externe, besser zahlende Unternehmen zu verlieren, hat aber den Vorteil, rein fachliche und qualifikationsorientierte Selektionsmechanismen bei der Besetzung von Führungspositionen gelten lassen zu können. Eine nach Differenzierungsgesichtspunkten gestaltete Personalpolitik im Konzern führt dagegen zu verschiedenen Entgeltsystemen. Dies hat wiederum den Vorteil, gute Führungskräfte nach ihrer Leistung und den internationalen Entgeltsätzen am Markt bezahlen zu können, führt andererseits gleichsam zu Selektionsmechanismen bei der Stellenbesetzung im Konzern, die überwiegend am individuellen Marktwert der Führungskräfte und der finanziellen Ausstattung der Geschäftsbereiche ausgerichtet ist. Wirtschaftlich schlecht bestellte Geschäftsbereiche müßten

---

[1] Vgl. auch: HOECHST AG, Transparenz, S. 7.

mit der Abwanderung hoch qualifizierter Führungskräfte rechnen und auf Dauer mit einer personellen Austrocknung. Dies könnte die Konsequenz haben, daß die unbefriedigende Marktsituation aufgrund der fehlenden Managementkompetenz weiter verschlechtert wird und die Geschäftsfelder zu einem bestimmten Zeitpunkt wegen niedriger Renditen aufgegeben werden.

Da der Hoechst Konzern zwar die Differenzierung forciert, gleichsam aber über das Konzernportfoliomanagement, den Strategischen Managementprozeß sowie über die Nachfolgeplanung und Anreizgestaltung für Oberste Führungskräfte die strategische Steuerung nicht aus der Hand gibt, ist letztere Gangweise weitgehend abwegig. Vielmehr ist davon auszugehen, daß bei einer bereichsübergreifenden Stellenbesetzung, zu der es aus Sicht der Gesamtunternehmung um der Steigerung des Unternehmenswertes willen keine personelle Alternative gibt, der Konzern eine finanzielle Kompensation der Entgeltdifferenzen vornimmt.

6.4.3 Personalstrategien der Geschäftsbereiche

Im Rahmen der Reorganisation des Hoechst Konzerns wurden den Geschäftsbereichen auch personalpolitische Kompetenzen übertragen, die eine Personalstrategiebildung in den Geschäftsbereichen fördern soll. Dabei ist zu berücksichtigen, daß die divisionale Führungsorganisation im Hoechst Konzern in wachsendem Maße durch die gesellschaftsrechtliche Konstruktion wiedergegeben wird. Die Geschäftsbereiche stellen somit zunehmend eigenständige Rechtsgebilde dar, die in jedem Land ihre eigene Gesellschaft führen. Die Hoechst AG als Muttergesellschaft umfaßte zur Zeit der Erhebung noch mehrere, überwiegend den Chemiebereichen zuzurechnende Geschäftsbereiche (Chemikalien, Spezialchemikalien und Kunststoffe) sowie den Pharmabereich, der schon zu diesem Zeitpunkt eine hohe Eigenständigkeit von der AG aufwies.

Im Zuge der Dezentralisierung wurden in der Hoechst AG wichtige Personalfunktionen in die Geschäftsbereiche integriert. Demnach sind die Bereichspersonalabteilungen eigenverantwortlich für die Personalbeschaffung und -auswahl (mit Ausnahme der Hochschulabsolventen), für die Personalentwicklung bis einschließlich der vierten Führungsebene und für die Arbeitsorganisation. Bei der Gestaltung der Personalbeurteilung und der Anreizsysteme ist der Geschäftsbereich allerdings an die (national bezogenen) Systeme der AG gebunden, so daß in diesen beiden personalstrategischen Funktionsfeldern eine einheitliche Vorgehensweise innerhalb der AG existiert.

Das im Jahr 1995 in der AG für Leitende Angestellte, die rd. 4 % der Beschäftigten stellen, neu eingeführte Entgeltsystem versucht allerdings, den unterschiedlichen Anforderungen in den Bereichen auch personalstrategisch gerecht zu werden. So wurden sämtliche Führungskräftestellen hinsichtlich ihrer Anforderungen bewertet und einer der sechs gültigen Vertragsstufen zugeordnet.[1] Die Geschäftsbereichsleiter führen die Vertragsstufen mit der Vertragsstufe eins an, dagegen werden Betriebsleiter von mittleren Betrieben in der niedrigsten Vertrags-

[1] Vgl. HOECHST AG, Transparenz, S. 7.

stufe sechs eingestuft. Für die Zuordnung zu einer Vertragsstufe sind dabei nicht mehr traditionelle Kriterien wie z.B. Anzahl der unterstellten Mitarbeiter, Dienstjahre oder Linienfunktion entscheidend, sondern die Bedeutung der Führungsaufgabe für das Unternehmen nach spezifischen Kriterien, wie z.B. dem stellenbezogenen Fachwissen, Kreativität (Denkleistung) und der Stellenverantwortung.[1] Dies hat zur Folge, daß eine hochrangige Stabsfunktion ohne Führungsverantwortung der gleichen Vertragsstufe entsprechen kann wie eine Linienfunktion mit umfangreicher Führungsverantwortung.[2] Innerhalb der Vertragsstufen existieren Bandbreiten des Entgelts, welche die persönlichen Fähigkeiten des Stelleninhabers, z.B. die Führungserfahrungen, individuelle Leistung und Effizienz, berücksichtigen. Das mittlere Gehalt einer Vertragsstufe entspricht dabei der marktüblichen Bezahlung für eine entsprechende Tätigkeit.[3] Neben dem vertragsstufenbezogenen Grundgehalt setzt sich das Entgelt aus dem leistungsabhängigen, variablen Entgeltbestandteil Jahresbonus zusammen, der eng an die Zielerfüllung im Rahmen des Strategischen Managementprozesses gebunden ist. Der Jahresbonus für Leitende Angestellte ist dabei von folgenden Erfolgsbestandteilen abhängig:

1. *Gesellschaftserfolg*: Dieser Bonusbestandteil ist abhängig vom Ergebnis der AG (Konzernergebnis) gemäß der Kennziffer Ergebnis zu Personalaufwand.

2. *Einheitserfolg*: Der Bonusbestandteil ist abhängig vom Erfüllungsgrad der Zielvereinbarung für die jeweilige Einheit Geschäftsbereich bzw. Strategische Business Unit bzw. Business Line.

3. *Persönlicher Erfolg*: Der Bonusbestandteil ist abhängig vom individuellen Zielerreichungsgrad.

In Abhängigkeit von der Führungsaufgabe und ihrer Verantwortung gemäß des Vertragsstufenkonzeptes variiert auch die maximale Höhe des Jahresbonusses. So kann der Jahresbonus in der höchsten Vertragsstufe bis zu 6,7 Monatsgehälter und in der niedrigsten Vertragsstufe bis zu 4,5 Monatsgehälter betragen.[4] Es ist darüber hinaus gewährleistet, daß die Entgeltstruktur für Führungskräfte auch innerhalb der AG in Teilen bereichsbezogen differenzierbar ist.

Auch das Entgeltsystem für die Tarifmitarbeiter wurde in der AG ab 1995 verändert: Neben dem tariflich vereinbarten Grundgehalt setzt sich das Entgelt aus einer nach Betriebszugehörigkeit gestaffelten, betrieblichen Zulage und einer leistungsabhängigen individuellen Zulage zusammen. Während die betriebliche Zulage mit jeder Tariferhöhung wächst, gilt dies für die

---

[1] Das Entgeltsystem wurde von der Unternehmensberatung Hay Management Consultants GmbH entwickelt und wird zur Zeit in den meisten großen deutschen Unternehmen eingeführt.
Vgl. GIERSBERG, Alter, S. 49.

[2] Z.B. kann ein junger Steuerexperte ohne Mitarbeiter das gleiche Entgelt erhalten wie der Leiter einer Fabrik mit mehreren hundert Beschäftigten.
Vgl. GIERSBERG, Alter, S. 49.

[3] Vgl. GIERSBERG, Alter, S. 49.

[4] Vgl. HOECHST AG, Transparenz, S. 7.

individuelle Zulage nicht.[1] Vielmehr ist ihre Höhe an eine jährliche Mitarbeiterbeurteilung des Vorgesetzten geknüpft.[2] Darüber hinaus steht das Gesamtvolumen der jährlichen übertariflichen Leistungen nunmehr in Abhängigkeit vom wirtschaftlichen Erfolg der Unternehmung.[3] Für die bestehenden Arbeitsverhältnisse wurde dabei eine Besitzstandswahrung für die nächsten fünf Jahre gewährt, wenngleich bei anhaltenden schlechten Beurteilungsergebnissen die alte übertarifliche Zulage aufgebraucht werden kann.[4]

Für die rd. 11 % Außertariflichen Mitarbeiter der AG, für die bislang keine Entgeltstrukturregelungen bestanden, soll bis 1997 ein entsprechendes Entgeltsystem eingeführt werden, das voraussichtlich drei Vertragsstufen umfassen wird.[5] Hierzu wurden sämtliche Stellen im Hinblick auf ihre Anforderungen bewertet. Die Einführung der variablen Bestandteile im Entgeltsystem der AG ist mit der Zielstellung verbunden, auf der einen Seite den individuellen Leistungen mehr Rechnung zu tragen, auf der anderen Seite die wirtschaftliche Situation des Unternehmens mehr zu berücksichtigen. Die bisherige Praxis, übertarifliche Leistungen für die Tarifmitarbeiter unabhängig von der wirtschaftlichen Situation des Unternehmens zu bezahlen, führte zu erheblichen Belastungen des Unternehmens in den Rezessionsjahren. Mit der Koppelung sowohl der übertariflichen Leistungen für Tarifmitarbeiter als auch der variablen Entgeltbestandteile der Leitenden Angestellten an den wirtschaftlichen Erfolg schafft sich das Unternehmen mehr Kostenflexibilität. Schließlich koppelt es darüber hinaus die Höhe des individuellen Erfolgs an den wirtschaftlichen Erfolg, um zu einer höheren Identifikation mit den Unternehmenszielen zu kommen.

Innerhalb des untersuchten Geschäftsbereichs *Chemikalien*, dessen Geschäftsbereichsleitung zum Teil in Deutschland, zum Teil in den USA sitzt, gelten entsprechend bislang unterschiedliche personalpolitische Systeme. Die Führungskräfte unterliegen den verschiedenen Auswahl-, Beurteilungs-, Entgelt- und Entwicklungssystemen der Landesgesellschaften. Dabei stellen die Hoechst AG und die Hoechst Celanese Inc. die wichtigsten Landesgesellschaften dar. Für die Zukunft wird personalstrategisch eine bereichsbezogene, globale Vereinheitlichung dieser Systeme für die Führungskräfte des Geschäftsbereichs, d.h. bis einschließlich der vierten Ebene, angestrebt. Dabei sind unternehmens- und landesbezogene Regelungen zu beachten. So kann eine Vereinheitlichung der bereichsbezogenen Führungskräfteentwicklung nur bis zur vierten Ebene erfolgen, da die Entwicklung der Obersten Führungskräfte bis zur dritten Führungsebene des Hoechst Konzerns (Business Unit-Leiter) in die Zuständigkeit des Corporate Center Personal fällt. Zum weiteren gehören insbesondere die Entgelt- und Anreizsysteme in den Gestaltungsbereich der einzelnen Landesgesellschaften. Der Geschäftsbereich hat infolgedessen die unterschiedlichen Regelungen zu beachten. Dies gilt nicht nur für die Tarifmitarbeiter, sondern, bezogen auf die AG, auch für die Außertariflichen Mitarbeiter, deren Entgeltregelungen durch Betriebsvereinbarungen einheitlich und standortbezogen geregelt werden. Auch im Bereich der Leitenden Angestellten sind die Gestaltungsspielräume für die

[1] Vgl. o.V., Hoechst, S. 10.

[2] Vgl. o.V., Leistungen, S. 18.

[3] Vgl. HOECHST AG, Grundsätze, S. 18.

[4] Vgl. o.V., Branche, S. 16.

[5] Vgl. HOECHST AG, Gehaltssystem, S. 6.

Entwicklung eines rein bereichsbezogenen, globalen Entgeltsystems für Führungskräfte beschränkt, da auch hier das AG-weite, strukturell einheitliche Entgeltsystem für Leitende Angestellte greift.

Bei der Strategiebildung ist die Personalleitung im Geschäftsbereich nur in personalspezifische Fragestellungen einbezogen. Dabei bestimmen die Geschäftsbereichsstrategien die zu entwickelnden Personalstrategien, die landesbezogen zu spezifizieren sind. Innerhalb der AG existieren verschiedene Koordinationsmechanismen zwischen den Bereichs-, Werkspersonalleitern und je nach Entscheidungstatbestand dem Corporate Center bzw. Service Center Personal. Ähnliche Koordinationsstrukturen gibt es für die gesamten deutschen Inlandsgesellschaften des Hoechst Konzerns. Inhaltlich spielte im Geschäftsbereich in Deutschland, d.h. in der AG, in den letzten Jahren der Personalabbau personalstrategisch die bedeutendste Rolle. Nicht zuletzt die Einführung eines gegenüber den anderen internationalen Beteiligungsgesellschaften des Hoechst Konzerns konkurrenzfähigeres Entgeltsystem in der AG bestimmte die personalstrategische Arbeit. Für die Zukunft soll versucht werden, im Geschäftsbereich eine eigenständige Bereichskultur zu schaffen, wenngleich die im Tarifbereich gültigen einheitlichen standortbezogenen Regelungen hier Grenzen setzen.

Die für den Geschäftsbereich Chemikalien beschriebenen Gestaltungsspielräume hinsichtlich der bereichsbezogenen Personalstrategiebildung gelten ebenso für den Geschäftsbereich *Pharma* (Hoechst Marion Roussel) des Hoechst Konzerns. Auch hier ist die Personalpolitik in den einzelnen Landesgesellschaften, d. h. im wesentlichen der Hoechst AG, Roussel Uclaf und Marion Merrel Dow., unterschiedlich gestaltet. Entsprechend sind auch die Führungskräfte, einschließlich der Mitglieder der Geschäftsleitung, in unterschiedliche Systeme eingebunden.

Aus der Zielsetzung Hoechst Marion Roussels, auf dem Pharmaweltmarkt eine führende Rolle einzunehmen, resultiert die personalpolitische Konsequenz, sich auch hinsichtlich der Entgeltstruktur der Führungskräfte an die internationalen Pharmamarktkonditionen anzupassen. Gleichzeitig ist ein problemloser internationaler Transfer der Führungskräfte nur dann möglich, wenn das Anreizsystem nicht vollständig landesspezifisch unterschiedlich gestaltet ist. Das heißt, die bei Hoechst Marion Roussel vorzufindende multikulturelle Führungsmannschaft erfordert eine Entgeltstruktur, die gewährleistet, daß gleiche Aufgaben im Unternehmen unabhängig vom regionalen Ort ihrer Ausübung und unabhängig von der Herkunft der Führungskraft auch gleichwertig entgolten werden. Aus diesen internationalen Bedingungen von Hoechst Marion Roussel und der Zielsetzung, globaler Produktführer am internationalen Pharmamarkt zu werden, folgt die Notwendigkeit, eine bereichseinheitliche, dem Pharmamarkt adäquate Struktur aufzubauen. Dies schließt den Aufbau von einheitlichen Auswahl-, Beurteilungs-, Entwicklungs- und nicht zuletzt Entgeltsystemen ein. Gerade das Entgeltniveau von Pharmamanagern unterscheidet sich jedoch international aufgrund der unterschiedlichen Marktbedingungen von dem Entgeltniveau in den Chemiebereichen. Der Aufbau von pharmamarktadäquaten personalpolitischen Systemen im Hoechst Konzern sprengt somit besonders im Entgeltbereich den traditionellen Grundsatz der Einheitlichkeit in der Hoechst AG. Eine Anpassung des Pharmabereichs an die internationalen Marktbedingungen, auch im Hinblick auf die Entgeltentwicklung der Führungskräfte, läßt sich in vollem Umfang erst in der gesellschaftsrechtlichen Eigenständigkeit von Hoechst Marion Roussel umsetzen.

Bis zur juristischen Umsetzung der rechtlichen Eigenständigkeit von Hoechst Marion Roussel versucht der Geschäftsbereich trotz der drei unterschiedlichen personalpolitischen Systeme der Hoechst AG, Roussel Uclaf und Marion Merrel Dow. eine eigenständige Personalpolitik aufzubauen. Unter dem Geschäftsbereichsleiter ist direkt eine Bereichspersonalabteilung angesiedelt, dessen Leiter stimmberechtigtes Mitglied in der Geschäftsbereichsleitung ist.

Im Rahmen des Integrationsprozesses von Hoechst Marion Roussel kommt der Bereichspersonalabteilung für die personalstrategische Begleitung eine wichtige Rolle zu. Die Aufgabenschwerpunkte liegen dabei zur Zeit auf dem Personalabbau und auf der Entwicklung einer bereichsbezogenen Transfer- und Anreizpolitik für die Oberen Führungskräfte des Geschäftsbereichs. Die integrationsbedingten Synergien schlagen sich mit einem Beschäftigungsabbau von insgesamt rd. 8.000 Mitarbeiterstellen weltweit nieder,[1] wovon rd. 1.800 Stellen in Deutschland betroffen sind. Die Umsetzungsaufgabe (z.B., wie der Personalabbau erfolgt) obliegt den landesbezogenen Bereichspersonalabteilungen, die de facto der Bereichspersonalabteilung disziplinarisch und fachlich unterstellt ist, de jure in die Landesgesellschaften und ihre Entscheidungsstrukturen eingebunden sind. So ist die deutsche Bereichspersonalabteilung in die Systeme der AG eingebunden, insbesondere hinsichtlich der Regelungen zur Altersversorgung und des Entgelts der Mitarbeiter sowie hinsichtlich sämtlicher betriebsverfassungs- und tarifrechtlichen Regelungen. Als ein erster personalpolitischer Schritt hin zur Verselbständigung des Pharmabereichs kann jedoch die Einführung eines global einheitlichen Entgeltsystems für die ersten beiden Ebenen im Geschäftsbereich (Geschäftsbereichsleiter, Mitglieder der Geschäftsbereichsleitung) betrachtet werden, in das auch Pharmaführungskräfte der AG eingebunden sind. Mit der Zunahme an eigenständigen Regelungen des Geschäftsbereichs sind strukturell Interessenkonflikte zwischen der global orientierten Bereichspersonalabteilung, welche das Gesamtinteresse von Hoechst Marion Roussel vertritt, und dem ihr im deutschen Teil de jure überstellten Arbeitsdirektor der AG angelegt, welcher die (deutschen) Gesamtinteressen der AG vertritt.

Insgesamt versucht Hoechst Marion Roussel, eigenständig Personalstrategien zu entwickeln, die zur Zeit der Erhebung allerdings erst in Ansätzen konzipiert waren. Im Mittelpunkt der Überlegungen steht dabei die globale, multikulturelle Ausrichtung des Unternehmens. Dies kommt sowohl in der internationalen Besetzung der Geschäftsbereichsleitung zum Ausdruck als auch in der de facto räumlichen Verteilung des Sitzes der Geschäftsbereichsleitung auf die USA, Deutschland und Frankreich. Entsprechend wird die Errichtung eines zentralen Stammhauses abgelehnt. Die Führungskräfteentwicklung soll global ausgerichtet werden, so daß einheitliche Beurteilungs-, Auswahl- und Entwicklungskriterien zu entwickeln sind. Hierfür soll in den USA ein Entwicklungszentrum für Führungskräfte errichtet werden. Darüber hinaus bestehen Planungen für den Aufbau einer einheitlichen Führungsorganisation. Zur Zeit gilt im Bereich durchgängig das amerikanische Rangsystem. Angesichts dieser Merkmale stellt sich

[1] Vgl. o.V., Arbeitsplätze, S. 14.

die Frage, ob dauerhaft ein multikulturelles System bei Hoechst Marion Roussel installiert wird oder ob nicht vielmehr die derzeit noch vorhandenen drei personalpolitischen Systeme, eingebettet in die jeweiligen Landeskulturen Frankreichs, Deutschlands und den USA, auf Dauer durch das amerikanische System nahtlos ersetzt werden.

Bezogen auf die Personalfunktion ergab die Befragung,[1] daß der Bereichspersonalleiter im Rahmen seiner kooptierten Mitgliedschaft an der Geschäftsbereichsleitung gleichberechtigt in allen Fragen der Strategiebildung einbezogen ist. Innerhalb des Geschäftsbereichs besteht sowohl die Auffassung, daß Geschäftsbereichsstrategien Personalstrategien beeinflussen wie umgekehrt Personalstrategien in Teilen auch Geschäftsbereichsstrategien beeinflussen können. Einheitlich besteht bei den befragten Vertretern des Geschäftsbereichs die Auffassung, daß Personalstrategien Teil der Geschäftsbereichsstrategien sind.

Insgesamt unterscheiden sich die Personalstrategien der untersuchten Geschäftsbereiche Chemikalien und Pharma hinsichtlich der inhaltlichen Gestaltung der befragten personalwirtschaftlichen Funktionsfelder, wie z.B. der Entgelthöhe etc. Im Geschäftsbereich Pharma besteht aufgrund der Verselbständigungstendenzen eine größere Gestaltungsfreiheit, globale Personalstrategien zu entwickeln. Aber auch der Geschäftsbereich Chemikalien hat selbst innerhalb der AG in den meisten personalwirtschaftlichen Funktionsfeldern eine große Gestaltungsfreiheit, globale personalpolitische Systeme für die Führungskräfte des Bereichs zu entwickeln. Für den Hoechst Konzern zeichnet sich demzufolge auch im Bereich der Personalstrategien eine geschäftsbereichsbezogene Differenzierung ab, wenngleich die Entwicklung hierzu erst am Beginn steht. Der Marktheterogenität, insbesondere zwischen den Chemie- und wirkstoff-orientierten Bereichen, wird demnach nicht nur bezogen auf die Gestaltungsfreiheit in produkt-markt-strategischen Entscheidungsfeldern Rechnung getragen, sondern ebenfalls in den personalstrategischen Feldern. Die Geschäftsbereiche tragen damit nicht nur weltweit Ergebnis-, sondern auch Ressourcenverantwortung, insbesondere wenn sie rechtlich eigenständig sind. Die Geschäftsbereiche, die noch in der AG angesiedelt sind, haben ebenfalls überwiegend eine Verantwortung für ihre Ressourcen, wenngleich sie im Hinblick auf die Entgeltgestaltung ihrer Mitarbeiter eingeschränkt sind. Berücksichtigt man das Chemieprofil der AG, das nach der Ausgliederung des Pharmabereichs übrig bleibt, stehen hier einer einheitlichen Entgeltpolitik keine produkt-markt-strategischen Differenzierungsargumente entgegen.

Den marktbedingten Differenzierungsanforderungen wird im Hoechst Konzern entsprechend über eine hohe strategische Autonomie der Geschäftsbereiche Rechnung getragen, die weitgehend gesellschaftsrechtlich abgebildet wird. Innerhalb der Geschäftsbereiche bestehen dagegen durchaus Integrationsmechanismen, die u.a. über eine globale Gestaltung der Personalfunktion in personalstrategischen Feldern wirken.

---

[1] Vgl. Anhang, Fragebogen II a; Fragebogen II b.

6.5 Ergebnis: Personal im Spannungsverhältnis zwischen Gesamtunternehmung und Geschäftsbereichen

Der Hoechst Konzern leitete mit der Reorganisation im Jahr 1994 einen umfassenden Wandel seiner unternehmensstrategischen Orientierung als auch seiner Unternehmensstruktur ein. Im Mittelpunkt der Unternehmensstrategie steht die Konzentration auf Kerngeschäfte, die über eine geschäftsfeldbezogene Führungsorganisation global umgesetzt wird. Die zentrale Steuerung des Gesamtunternehmens erfolgt dabei nicht mehr über die einzelnen Landesgesellschaften, sondern über die weltweit verantwortlichen Geschäftsbereiche und -felder. Zur Durchsetzung ihrer globalen Produkt-Markt-Strategien wird den Geschäftsbereichen umfassende Ressourcenverantwortung, einschließlich des Personalbereichs, übertragen. Die differenzierte führungsorganisatorische Struktur der Gesamtunternehmung spiegelt sich in wachsendem Maße in der gesellschaftsrechtlichen Struktur wider. Die Muttergesellschaft Hoechst AG verliert im Zuge der Ausgliederungspolitik von Geschäftsfeldern ihre dominante Stellung im Konzernverbund und stellt sich zunehmend als *eine* Gesellschaft im Hoechst Konzern dar, die „als ein in Deutschland verwurzeltes, operativ tätiges Unternehmen“[1] die Chemiebereiche in Europa repräsentiert.

Der Hoechst Konzern zeichnet sich demzufolge durch einen hohen Differenzierungsgrad aus, der ebenfalls in der AG für die einzelnen Geschäftsbereiche festzustellen ist. Die Geschäftsbereiche agieren - abgestuft im Hinblick auf ihre gesellschaftsrechtliche Eigenständigkeit - weitgehend als selbständige Unternehmenseinheiten (Konzerngesellschaften) sowohl hinsichtlich der strategischen Entscheidungen im Produkt-Markt- als auch im Personalbereich. Die strategische Klammer dieser relativ selbständigen Bereiche erfolgt über die unternehmensweiten Entscheidungen im Rahmen des Konzernproduktportfoliomanagements und der daraus abgeleiteten Investitionsmittelverteilung, des zielgeleiteten Strategischen Managementprozesses und nicht zuletzt der konzernweiten Führungskräfteplanung. Die strategische Autonomie der Geschäftsbereiche wird somit durch die Gesamtunternehmensleitung nur gering begrenzt. Das Corporate Center übt zwar Richtlinienkompetenzen im Auftrag des Konzernvorstands aus, diese sind jedoch, bezogen auf die Breite der Entscheidungsfelder, auf ein geringes Maß gestutzt worden. Die hierdurch entstehende Differenzierung zwischen den Geschäftsbereichen aufgrund ihrer unterschiedlichen marktbezogenen Anpassungen ist erwünscht. Gleichsam übt der Konzernvorstand über den Strategischen Managementprozeß und die bereichsbezogenen Zielvereinbarungen eine der globalen Unternehmensstrategie entsprechende, *direktere* geschäftsfeldbezogene Steuerung aus, als es vorher über die einzelnen Landesgesellschaften möglich war. Die Differenzierung führt so zu einer größeren Transparenz der einzelnen marktbezogenen Geschäftsaktivitäten und läßt hierdurch erst eine globale Bewertung der vielfältigen Geschäftsaktivitäten im Rahmen des Produktportfoliomanagements dauerhaft zu.

Die Gesamtunternehmung nimmt entsprechend weniger eine Ordnungsfunktion als eine Koordinierungs- und strategische Klammerfunktion zur Sicherung der Unternehmenswertsteigerung ein. In diesem Zusammenhang stellt sich auch die Personalfunktion in der Gesamtunter-

[1] Vgl. Dormann, J. (Vorstandsvorsitzender Hoechst Konzern), zit. nach: HOECHST AG, Klima, S. 2.

nehmung als koordinierende Funktion dar. Diese entspricht neben der Vielzahl an eigenständigen personalpolitischen Systemen der Geschäftsbereiche bzw. geschäftsfeldbezogenen Beteiligungsgesellschaften einem zusätzlichen System, das nur für die obersten Führungsebenen greift, um das unternehmensweite Know How über den Führungskräftetransfer zu sichern.

In der Gesamtunternehmung gewinnen damit Personalstrategien für die Obersten Führungskräfte vor dem Hintergrund differenzierter bereichsbezogener Personalsysteme große Bedeutung, so daß hier Personalstrategien als Teil der Unternehmensstrategien betrachtet werden. Das Corporate Center Personal hat zwar unternehmensweit Richtlinienkompetenzen, übt diese jedoch nur bezogen auf die Entwicklung der Obersten Führungskräfte aus. Dies hat zur Folge, daß kaum einheitliche Personalstrategien in der Gesamtunternehmung identifizierbar sind. Personalstrategien und ihr Verhältnis zu Geschäftsbereichsstrategien können im Hoechst Konzern vor dem Hintergrund differenzierter bereichsbezogener Personalsysteme entsprechend unterschiedliche Ausprägungen aufweisen.

Zum weiteren zeichnet sich für den Hoechst Konzern ab, daß die AG als Muttergesellschaft ihre dominante und führende Rolle im Konzern verliert. Merkmal hierfür ist nicht allein die stetige Reduzierung der Umsatz- und Beschäftigtenanteile der AG an den jeweiligen Konzerndaten, sondern ebenso der von seiten der Konzernleitung propagierte Identifikationswechsel vom bislang internationalen deutschen Stammhauskonzern hin zum multikulturellen Konzern. Unterstützt wird der Identifikationswechsel mit einer konsequenten multikulturell ausgerichteten Stellenplanung, der regionalen Auslagerung von Geschäftsbereichssitzen bzw. Teilen der Geschäftsbereichsleitung überwiegend in die USA und der konsequenten Anwendung von Anglizismen in der deutschen Unternehmenssprache, wie in den untersuchten Geschäfts- und Unternehmensbereichen beobachtet werden konnte. Der Anspruch, ein multikulturelles Unternehmen zu sein oder werden zu wollen, ist demgemäß nicht allein mit einer Absage an die deutsche Managementkultur und die deutschen Wurzeln des Unternehmens gleichzusetzen und der Schaffung einer neuen multikulturellen bzw. (landes-)kulturlosen Organisation. Vielmehr können die organisationskulturellen Veränderungen im Hoechst Konzern als Kulturwechsel interpretiert werden, der sich weg von der deutschen hin zur amerikanischen Managementkultur schrittweise vollzieht. Damit lösen sich gleichsam die traditionellen Standortbindungen an Deutschland, die im Rahmen verschärfter internationaler Standortkonkurrenz innerhalb des Konzerns, bei gleichbleibenden Kosten- und Produktivitätsstrukturen, zu nachhaltigen Standortverlagerungen und entsprechenden Beschäftigungswirkungen in Deutschland führen. Darüber hinaus steht mit diesem Kulturwechsel und der einhergehenden Standortkonkurrenz innerhalb des Konzerns auch für die AG die bislang gepflegte soziale Unternehmenskultur immer mehr aus finanzwirtschaftlichen Gründen zur Disposition. Inwieweit der Verlust an unternehmenskultureller Prägung und Identifikation der Mitarbeiter - auch durch die bereichsbezogene Differenzierung bedingt - längerfristig nicht zu erheblichen Produktivitätseinbrüchen führen wird, wird die Zukunft zeigen müssen.

7 Schlußbetrachtung

7.1 Spannungsverhältnis zwischen Gesamtunternehmung und Geschäftsbereichen

Die Auswertung der Fallstudien bestätigt die eingangs getroffene Annahme, daß sich zwischen verschiedenen Produktbereichen der Chemischen Industrie unterschiedliche Wettbewerbsstrategien identifizieren lassen. Dominieren in den Chemiebereichen Kostenstrategien, sind es in den wirkstofforientierten Bereichen Differenzierungsstrategien.

In allen drei untersuchten Unternehmen zeichnen die Geschäftsbereiche für die Bildung ihrer Wettbewerbsstrategien eigenverantwortlich. Der Umfang an strategischer Autonomie der Geschäftsbereiche unter Einbeziehung der gesellschaftsrechtlichen und führungsorganisatorischen Konstruktion der Geschäftsbereichsorganisation gestaltet sich jedoch recht unterschiedlich. Wird die Gewinn- und Ressourcenverantwortung der Geschäftsbereiche in der BASF-Gruppe durch die Länder- und Zentralbereiche sowie die zentralen Unternehmensentscheidungen beschränkt, können die Geschäftsbereiche des Hoechst Konzerns diese weitgehend eigenständig ausüben. Die strategische Autonomie der Geschäftsbereiche beschränkt sich in der BASF-Gruppe unter Berücksichtigung der Übereinkünfte mit Unternehmensleitung und Länderbereichen im wesentlichen auf die produkt-markt-strategische Entscheidungsbildung, während die Geschäftsbereiche des Hoechst Konzerns umfassend für die Bildung und die Umsetzung ihrer produkt-markt-strategischen und in großen Teilen auch ihrer personalstrategischen Entscheidungen verantwortlich zeichnen. Entsprechend läßt sich für die BASF-Gruppe ein hoher Integrationsgrad, für den Hoechst Konzern ein hoher Differenzierungsgrad der Geschäftsbereichsorganisation konstatieren. Der Bayer Konzern nimmt eine Rolle im Mittelfeld ein. Auch hier wirken Integrationsmechanismen über Unternehmensleitung und Zentralbereiche sowie die einzelnen Landesgesellschaften. Dennoch wird den Differenzierungsanforderungen der Geschäftsbereiche zum Teil nachgegeben. Strategische Autonomie haben die Geschäftsbereiche im Bayer Konzern bei der Bildung von produkt-markt-strategischen und ansatzweise personalstrategischen Entscheidungen. Der Bayer Konzern zeichnet sich somit durch einen mittleren Integrationsgrad der Geschäftsbereichsorganisation aus.

Die Befunde zeigen jedoch auch, daß es eine idealtypisch zu bestimmende optimale Ausprägung der Geschäftsbereichsorganisation nicht gibt, sondern daß die einzelne Ausprägung im Zusammenhang mit den jeweiligen Geschäftsaktivitäten, Wettbewerbsbedingungen, gewachsenen Führungsstrukturen etc. bewertet werden muß. Betrachtet man die unternehmensstrategischen Profile der Unternehmen, so zeigt sich, daß vor dem Hintergrund der noch relativ geringen Bedeutung der wirkstofforientierten Bereiche in der BASF-Gruppe Differenzierungsanforderungen zwischen den Geschäftsbereichen gering sind und aus der Nutzung technologischer Synergien durch das Verbundsystem für die meisten Geschäftsbereiche Wettbewerbsvorteile entstehen. Der hohe Integrationsgrad der Geschäftsbereichsorganisation geht demzufolge in weiten Teilen konform mit den technologischen und marktbedingten Integrationsanforderungen der Geschäftsbereiche. Im Hoechst Konzern und Bayer Konzern dagegen haben die Geschäftsaktivitäten der wirkstofforientierten Bereiche ein deutlich höheres Gewicht, so daß dort die aus der Marktheterogenität zwischen Chemie- und wirkstofforientierten Bereichen resultierenden Differenzierungsanforderungen zu einem deutlich ausgeprägten Spannungsfeld zwischen Gesamtunternehmung und Geschäftsbereichen führen. Der Hoechst Konzern gibt diesen Differenzierungsanforderungen führungsorganisatorisch und gesellschaftsrechtlich zunehmend nach, während der Bayer Konzern versucht, unter Berücksichtigung der erforderlichen Differenzierungsmaßnahmen die Integration zu bewahren. Unternehmensstrategisch wird im Bayer Konzern die Aufrechterhaltung der Integration mit den realisierbaren Synergien begründet, die aus dem technologischen und marktbezogenen Wissenstransfer zwischen Chemiespezialitäten und Produkten der wirkstofforientierten Bereiche erschließbar sind.

Die internationale Steuerung der Geschäftsbereiche ist in den Unternehmen eng verknüpft mit der jeweiligen Ausprägung ihrer Geschäftsbereichsorganisation und erfolgt entweder über eine landesbezogene, synergieorientierte oder über eine produktbezogene, marktorientierte Steuerung.

Bei der *landesbezogenen, synergieorientierten* Unternehmenssteuerung der Geschäftsbereichsorganisation (BASF-Gruppe, Bayer Konzern) wird das Interesse der Gesamtunternehmung höher gewichtet als die einzelnen Geschäftsbereichsinteressen. Die Erzielung von bereichsübergreifenden Synergien steht im Mittelpunkt zentraler Politiken, die somit einen relativ hohen Stellenwert haben. Die Muttergesellschaft AG nimmt eine starke bis mittelstarke Führungsrolle in der Gesamtunternehmung bzw. dem Konzern ein. Dies schlägt sich darin nieder, daß neben den unternehmensweit mit Richtlinienfunktion ausgestatteten Zentralbereichen, die Geschäftsbereichsleitungen und die überwiegende Mehrzahl an oberen Führungskräften in der AG angesiedelt sind. Die AG bildet demzufolge die internationale Führungsorganisation der Gesamtunternehmung. Die Auslandsaktivitäten werden über die Landesgesellschaften geführt, die auf der einen Seite das Interesse der Gesamtunternehmung in den einzelnen Ländern vertreten, auf der anderen Seite von den Geschäftsbereichen der AG führungsorganisatorisch geleitet werden. Es herrscht somit eine Stammlandzentrierung der Gesamtunternehmung vor. Die Unternehmen versuchen derzeit, der Internationalisierung insoweit Rechnung zu tragen, als sie den einzelnen Landesgesellschaften mehr Raum für eigenständige Entwicklungen geben wollen. Die landesbezogene, synergieorientierte Steuerung der internationalen Geschäftsbereichsorganisation berücksichtigt somit nicht vorrangig die aus der Marktheterogenität resultierenden Differenzierungsanforderungen der Geschäftsbereiche. Problemdruck entsteht hieraus vor allem für die in dynamischen, globalen Produkt-Märkten agierenden wirkstofforientierten Bereiche, deren Reaktionsfähigkeit und Flexibilität durch die Integrationsmechanismen der Gesamtunternehmung behindert werden.

Bei der *produktbezogenen, marktorientierten* internationalen Steuerung der Geschäftsbereichsorganisation (Hoechst Konzern) wird den differenzierten Marktanforderungen in der Unternehmung Rechnung getragen und es werden die Bereichsinteressen höher gewichtet als die Interessen der Gesamtunternehmung. Die zentrale Steuerung der Gesamtunternehmung wird auf wenige Koordinationsmechanismen beschränkt, welche der unternehmensweiten Wertsteigerung dienen. Die produktbezogene, marktnahe Steuerung erfolgt über die zwischen Gesamtunternehmung und Geschäftsbereichen getroffenen jährlichen Zielvereinbarungen, die der in den Geschäftsbereichen eigenverantwortlich betriebenen Strategiebildung und -umsetzung vorangestellt sind. Die Landesgesellschaften stellen lediglich die Infrastruktur für die global agierenden Geschäftsbereiche bereit. Der Sitz der einzelnen Geschäftsbereichsleitungen kann in verschiedenen Landesgesellschaften beherbergt sein, wie sich auch die Geschäftsbereichsleitungen aus Angehörigen unterschiedlicher Landesgesellschaften zusammensetzen können. Die Stammlandzentrierung der Gesamtunternehmung wird aufgegeben. Die Muttergesellschaft AG verliert dabei ihre Führungsrolle in der Gesamtunternehmung bzw. dem Konzern. Die globale, produktbezogene Unternehmenssteuerung der Geschäftsbereichsorganisation stellt sich als hoch koordinierte internationale Steuerung dar, da die Produkt-Markt-Strategiebildung der Gesamtunternehmensleitung auf der Basis globaler produkt- und marktbezogener Daten unbeachtet von Länderinteressen erfolgt. Eine den internationalen Kapitalanlegern verpflichtete Gesamtunternehmung kann damit ungebrochen ein globales, an Geschäftsfeldern orientiertes Portfoliomanagement zur Unternehmenswertsteigerung praktizieren. Dieses läßt sich durch eine gesellschaftsrechtliche Differenzierung von Geschäftsbereichen und -feldern, wie sie zur Zeit beim Hoechst Konzern angestrebt wird, noch weiter optimieren. Beschäftigteninteressen im nationalen Maßstab, wie sie insbesondere beim deutschen Stammhauskonzern mit seiner Heimatlandzentrierung verstärkt durchschlagen, geraten hier rasch in den Hintergrund.

7.2 Personalfunktion im Spannungsverhältnis zwischen Gesamtunternehmung und Geschäftsbereichen

Zunächst zeigen die Fallstudien, daß der Personalfunktion innerhalb der AG und vor dem Hintergrund der deutschen mitbestimmungsrechtlichen Gegebenheiten eine hohe Bedeutung zugesprochen wird. Durch die institutionelle Verankerung des Arbeitsdirektors im Gesamtvorstand der deutschen AG bedingt, werden von allen befragten Entscheidungsträgern Personalstrategien als Teil der Unternehmensstrategien betrachtet.

Bezogen auf die Frage, inwieweit die Entwicklung von Personalstrategien auf die Geschäftsbereiche verlagert wird, zeigt sich jedoch ein uneinheitliches Bild. Die BASF-Gruppe, die über einen hohen Integrationsgrad der Geschäftsbereichsorganisation verfügt, weist bis auf den Pharmabereich keinerlei bereichsspezifische Differenzierung der Personalstrategien auf. Innerhalb der Muttergesellschaft AG besteht ein hoher Zentralisationsgrad der Personalfunktion. Dagegen verlagert der Bayer Konzern die Personalstrategiebildung zum Teil auf die Geschäftsbereiche, wobei die Bereichspersonalabteilungen fachlich und disziplinarisch an den Zentralbereich Personal der AG angebunden bleiben. Der Hoechst Konzern verlagert gemäß seines hohen Differenzierungsgrads auch die Personalfunktion weitgehend auf die Geschäftsbereiche, so daß die Personalstrategiebildung in großen Teilen bei den Geschäftsbereichen liegt.

In allen drei Unternehmen zeigt sich ein einheitlicher Befund im Hinblick auf das angenommene heterogene Personalverständnis zwischen *Chemie- und wirkstofforientierten* Bereichen. Die wirkstofforientierten Bereiche drängen auf mehr Selbständigkeit und personalpolitische

Handlungsfreiheit. Hierfür ist nicht allein die hohe Internationalität der Geschäftsaktivitäten und der Produktionsstandorte ausschlaggebend, sondern die im Vergleich zu den Chemiebereichen durch eine hohe regionale Marktsegmentierung gekennzeichneten Absatzbedingungen sowie die hohe Endverbrauchernähe. Dies führt dazu, daß die wirkstofforientierten Geschäftsbereiche ein hohes Gewicht auf die Forschungs-, Marketing- und Vertriebsaktivitäten legen, um eine marktführende Position über Produktführerschaft zu erhalten. Kennzeichnend ist ebenfalls, daß der Unternehmenserfolg hierdurch in einem hohen Maße von dem Engagement der Mitarbeiter abhängig wird. Dies gilt für die gesamte Forschungsarbeit, welche Grundvoraussetzung zum Erhalt der Produktführerschaft ist, und gilt ebenso für die qualitätsbezogene Produktion und den Vertrieb.

Die Arbeitsproduktivität wird in den wirkstofforientierten Bereichen zum weiteren nicht wie in den Chemiebereichen in überwiegendem Maße über die Produktion und die erzeugte Menge je Mitarbeiter ermittelt, sondern vor allem über das Engagement der Mitarbeiter in Forschung und Vertrieb, gemessen an der im Markt erfolgreich eingeführten Produkte und an den über viele Einzelgespräche erzielten Verkaufszahlen und Marktanteilen. Entsprechend sind in diesen Bereichen Rationalisierungseffekte durch die Substitutionsbeziehung Mensch-Maschine begrenzt. Langfristiger Geschäftserfolg in den einzelnen differenzierten regionalen Absatzmärkten ist damit eng an ein qualifiziertes Personal gebunden, so daß die Betrachtung des Personals als wichtige Ressource, die gepflegt werden muß, zum wichtigem Bestandteil jeglicher Geschäftsbereichsstrategiebildung wird. Der Aufbau eines einheitlichen, auf die Anforderungen des Geschäftsbereichs abgestellten Beurteilungs- und Personalentwicklungssystems erleichtert den internationalen Personaltransfer innerhalb des Geschäftsbereichs, der einen nahtlosen Know How-Transfer sichert.

Innerhalb der wirkstofforientierten Geschäftsbereiche wächst damit der Bedarf an ressourcenorientierten personalpolitischen Instrumenten, die u.a. eine teamorientierte Arbeitsorganisation, einen Abbau hierarchischer Strukturen und Abläufe und den Aufbau von internationalen Beurteilungssystemen und Personalentwicklungsmaßnahmen zum Inhalt haben. Die Dynamik der weltregionalen Absatzmärkte, in denen diese Geschäftsbereiche operieren, zwingt zu flexiblen und reaktionsschnellen Produkt-Markt- und Wettbewerbsstrategien, deren Erfolg in hohem Maße von den Handlungen der Mitarbeiter abhängig ist. Dies führt aber auch zu personalstrategischen Überlegungen, Entgeltregelungen leistungsspezifischer zu differenzieren und im Rahmen der internationalen Rotation bereichsbezogen einheitliche Grundsätze zu entwickeln. Eine überschaubare Steuerung und Koordination der globalen, aber lokal zu differenzierenden Wettbewerbsstrategien kann letztlich effizient nur noch über die Geschäftsbereiche selbst erfolgen, welches die Personalstrategiebildung einschließt. Eine daran ausgerichtete bereichsbezogene und globale Personalpolitik stößt jedoch dort an ihre Grenzen, wo das Einheitlichkeitsprinzip des überwiegend national orientierten Zentralbereichs Personal keine Differenzierung zuläßt. Dies ist insbesondere beim Entgeltsystem gegeben, wo innerhalb der deutschen Muttergesellschaften eine geschäftsbereichsbezogene Differenzierung nicht gewährt und demzufolge ein bereichsbezogen einheitliches Anreizsystem nicht entwickelbar wird. Aber auch bei den Systemen der Personalentwicklung und der Mitarbeiterbeurteilung sind meist AG-Richtlinien zu berücksichtigen.

Bezogen auf das heterogene Personalverständnis kann somit festgehalten werden, daß in den Chemiebereichen entsprechend der verfolgten Kostenstrategien Personal mehr als Kostenfaktor denn als Ressource betrachtet wird. Dabei ist die Auffassung vorherrschend, daß Personalstrategien aus den Geschäftsbereichsstrategien (Produkt-Markt- und Wettbewerbsstrategien) abgeleitet werden. In den wirkstofforientierten Geschäftsbereichen dagegen wird gemäß der verfolgten Differenzierungsstrategien im Personal überwiegend eine wichtige Ressource für den Geschäftserfolg gesehen. Es dominiert hier die Sichtweise, daß Personalstrategien als Teil von Geschäftsbereichsstrategien zu betrachten sind. Diese Auffassung wird im Bayer Konzern und im Hoechst Konzern institutionell verankert, indem die Bereichspersonalleiter durchweg in die Geschäftsbereichsleitung einbezogen werden.

Im Hinblick auf die Gestaltung der internationalen Personalfunktion lassen sich die vorgestellten Konzepte der internationalen Steuerung der Geschäftsbereichsorganisation wiederfinden. Die *landesbezogene, synergieorientierte* Unternehmenssteuerung der BASF-Gruppe und des Bayer Konzerns ist verknüpft mit einer landesbezogenen Gestaltung der Personalfunktion. Entsprechend sind Ausgangspunkt der geplanten Personalstrategiebildung zunächst die einzelne *Landesgesellschaft* und die nationalen Gepflogenheiten, nicht der Geschäftsbereich. Die internationale Personalstrategiebildung ist somit weitgehend polyzentrisch und nur in bestimmten Bereichen zentral und unternehmensweit einheitlich angelegt. Die Personalfunktion der Gesamtunternehmung übt eine länder- und geschäftsbereichsübergreifende Integrationsfunktion aus. Die durch die Muttergesellschaft AG bestimmten strategisch kritischen Erfolgsfaktoren, die unternehmensweit einheitlich personalpolitische Handhabung erfordern, erstrekken sich vor dem Hintergrund polyzentrischer Personalstrategien der einzelnen Länder u.a. auf folgende wesentliche personalstrategischen Felder:

- Unternehmensweite Führungskräfteplanung für die zweite und vierte Führungsebene, einschließlich der Potentialentwicklung fünfte Führungsebene
- Aus- und Weiterbildung
- Führungsgrundsätze
- Entgeltregelungen für die zweite, dritte und eventuell vierte Führungsebene

Über diese Felder, die sich hinsichtlich der Zielgruppe nicht allein auf Führungskräfte beziehen, sondern auf sämtliche Mitarbeiter, unterstreicht die Gesamtunternehmung ihren Integrationsanspruch. Solange die Muttergesellschaft AG über Einfluß auf diese personalstrategischen Integrationsmechanismen verfügt, ist von zentralen ethnozentrischen Personalstrategien auszugehen, welche die polyzentrischen Personalstrategien in den einzelnen Landesgesellschaften ergänzen.

Aus Geschäftsbereichssicht entsteht das Problem, daß die globale Produkt-Markt-Strategiebildung die Personalstrategiebildung nicht mit einschließt. In der BASF-Gruppe wird dieses Problem nur von den wirkstofforientierten Bereichen wahrgenommen. Aus Sicht der Muttergesellschaft BASF AG besteht für eine geschäftsbereichsbezogene Differenzierung der Personalfunktion bislang auch keine Erfordernis. Die befragten Geschäftsbereiche im Bayer Konzern sehen insgesamt die Notwendigkeit, globale Produkt-Markt-Strategien mit globalen Personalstrategien zu verknüpfen, wenngleich innerhalb eines unternehmensweit gültigen Rahmens. Die wirkstofforientierten Bereiche sind hier konzeptionell und umsetzungsmäßig in einem weiteren Stadium als die Chemiebereiche. Die Muttergesellschaft Bayer AG folgt den aus der Internationalisierung und Marktheterogenität resultierenden Differenzierungsanforderungen der Geschäftsbereiche über die globale Orientierung der Geschäftsbereichspersonalleitungen, die weiterhin fachlich und disziplinarisch dem Zentralbereich Personal der AG unterstellt sind. Hiermit wird implizit der personalstrategische Führungsanspruch der AG innerhalb des Konzerns bestärkt.

Mit der *produktbezogenen, marktorientierten* Unternehmenssteuerung der internationalen Geschäftsbereichsorganisation ist im Hoechst Konzern auch die Gestaltung der Personalfunktion verknüpft. Ausgangspunkt für die Personalstrategiebildung ist zunächst der global agierende *Geschäftsbereich*, nicht die einzelne Landesgesellschaft. Hierdurch ist die Bildung von globalen Produkt-Markt-Strategien mit der Bildung globaler Personalstrategien der Geschäftsbereiche verknüpft. Die internationalen Personalstrategien der Geschäftsbereiche sind somit grundsätzlich eher geo- oder ethnozentrisch ausgerichtet.

Die einheitlich zu handhabenden personalstrategischen Felder der Gesamtunternehmung sind begrenzt:

- Obere Führungskräfteplanung der zweiten und dritten Führungsebene
- Entgeltstruktur der zweiten und dritten Führungsebene

Damit beschränkt sich der Integrationsanspruch der Gesamtunternehmung auf die kleine Gruppe der international rotierenden Oberen Führungskräfte.

Aus Geschäftsbereichssicht entsteht das Problem, die verfolgten globalen Personalstrategien in landesbezogene Personalpolitiken in Abhängigkeit von nationalen Gepflogenheiten und Rechtssystemen umzusetzen. Bei einer internationalen Besetzung der Geschäftsbereichsleitung stellt sich die Frage, inwieweit die globale Personalstrategiebildung geozentrisch gestaltet werden kann oder ob in Abhängigkeit vom Einfluß bestimmter Führungskräfte auf den Strategiebildungsprozeß nicht eine landeskulturelle Prägung dominiert. Gerade bei Standortentscheidungen kommt der personalstrategischen Einschätzung von qualitativen Faktoren, wie z.B. Qualifikation, Potentialeinschätzung, Arbeitseinsatz, Arbeitsmotivation, Rechtskultur, gegenüber rein quantitativen Faktoren, wie z.B. Personalkosten, eine nicht zu vernachlässigende Bedeutung zu. Die landeskulturelle Kenntnis und Sensibilität sowie Stammlandbindung führen zu einer spezifischen Betrachtung qualitativer und kultureller Standortfaktoren, so daß möglicherweise eine andere Gewichtung im Rahmen der internationalen Standortentscheidungen des Geschäftsbereichs erfolgt. Da mit dem Verlust der Führungsrolle der AG eine Stammlandzentrierung nicht mehr existiert, ist der Einfluß kulturell qualitativer Faktoren auf die globale Personalstrategiebildung des Geschäftsbereichs hier offen. Im Hoechst Konzern wird derzeit die Erfahrung bei den deutschen Führungskräften gemacht, daß bisherige landeskulturell beeinflußte Prioritäten für den deutschen Forschungs- und Produktionsstandort in den international besetzten Geschäftsbereichsleitungen nicht mehr gelten und bei Standortentscheidungen eine unmittelbare Konkurrenz zwischen den einzelnen, im Geschäftsbereich vertretenen Landesgesellschaften besteht. Landeskulturell beeinflußte Personalstrategien, wie sie in Deutschland durch die Mitbestimmungsträger bislang gebildet und umgesetzt wurden, stehen damit in Konkurrenz zu Personalstrategien anderer Landesgesellschaften.

7.3 Ausblick

Mit der vorliegenden Arbeit wurde versucht, das Zusammenwirken von Gesamtunternehmung und Geschäftsbereichen im Hinblick auf Strukturen und Strategien unter besonderer Berücksichtigung der Personalfunktion nachzuzeichnen. Hierbei konnte gezeigt werden, daß der zentralen Personalfunktion gerade in der diversifizierten Unternehmung eine geschäftsfeldübergreifende Integrationsfunktion zukommt, die im deutschen Rechtsraum bislang durch die mitbestimmungs- und betriebsverfassungsrechtlichen Gegebenheiten unterstützt wird. Die Gestaltung der Personalfunktion im Spannungsfeld zwischen Integration und Differenzierung der Geschäftsbereichsorganisation erfolgt dabei sehr unterschiedlich. Die Übertragung von Strategiebildungsentscheidungskompetenzen auf die Geschäftsbereiche im Zuge einer Dezentralisierung schließt oftmals die Personalfunktion nicht mit ein. Die empirischen Fallstudien belegen zwar für die deutschen Muttergesellschaften, daß der Personalfunktion über den arbeitsdirektorialen Zentralbereich im Unternehmen ein hoher Stellenwert eingeräumt wird. Sie zeigen jedoch auch, daß dessen gesetzlich induzierte Bedeutung für die Gesamtunternehmung durch die Differenzierung und Internationalisierung schrittweise zurückgedrängt werden kann.

Zum einen führt die Herausbildung einer differenzierten Geschäftsbereichsorganisation auch zu personalstrategischen Differenzierungstendenzen. Wird den Geschäftsbereichen Art und Inhalt der Personalstrategien weitgehend überlassen, geht damit die Beschneidung des zentralen arbeitsdirektorialen Zuständigkeitsbereichs für Personalstrategien einher.

Zum anderen führt die Internationalisierung der Geschäftsbereiche zu einem nachhaltigen Bedeutungsverlust des deutschen arbeitsdirektorialen Kompetenzbereichs. Im internationalen Stammhauskonzern übt die Muttergesellschaft AG eine Führungsrolle für die Gesamtunternehmung aus. Wenn auch die gesellschaftsrechtlich induzierten Aufgaben des Arbeitsdirektors hinsichtlich der Personalfunktion in erster Linie innerhalb der AG und des deutschen Rechtsraums greifen, so gehen doch explizit und implizit von den Personalstrategien des Zentralbereichs Personal Einflüsse auch für die internationale Gesamtunternehmung aus. Strukturell ist der größte Einfluß des arbeitsdirektorialen Bereichs gegeben, wenn sämtliche Geschäftsbereichsleitungen Teil der AG sind. Die Integrationsfunktion des Personalbereichs für die Gesamtunternehmung wird entsprechend vom deutschen Zentralbereich beeinflußt.

Die Fallstudien zeigen, daß bei einer landesbezogenen, synergieorientierten Steuerung der internationalen Geschäftsbereichsorganisation den bereichsbezogenen globalen Produkt-Markt-Strategien landesbezogene Personalstrategien entgegenstehen, das heißt eine geschäftsbereichsspezifische Differenzierung der Personalfunktion gar nicht oder nur in Ansätzen möglich ist. Zum Problem wird dies, wenn ein ausgeprägtes Spannungsfeld zwischen Gesamtunternehmung und Geschäftsbereichen besteht, weil die Geschäftsbereiche sich wettbewerbsstrategisch stark unterscheiden. Eine landesbezogen einheitlich gestaltete Personalfunktion läuft dann Gefahr, den differenzierten Anforderungen und Bedürfnissen der Geschäftsbereiche nicht mehr gerecht zu werden und damit ihren Einfluß auf die Bildung globaler Geschäftsbereichsstrategien zu verlieren. Noch deutlicher wird dieser Aspekt vor dem Hintergrund des marktorientierten Steuerungs- und geozentrischen Personalführungskonzepts der internationalen Geschäftsbereichsorgansation. Die internationale Besetzung der Geschäftsbereichsleitung führt dazu, daß der Durchgriff des arbeitsdirektorialen Bereichs sich ausschließlich auf die in der Geschäftsbereichsleitung verbleibenden AG-Mitglieder bezieht. Der Einfluß des Arbeitsdirektors auf die Gesamtunternehmung beschränkt sich dann auf die Oberen Führungskräfte und kann im Endergebnis vollständig ausgehöhlt werden, wenn der Sitz der Holding zusätzlich in ein anderes Land verlegt wird.

Es wird deutlich, daß die unterschiedlichen Wettbewerbsbedingungen auf der einen Seite, die umfassende Internationalisierung der Geschäftsaktivitäten auf der anderen Seite ein Überdenken bisheriger strategischer und organisatorischer Konzepte in den integrierten Unternehmen der Chemischen Industrie erzwingen. Hier sind die deutschen Mitbestimmungsträger aufgefordert, ihre bisher stark zentrale, an der Gesamtunternehmung ausgerichtete Denkhaltung aufzugeben und sich den Konsequenzen der Differenzierung und Internationalisierung der Geschäftsbereichsorganisation zu stellen.

Die Personalfunktion steht damit zukünftig vor einer großen Herausforderung, will sie auch ohne gesetzlich verordnete Institutionalisierung eine gleichberechtigte Rolle im allgemeinen und globalen Strategiebildungsprozeß von Geschäftsbereichen und Gesamtunternehmung einnehmen. Die bislang stark an der Gesamtunternehmung und der Funktionalorganisation ausgerichtete personalwirtschaftliche Theoriebildung und Praxis muß deshalb ergänzt werden um die sich aus der Divisionalstruktur ergebenden personalwirtschaftlichen Aspekte. Weiterer Forschungsbedarf zeigt sich hier insbesondere im Hinblick auf Möglichkeiten und Erfordernisse der bereichsbezogenen personalstrategischen Differenzierung, zum Beispiel in den Feldern Personalauswahl, -entwicklung und -entgelt, sowie hinsichtlich der damit einhergehenden, personalstrategisch zu beachtenden, unternehmenskulturellen Wirkungen im Spannungsfeld zwischen Integration und Differenzierung.

Literaturverzeichnis

A

ACKERMANN, Karl-Friedrich: *Konzeptionen* des Strategischen Personalmanagements für die Unternehmenspraxis, in: Glaubrecht, Helmut/Wagner, Dieter (Hrsg.): Humanität und Rationalität in Personalpolitik und Personalführung. Beiträge zum 60. Geburtstag von Ernst Zander, Freiburg i.B. 1987, S. 39-68.

ACKERMANN, Karl-Friedrich: Strategisches *Personalmanagement* auf dem Prüfstand - Kritische Fragen an ein zukunftsorientiertes Konzept der Personalarbeit, in: Ackermann, Karl-Friedrich/Danert, Günter/Horváth, Péter (Hrsg.): Personalmanagement im Wandel, Stuttgart 1989, S. 1-29.

ALTMANN, Gerlinde: *Personalstrategie* und ihre organisatorische Durchsetzung. Personallogistik sichert die Umsetzbarkeit der Personalstrategie in operative Handlungen, in: Zeitschrift für Organisation, H. 4, 1989, S. 262-268.

AMECKE, Hans-Bernd: *Chemiewirtschaft* im Überblick. Produkte, Märkte, Strukturen, Weinheim 1987.

ANSOFF, Igor/KIRSCH, Werner/ROVENTA, Peter: *Unschärfenpositionierung* in der Strategischen Portfolio-Analyse, in: Kirsch, Werner/Roventa, Peter (Hrsg.): Bausteine eines Strategischen Management. Dialoge zwischen Wissenschaft und Praxis, Berlin u.a. 1983, S. 237-264.

B

BARTÖLKE, Klaus/GRIEGER, Jürgen: *Defizitabbau* oder Potentialproduktion als Perspektiven von Personalentwicklung. Grundlagen und Probleme zweier Orientierungen, in: Laske, Stephan/Gorbach, Stefan (Hrsg.): Spannungsfeld Personalentwicklung. Konzept, Analysen, Perspektiven. Wiesbaden 1993, S. 93-110.

BASF AG (Hrsg.): Vision 2010 der *BASF-Gruppe* - Warum eine Vision für die BASF, Presse-Information vom 11.10.1995.

BASF AG (Hrsg.): *Daten* und Fakten - Charts '95, Ludwigshafen 1995.

BASF AG (Hrsg.): Den *Erfolg* durch Geben und Nehmen sichern, BASF Information, Nr. 19 v. 25.10.1995, S. 2.

BASF AG (Hrsg.): Vision 2010 der BASF-Gruppe - *Erläuterungen* zu den Kernsätzen, Presse-Information vom 11.10.1995.

BASF AG (Hrsg.): *Geschäftsbericht 1991*, Ludwigshafen 1992.

BASF AG (Hrsg.): *Geschäftsbericht 1992*, Ludwigshafen 1993.

BASF AG (Hrsg.): *Geschäftsbericht 1993*, Ludwigshafen 1994.

BASF AG (Hrsg.): *Geschäftsbericht 1994*, Ludwigshafen 1995.

BASF AG (Hrsg.): *Geschäftsbericht 1995*, Ludwigshafen 1996.

BASF AG (Hrsg.): *Personalkonzeption* der BASF-Gruppe. Unternehmensinterne Unterlage des Zentralbereichs Personal der BASF-Gruppe, o.O. 1992.

BASF AG (Hrsg.): *Vision* 2010 der BASF-Gruppe. Unternehmensinterne Unterlage, Ludwigshafen o.J.

BASF LACKE UND FARBEN AG (Hrsg.): *Geschäftsbericht 1993*, Münster 1994.
BASF LACKE UND FARBEN AG (Hrsg.): *Geschäftsbericht 1994*, Münster 1995.
BAYER AG (Hrsg.): Hans-Jürgen Mohr und Dr. Udo Oels in den *Bayer-Vorstand* berufen, Bayer aktuell vom 24.1.1996.
BAYER AG (Hrsg.): Bayer restrukturiert *Chromproduktion*, Bayer aktuell v. 26.1.1996.
BAYER AG (Hrsg.): Mitarbeiterführung - Die *Entwicklungsbeurteilung*. Unternehmensinterne Unterlage des Zentralbereichs Personal, o.O., 1992.
BAYER AG (Hrsg.): *Flexibilisierung* der Arbeitszeit bei Bayer: Individuelle Arbeitszeit an betrieblichen und persönlichen Belangen ausrichten, Presse-Information v. 17.5.1995.
BAYER AG (Hrsg.): Mitarbeiterführung - *Führungsgrundsätze*. Unternehmensinterne Unterlage des Zentralbereichs Personal, o.O., 1991.
BAYER AG (Hrsg.): Mitarbeiterführung - Das *Führungsgespräch*. Unternehmensinterne Unterlage des Zentralbereichs Personal, o.O.; 1990.
BAYER AG (Hrsg.): Bayer und Hüls wollen ein *Gemeinschaftsunternehmen* gründen, Bayer aktuell v. 2.2.1996.
BAYER AG (Hrsg.): *Geschäftsbericht 1988*, Leverkusen 1989.
BAYER AG (Hrsg.): *Geschäftsbericht 1989*, Leverkusen 1990.
BAYER AG (Hrsg.): *Geschäftsbericht 1990*, Leverkusen 1991.
BAYER AG (Hrsg.): *Geschäftsbericht 1991*, Leverkusen 1992.
BAYER AG (Hrsg.): *Geschäftsbericht 1992*, Leverkusen 1993.
BAYER AG (Hrsg.): *Geschäftsbericht 1993*, Leverkusen 1994.
BAYER AG (Hrsg.): *Geschäftsbericht 1994*, Leverkusen 1995.
BAYER AG (Hrsg.): *Geschäftsbericht 1995*, Leverkusen 1996.
BAYER AG (Hrsg.): *Grundsätze* zur internationalen Bayer-Personalpolitik für Führungskräfte. Unternehmensinterne Unterlage der Konzernkoordination Obere Führungskräfte, o.O., 1993.
BAYER AG (Hrsg.): *Jahresabschluß 1991*, Leverkusen 1992.
BAYER AG (Hrsg.): *Jahresabschluß 1992*, Leverkusen 1993.
BAYER AG (Hrsg.): *Jahresabschluß 1993*, Leverkusen 1994.
BAYER AG (Hrsg.): *Jahresabschluß 1994*, Leverkusen 1995.
BAYER AG (Hrsg.): *Jahresabschluß 1995*, Leverkusen 1996.
BAYER AG (Hrsg.): *Konzentration* auf Kernaktivitäten im Geschäftsbereich Consumer Care - Bayer will sich von Süßstoffen sowie Haut- und Körperpflegemittel trennen, Bayer aktuell v. 26.1.1996.
BAYER AG (Hrsg.): *Leitlinien* für Aus- und Weiterbildung in den Konzerngesellschaften Ausland. Unternehmensinterne Unterlage, Leverkusen 1995.
BAYER AG (Hrsg.): *Mitarbeiter* erhalten 80 Prozent Bonus, Bayer aktuell v. 7.2.1996.
BAYER AG (Hrsg.): *Richtlinien* für die Führungskräfte-Entwicklung. Unternehmensinterne Unterlage der Konzernkoordination Obere Führungskräfte, o.O., 1991.
BAYER AG (Hrsg.): Grundsätze und *Selbstverständnis* des Zentralbereiches PS. Unternehmensinterne Unterlage, o.O., 1995.
BEA, Franz X./HAAS, Jürgen: Strategisches *Management*, Stuttgart 1995.

BECKER, Fred G.: Zur *Ausgestaltung* eines strategisch-orientierten Anreizsystems. Anforderungen und Gestaltungsmerkmale zur Beeinflussung des strategischen Leistungsverhaltens, in: Zeitschrift für Organisation, H. 3, 1987, S. 159-164.

BISANI, Fritz: *Personalwesen* und Personalführung. The State of Art der betrieblichen Personalarbeit, 4. Aufl., Wiesbaden 1995.

BLEICHER, Knut: *Organisation*. Strategien, Strukturen, Kulturen, 2. Aufl., Wiesbaden 1991.

BÜHNER, Rolf/WALTER, Hans: *Divisionalisierung* in der Bundesrepublik Deutschland, in: Der Betrieb, Nr. 26/27, 1977, S. 1205-1207.

BÜHNER, Rolf: *Strategie* und Organisation. Analyse und Planung der Unternehmensdiversifikation mit Fallbeispielen, Wiesbaden 1985.

BÜHNER, Rolf: Betriebswirtschaftliche *Organisationslehre*, 5. Aufl., München u.a. 1991.

BÜHNER, Rolf: *Management-Holding* (a). Unternehmensstruktur der Zukunft, 2. Aufl., Landsberg a. Lech 1992.

BÜHNER, Rolf: *Spartenorganisation*, in: Frese, Erich (Hrsg.): Handwörterbuch der Organisation. Enzyklopädie der Betriebswirtschaftslehre, Bd. 2, 3. Aufl., Stuttgart 1992, Sp. 2274-2287.

BÜHNER, Rolf: *Management-Holding* (b), in: Wirtschaftswissenschaftliches Studium, H. 4, 1993, S. 158-162.

BUNDESVERBAND DER PHARMAZEUTISCHEN INDUSTRIE e.V.: Pharma *Daten '95*, Frankfurt a.M. 1995.

C

CHANDLER, Alfred D.: *Strategy* and Structure. Chapters in the History of the Industrial Enterprise. Cambridge, London 1962.

CIUPKA, Dirk: Strategisches *Personalmanagement* und Führungskräfteentwicklung, Hamburg 1991.

CORSTEN, Hans: *Wettbewerbsstrategien* - Möglichkeiten einer simultanen Strategieverfolgung, in: Corsten, Hans/Reiß, Michael (Hrsg.): Handbuch Unternehmensführung. Konzepte, Instrumente, Schnittstellen, Wiesbaden 1995, S. 341-353.

D

DAVIS, Stanley M./LAWRENCE, Paul R.: Der *Matrix-Diamant*, in: Reber, Gerhard/Strehl, Franz (Hrsg.): Matrix-Organisation. Klassische Beiträge zu mehrdimensionalen Organisationsstrukturen, Stuttgart 1988, S. 17-30.

DEVANNA, Mary A./FOMBRUN, Charles J./TICHY, Noel M.: A *Framework* for Strategic Human Resource Management, in: Fombrun, Charles J./Tichy, Noel M./Devanna, Mary A. (Hrsg.): Strategic Human Resource Management, New York u.a. 1984, S. 33-51.

DILL, Peter W.: *Produkt-Markt-Strategien*, in: Corsten, Hans/Reiß, Michael (Hrsg.): Handbuch Unternehmensführung. Konzepte, Instrumente, Schnittstellen, Wiesbaden 1995, S. 331-339.

DINGES, Stephan: *SMP* - Planung mit System, in: Hoechst persönlich, Nr. 5, Nov. 1995, hrsg. v. der Hoechst AG, Frankfurt, S. 19.

DORMANN, Jürgen: *Geschäftssegmentierung* bei Hoechst, in: Zeitschrift für betriebswirtschaftliche Forschung, H. 12, 1993, S. 1068-1077.

DRUMM, Hans J.: *Planungs- und Anpassungsprobleme* der Geschäftsbereichsorganisation, in: Zeitschrift für Betriebswirtschaft, H. 2, 1978, S. 87-104.

DRUMM, Hans J.: *Personalwirtschaftslehre*, 2. Aufl., Berlin u.a.1992.

DÜLFER, Eberhard: Internationales *Management* in unterschiedlichen Kulturbereichen, 2. Aufl., München u.a. 1992.

E

EGLAU, Hans O.: Neue *Formel* für den Erfolg, in: Die Zeit v. 15.03.1996, S. 17.

ELŠIK, Wolfgang: Strategisches *Personalmanagement*. Konzeptionen und Konsequenzen, München 1992.

EVANS, Paul: The *Context* of Strategic Human Resource Management Policy in Complex Firms, in: Lattmann, Charles (Hrsg.): Personal-Management und Strategische Unternehmensführung, Heidelberg 1987, S. 105-117.

F

FISCHER, Gabrielle: *Augen* auf und durch, in: Manager Magazin, Dez. 1995, S. 52-65.

FOCKENBROCK, Dieter/SCHÄFER, Waldemar: *Wettbewerb* um Chemiestandorte in Europa, in: Handelsblatt v. 8.8.1994, S. 23.

FRESE, Erich: *Grundlagen* der Organisation. Die Organisationsstruktur der Unternehmung, Wiesbaden 1987.

FRESE, Erich/WERDER, Axel von: *Zentralbereiche*. Organisatorische Formen und Effizienzbeurteilung, in: FRESE, Erich/VON WERDER, Axel/MALY, Werner: Zentralbereiche. Theoretische Grundlagen und praktische Erfahrungen, Stuttgart 1993, S. 1-50.

FRIEDL, Birgit: *Anforderungen* des Profit Center-Konzepts an Führungssystem und Führungsinstrumente, in: Das Wirtschaftsstudium, H. 10, 1993, S. 830-842.

G

GABELE, Eduard: Die *Einführung* von Geschäftsbereichsorganisationen, Tübingen 1981.

GÄLWEILER, Aloys: *Grundlagen* der Divisionalisierung, in: Zeitschrift für Organisation, H. 1., 1971, S. 55-66.

GÄLWEILER, Aloys: Strategische *Unternehmensführung*, Frankfurt a.M. u.a. 1987.

GELDERN, Michael van: *Spartenorganisation* in Mittelbetrieben. Ein Konzept zur Effizienzsteigerung, Berlin 1979.

GERL, Kurt/ROVENTA, Peter: Strategische *Geschäftseinheiten* - Perspektiven aus der Sicht des Strategischen Managements, in: Kirsch, Werner/Roventa, Peter (Hrsg.): Bausteine eines Strategischen Management. Dialoge zwischen Wissenschaft und Praxis, Berlin u.a. 1983, S. 141-161.

GESTER, Heinz: Die rechtlichen *Auswirkungen* der Geschäftsfeld-Organisation auf Betriebs- und Unternehmensverfassung aus Sicht der Betriebspartner, in: Koubek, Norbert/ Gester, Heinz/Stindt, Heinrich M. (Hrsg.): Die Auswirkungen der divisionalen Unternehmensstrukturen auf das Personalmanagement und die Arbeitnehmervertretung. Arbeitspapiere des Fachbereichs Wirtschaftswissenschaft, Nr. 174, Wuppertal 1996, S. 131-144.

GIERSBERG, Georg: Nur wer richtig mitzieht, wird auch gut bezahlt. *Alter*, Dienstjahre und Titel haben als Gehaltskriterien ausgedient. Neue Vergütungsstrukturen, in: Frankfurter Allgemeine Zeitung v. 25.11.1995, S. 49.

GLAUM, Martin: *Internationalisierung* und Unternehmenserfolg, Wiesbaden 1996.

GRUNHOLD, Birgit: Die *Management-Holding*, in: Das Wirtschaftsstudium, H. 6, 1993, S. 508-510.

GUTENBERG, Erich: Grundlagen der Betriebswirtschaftslehre. 1. Band: Die *Produktion*, 24. Aufl., Berlin u.a. 1983.

H

HAHN, Dietger: Strategische *Planung* und Mitbestimmung, in: Hahn, Dietger/Taylor, Bernard (Hrsg.): Strategische Unternehmensplanung. Strategische Unternehmensführung: Stand und Entwicklungstendenzen, 5. Aufl., Heidelberg 1990, S. 558-582.

HAHN, Dietger: *Zweck* und Entwicklung der Portfolio-Konzepte in der strategischen Unternehmungsplanung, in: Hahn, Dietger/Taylor, Bernard (Hrsg.): Strategische Unternehmensplanung. Strategische Unternehmensführung: Stand und Entwicklungstendenzen, 5. Aufl., Heidelberg 1990, S. 221-253.

HANAU, Peter: Zur *Zuständigkeit* des Arbeitsdirektors (§33 MitbestG) für leitende Angestellte und Unternehmenssparten, in: Zeitschrift für Unternehmens- und Gesellschaftsrecht, H. 3, 1983, S. 346-375.

HEDLEY, B.: *Strategy* and the „Business Portfolio“, in: Hahn, Dietger/Taylor, Bernard (Hrsg.): Strategische Unternehmensplanung. Strategische Unternehmensführung: Stand und Entwicklungstendenzen, 5. Aufl., Heidelberg 1990, S. 191-202.

HEENAN, David A./PERLMUTTER, Howard, V.: Multinational *Organization* Development, o.O./USA 1979.

HINTERHUBER, Hans H.: Strategische *Unternehmensführung II*, 4. Aufl., Berlin u.a. 1989.

HINTERHUBER, Hans H.: Strategische *Unternehmensführung I*, 6. Aufl., Berlin u.a. 1996.

HOECHST AG (Hrsg.): Der Geschäftsbereich *Chemikalien*, Information im Hoechst Internet Forum v. 23.11.1995, Frankfurt, S. 1-2.

HOECHST AG (Hrsg.): Mit vollem *Einsatz* in die Zukunft, Hoechst persönlich, Nr. 5, 1994, S. 6-7.

HOECHST AG (Hrsg.): Neues *Gehaltssystem*, Hoechst persönlich, Nr. 2, März 1996, S. 6.

HOECHST AG (Hrsg.): *Geschäftsbericht 1988*, Frankfurt a.M. 1989.

HOECHST AG (Hrsg.): *Geschäftsbericht 1989*, Frankfurt a.M. 1990.

HOECHST AG (Hrsg.): *Geschäftsbericht 1990*, Frankfurt a.M. 1991.

HOECHST AG (Hrsg.): *Geschäftsbericht 1991*, Frankfurt a.M. 1992.

HOECHST AG (Hrsg.): *Geschäftsbericht 1992*, Frankfurt a.M. 1993.

HOECHST AG (Hrsg.): *Geschäftsbericht 1993*, Frankfurt a.M. 1994.
HOECHST AG (Hrsg.): *Geschäftsbericht 1994*, Frankfurt a.M. 1995.
HOECHST AG (Hrsg.): *Geschäftsbericht 1995*, Frankfurt a.M. 1996.
HOECHST AG (Hrsg.): *Grundsätze* für ein neues Entgeltsystem, Hoechst persönlich, Nr. 6, 1994, S. 18.
HOECHST AG (Hrsg.): *Hoechst Marion Roussel*, Frankfurt o.J.
HOECHST AG (Hrsg.): Mehr unternehmerische *Initiative*, mehr Markt- und Kundenorientierung, höhere Flexibilität, Hoechst persönlich, Nr. 6, 1994, S. 4-6.
HOECHST AG (Hrsg.): *Jahresabschluß 1995*, Frankfurt a.M. 1996.
HOECHST AG (Hrsg.): Gemeinsam ein neues *Klima* schaffen, Interview mit dem Vorstandsvorsitzenden Jürgen Dormann, Hoechst persönlich, Nr. 3, 1994, S. 2-4.
HOECHST AG (Hrsg.): Nicht *Missionare*, sondern Kümmerer, Hoechst persönlich, Nr. 2, März 1996, S. 3.
HOECHST AG (Hrsg.): *Pharma* - Entwicklungen, Fakten, Namen, Frankfurt 1995.
HOECHST AG (Hrsg.): *Position* in Asien ausbauen, Hoechst persönlich, Nr. 6, 1994, S. 12.
HOECHST AG (Hrsg.): Änderungen bei *Ressorts*, Hoechst persönlich, Nr. 4, 1994, S. 8.
HOECHST AG (Hrsg.): Mehr *Transparenz* und Leistungsbezug, Hoechst persönlich, Nr. 5, 1995, S. 7.
HOECHST AG (Hrsg.): Hoechst Marion Roussel beschließt weltweite *Umstrukturierungsmaßnahmen*, Information im Hoechst Internet Forum v. 20.12.1995, S. 1-5.
HOECHST AG (Hrsg.): Das weltweit umsatzstärkste *Unternehmen* der Plasmaproteinindustrie entsteht, Information im Hoechst Internet Forum v. 10.1.1995, S. 1-4.
HOECHST AG (Hrsg.): Neu im *Vorstand*, Hoechst persönlich, Nr. 3, Mai 1996, S. 3.
HOFER, Charles W./SCHENDEL, Dan: *Strategy* Formulation: Analytical Concepts, St. Paul/ Minnesota 1978.
HOFMANN, Siegfried: *Konzernstrukturen* auf dem Prüfstand, in: Handelsblatt v. 12.03.1996, S. 16.

J

JACOBS, Siegfried: Strategische *Erfolgsfaktoren* der Diversifikation, Wiesbaden 1992.
JASPERT, Werner: *Gestaltung* der Arbeitszeit kein Modethema, in: Süddeutsche Zeitung v. 3.12.1993, S. 36-37.
JUNG, Hans: *Personalwirtschaftslehre*, München u.a. 1995.
JUNGE, Wolfgang: *Vorschlag* für ein Verfahren zur Koordination des Austausches zentraler Leistungen in Unternehmen mit Geschäftsbereichsorganisation, Diss., Hochheim a.M. 1992.

K

KADEN, Wolfgang/WILHEM, Winfried: *Über-Druck*, in: Manager Magazin, Nr. 12, 1994, S. 50-59.
KELLER, Thomas: *Unternehmensführung* mit Holdingkonzepten, Köln 1990.
KIESER, Alfred/KUBICEK, Herbert: *Organisation*, 3. Aufl., Berlin u.a. 1992.

KLAUS, Peter: Durch den *Strategie-Theorien-Dschungel.* Zu einem Strategischen Management Paradigma?, in: Die Betriebswirtschaft, H. 1, 1987, S. 50-68.

KLINKENBERG, Ulrich: Die organisatorische *Gestaltung* des Personalwesens. Eine organisationstheoretische, rechtsnormenorientierte Analyse der Personalfunktion mitbestimmter Aktiengesellschaften, Hamburg 1991.

KNIGHT, Kenneth: *Matrix-Organisation.* Ein Überblick, in: Reber, Gerhard/Strehl, Franz (Hrsg.): Matrix-Organisation. Klassische Beiträge zu mehrdimensionalen Organisationsstrukturen, Stuttgart 1988, S. 83-106.

KNOLL AG (Hrsg.): *Geschäftsbericht 1988*, Ludwigshafen 1989.

KNOLL AG (Hrsg.): *Geschäftsbericht 1989*, Ludwigshafen 1990.

KNOLL AG (Hrsg.): *Geschäftsbericht 1990*, Ludwigshafen 1991.

KNOLL AG (Hrsg.): *Geschäftsbericht 1991*, Ludwigshafen 1992.

KNOLL AG (Hrsg.): *Geschäftsbericht 1992*, Ludwigshafen 1993.

KNOLL AG (Hrsg.): Presse-*Information* v. 15.4.1994, Geschäftsjahr 1993, Ludwigshafen 1994.

KNYPHAUSEN, Dodo zu: Why are *Firms* so different? Der Ressourcenorientierte Ansatz im Mittelpunkt einer aktuellen Kontroverse im Strategischen Management, in: Die Betriebswirtschaft, H. 6, 1993, S. 771-792.

KOLODNY, Harvey F.: Die *Entwicklung* zu einer Matrix-Organisation, in: Reber,Gerhard/ Strehl, Franz (Hrsg.): Matrix-Organisation. Klassische Beiträge zu mehrdimensionalen Organisationsstrukturen, Stuttgart 1988, S. 179-195.

KÖRNER, Horst: Triadische *Wettbewerbsstrategie*, Idstein 1987.

KOUBEK, Norbert/KUNZE, Christian: Langfristige *Strategien* der BASF im Rahmen der Veränderungen auf dem Weltchemiemarkt, Düsseldorf 1994.

KOUBEK, Norbert/CLEFF, Thomas/PIEROTTI, Christian/SCHAFMEISTER, Sylvia: *Unternehmensstrategien* in der Triade, Baden-Baden 1996.

KREIKEBAUM, Hartmut: Strategische *Unternehmensplanung*, 3.Aufl., Stuttgart, Berlin, Köln 1989.

KROGH, Henning: Die *Gipfelstürmer*, in: Manager Magazin, Nr. 10, 1995, S. 140-149.

KRULIS-RANDA, Jan S.: *Strategie* und Personalmanagement. Konfusion über einen unternehmungspolitischen Wandel, in: Lattmann, Charles (Hrsg.): Personal-Management und Strategische Unternehmensführung, Heidelberg 1987, S. 3-12.

KUMAR, Brij N.: Globales Strategisches *Personalmanagement*, in: Hammer, Richard M./ Hinterhuber, Hans H./Kutis, Peter/Turnheim, Georg (Hrsg.): Strategisches Management Global. Unternehmen, Menschen, Umwelt erfolgreich gestalten und führen, Wien 1992, S. 184-200.

KUPSCH, Peter U./MARR, Rainer: *Personalwirtschaft*, in: Heinen, Edmund: Industriebetriebslehre. Entscheidungen im Industriebetrieb, 9. Aufl., Wiesbaden 1991, S. 729-896.

L

LATTMANN, Charles: Die *Stellung* der Personalfunktion in der Strategischen Führung der Unternehmung, in: Lattmann, Charles (Hrsg.): Personal-Management und Strategische Unternehmensführung, Heidelberg 1987, S. 25-34.

LAUKAMM, Thomas/WALSH, Ian: Strategisches *Management* von Human-Ressourcen. Die Einbeziehung der Human-Ressourcen in das Strategische Management, in: Arthur D. Little International (Hrsg.): Management im Zeitalter der Strategischen Führung, Wiesbaden 1985, S. 77-100.

LEUMANN, Peter: Die *Matrix-Organisation*, Bern, Stuttgart 1979.

M

MACHARZINA, Klaus: *Internationalisierung* und Organisation, in: Zeitschrift für Organisation, H. 1, 1992, S. 4-11.

MACHARZINA, Klaus: *Unternehmensführung*. Das internationale Managementwissen: Konzepte, Methoden, Praxis, Wiesbaden 1993.

MARR, Rainer: Strategisches *Personalmanagement* - des Kaisers neue Kleider? Kritische Anmerkungen zum derzeitigen Diskussionsstand, in: Lattmann, Charles (Hrsg.): Personal-Management und Strategische Unternehmensführung, Heidelberg 1987, S. 13-23.

MEISER, Michael: *Leitungsautonomie* im divisionalisierten Konzern, Frankfurt a.M. 1984.

MENZ, Wolf: Die *Profit Center* Konzeption, Bern, Stuttgart 1973.

MESTMÄCKER, Ernst-Joachim/BEHRENS, Peter (Hrsg.): Das *Gesellschaftsrecht* der Konzerne im internationalen Vergleich, Baden-Baden 1991.

MILES, Raymond E./SNOW, Charles C.: Designing Strategic Human *Resources* Systems, in: Organisational Dynamics, H. 1, 1984, S. 36-52.

MILES, Raymond E./SNOW, Charles C.: *Unternehmensstrategien*, Hamburg 1986.

MINTZBERG, Henry: *Five* Ps for Strategy, in: Mintzberg, Henry/Quinn, James Brian (Hrsg.): The Strategy Process. Concepts and Contexts, New Jersey 1992, S. 12-19.

MINTZBERG, Henry: *Generic Strategies*, in: Mintzberg, Henry/Quinn, James Brian (Hrsg.): The Strategy Process. Concepts and Contexts, New Jersey 1992, S. 70-93.

MINTZBERG, Henry/WATERS, James A.: Of *Strategies*, Deliberate and Emergent, in: Strategic Management Journal, H. 6, 1985, S. 257-272.

MINTZBERG, Henry/Quinn, James Brian: *Concept*, in: Mintzberg, Henry/Quinn, James Brian (Hrsg.): The Strategy Process. Concepts and Contexts, New Jersey 1992, S. 3-4.

MORRISON, Allen J./RICKS, David A./ROTH, Kendal: *Globalization* versus Regionalization: Which Way for the Multinational?, in: Tung, Rosalie L. (Hrsg.): International Management, Hants/England u.a. 1994, S. 3-15.

MÜLLER, Eugen: Ein erfolgreich wachsendes *Unternehmen*, in: Hoechst AG (Hrsg.), Hoechst persönlich, Nr. 2, März 1996, S. 3.

O

OECHSLER, Walter A.: *Personal* und Arbeit. Einführung in die Personalwirtschaft unter Einbeziehung des Arbeitsrechts, 6. Aufl., München u.a. 1997.

OHMAE, Kenichi: *Macht* der Triade. Die neue Form weltweiten Wettbewerbs, Wiesbaden 1985.

OHMAE, Kenichi: Die neue *Logik* der Weltwirtschaft. Zukunftsstrategien der internationalen Konzerne, Hamburg 1992.

OSTMANN, Andreas: Personelle *Implikationen* des Management-Holding Konzepts. Strategische, organisatorische und rechtliche Einflußgrößen auf das Personalmanagement im Rahmen der Konzernführung, Bergisch-Gladbach u.a. 1994.

o.V.: BASF bleibt im Pflanzenschutz unabhängig - *Absage* an Kooperationen, in: Frankfurter Allgemeine Zeitung v. 7.10.1994, S. 30.

o.V.: Hoechst will 8000 *Arbeitsplätze* abbauen, in: Frankfurter Allgemeine Zeitung v. 3.7.1995, S. 14.

o.V.: *Arzneimittelgeschäft* wird noch stärker internationalisiert, in: Handelsblatt v. 23.9.1994, S. 24.

o.V.: Hoechst wird einer der vier größten *Arzneimittelhersteller* der Welt, in: Frankfurter Allgemeine Zeitung v. 2.3.1995, S. 18.

o.V.: Die BASF erreicht in *Asien* die angestrebte Kapitalrendite, in: Frankfurter Allgemeine Zeitung v. 10.3.1995, S. 31.

o.V.: BASF verstärkt *Asien-Geschäft*, in: Handelsblatt v. 29.9.1994, S. 26.

o.V.: *BASF* - Es geht weiter aufwärts, in: Europa Chemie, Nr. 24, 1994, S. 12.

o.V.: Größte *BASF-Investition* in der Konzerngeschichte, in: Die Welt v. 23.4.1994, S. 12.

o.V.: Bayer - *Baubeginn* in Bitterfeld, in: Europa Chemie, Nr. 45, 1992, S. 10.

o.V.: *Bayer* - Es wird noch besser, in: Europa Chemie, Nr. 34, 1994, S. 11.

o.V.: *Bayer-Chef* Schneider verbreitet Optimismus, in: Handelsblatt v. 20.3.1996, S. 11.

o.V.: *Bayer-Kunststoffe* - Riesenposition in ABS, in: Europa Chemie, Nr. 25, 1995, S. 6.

o.V.: *Bayer-Pflanzenschutz* - Forschungspipeline gut gefüllt, in: Europa Chemie, Nr. 12, 1995, S. 3-4.

o.V.: BASF Pharma - Knoll spürt leichte *Belebung*, in: Europa Chemie, Nr. 15, 1994, S. 16.

o.V.: *Bitterfeld* - Bayer investiert in die Zukunft, in: Die Welt v. 26.5.1994, S. 13.

o.V.: 40 Prozent *Bonus* für Bayer-Mitarbeiter, in: Süddeutsche Zeitung v. 9.2.1995, S. 25.

o.V.: BASF kauft sich mit *Boots* in US-Markt ein, in: Die Welt v. 30.3.1995, S. 16.

o.V.: Hoechst geht der *Branche* mit Leistungslohn voran, in: Die Welt v. 4.11.1994, S. 16.

o.V.: Strube sieht *Chemie* weiter im Aufwärtstrend, in: Handelsblatt v. 10./11.11.1995, S. 13.

o.V.: *Chemiefasern* - Hoechst baut ab, in: Europa Chemie, Nr. 3, 1994, S. 2.

o.V.: *Chemie-Konzerne* wollen Produktion vor Ort ausbauen, in: Handelsblatt v. 18.10.1994, S. 18.

o.V.: *China* - BASF erwägt einen Verbundstandort, in: Europa Chemie, Nr. 30, 1995, S.6.

o.V.: Die *Diagnostika-Hersteller* spüren den Druck auf die Preise, in: Frankfurter Allgemeine Zeitung v. 22.9.1995, S. 18.

o.V.: BASF L+F *Druckfarben* - Umstrukturierung gegen rote Zahlen, in: Europa Chemie, Nr. 22, 1995, S. 10.

o.V.: Chemiekonzern will hohe *Dynamik* der asiatischen Märkte nutzen, in: Handelsblatt v. 25.3.1994, S. 20.

o.V.: Außertarifliches *Entgelt* - Bayer und Hoechst kündigen, in: Europa Chemie, Nr. 19-20, 1994, S. 11.

o.V.: Hoechst mit starken *Ertragseinbußen* im Pharma-Geschäft, in: Frankfurter Allgemeine Zeitung v. 21.10.1993, S. 24.

o.V.: Hohe *Erwartungen* zumindest bis 1997, in: Frankfurter Allgemeine Zeitung v. 17.11.1994, S. 19.

o.V.: *Erziehungspause* weiter möglich, in: Frankfurter Allgemeine Zeitung v. 19.1.1995, S. 19.

o.V.: BASF-Steamcracker in Antwerpen - *Ethylen-Bilanz* „ausbalanciert", in: Europa Chemie, Nr. 12, 1994, S. 2.

o.V.: *Expansion* in Asien hat Priorität, in: Handelsblatt v. 23.5.1995, S. 17.

o.V.: BASF Lacke und *Farben* ist unzufrieden, in: Frankfurter Allgemeine Zeitung v. 1.2.1995, S. 14.

o.V.: *Fasern* - Hoechst gliedert aus, in: Europa Chemie, Nr. 21, 1994, S. 12.

o.V.: Hoechst strafft *Faserproduktion*, in: Frankfurter Allgemeine Zeitung v. 3.4.1995, S. 16.

o.V.: Bayer forciert *Feinchemikalien*, in: Europa Chemie, Nr. 3, 1995, S. 8.

o.V.: *Firmen* berichten - Bayer AG, Leverkusen, in: Handelsblatt v. 10.4.1995, S. 22.

o.V.: Auch in *Frankreich* muß die BASF schlanker werden, in: Frankfurter Allgemeine Zeitung v. 5.11.1993, S. 24.

o.V.: *Fusion* von Sandoz und Ciba setzt neue Maßstäbe, in: Handelsblatt v. 08./09.03.1996, S. 1.

o.V.: *Generika* - Knoll und Ivax vor Kooperation, in: Europa Chemie, Nr. 31, 1994, S. 3.

o.V.: Bayer's Schneider stresses *growth* in Asia, Americas, in: Chemical Week, January 25, 1995, S. 54-55.

o.V.: Bayer - Strukturelle *Herausforderung*, in: Europa Chemie, Nr. 12, 1993, S. 10.

o.V.: Kompromiß bei *Hoechst*, in: Europa Chemie, Nr. 32, 1994, S. 10.

o.V.: *Hoechst-Fasergeschäft* in Westeuropa weiter mit Verlust, in: Frankfurter Allgemeine Zeitung v. 26.10.1994, S. 25.

o.V.: Polypropylen - BASF erwirbt *ICI-Geschäft*, in: Europa-Chemie, Nr. 5, 1994, S. 4.

o.V.: Bayer - *Investitionen* in China, in: Europa Chemie, Nr. 48, 1993, S. 2.

o.V.: BASF will bei *Ivax* einsteigen, in: Handelsblatt v. 21.10.1994, S. 11.

o.V.: Spätestens zur *Jahrtausendwende* Weltmarktführer bei Pharma, in: Handelsblatt v. 9./10.2.1996, S. 20.

o.V.: BASF Pharma - *Kauf* der Boots-Sparte großer Schritt voran, in: Europa Chemie, Nr. 11, 1995, S. 2-3.

o.V.: Bayer - *Kern* der Probleme liegt in Europa, in: Europa Chemie, Nr. 48, 1993, S. 1.

o.V.: Übertarifliches Entgelt - Auch bei Bayer *Kompromiß* erzielt, in: Europa Chemie, Nr. 1, 1995, S. 16-18.

o.V.: Frankfurter *Konzern* strafft seine Organisationsstruktur, in: Handelsblatt v. 4.10.1994, S. 17.

o.V.: Neue *Konzernorganisatio*n bei Hoechst, in: Frankfurter Allgemeine Zeitung v. 1.10.1994, S. 20.

o.V.: Bayer-Kunststoffe - *Konzentration* aufs Wesentliche, in: Europa Chemie, Nr. 37, 1992, S. 2.

o.V.: Offen für *Kooperationspartner*, in: Handelsblatt v. 28.9.1995, S. 25.

o.V.: Hoechst verkauft letzte *Kosmetik-Beteiligung*, in: Handelsblatt v. 14.8.1995, S. 10.

o.V.: Bayer - *Kriegsbeute* zurückgekauft, in: Europa Chemie, Nr. 27, 1994, S. 1.

o.V.: Technische *Kunststoffe* - BASF treibt Internationalisierung voran, in: Europa Chemie, Nr. 19, 1995, S. 6.

o.V.: *Kunststoffgeschäft* bei BASF nimmt zu, in: Frankfurter Allgemeine Zeitung, v. 1.7.1995, S. 18.

o.V.: BASF *Lacke* und Farben - Umsatz holt auf, doch Margen schrumpfen, in: Europa Chemie, Nr. 4, 1995, S. 9-10.

o.V.: Die drei großen Chemiekonzerne kürzen freiwillige *Leistungen*, in: Frankfurter Allgemeine Zeitung v. 27.5.1994, S. 18.

o.V.: Bayer sieht im Pharmageschäft schon alle *Lücken* geschlossen, in: Frankfurter Allgemeine Zeitung v. 5.4.1995, S. 22.

o.V.: *Marion Merrel Dow* soll Hoechst an der Spitze verankern, in: Frankfurter Allgemeine Zeitung v. 31.3.1995, S. 25.

o.V.: Bayer will eine *Milliarde* Mark in Asien investieren, in: Die Welt v. 20.10.1994, S. 14.

o.V.: *Milliardeninvestition* in das Asiengeschäft, in: Handelsblatt v. 14.8.1995, S. 9.

o.V.: *Neuordnung* der Sozialleistungen, in: Frankfurter Allgemeine Zeitung v. 12.12.1994, S. 20.

o.V.: *Novartis* soll sich auf drei Geschäftsbereiche konzentrieren, in: Frankfurter Allgemeine Zeitung v. 08.03.1996, S. 17.

o.V.: BASF kündigt eine *Offensive* am Pharmamarkt an, in: Frankfurter Allgemeine Zeitung v. 15.03.1994, S. 21.

o.V.: BASF-*Organisation* - Orientierung an Wachstumsmärkten, in: Europa Chemie, Nr. 26, 1995, S. 14.

o.V.: Neue *Organisationsstruktur* beschlossen, in: Europa Chemie, Nr. 29, 1994, S. 10.

o.V.: Arzneimittel - BASF will Boots'*Originalpräparate*, in: Europa Chemie, Nr. 33, 1994, S. 6.

o.V.: Bayer - Voller Dynamik im Fernen *Osten*, in: Europa Chemie, Nr. 23, 1993, S. 10.

o.V.: *Personalabbau* bei Bayer praktisch abgeschlossen, in: Handelsblatt v. 18.5.1995, S. 15.

o.V.: BASF-*Pflanzenschutz* kooperiert mit China, in: Süddeutsche Zeitung v. 6.12.1993, S. 28.

o.V.: *Pflanzenschutzmittel* - Mit AgrEvo Kooperation auf neuen Wegen, in: Europa Chemie, Nr. 3, 1994, S. 6.

o.V.: BASF *Pharma* plant keinen Mega-Deal, in: Handelsblatt v. 10.4.1995, S. 17.

o.V.: Bayer will in der *Pharma-Entwicklung* weiter an der Weltspitze bleiben, in: Frankfurter Allgemeine Zeitung v. 10.6.1995, S. 14.

o.V.: Bayer verstärkt seine *Pharmaforschung* in Japan, in: Frankfurter Allgemeine Zeitung v. 6.6.1995, S. 21.

o.V.: Nach langem Zögern wird die BASF im *Pharma-Geschäft* offensiv, in: Frankfurter Allgemeine Zeitung v. 8.4.1995, S. 16.

o.V.: Der *Pharma-Umbau* bei Hoechst beflügelt die Börse, in: Frankfurter Allgemeine Zeitung v. 21.12.1995, S. 16.

o.V.: Bayer - *Rezeptfreie* direkt an Apotheken, in: Europa Chemie, Nr. 27, 1993, S. 8.

o.V.: Die BASF nabelt sich von der *Ruhrgas* ab, in: Süddeutsche Zeitung v. 3.10.1994, S. 36.

o.V.: Bayer zeigt sich voller *Selbstbewußtsein*, in: Handelsblatt v. 22.3.1995, S. 21.

o.V.: BASF-*Sozialleistungen* - Durch Kürzen Kosten senken, in: Europa Chemie, Nr. 15, 1994, S. 19.

o.V.: Neue *Struktur* für Pharmasparte, in: Handelsblatt v. 3.4.1995, S. 21.

o.V.: Die *Suche* nach neuen Arzneimitteln gleicht einer Lotterie, in: Handelsblatt v. 20./21.1.1995, S. 17.

o.V.: BASF - Von der *Talfahrt* in den Aufschwung, in: Europa Chemie, Nr. 34, 1994, S. 10.

o.V.: *Teamarbeit* bei Bayer soll Produktivität steigern, in: Frankfurter Allgemeine Zeitung v. 28.11.1994, S. 17.

o.V.: *Textilfarbstoffe* - Hoechst und Bayer legen zusammen, in: Europa Chemie, Nr. 34, 1994, S. 2.

o.V.: *Umbau* bei Druckfarben, in: Handelsblatt v. 24.7.1995, S. 9.

o.V.: Bayer - Durch *Umorganisation* Kosten sparen, in: Europa Chemie, Nr. 49, 1993, S. 16.

o.V.: BASF - *Umsatz* mit Pflanzenschutz behaupten, in: Frankfurter Allgemeine Zeitung, v. 21.10.1993, S. 24.

o.V.: Generika - Bayer steigt bei *US-Hersteller* ein, in: Europa Chemie, Nr. 6, 1994, S. 4.

o.V.: Bayer kauft seine *US-Rechte* zurück, in: Handelsblatt v. 13.9.1994, S. 20.

o.V.: *Verbraucherprodukte* - Bei Bayer ein Geschäftsbereich, in: Europa Chemie, Nr. 21, 1994, S. 12.

o.V.: Eine *Vision* für das Jahr 2010, in: Handelsblatt v. 12.10.1995, S. 19.

o.V.: BASF - Weiter auf *Wachstum* eingestellt, in: Europa Chemie, Nr. 32, 1995, S. 9.

P

PERLITZ, Manfred: Internationales *Management*, 2. Aufl., Stuttgart, Jena 1995.

POENSGEN, Otto H.: *Geschäftsbereichsorganisation*, Opladen 1973.

POENSGEN, Otto H./MARX, Michael: Die *Ausgestaltung* der Geschäftsbereichsorganisation in der Praxis, in: Zeitschrift für Betriebswirtschaft, H. 3, 1982, S. 238-249.

PORTER, Michael E.: *Diversifikation* - Konzerne ohne Konzept, in: Harvard Manager, H. 4, 1987, S. 30-49.

PORTER, Michael E.: Der *Wettbewerb* auf globalen Märkten: Ein Rahmenkonzept, in: Porter, Michael E. (Hrsg.): Globaler Wettbewerb. Strategien der neuen Internationalisierung, Wiesbaden 1989, S. 17-68.

PORTER, Michael E.: How Competitive *Forces* shape Strategy, in: Mintzberg, Henry/Quinn, James Brian (Hrsg.): The Strategy Process. Concepts and Contexts, New Jersey 1992, S. 61-70.

PORTER, Michael E.: *Wettbewerbsvorteile* (Competitive Advantage). Spitzenleistungen erreichen und behaupten, 3. Aufl., Frankfurt a.M. 1992.

POTTHOFF, Erich: *Aufbau* der Personalabteilung, in: Gaugler, Eduard/Weber, Wolfgang (Hrsg.): Handwörterbuch des Personalwesens. Enzyklopädie der Betriebswirtschaftslehre, Bd. 5, 2. Aufl., Stuttgart 1992, Sp. 493-504.

PRAHALAD, C.K./HAMEL, Gary: The Core *Competence* of the Corporation, in: Harvard Business Review, H. 3, 1990, S. 79-91.

PÜMPIN, Cuno: Strategische *Erfolgspositionen*. Methodik der dynamischen Unternehmensführung, Bern u.a. 1992.

Q

QUINN, James B.: *Strategies* for Change, in: Mintzberg, Henry/Quinn, James B. (Hrsg.): The Strategy Process. Concepts and Contexts, New Jersey 1992, S. 4-12.

R

RANCKE, Friedbert: *Betriebsverfassung* und Unternehmenswirklichkeit. Eine Analyse von Organisation und Formen der betrieblichen Arbeitnehmermitbestimmung in der Praxis von Großunternehmen und Konzernen, Opladen 1982.

REISCH, Marc S.: *Bayer Corp.* CEO Wehmeier celebrates recovery of Bayer name in U.S., in: Chemical and Engineering News, April 17, 1995, S. 13-15.

REIß, Michael/SCHUSTER, Hermann: Das *Personalwesen* als Kooperationspartner interner Service-Bereiche, in: Zeitschrift für Personalforschung, H. 3, 1996, S. 203-222.

RICHTER, Harald: Bayer und der *Arbeitsmarkt*. Rede anläßlich einer Pressekonferenz am 17.5.1995 im Bayer-Kommunikationszentrum in Leverkusen, Presse-Information, hrsg. v. der Bayer AG, o.O.,o.J.

RICHTER, Harald/KARY, Matthias: *Auswirkungen* der Geschäftsfeld-Organisation auf das Personalmanagement am Beispiel der Bayer AG, in: Koubek, Norbert/Gester, Heinz/ Stindt, Heinrich M. (Hrsg.): Die Auswirkungen der divisionalen Unternehmensstrukturen auf das Personalmanagement und die Arbeitnehmervertretung, Arbeitspapier des Fachbereichs Wirtschaftswissenschaft der Bergischen Universität/Gesamthochschule Wuppertal, Nr. 174, Wuppertal 1996, S. 37-58.

RIEDL, Joachim: *Strategie* und Personal. Ansätze zur Personalorientierung der strategischen Unternehmensführung, Wiesbaden 1985.

RINGLSTETTER, Max/SKROBARCZYK, Peter: Die *Entwicklung* internationaler Strategien. Ein integrierter Bezugsrahmen, in: Zeitschrift für Betriebswirtschaft, H. 3, 1994, S. 333-357.

ROHE, Dieter: Bayer *Italia* - Aus dem Paradies zu neuen Chancen, in: Chemische Industrie, Nr. 2, 1992, S. 22-23.

ROHE, Dieter: *Märkte* und Unternehmen: H.C. Starck - Immer kleiner, immer feiner, in: Chemische Industrie, Nr. 4, 1995, S. 18-21.

RÜHLI, Edwin/WEHRLI, Hans Peter: Strategisches *Management* und Personalmanagement, in: Lattmann, Charles (Hrsg.): Personal-Management und Strategische Unternehmensführung, Heidelberg 1987, S. 35-46.

RÜßMANN, Karl Heinrich: Alles im *Team*, in: Manager Magazin, Nr. 5, 1994, S. 151-154.

S

SAYLES, Leonard R.: *Matrix-Management*. Die Struktur mit Zukunft, in: Reber, Gerhard/ Strehl, Franz (Hrsg.): Matrix-Organisation. Klassische Beiträge zu mehrdimensionalen Organisationsstrukturen, Stuttgart 1988, S. 43-64.

SCHEFFLER, Eberhard: *Konzernmanagement*, München 1992.

SCHERM, Internationales *Personalmanagement*, München u.a. 1995.

SCHERTLER, Walter: *Unternehmensorganisation*. Lehrbuch der Organisation und Unternehmensführung, 3.Aufl., München u.a. 1988.

SCHIESSL, Maximilian: Gesellschafts- und mitbestimmungsrechtliche *Probleme* der Spartenorganisation (Divisionalisierung), in: Zeitschrift für Unternehmens- und Gesellschaftsrecht, H. 1, 1992, S. 64-86.

SCHLOTHEIM, Bettina von: *Bayer-Pflanzenschutz* - Monheim wichtiges Standbein, in: Chemische Industrie/Nordrhein-Westfalen 1991, S. 46-48.

SCHLOTHEIM-SCHOTTELIUS, Bettina von: Die neue *Nummer* zwei im Pflanzenschutz, in: Chemische Industrie, Nr. 3, 1994, S. 28-32.

SCHNEIDER, Manfred: *Pressegespräch* am 1. Juni 1993 im Hotel Seiyo Ginza in Tokio, Presse-Information, hrsg. von der Bayer AG, o.O.,o.J.

SCHNEIDER, Manfred: *Asien* und die weltweite chemische Industrie - Herausforderungen für Wachstum, Chancen für Kooperationen, Rede vom 28.2.1994 anläßlich der Chemical Week Asien-Pazifik Konferenz vom 27.2.-2.3.1994 in Singapur, Presse-Information, hrsg. von der Bayer AG, o.O.,o.J.

SCHNEIDER, Manfred: *Strukturwandel* und Restrukturierung in der chemisch-pharmazeutischen Industrie als unternehmerische Herausforderung, Vortrag am 10.10.1994 auf dem 48. Betriebswirtschafter-Tag vom 10.-12.10.1994 in Berlin, unveröffentl. Manuskript, o.O.,o.J.

SCHNEIDER, Siegfried: *Matrixorganisation*. Gestaltungsmöglichkeiten und Gestaltungsprobleme einer mehrdimensionalen teamorientierten Organisation, Frankfurt a.M. u.a. 1974.

SCHOLZ, Christian: *Personalmanagement*. Informationsorientierte und verhaltenstheoretische Grundlagen, 3. Aufl., München 1993.

SCHREYÖGG, Georg: *Unternehmensstrategie*. Grundfragen einer Theorie strategischer Unternehmensführung, Berlin u.a. 1984.

SCHREYÖGG, Georg: Verschlüsselte *Botschaften*. Neue Perspektiven einer strategischen Personalführung, in: Zeitschrift für Organisation, H. 3, 1987, S. 151-158.

SCHREYÖGG, Georg: *Organisation*. Grundlagen moderner Organisationsgestaltung, Wiesbaden 1996.

SCHWARK, Eberhard: *Spartenorganisation* in Großunternehmen und Unternehmensrecht, in: Zeitschrift für das gesamte Handels- und Wirtschaftsrecht, H. 142, 1978, S. 203-227.

SCHWEER, Dieter/WILMES, Frank: *Unternehmen* und Märkte - „Äußerst kompliziert", in: Wirtschaftswoche, Nr. 9 v. 25.2.1994, S. 46-50.

STAEHLE, Wolfgang H.: *Human Resource Management* und Unternehmensstrategie, in: Mitteilungen zur Arbeitsmarkt- und Berufsforschung, H. 3, 1989, S. 388-396.

STAEHLE, Wolfgang H.: *Management*. Eine verhaltenswissenschaftliche Perspektive, 7. Aufl., München 1994.

STAFFELBACH, Bruno: Strategisches *Personalmanagement*, Bern u.a. 1986.

STAFFELBACH, Bruno: *Skizzen* strategischer Personalpolitik, in: Lattmann, Charles (Hrsg.): Personal-Management und Strategische Unternehmensführung, Heidelberg 1987, S. 47-63.

STEINMANN, Horst/SCHREYÖGG, Georg: Management. Grundlagen der *Unternehmensführung*: Konzepte, Funktionen und Praxisfälle, 2. Aufl., Wiesbaden 1991.

STINDT, Heinrich M.: Die rechtlichen *Auswirkungen* der Geschäftsfeld-Organisation auf Betriebs- und Unternehmensverfassung aus Sicht der Betriebspartner, in: Koubek, Norbert/Gester, Heinz/Stindt, Heinrich M. (Hrsg.): Die Auswirkungen der divisionalen Unternehmensstrukturen auf das Personalmanagement und die Arbeitnehmervertretung. Arbeitspapiere des Fachbereichs Wirtschaftswissenschaft, Nr. 174, Wuppertal 1996, S. 145-163.

T

THEIS, Gisela: Neue *Konzernstrategien* und einheitliche Leitung im faktischen Konzern, Stuttgart 1992.

THOM, Norbert/NADIG, Peter: *Organisation* des Personalwesens: Eine betriebswirtschaftliche Analyse, in: Krulis-Randa, Jan S./Benz, Peter (Hrsg.): Grenzen des Personalmanagement, Stuttgart u.a. 1993, S. 83-106.

V

VERBAND DER CHEMISCHEN INDUSTRIE e.V.: *Chemiewirtschaft* in Zahlen. Ausgabe 1996, Frankfurt a.M. 1996.

VERBAND FORSCHENDER ARZNEIMITTELHERSTELLER e.V.: *Einblicke '95*. Jahresbericht des Verbandes der Forschenden Arzneimittelhersteller, Bonn 1996.

VOSS, Hartmut: Internationale *Wettbewerbsstrategien*. Wettbewerbsstrategien international tätiger Unternehmen vor dem Hintergrund veränderter Umweltbedingungen. Beiträge zur Unternehmensführung, Bd. 1, hrsg. v. Böhler, Heymo/Oberender, Peter, Bayreuth 1989.

W

WÄCHTER, Hartmut: Vom *Personalwesen* zum Strategic Human Resource Management. Ein Zustandsbericht anhand der neueren Literatur, in: Staehle, Wolfgang H./Conrad, Peter (Hrsg.): Managementforschung, Bd. 2, 1992, S. 313-340.

WAGNER, Dieter: *Zentralisation* oder Dezentralisation der Personalfunktion in der Unternehmung. Organisatorisch-institutionelle Aspekte und konzeptionelle Perspektiven des Personalmanagements, in: Zeitschrift für Organisation, H. 3, 1989, S. 179-185.

WAGNER, Dieter: *Personalvorstände* (Arbeitsdirektoren) in mitbestimmten Unternehmen, in: Die Betriebswirtschaft, H. 5, 1993, S. 647-661.

WEBER, Wolfgang/WEINMANN, Joachim (Hrsg.): Strategisches *Personalmanagement*. Stuttgart 1989.

WEINMANN, Heinz: *Auswirkungen* der Geschäftsfeld-Organisation auf das Personalmanagement am Beispiel der Hoechst AG, in: Koubek, Norbert/Gester, Heinz/Stindt, Heinrich M. (Hrsg.): Die Auswirkungen der divisionalen Unternehmensstrukturen auf das Personalmanagement und die Arbeitnehmervertretung, Arbeitspapier des Fachbereichs Wirtschaftswissenschaft der Bergischen Universität/Gesamthochschule Wuppertal, Nr. 174, Wuppertal 1996, S. 59-89.

WELGE, Martin K.: *Organisationsstrukturen*, differenzierte und integrierte, in: Macharzina, Klaus/Welge, Martin K.: Handwörterbuch Export und Internationale Unternehmung. Enzyklopädie der Betriebswirtschaftslehre, Bd. 12, Stuttgart 1989, Sp. 1590-1602.

WENDELING-SCHRÖDER, Ulrike: *Grundprobleme* der Mitbestimmung in Konzernstrukturen, in: WSI Mitteilungen, H. 1, 1983, S. 34-43.

WENDELING-SCHRÖDER, Ulrike: Die rechtlichen *Auswirkungen* der Geschäftsfeld-Organisation auf Betriebs- und Unternehmensverfassung. Eine systematische Positionsbestimmung, in: Koubek, Norbert/Gester, Heinz/Stindt, Heinrich M. (Hrsg.): Die Auswirkungen der divisionalen Unternehmensstrukturen auf das Personalmanagement und die Arbeitnehmervertretung. Arbeitspapiere des Fachbereichs Wirtschaftswissenschaft, Nr. 174, Wuppertal 1996, S. 165-180.

WERDER, Axel von: *Organisationsstruktur* und Rechtsnorm. Implikationen juristischer Vorschriften für die Organisation aktienrechtlicher Einheits- und Konzernunternehmungen, Wiesbaden 1986.

WERDER, Axel von: *Vorstands-Doppelmandate* im Konzern, in: Die Betriebswirtschaft, H. 49, 1989, S. 37-54.

WERDER, Axel von: *Konzernstrukturen*, in: Corsten, Hans/Reiß, Michael (Hrsg.): Handbuch Unternehmensführung. Konzepte, Instrumente, Schnittstellen, Wiesbaden 1995, S. 147-157.

WERLIN, Josef: Für weiteres *Wachstum* brauchen wir auch neue Partnerschaften, in: Hoechst AG (Hrsg.), Hoechst persönlich, Nr. 3, Mai 1996, S. 1-3.

WILMES, Frank/KOWALEWSKY, Reinhard: Volles *Risiko*, in: Wirtschaftswoche, Nr. 43 v. 22.10.1993, , S. 156-160.

WINDBICHLER, Christine: *Arbeitsrecht* im Konzern. Schriften des Instituts für Arbeits- und Wirtschaftsrecht der Universität zu Köln, Bd. 56, München 1989.

WOHLGEMUTH, André C.: Human Resoureces Management aus unternehmungspolitischer Sicht, in: Lattmann, Charles (Hrsg.): Personal-Management und Strategische Unternehmensführung, Heidelberg 1987, S. 85-103.

WOLF, Joachim: Internationales *Personalmanagement*. Kontext, Koordination, Erfolg, Wiesbaden 1994.

WOLF, Joachim: *Organisation* internationaler Personalarbeit, in: Zeitschrift für Organisation, H. 2, 1996, S. 90-96.

WOLTER, Hans J.: Das *Mauerblümchen* soll zur guten Fee werden, in: Chemische Industrie, Nr. 5, 1995, S. 8-10.

WOLTER, HANS J.: *Investitionswelle* an der Schelde, in: Chemische Industrie, Nr. 7-8, 1994, S. 19-22.

WÜHRER, Gerhard: *Strategien* des Personalmanagements. Klassifikation und Analyse der Einflußgrößen, Krefeld 1985.

WUNDERER, Rolf: Strategische *Personalarbeit* - arbeitslos?, in: Zeitschrift für Organisation, H. 8, 1984, S. 506-510.

WUNDERER, Rolf: *Internationalisierung* als strategische Herausforderung für das Personalmanagement. Darstellung ausgewählter Probleme, in: Coenenberg, Adolf G./Funk, Joachim/Djarrahzadeh, Maryam (Hrsg.): Internationalisierung als Herausforderung für das Personalmanagement, Stuttgart 1993, S. 1-25.

Z

ZAHN, Erich: Kompetenzbasierte *Strategien*, in: Corsten, Hans/Reiß, Michael (Hrsg.): Handbuch Unternehmensführung. Konzepte, Instrumente, Schnittstellen, Wiesbaden 1995, S. 355-369.

Anhang

INTERNATIONALE CHEMIEINDUSTRIE

Tabelle 1: Weltweit führende Chemieunternehmen nach Umsatz 1)

Unternehmen	Land	Umsatz (Mrd. DM)
1. DuPont	USA	65,3
2. Hoechst	**Deutschland**	**49,6**
3. BASF	**Deutschland**	**43,7**
4. Bayer	**Deutschland**	**43,7**
5. Dow Chemical	USA	32,4
6. Ciba Geigy	Schweiz	26,2
7. Rhône Poulenc	Frankreich	25,2
8. ICI	Großbritannien	22,8
9. Akzo Nobel	Niederlande	19,8
10. Sandoz	Schweiz	18,8

Quelle: DB-Research, zit. nach: EGLAU, Formel, S. 17.

1) Stand: 15.3.1996.

Anhang

BASF-GRUPPE

Tabelle 2: BASF-Gruppe: Allgemeine Kennziffern zwischen 1988 und 1995

	1988	1989	1990	1991	1992	1993	1994	1995
Umsatz (Mio. DM) 1)	42.323	46.163	45.043	44.556	41.933	40.568	43.674	46.229
Umsatz (Mio. DM)	43.868	47.617	46.623	46.626	44.522	43.123	46.565	49.403
Betriebsergebnis (Mio. DM)	3.710	4.329	2.755	2.180	1.311	1.032	2.149	4.023
Sachanlageinvest. (Mio. DM) 2)	3.495	3.956	4.458	4.800	4.151	4.139	2.707	3.024
F&E-Ausgaben (Mio. DM)	1.789	1.954	2.069	2.063	2.048	1.934	1.916	2.088
Beschäftigte 3)	134.834	136.990	134.647	129.434	123.254	112.020	106.266	106.565
Beschäftigte 4)	k.A.	k.A.	134.056	128.105	123.500	115.010	105.845	105.557
	1988	1989	1990	1991	1992	1993	1994	1995
Umsatzrentabilität (%) 5)	8,8	9,4	6,1	4,9	3,1	2,5	4,9	8,7
Sachanlageinvest.-Quote (%) 5)	8,3	8,6	9,9	10,8	9,9	10,2	6,2	6,5
F&E-Quote (%) 5)	4,2	4,2	4,6	4,6	4,9	4,8	4,4	4,5
Umsatz (DM) je Besch. 5)6)	313.890	336.981	334.527	344.237	340.216	362.150	410.988	433.810
Sachanl.inv. (DM) je Besch. 6)	25.921	28.878	33.109	37.085	33.678	36.949	25.474	28.377
F&E-Ausg. (DM) je Besch. 6)	13.268	14.264	15.366	15.939	16.616	17.265	18.030	19.594

Quellen: BASF AG, Geschäftsberichte 1991-1995. Eigene Berechnungen.

1) Ohne Mineralöl-/Erdgassteuer.
2) Es liegen keine Angaben über Investitionen in Beteiligungen vor.
3) Personalstand zum 31.12.
4) Durchschnittlicher Personalstand der vollkonsolidierten Unternehmen.
5) Den Berechnungen liegt der Umsatz (ohne Mineralöl-/Erdgassteuer) zugrunde.
6) Den Berechnungen liegt der Personalstand zum 31.12. zugrunde.

Tabelle 3: BASF-Gruppe: Kennzahlen des Arbeitsgebietes Öl und Gas zwischen 1990 und 1995 1)

	1990	1991	1992	1993	1994	1995
Umsatz (Mio.DM) 2)	4.657	4.645	4.193	4.352	4.075	4.207
Betriebsergebnis (Mio. DM)	335	307	-38	297	155	201
Sachanlageinvest. (Mio. DM)	195	171	251	1.193	398	470
F&E-Ausgaben (Mio. DM)	k.A.	103	123	77	77	104
Beschäftigte	k.A.	k.A.	k.A.	k.A.	k.A.	k.A.
	1990	1991	1992	1993	1994	1995
Umsatzrentabilität (%) 3)	7,2	6,6	-0,9	6,8	3,8	4,8
Sachanlageinv.-Quote (%) 3)	4,2	3,7	6,0	27,4	9,8	11.2
F&E-Quote (%) 3)	-	2,2	2,9	1,8	1,9	2,5
	1990	1991	1992	1993	1994	1995
Relative Anteile d. Arb.geb. (%)						
am Konzernumsatz 3)	10	10	10	11	9	9
am Konzernbetriebsergebnis	12	14	-3	29	7	5
an den Konzernsachanlageinv.	4	4	6	29	15	16
an den Konzern-F&E-Ausgaben	-	5	6	4	4	5
an den Konzernbeschäftigten	-	-	-	-	-	-

Quellen: BASF AG, Geschäftsberichte 1991-1995. Eigene Berechnungen.

1) Segmentbezogene Daten waren vor 1990 nicht zu erhalten.
2) Umsatz ohne Mineralöl-/Erdgassteuer.
3) Den Berechnungen liegt der Umsatz (ohne Mineralöl-/Erdgassteuer) zugrunde.

Tabelle 4: BASF-Gruppe: Kennzahlen des Arbeitsgebietes Chemikalien zwischen 1990 und 1995 1)2)

	1990	1991	1992	1993	1994	1995
Umsatz (Mio.DM)	7.276	6.991	6.699	5.371	6.484	7.255
Betriebsergebnis (Mio. DM)	930	1.030	881	755	1.307	2.054
Sachanlageinvest. (Mio. DM)	796	885	718	548	400	401
F&E-Ausgaben (Mio. DM)	k.A.	330	307	251	230	230
Beschäftigte	k.A.	k.A.	k.A.	k.A.	k.A.	k.A.
	1990	1991	1992	1993	1994	1995
Umsatzrentabilität (%)	12,8	14,7	13,2	14,1	20,2	28,3
Sachanlageinv.-Quote (%)	10,9	12,7	10,7	10,2	6,2	5,5
F&E-Quote (%)	-	4,7	4,6	4,7	3,5	3,2
	1990	1991	1992	1993	1994	1995
Relative Anteile d. Arb.geb. (%)						
am Konzernumsatz	16	16	16	13	15	16
am Konzernbetriebsergebnis	34	47	67	73	61	51
an den Konzernsachanlageinv.	18	18	18	13	15	13
an den Konzern-F&E-Ausgaben		16	15	13	12	11
an den Konzernbeschäftigten	-	-	-	-	-	-

Quellen: BASF AG, Geschäftsberichte 1991-1995. Eigene Berechnungen.

1) Segmentbezogene Daten waren vor 1990 nicht zu erhalten.

2) Im Jahr 1995 organisatorische Ausgliederung des Bereichs Feinchemikalien und Eingliederung des bislang im Arbeitsgebiet Farbmittel und Veredelungsprodukte angesiedelten Bereichs Spezialchemikalien. Die Daten sind deshalb gegenüber den Vorjahren nur bedingt vergleichbar.

Tabelle 5: BASF-Gruppe: Kennzahlen des Arbeitsgebietes Kunststoffe und Fasern zwischen 1990 und 1995 1)

	1990	1991	1992	1993	1994	1995
Umsatz (Mio.DM)	9.539	9.564	9.092	9.811	11.387	12.456
Betriebsergebnis (Mio. DM)	403	-52	-119	-340	54	1.499
Sachanlageinvest. (Mio. DM)	934	985	902	579	467	387
F&E-Ausgaben (Mio. DM)	k.A.	413	369	387	326	335
Beschäftigte	k.A.	k.A.	k.A.	k.A.	k.A.	k.A.
	1990	1991	1992	1993	1994	1995
Umsatzrentabilität (%)	4,2	-0,5	-1,3	-3,5	0,5	12,0
Sachanlageinv.-Quote (%)	9,8	10,3	9,9	5,9	4,1	3,1
F&E-Quote (%)	-	4,3	4,3	3,9	2,9	2,7
	1990	1991	1992	1993	1994	1995
Relative Anteile d. Arb.geb. (%)						
am Konzernumsatz	21	21	22	24	26	27
am Konzernbetriebsergebnis	15	-2	-9	-33	3	37
an den Konzernsachanlageinv.	21	21	22	14	17	13
an den Konzern-F&E-Ausgaben	-	20	18	20	17	16
an den Konzernbeschäftigten	-	-	-	-	-	-

Quellen: BASF AG, Geschäftsberichte 1991-1995. Eigene Berechnungen.

1) Segmentbezogene Daten waren vor 1990 nicht zu erhalten.

Tabelle 6: BASF-Gruppe: Kennzahlen des Arbeitsgebietes Farbstoffe/Farbmittel und Veredelungsprodukte zwischen 1990 und 1995 1)2)

	1990	1991	1992	1993	1994	1995
Umsatz (Mio.DM)	8.182	8.020	7.638	7.572	8.243	10.766
Betriebsergebnis (Mio. DM)	756	690	600	402	739	291
Sachanlageinvest. (Mio. DM)	518	629	638	399	456	645
F&E-Ausgaben (Mio. DM)	k.A.	371	368	348	326	376
Beschäftigte	k.A.	k.A.	k.A.	k.A.	k.A.	k.A.
	1990	1991	1992	1993	1994	1995
Umsatzrentabilität (%)	9,2	8,6	7,9	5,3	9,0	2,7
Sachanlageinv.-Quote (%)	6,3	7,8	8,3	5,3	5,5	6,0
F&E-Quote (%)	-	4,6	4,8	4,6	4,0	3,5
	1990	1991	1992	1993	1994	1995
Relative Anteile d. Arb.geb. (%)						
am Konzernumsatz	18	18	18	19	19	23
am Konzernbetriebsergebnis	27	32	46	39	34	7
an den Konzernsachanlageinv.	12	13	15	10	17	21
an den Konzern-F&E-Ausgaben	-	18	18	18	17	18
an den Konzernbeschäftigten	-	-	-	-	-	-

Quellen: BASF AG, Geschäftsberichte 1991-1995. Eigene Berechnungen.

1) Segmentbezogene Daten waren vor 1990 nicht zu erhalten.

2) Im Jahr 1995 organisatorische Eingliederung des bislang im Arbeitsgebiet Verbraucherprodukte angesiedelten Bereichs Lacke und Farben und organisatorische Ausgliederung des Bereichs Spezialchemikalien. Umbenennung in Arbeitsgebiet Farbmittel und Veredelungsprodukte. Die Daten sind deshalb gegenüber den Vorjahren nur bedingt vergleichbar.

Tabelle 7: BASF-Gruppe: Kennzahlen des Arbeitsgebietes Landwirtschaft zwischen 1990 und 1994 1)2)

	1990	1991	1992	1993	1994
Umsatz (Mio.DM)	5.005	5.157	4.671	3.781	3.687
Betriebsergebnis (Mio. DM)	-40	127	45	-129	169
Sachanlageinvest. (Mio. DM)	261	214	165	122	100
F&E-Ausgaben (Mio. DM)	k.A.	309	328	309	268
Beschäftigte	k.A.	k.A.	k.A.	k.A.	k.A.
	1990	1991	1992	1993	1994
Umsatzrentabilität (%)	-0,8	2,5	1,0	-3,4	4,6
Sachanlageinv.-Quote (%)	5,2	4,1	3,5	3,2	2,7
F&E-Quote (%)	-	6,0	7,0	8,2	7,2
	1990	1991	1992	1993	1994
Relative Anteile d. Arb.geb. (%)					
am Konzernumsatz	11	12	11	9	9
am Konzernbetriebsergebnis	-1	6	3	-13	8
an den Konzernsachanlageinv.	6	4	4	3	4
an den Konzern-F&E-Ausgaben	-	15	16	16	14
an den Konzernbeschäftigten	-	-	-	-	-

Quellen: BASF AG, Geschäftsberichte 1991-1995. Eigene Berechnungen.

1) Segmentbezogene Daten waren vor 1990 nicht zu erhalten.

2) Kali- und Steinsalzaktivitäten bis 30.6.1993 enthalten. Im Jahr 1995 wurde das Arbeitsgebiet Landwirtschaft aufgelöst und sämtliche Geschäftsaktivitäten dem neuen Arbeitsgebiet Gesundheit und Ernährung zugeordnet.

Tabelle 8: BASF-Gruppe: Kennzahlen des Arbeitsgebietes Verbraucherprodukte zwischen 1990 und 1994 1)2)

	1990	1991	1992	1993	1994
Umsatz (Mio.DM)	8.875	9.185	8.824	8.740	8.860
Betriebsergebnis (Mio. DM)	-18	-345	-103	-171	-37
Sachanlageinvest. (Mio. DM)	501	538	600	415	301
F&E-Ausgaben (Mio. DM)	k.A.	537	553	560	498
Beschäftigte	k.A.	k.A.	k.A.	k.A.	k.A.
	1990	1991	1992	1993	1994
Umsatzrentabilität (%)	-0,2	-3,8	-1,2	-2,0	-0,4
Sachanlageinv.-Quote (%)	5,6	5,9	6,8	4,7	3,4
F&E-Quote (%)	-	6,0	6,3	6,4	5,6
	1990	1991	1992	1993	1994
Relative Anteile d. Arb.geb. (%)					
am Konzernumsatz	20	21	21	22	20
am Konzernbetriebsergebnis	-1	-16	-9	-16	-2
an den Konzernsachanlageinv.	11	11	14	10	11
an den Konzern-F&E-Ausgaben	-	26	27	29	26
an den Konzernbeschäftigten	-	-	-	-	-

Quellen: BASF AG, Geschäftsberichte 1991-1995. Eigene Berechnungen.

1) Segmentbezogene Daten waren vor 1990 nicht zu erhalten.
2) Im Jahr 1995 wurde das Arbeitsgebiet aufgelöst und sämtliche Geschäftsaktivitäten, mit Ausnahme der Informationstechnologie, anderen Arbeitsgebieten zugeordnet.
3) Den Berechnungen liegt der Umsatz (ohne Mineralöl-/Erdgassteuer) zugrunde.

Tabelle 9: BASF-Gruppe: Kennzahlen des Arbeitsgebietes Gesundheit und Ernährung zwischen 1991 und 1995 1)

	(1991)	(1992)	(1993)	(1994)	1995
Umsatz (Mio.DM)	7.040	6.800	6.710	7.274	7.986
Betriebsergebnis (Mio. DM)	510	575	208	636	194
Sachanlageinvest. (Mio. DM)	260	203	209	231	493
F&E-Ausgaben (Mio. DM)	k.A.	k.A.	k.A.	k.A.	814
Beschäftigte	k.A.	k.A.	k.A.	k.A.	k.A.
	(1991)	(1992)	(1993)	(1994)	1995
Umsatzrentabilität (%)	7,2	8,5	3,1	8,7	2,4
Sachanlageinv.-Quote (%)	3,7	0,3	3,1	3,2	6,2
F&E-Quote (%)	-	-	-	-	10,2
	(1991)	(1992)	(1993)	(1994)	1995
Relative Anteile d. Arb.geb. (%)					
am Konzernumsatz	16	16	17	17	17
am Konzernbetriebsergebnis	23	44	20	30	5
an den Konzernsachanlageinv.	5	5	5	9	16
an den Konzern-F&E-Ausgaben	-	-	-	-	39
an den Konzernbeschäftigten	-	-	-	-	-

Quellen: BASF AG, Geschäftsberichte 1991-1995. Eigene Berechnungen.

1) Das Arbeitsgebiet wurde im Jahr 1995 neu eingerichtet und umfaßt das ehemalige Arbeitsgebiet Landwirtschaft, den Bereich Pharma aus dem ehemaligen Arbeitsgebiet Verbraucherprodukte sowie den Bereich Feinchemikalien aus dem Arbeitsgebiet Chemikalien. Die Daten in den Spalten (1991) bis (1994) enthalten die Daten der Geschäftsaktivitäten nach neuer Rechnungsabgrenzung.

Tabelle 10: BASF-Gruppe: Kennzahlen des Arbeitsgebietes Informationssysteme zwischen 1991 und 1995 1)

	(1991)	(1992)	(1993)	(1994)	1995
Umsatz (Mio.DM)	3.040	2.740	2.660	2.701	2.465
Betriebsergebnis (Mio. DM)	-425	-207	-91	97	5
Sachanlageinvest. (Mio. DM)	193	195	59	32	40
F&E-Ausgaben (Mio. DM)	k.A.	k.A.	k.A.	k.A.	42
Beschäftigte	k.A.	k.A.	k.A.	k.A.	k.A.
	(1991)	(1992)	(1993)	(1994)	1995
Umsatzrentabilität (%)	-14,0	-7,6	-3,4	3,6	0,2
Sachanlageinv.-Quote (%)	6,3	3,5	2,2	1,2	1,6
F&E-Quote (%)	-	-	-	-	1,7
	(1991)	(1992)	(1993)	(1994)	1995
Relative Anteile d. Arb.geb. (%)					
am Konzernumsatz	7	7	7	6	5
am Konzernbetriebsergebnis	-19	-16	-9	5	0
an den Konzernsachanlageinv.	4	2	1	1	1
an den Konzern-F&E-Ausgaben	-	-	-	-	2
an den Konzernbeschäftigten	-	-	-	-	2

Quellen: BASF AG, Geschäftsberichte 1991-1995. Eigene Berechnungen.

1) Das Arbeitsgebiet Informationssysteme wurde 1995 neu eingerichtet. Die Daten in den Spalten (1991) bis (1994) enthalten die Daten der Geschäftsaktivitäten nach neuer Rechnungsabgrenzung.

Tabelle 11: BASF-Gruppe: Umsatz nach Regionen zwischen 1990 und 1995 (Basis: Sitz der Gesellschaften) 1)

	1990	1991	1992	1993	1994	1995
Umsatz (Mio.DM) 2)	46.623	46,626	44.522	40.568	43.674	46.229
davon:						
Europa (Deutschland)	35.585	35.916	34.057	29.000 (20.950)	31.445 (22.309)	33.758 (23.733)
Nordamerika 3)	8.295	7.814	7.500	8.245	8.519	8.670
Lateinamerika	1.698	1.755	1.730	1.983	2.105	-
Südamerika	-	-	-	-	-	1.843
Asien, Afrika, Australien 4)	1.045	1.141	1.235	1.340	1.605	1.958
	1990	1991	1992	1993	1994	1995
Umsatz (%)	100	100	100	100	100	100
davon:						
Europa (Deutschland)	76	77	77	72 (52)	72 (51)	73 (51)
Nordamerika	18	17	17	20	20	19
Lateinamerika	4	4	4	5	5	-
Südamerika	-	-	-	-	-	4
Asien, Afrika, Australien	2	2	2	3	3	4

Quellen: BASF AG, Geschäftsberichte 1991-1995. Eigene Berechnungen.

1) Ab 1995 veränderte regionale Rechnungsabgrenzung. Die Zahlen sind deshalb gegenüber den Vorjahren nur bedingt vergleichbar.

2) Umsatz ab 1993 ohne Mineralöl-/Erdgassteuer.

3) Ab 1995: Nordamerika einschließlich Mexiko.

4) Ab 1995: Asien, Afrika, Pazifischer Raum.

Tabelle 12: BASF-Gruppe: Umsatz nach Regionen zwischen 1990 und 1995 (Basis: Sitz der Kunden) 1)

	1990	1991	1992	1993	1994	1995
Umsatz (Mio.DM) 1)	46.623	46.626	44.522	40.568	43.674	46.229
davon:						
Europa	k.A.	31.186	30.238	25.378	27.718	29.819
(Deutschland)	(k.A.)	(k.A.)	(k.A.)	(11.822)	(11.980)	(12.614)
Nordamerika 2)	k.A.	8.766	7.922	8.523	8.644	8.963
Lateinamerika	k.A.	2.195	2.193	2.495	2.660	-
Südamerika	-	-	-	-	-	2.339
Asien, Afrika, Australien 3)	k.A.	4.479	4.169	4.172	4.652	5.108
	1990	1991	1992	1993	1994	1995
Umsatz (%)	100	100	100	100	100	100
davon:						
Europa	-	67	68	63	63	65
(Deutschland)	-			(29)	(27)	(27)
Nordamerika	-	19	18	21	20	19
Lateinamerika	-	5	5	6	6	-
Südamerika	-	-	-	-	-	5
Asien, Afrika, Australien	-	9	9	10	11	11

Quellen: BASF AG, Geschäftsberichte 1991-1995. Eigene Berechnungen.

1) Ab 1995 veränderte regionale Rechnungsabgrenzung. Die Zahlen sind deshalb gegenüber den Vorjahren nur bedingt vergleichbar.
2) Umsatz ab 1993 ohne Mineralöl-/Erdgassteuer.
3) Ab 1995: Nordamerika einschließlich Mexiko.
4) Ab 1995: Asien, Afrika, Pazifischer Raum.

Tabelle 13: BASF-Gruppe: Betriebsergebnis nach Regionen zwischen 1990 und 1995 (Basis: Sitz der Gesellschaften) 1)

	1990	1991	1992	1993	1994	1995
Betriebsergebnis (Mio. DM)	2.755	2.180	1.311	1.032	2.149	4.023
davon:						
Europa	2.277	2.034	1.318	877	2.272	3.071
(Deutschland)	(k.A.)	(k.A.)	(k.A.)	(754)	(1.817)	(2.227)
Nordamerika 2)	374	68	-58	173	-315	770
Lateinamerika	77	54	20	-59	127	-
Südamerika	-	-	-	-	-	101
Asien, Afrika, Australien 3)	27	24	31	41	65	81
	1990	1991	1992	1993	1994	1995
Betriebsergebnis (%)	100	100	100	100	100	100
Europa	83	93	101	85	106	76
(davon Deutschland)				(73)	(85)	(55)
Nordamerika	13	3	- 4	17	-15	19
Lateinamerika	3	3	2	-6	6	-
Südamerika	-	-	-	-	-	3
Asien, Australien, Afrika	1	1	1	4	3	2

Quellen: BASF AG, Geschäftsberichte 1991-1995. Eigene Berechnungen.

1) Ab 1995 veränderte regionale Rechnungsabgrenzung. Die Zahlen sind deshalb gegenüber den Vorjahren nur bedingt vergleichbar.
2) Ab 1995: Nordamerika einschließlich Mexiko.
3) Ab 1995: Asien, Afrika, Pazifischer Raum.

Tabelle 14: BASF-Gruppe: Sachanlageinvestitionen nach Regionen zwischen 1990 und 1995 1)

	1990	1991	1992	1993	1994	1995
Sachanlageinvest. (Mio.DM) 2)	4.458	4.800	4.151	4.139	2.707	3.024
davon:						
Europa (Deutschland)	k.A. (k.A.)	3.600 (2.081)	2.989 (1.702)	3.146 (2.525)	2.003 (1.435)	2.298 (1.603)
Nordamerika 3)	k.A.	1.008	955	786	514	544
Lateinamerika	k.A.	96	124	166	135	-
Südamerika	-	-	-	-	-	91
Asien, Afrika, Australien 4)	k.A.	96	83	41	55	91
	1990	1991	1992	1993	1994	1995
Sachanlageinvest. (%)	100	100	100	100	100	100
Europa (Deutschland)	- -	75 (43)	72 (41)	76 (61)	74 (53)	76 (53)
Nordamerika	-	21	23	19	19	18
Lateinamerika	-	2	3	4	5	-
Südamerika	-	-	-	-	-	3
Asien, Afrika, Australien	-	2	2	1	2	3

Quellen: BASF AG, Geschäftsberichte 1991-1995. Eigene Berechnungen.

1) Ab 1995 veränderte regionale Rechnungsabgrenzung. Die Zahlen sind deshalb gegenüber den Vorjahren nur bedingt vergleichbar.
2) Die DM-Werte der regional bezogenen Sachanlageinvestitionen wurden auf der Basis der relativen Anteile errechnet.
3) Ab 1995: Nordamerika einschließlich Mexiko.
4) Ab 1995: Asien, Afrika, Pazifischer Raum.

Tabelle 15: BASF-Gruppe: Beschäftigte nach Regionen zwischen 1990 und 1995 1)

	1990	1991	1992	1993	1994	1995
Beschäftigte 2)	134.647	129.434	123.254	112.020	106.266	106.565
davon:						
Europa (Deutschland)	104.441 (k.A.)	99.905 (83.622)	95.332 (78.946)	85.613 (70.241)	81.199 (65.969)	80.929 (63.715)
Nordamerika 3)	19.388	18.787	17.349	16.034	14.469	15.282
Lateinamerika	9.645	9.530	9.090	8.876	8.504	-
Südamerika	-	-	-	-	-	6.869
Asien, Afrika, Australien 4)	1.173	1.222	1.483	1.497	2.094	3.485
	1990	1991	1992	1993	1994	1995
Beschäftigte (%)	100	100	100	100	100	100
Europa (Deutschland)	78	77 (65)	77 (64)	76 (63)	76 (62)	76 (60)
Nordamerika	14	15	14	14	14	14
Lateinamerika	7	7	8	8	8	-
Südamerika	-	-	-	-	-	7
Asien, Afrika, Australien	1	1	1	2	2	3

Quellen: BASF AG, Geschäftsberichte 1991-1995. Eigene Berechnungen.

1) Ab 1995 veränderte regionale Rechnungsabgrenzung. Die Zahlen sind deshalb gegenüber den Vorjahren nur bedingt vergleichbar.
2) Personalstand zum 31.12.
3) Ab 1995: Nordamerika einschließlich Mexiko.
4) Ab 1995: Asien, Afrika, Pazifischer Raum.

Tabelle 16: BASF-Gruppe: Umsatz nach Branchenschwerpunkten/Arbeitsgebieten zwischen 1990 und 1995 1)2)

	1990	1991	1992	1993	1994	1995
Umsatz (Mio.DM) 3)	45.043	44.556	41.933	40.568	43.674	46.229
davon:						
Öl und Gas	4.657	4.645	4.193	4.352	4.075	4.207
Chemiebereiche	24.997	24.575	23.429	22.754	26.114	30.477
Landwirtschaft 4)5)	5.005	5.157	4.671	3.781	3.687	-
Verbraucherprodukte 6)	8.875	9.185	8.824	8.740	8.860	-
Gesundheit und Ernährung	-	-	-	-	-	7.986
Informationssysteme	-	-	-	-	-	2.465
Sonstige 7)	1.509	994	816	941	938	1.094
Relative Anteile in %:						
Gesamt	100	100	100	100	100	100
davon:						
Öl und Gas	10	10	10	11	9	9
Chemiebereiche	55	55	56	56	60	66
Landwirtschaft	11	12	11	9	9	-
Verbraucherprodukte	20	21	21	22	20	-
Gesundheit und Ernährung	-	-	-	-	-	17
Informationssysteme	-	-	-	-	-	5
Sonstige	4	2	2	2	2	3

Quellen: BASF AG, Geschäftsberichte 1991-1995. Eigene Berechnungen.

1) Bis zum Jahr 1995 kann der Branchenschwerpunkt wirkstofforientierte Bereiche nicht berechnet werden, da die Arbeitsgebiete Landwirtschaft und Verbraucherprodukte in der BASF-Gruppe sowohl Geschäftsbereiche aus den Chemie- als auch wirkstofforientierten Bereichen umfassen und geschäftsbereichsbezogenes Zahlenmaterial nicht veröffentlicht ist. Nach der veränderten Rechnungsabgrenzung im Jahr 1995 bildet das Arbeitsgebiet Gesundheit und Ernährung weitgehend die wirkstofforientierten Bereiche des Unternehmens ab, wenngleich immer noch der Geschäftsbereich Düngemittel enthalten ist, der den Chemiebereichen zuzurechnen ist. Von daher unterbleibt eine Abgrenzung in wirkstofforientierte Bereiche für das Jahr 1995.

2) Im Jahr 1995 veränderte Rechnungsabgrenzung, so daß die Zahlen gegenüber den Vorjahren nur bedingt vergleichbar sind.

3) Umsatz ohne Mineralöl-/Erdgassteuer.

4) Kali- und Steinsalzaktivitäten bis 30.6.1993 enthalten.

5) Im Jahr 1995 organisatorische Eingliederung des Arbeitsgebiets Landwirtschaft in das neue Arbeitsgebiet Gesundheit und Ernährung.

6) Im Jahr 1995 Auflösung des Arbeitsgebiets Verbraucherprodukte und Eingliederung des Geschäftsbereichs Pharma in das Arbeitsgebiet Gesundheit und Ernährung, des Geschäftsbereichs Farben und Lacke in die Chemiebereiche und Gründung eines neuen Arbeitsgebiets Informationssysteme aus den informationstechnologischen Geschäftsbereichen.

7) Umsatz sonstiger Geschäfte: z.B. Veräußerung von Anlagen, Lohnverarbeitungen und Dienstleistungen sowie Mieteinnahmen.

Tabelle 17: BASF-Gruppe: Betriebsergebnis nach Branchenschwerpunkten/Arbeitsgebieten zwischen 1990 und 1995 1)2)

	1990	1991	1992	1993	1994	1995
Betriebsergebnis (Mio. DM)	2.755	2.180	1.311	1.032	2.149	4.023
davon:						
Öl und Gas	335	307	-38	297	155	201
Chemiebereiche	2.089	1.668	1.362	817	2.100	3.844
Landwirtschaft 3)4)	-40	127	45	-129	169	-
Verbraucherprodukte 4)	-18	-345	-103	-171	-37	-
Gesundheit und Ernährung	-	-	-	-	-	194
Informationssysteme	-	-	-	-	-	5
Sonstige 4)	389	423	45	218	-238	-221
Relative Anteile in %:						
Gesamt	100	100	100	100	100	100
davon:						
Öl und Gas	12	14	-3	29	7	5
Chemiebereiche	76	77	104	79	98	96
Landwirtschaft	-1	6	3	-13	8	-
Verbraucherprodukte	-1	-16	-9	-16	-2	-
Gesundheit und Ernährung	-	-	-	-	-	5
Informationssysteme	-	-	-	-	-	0
Sonstige	14	19	3	21	-11	-6

Quellen: BASF AG, Geschäftsberichte 1991-1995. Eigene Berechnungen.

1) Die Bildung des Branchenschwerpunktes wirkstofforientierte Bereiche kann nicht gebildet werden. Siehe Tabelle 16.

2) Im Jahr 1995 veränderte Rechnungsabgrenzung, so daß die Zahlen gegenüber den Vorjahren nur bedingt vergleichbar sind.

3) Kali- und Steinsalzaktivitäten bis 30.6.1993 enthalten.

4) Veränderte organisatorische Abgrenzung der Arbeitsgebiete. Siehe Tabelle 16.

5) Ergebnis sonstiger Geschäfte einschl. der den Arbeitsgebieten nicht zuzuordnenden Aufwendungen (ab 1994 einschl. Kosten der exploratorischen Forschung) und Erträge.

Tabelle 18: BASF-Gruppe: Sachanlageinvestitionen nach Branchenschwerpunkten/Arbeitsgebieten zwischen 1990 und 1995 1)2)

	1990	1991	1992	1993	1994	1995
Sachanlageinvest. (Mio. DM)	4.458	4.800	4.151	4.139	2.707	3.024
davon:						
Öl und Gas	195	171	251	1.193	398	470
Chemiebereiche	2.248	2.499	2.258	1.526	1.323	1.433
Landwirtschaft 3)4)	261	214	165	122	100	-
Verbraucherprodukte 4)	501	538	600	415	301	-
Gesundheit und Ernährung	-	-	-	-	-	493
Informationssysteme	-	-	-	-	-	40
Zentrale Einrichtungen	1.253	1.378	877	883	585	588
Relative Anteile in %:						
Gesamt	100	100	100	100	100	100
davon:						
Öl und Gas	4	4	6	29	15	16
Chemiebereiche	51	52	55	37	49	47
Landwirtschaft	6	4	4	3	4	-
Verbraucherprodukte	11	11	14	10	11	-
Gesundheit und Ernährung	-	-	-	-	-	16
Informationssysteme	-	-	-	-	-	1
Zentrale Einrichtungen	28	29	21	21	21	20

Quellen: BASF AG, Geschäftsberichte 1991-1995. Eigene Berechnungen.

1) Die Bildung des Branchenschwerpunktes wirkstofforientierte Bereiche kann nicht gebildet werden. Siehe Tabelle 16.

2) Im Jahr 1995 veränderte Rechnungsabgrenzung, so daß die Zahlen gegenüber den Vorjahren nur bedingt vergleichbar sind.

3) Kali- und Steinsalzaktivitäten bis 30.6.1993 enthalten.

4) Veränderte organisatorische Abgrenzung der Arbeitsgebiete. Siehe Tabelle 16.

Tabelle 19: BASF-Gruppe: Ausgaben für Forschung und Entwicklung (F&E-Ausgaben) nach Branchenschwerpunkten/Arbeitsgebieten zwischen 1991 und 1995 1)2)

	1991	1992	1993	1994	1995
F&E-Ausgaben (Mio. DM)	2.063	2.048	1.934	1.916	2.088
davon:					
Öl und Gas	103	123	77	77	104
Chemiebereiche	1.114	1.044	986	882	941
Landwirtschaft 3)4)	309	328	309	268	-
Verbraucherprodukte 4)	537	553	560	498	-
Gesundheit und Ernährung	-	-	-	-	814
Informationssysteme	-	-	-	-	42
Sonstige 5)	-	-	-	191	187
Relative Anteile in %:					
Gesamt	100	100	100	100	100
davon:					
Öl und Gas	5	6	4	4	5
Chemiebereiche	54	51	51	46	45
Landwirtschaft	15	16	16	14	-
Verbraucherprodukte	26	27	29	26	-
Gesundheit und Ernährung	-	-	-	-	39
Informationssysteme	-	-	-	-	2
Sonstige	-	-	-	10	9

Quellen: BASF AG, Geschäftsberichte 1991-1995. Eigene Berechnungen.

1) Die Bildung des Branchenschwerpunktes wirkstofforientierte Bereiche kann nicht gebildet werden. Siehe Tabelle 16.
2) Im Jahr 1995 veränderte Rechnungsabgrenzung, so daß die Zahlen gegenüber den Vorjahren nur bedingt vergleichbar sind.
3) Kali- und Steinsalzaktivitäten bis 30.6.1993 enthalten.
4) Veränderte organisatorische Abgrenzung der Arbeitsgebiete. Siehe Tabelle 16.
5) Ergebnis sonstiger Geschäfte einschl. der den Arbeitsgebieten nicht zuzuordnenden Aufwendungen (ab 1994 einschl. Kosten der exploratorischen Forschung) und Erträge.

Tabelle 20: **BASF-Gruppe: Sachanlageinvestitions-, F&E-Quote und Umsatzrentabilität nach Branchenschwerpunkten/Arbeitsgebieten zwischen 1990 und 1995 1)2)**

Sachanlageinvest.-Quote (%)	1990	1991	1992	1993	1994	1995
Konzern	9,9	10,8	9,9	10,2	6,2	6,5
Öl und Gas 3)	4,2	3,7	6,0	27,4	9,8	11,2
Chemiebereiche	9,0	10,2	9,6	6,7	5,1	4,7
Landwirtschaft 4)5)	5,2	4,1	3,5	3,2	2,7	-
Verbraucherprodukte 5)	5,6	5,9	6,8	4,7	3,4	-
Gesundheit und Ernährung	-	-	-	-	-	6,2
Informationssysteme	-	-	-	-	-	1,6
F&E-Quote (%)	1990	1991	1992	1993	1994	1995
Konzern	4,2	4,6	4,9	4,8	4,4	4,5
Öl und Gas 3)	k.A.	2,2	2,9	1,8	1,9	2,5
Chemiebereiche	k.A.	4,5	4,5	4,3	3,4	3,1
Landwirtschaft 5)	k.A.	6,0	7,0	8,2	7,2	-
Verbraucherprodukte 5)	k.A.	6,0	6,3	6,4	5,6	-
Gesundheit und Ernährung	k.A.	-	-	-	-	10,2
Informationssysteme	k.A.	-	-	-	-	1,7
Umsatzrentabilität (%)	1990	1991	1992	1993	1994	1995
Konzern 3)	6,1	4,9	3,1	2,5	4,9	8,7
Öl und Gas 3)	7,2	6,6	-0,9	6,8	3,8	4,8
Chemiebereiche	8,4	6,8	5,8	3,6	8,0	12,6
Landwirtschaft 5)	-0,8	2,5	1,0	-3,4	4,6	-
Verbraucherprodukte 5)	-0,2	-3,8	-1,2	-2,0	-0,4	-
Gesundheit und Ernährung	-	-	-	-	-	2,4
Informationssysteme	-	-	-	-	-	0,2

Quellen: BASF AG, Geschäftsberichte 1991-1995. Eigene Berechnungen.

1) Die Bildung des Branchenschwerpunktes wirkstofforientierte Bereiche kann nicht gebildet werden. Siehe Tabelle 16.

2) Im Jahr 1995 veränderte Rechnungsabgrenzung, so daß die Zahlen gegenüber den Vorjahren nur bedingt vergleichbar sind.

3) Berechnung enthält Umsatz ohne Mineralöl-/Erdgassteuer.

4)Kali- und Steinsalzaktivitäten bis 30.6.1993 enthalten.

5)Veränderte organisatorische Abgrenzung der Arbeitsgebiete. Siehe Tabelle 16.

Tabelle 21: BASF AG: Allgemeine Kennziffern zwischen 1988 und 1995 1)

	1988	1989	1990	1991	1992	1993	1994	1995
Umsatz (Mio. DM)	k.A.	k.A.	21.612	20.404	18.560	17.423	19.257	21.061
Betriebsergebnis (Mio. DM)	k.A.	k.A.	1.298	1.201	885	733	1.910	2.330
Sachanlageinvest. (Mio. DM)	k.A.	k.A.	k.A.	1.479	1.080	791	613	808
F&E-Ausgaben (Mio. DM)	k.A.	k.A.	1.507	1.412	1.374	1.302	1.298	1.311
Beschäftigte 2)	k.A.	k.A.	57.544	54.351	52.191	49.559	46.947	44.547
	1988	1989	1990	1991	1992	1993	1994	1995
Umsatzrentabilität (%) 3)	-	-	-	5,8	4,7	4,2	9,9	11,1
Sachanlageinvest.-Quote (%) 3)	-	-		7,2	5,8	4,5	3,2	3,8
F&E-Quote (%) 3)	-	-	-	6,9	7,4	7,5	6,8	6,2
Umsatz (DM) je Besch. 3)4)	-	-	-	375.412	355.617	351.561	410.186	472.782
Sachanl.inv. (DM) je Besch. 4)	-	-	-	27.212	20.693	15.961	13.057	18.138
F&E-Ausg. (DM) je Besch. 4)	-	-	-	25.979	26.326	26.272	27.648	29.430
	1988	1989	1990	1991	1992	1993	1994	1995
Relative Anteile der AG (%)								
am Konzernumsatz 3)	-	-	48	46	44	43	44	46
am Konzernbetriebsergebnis	-	-	47	55	68	71	89	58
an den Konzernsachanlageinv.	-	-	-	31	26	19	23	27
an den Konzern-F&E-Ausgaben	-	-	73	68	67	67	68	63
an den Konzernbeschäftigten 4)	-	-	43	42	42	43	44	42

Quellen: BASF AG, Geschäftsberichte 1991-1995. Eigene Berechnungen.

1) Im Jahr 1995 veränderte Rechnungsabgrenzung, so daß die Zahlen gegenüber den Vorjahren nur bedingt vergleichbar sind.
2) Durchschnittlicher Personalstand.
3) Der Berechnung liegt der Umsatz (ohne Mineralöl-/Erdgassteuer) zugrunde.
4) Der Berechnung liegt der durchschnittliche Personalstand zugrunde.

Tabelle 22: BASF AG: Relative Anteile der Arbeitsgebiete der BASF AG an den Umsätzen der Arbeitsgebiete des Konzerns zwischen 1990 und 1995 1)

	1990	1991	1992	1993	1994	1995
Relative Anteile der AG in %:						
davon:						
Öl und Gas	-	-	-	-	-	-
Chemikalien	87	87	85	82	78	78
Kunststoffe und Fasern	53	53	49	51	48	50
Farbstoffe u. Veredel.prod.	71	69	69	68	68	41
Landwirtschaft 2)3)	49	49	49	59	59	-
Verbraucherprodukte 3)	15	2	1	1	1	-
Gesundheit und Ernährung	-	-	-	-	-	48
Informationssysteme	-	-	-	-	-	5

Quellen: BASF AG, Geschäftsberichte 1991-1994. Eigene Berechnungen.

1) Im Jahr 1995 veränderte Rechnungsabgrenzung, so daß die Zahlen gegenüber den Vorjahren nur bedingt vergleichbar sind.
2) Der Vergleichbarkeit wegen enthält der Umsatz Landwirtschaft des BASF-Konzern zur Berechnung keine Kali- und Steinsalzaktivitäten in 1993 (Ausgangsbasis: 3.301 Mio. DM).
3) Veränderte organisatorische Abgrenzung der Arbeitsgebiete.
Siehe Tabelle 16.

Anhang

BAYER KONZERN

Tabelle 23: Bayer Konzern: Allgemeine Kennziffern zwischen 1988 und 1995 1)

	1988	1989	1990	1991	1992	1993	1994	1995
Umsatz (Mio. DM)	40.468	43.299	41.643	42.401	41.195	41.007	43.420	44.580
Betriebsergebnis (Mio. DM)	3.776	4.105	3.366	3.206	2.693	2.347	3.238	4.111
Sachanl.invest. (Mio. DM) 2)	3.145	3.447	3.687	3.074	2.859	3.156	3.509	3.169
F&E-Ausgaben (Mio. DM) 2)	2.460	2.695	2.738	3.007	3.096	3.157	3.177	3.259
Beschäftigte 3)	165.700	170.200	171.000	164.200	156.400	150.400	146.700	142.900
Beschäftigte 4)	165.511	169.516	169.406	166.325	156.860	152.306	148.248	144.050
	1988	1989	1990	1991	1992	1993	1994	1995
Umsatzrentabilität (%) 5)	9,9	9,9	8,5	7,5	6,7	5,7	7,5	9,2
Sachanlageinvest.-Quote (%)	7,8	8,0	8,9	7,2	6,9	7,7	8,1	7,1
F&E-Quote (%)	6,2	6,2	6,5	7,1	7,5	7,8	7,3	7,3
Umsatz (DM) je Besch. 6)	244.225	254.401	243.526	258.229	263.395	272.653	295.978	311.966
Sachanl.inv. (DM) je Besch. 6)	18.980	20.253	21.561	18.721	17.412	20.984	23.920	22.176
F&E-Ausg. (DM) je Besch. 6)	14.846	15.834	16.012	18.313	19.795	20.991	21.656	22.806

Quellen: Bayer AG, Geschäftsberichte 1988-1995. Eigene Berechnungen.

1) Zahlen basieren ab 1993 auf einer veränderten Rechnungsabgrenzung nach den Regeln des International Accounting Standards Committee (IASC) und sind deshalb mit den Zahlen der Vorjahre nur bedingt vergleichbar.

2) Investitionen in Sachanlagen und Immaterielle Vermögensgegenstände. Die Sachanlageinvestitionen enthalten ab 1994 auch Zuflüsse aus vermieteten Sachanlagen. Es liegen keine Angaben über Investitionen in Beteiligungen vor.

3) Personalstand zum 31.12.

4) Durchschnittlicher Personalstand.

5) Den Berechnungen liegt das Betriebsergebnis zugrunde.

6) Den Berechnungen liegt der Personalstand vom 31.12. zugrunde.

Tabelle 24: Bayer Konzern: Kennzahlen des Arbeitsgebietes Polymere zwischen 1988 und 1995 1)

	1988	1989	1990	1991	1992	1993	1994	1995
Umsatz (Mio.DM)	7.106	7.109	7.239	7.778	7.198	6.839	7.516	8.198
Betriebsergebnis (Mio. DM)	385	249	130	103	-37	-115	266	449
Sachanlageinvest. (Mio. DM) 2)	549	590	543	373	416	530	625	498
F&E-Ausgaben (Mio. DM)	k.A.	405	378	390	248	223	213	227
Beschäftigte	k.A.	k.A.	k.A.	k.A.	k.A.	k.A.	20.580	20.860
	1988	1989	1990	1991	1992	1993	1994	1995
Umsatzrentabilität (%) 3)	5,4	3,5	1,8	1,3	-0,5	-1,7	3,5	5,5
Sachanlageinv.-Quote (%)	8,3	8,3	7,5	4,8	5,8	7,7	8,3	6,1
F&E-Quote (%)	-	5,7	5,2	5,0	3,4	3,3	2,8	2,8
	1988	1989	1990	1991	1992	1993	1994	1995
Relative Anteile d. Arb.geb. (%)								
am Konzernumsatz	18	17	17	18	17	17	17	18
am Konzernbetriebsergebnis	10	6	4	3	-1	-5	8	11
an den Konzernsachanlageinv.	18	17	15	12	14	17	18	15
an den Konzern-F&E-Ausgaben	-.	15	14	13	8	7	7	7
an den Konzernbeschäftigten	-	-	-	-	-	-	14	15

Quellen: BAYER AG, Geschäftsberichte 1988-1995. Eigene Berechnungen.

1) Zahlen basieren ab 1993 auf einer veränderten Rechnungsabgrenzung nach den Regeln des International Accounting Standards Committee (IASC) und sind deshalb mit den Zahlen der Vorjahre nur bedingt vergleichbar.

2) Investitionen in Sachanlagen und Immaterielle Vermögensgegenstände. Die Sachanlageinvestitionen enthalten ab 1994 auch Zuflüsse aus vermieteten Sachanlagen. Es liegen keine Angaben über Investitionen in Beteiligungen vor.

3) Den Berechnungen liegt das Betriebsergebnis zugrunde.

Tabelle 25: Bayer Konzern: Kennzahlen des Arbeitsgebietes Organica zwischen 1988 und 1995 1)

	1988	1989	1990	1991	1992	1993	1994	1995
Umsatz (Mio.DM)	5.683	6.053	5.837	5.766	5.472	5.455	5.862	5.900
Betriebsergebnis (Mio. DM)	701	772	324	142	121	-28	251	298
Sachanlageinvest. (Mio. DM) 2)	285	496	758	488	521	515	519	440
F&E-Ausgaben (Mio. DM)	k.A.	k.A.	k.A.	k.A.	248	226	224	215
Beschäftigte	k.A.	k.A.	k.A.	k.A	k.A.	k.A.	21.960	20.890
	1988	1989	1990	1991	1992	1993	1994	1995
Umsatzrentabilität (%) 3)	12,3	12,8	5,6	2,5	2,2	-0,5	4,3	5,1
Sachanlageinv.-Quote (%)	5,0	8,2	13,0	8,4	9,5	9,4	8,9	7,5
F&E-Quote (%)	-	-	-	-	4,5	4,1	3,8	3,6
	1988	1989	1990	1991	1992	1993	1994	1995
Relative Anteile d. Arb.geb. (%)								
am Konzernumsatz	14	14	14	14	13	13	13	13
am Konzernbetriebsergebnis	17	18	9	5	4	-1	8	7
an den Konzernsachanlageinv.	9	14	21	16	18	16	15	14
an den Konzern-F&E-Ausgaben	-	-	-	-	8	7	7	7
an den Konzernbeschäftigten	-	-	-	-	-	-	15	15

Quellen: BAYER AG, Geschäftsberichte 1988-1995. Eigene Berechnungen.

1) Zahlen basieren ab 1993 auf einer veränderten Rechnungsabgrenzung nach den Regeln des International Accounting Standards Committee (IASC) und sind deshalb mit den Zahlen der Vorjahre nur bedingt vergleichbar.

2) Investitionen in Sachanlagen und Immaterielle Vermögensgegenstände. Die Sachanlageinvestitionen enthalten ab 1994 auch Zuflüsse aus vermieteten Sachanlagen. Es liegen keine Angaben über Investitionen in Beteiligungen vor.

3) Den Berechnungen liegt das Betriebsergebnis zugrunde.

Tabelle 26: Bayer Konzern: Kennzahlen des Arbeitsgebietes Industrieprodukte zwischen 1988 und 1995 1)

	1988	1989	1990	1991	1992	1993	1994	1995
Umsatz (Mio. DM)	8.896	9.220	8.134	7.783	7.579	7.223	7.814	8.298
Betriebsergebnis (Mio. DM)	1.083	1.073	744	421	275	191	426	617
Sachanlageinvest. (Mio. DM) 2)	592	611	672	519	594	744	618	658
F&E-Ausgaben (Mio. DM)	k.A.	k.A.	k.A.	k.A.	341	317	305	317
Beschäftigte	k.A.	k.A.	k.A.	k.A.	k.A.	k.A.	24.220	23.650
	1988	1989	1990	1991	1992	1993	1994	1995
Umsatzrentabilität (%) 3)	12,2	11,6	9,1	5,4	3,6	2,6	5,5	7,4
Sachanlageinv.-Quote (%)	6,7	6,6	8,3	6,7	7,8	10,3	7,9	7,9
F&E-Quote (%)	-	-	-	-	4,5	4,4	3,9	3,8
	1988	1989	1990	1991	1992	1993	1994	1995
Relative Anteile d. Arb.geb. (%)								
am Konzernumsatz	22	21	20	18	18	18	18	19
am Konzernbetriebsergebnis	27	25	21	13	10	8	13	15
an den Konzernsachanlageinv.	19	18	18	17	21	24	18	21
an den Konzern-F&E-Ausgaben	-	-	-	-	11	10	10	10
an den Konzernbeschäftigten	-	-	-	-	-	-	17	16

Quellen: BAYER AG, Geschäftsberichte 1988-1995. Eigene Berechnungen.

1) Zahlen basieren ab 1993 auf einer veränderten Rechnungsabgrenzung nach den Regeln des International Accounting Standards Committee (IASC) und sind deshalb mit den Zahlen der Vorjahre nur bedingt vergleichbar.

2) Investitionen in Sachanlagen und Immaterielle Vermögensgegenstände. Die Sachanlageinvestitionen enthalten ab 1994 auch Zuflüsse aus vermieteten Sachanlagen. Es liegen keine Angaben über Investitionen in Beteiligungen vor.

3) Den Berechnungen liegt das Betriebsergebnis zugrunde.

Tabelle 27: Bayer Konzern: Kennzahlen des Arbeitsgebietes Gesundheit zwischen 1988 und 1995 1)

	1988	1989	1990	1991	1992	1993	1994	1995
Umsatz (Mio. DM)	6.520	7.967	8.007	8.806	8.928	10.709	11.170	11.103
Betriebsergebnis (Mio. DM)	903	1.267	1.567	1.736	1.819	1.856	1.653	1.825
Sachanlageinvest. (Mio. DM) 2)	330	399	407	369	589	724	1.030	911
F&E-Ausgaben (Mio. DM)	480	918	972	1.140	1.240	1.428	1.473	1.517
Beschäftigte	k.A.	k.A.	k.A.	k.A.	k.A.	k.A.	40.270	38.990
	1988	1989	1990	1991	1992	1993	1994	1995
Umsatzrentabilität (%) 3)	13,9	15,9	19,5	19,7	20,4	17,3	14,8	16,4
Sachanlageinv.-Quote (%)	5,1	5,0	5,1	4,2	6,6	6,8	9,2	8,2
F&E-Quote (%)	7,4	11,5	12,1	12,9	13,9	13,3	13,2	13,7
	1988	1989	1990	1991	1992	1993	1994	1995
Relative Anteile d. Arb.geb. (%)								
am Konzernumsatz	16	18	19	21	22	26	26	25
am Konzernbetriebsergebnis	23	30	44	55	66	79	51	44
an den Konzernsachanlageinv.	11	12	11	12	21	23	29	29
an den Konzern-F&E-Ausgaben	32	34	36	38	40	45	46	47
an den Konzernbeschäftigten	-	-	-	-	-	-	28	27

Quellen: BAYER AG, Geschäftsberichte 1988-1995. Eigene Berechnungen.

1) Zahlen basieren ab 1993 auf einer veränderten Rechnungsabgrenzung nach den Regeln des International Accounting Standards Committee (IASC) und sind deshalb mit den Zahlen der Vorjahre nur bedingt vergleichbar.

2) Investitionen in Sachanlagen und Immaterielle Vermögensgegenstände. Die Sachanlageinvestitionen enthalten ab 1994 auch Zuflüsse aus vermieteten Sachanlagen. Es liegen keine Angaben über Investitionen in Beteiligungen vor.

3) Den Berechnungen liegt das Betriebsergebnis zugrunde.

Tabelle 28: Bayer Konzern: Kennzahlen des Arbeitsgebietes Landwirtschaft zwischen 1988 und 1995 1)

	1988	1989	1990	1991	1992	1993	1994	1995
Umsatz (Mio. DM)	5.197	5.460	5.215	5.342	5.154	4.054	4.304	4.544
Betriebsergebnis (Mio. DM)	295	356	403	480	378	222	421	717
Sachanlageinvest. (Mio. DM) 2)	181	168	124	134	203	169	170	191
F&E-Ausgaben (Mio. DM)	575	513	486	510	558	520	541	551
Beschäftigte	k.A.	k.A.	k.A.	k.A.	k.A.	k.A.	14.290	13.890
	1988	1989	1990	1991	1992	1993	1994	1995
Umsatzrentabilität (%) 3)	5,7	6,5	7,7	9,0	7,3	5,5	9,8	15,8
Sachanlageinv.-Quote (%)	3,5	3,1	2,4	2,5	3,9	4,2	3,9	4,2
F&E-Quote (%)	11,1	9,4	9,3	9,5	10,8	12,8	12,6	12,1
	1988	1989	1990	1991	1992	1993	1994	1995
Relative Anteile d. Arb.geb. (%)								
am Konzernumsatz	13	13	13	13	13	10	10	10
am Konzernbetriebsergebnis	7	8	11	15	13	10	13	18
an den Konzernsachanlageinv.	6	5	3	4	7	5	5	6
an den Konzern-F&E-Ausgaben	23	19	18	17	18	17	17	17
an den Konzernbeschäftigten	-	-	-	-	-	10	10	10

Quellen: BAYER AG, Geschäftsberichte 1988-1995. Eigene Berechnungen.

1) Zahlen basieren ab 1993 auf einer veränderten Rechnungsabgrenzung nach den Regeln des International Accounting Standards Committee (IASC) und sind deshalb mit den Zahlen der Vorjahre nur bedingt vergleichbar.

2) Investitionen in Sachanlagen und Immaterielle Vermögensgegenstände. Die Sachanlageinvestitionen enthalten ab 1994 auch Zuflüsse aus vermieteten Sachanlagen. Es liegen keine Angaben über Investitionen in Beteiligungen vor.

3) Den Berechnungen liegt das Betriebsergebnis zugrunde.

Tabelle 29: Bayer Konzern: Kennzahlen des Arbeitsgebietes Informationstechnologie zwischen 1988 und 1995 1)

	1988	1989	1990	1991	1992	1993	1994	1995
Umsatz (Mio. DM)	7.066	7.490	7.211	6.926	6.864	6.727	6.754	6.537
Betriebsergebnis (Mio. DM)	635	573	390	296	220	221	221	205
Sachanlageinvest. (Mio. DM) 2)	426	429	394	363	538	474	547	471
F&E-Ausgaben (Mio. DM)	450	486	432	450	465	443	421	432
Beschäftigte	k.A.	k.A.	k.A.	k.A.	k.A.	k.A.	25.380	24.620
	1988	1989	1990	1991	1992	1993	1994	1995
Umsatzrentabilität (%) 3)	9,0	7,7	5,4	4,3	3,2	3,3	3,3	3,1
Sachanlageinv.-Quote (%)	6,0	5,7	5,5	5,2	7,8	7,0	8,1	7,2
F&E-Quote (%)	6,4	6,5	6,0	6,5	6,8	6,6	6,2	6,6
	1988	1989	1990	1991	1992	1993	1994	1995
Relative Anteile d. Arb.geb. (%)								
am Konzernumsatz	17	17	17	16	17	16	16	15
am Konzernbetriebsergebnis	16	13	11	9	8	9	7	5
an den Konzernsachanlageinv.	13	12	11	12	19	15	15	15
an den Konzern-F&E-Ausgaben	18	18	16	15	15	14	13	13
an den Konzernbeschäftigten	-	-	-	-	-	16	17	17

Quellen: BAYER AG, Geschäftsberichte 1988-1995. Eigene Berechnungen.

1) Zahlen basieren ab 1993 auf einer veränderten Rechnungsabgrenzung nach den Regeln des International Accounting Standards Committee (IASC) und sind deshalb mit den Zahlen der Vorjahre nur bedingt vergleichbar.

2) Investitionen in Sachanlagen und Immaterielle Vermögensgegenstände. Die Sachanlageinvestitionen enthalten ab 1994 auch Zuflüsse aus vermieteten Sachanlagen. Es liegen keine Angaben über Investitionen in Beteiligungen vor.

3) Den Berechnungen liegt das Betriebsergebnis zugrunde.

Tabelle 30: Bayer Konzern: Umsatz nach Regionen zwischen 1988 und 1995 (Basis: Sitz der Gesellschaften) 1)

	1988	1989	1990	1991	1992	1993	1994	1995
Umsatz (Mio. DM)	40.468	43.299	41.643	42.401	41.195	41.007	43.420	44.580
davon:								
Europa	27.243	28.630	28.080	27.662	26.538	24.275	25.218	26.630
Nordamerika	7.193	8.580	8.053	8.764	8.759	9.777	10.335	10.006
Lateinamerika	2.615	2.128	1.892	1.910	1.842	2.150	2.455	2.414
Asien, Afrika, Australien	3.412	3.961	3.618	4.065	4.056	4.805	5.412	5.530
	1988	1989	1990	1991	1992	1993	1994	1995
Umsatz (%):	100	100	100	100	100	100	100	100
davon:								
Europa	67	66	67	65	64	59	58	60
Nordamerika	18	20	19	21	21	24	24	23
Lateinamerika	7	5	5	4	5	5	6	5
Asien, Afrika, Australien	8	9	9	10	10	12	12	12

Quellen: BAYER AG, Geschäftsberichte 1988-1995. Eigene Berechnungen.

1) Zahlen basieren ab 1993 auf einer veränderten Rechnungsabgrenzung nach den Regeln des International Accounting Standards Committee (IASC) und sind deshalb mit den Zahlen der Vorjahre nur bedingt vergleichbar.

Tabelle 31: Bayer Konzern: Umsatz nach Regionen zwischen 1988 und 1995 (Basis: Sitz der Kunden) 1)

	1988	1989	1990	1991	1992	1993	1994	1995
Umsatz (Mio. DM)	40.468	43.299	41.643	42.401	41.195	41.007	43.420	44.580
davon: 2)								
Europa	24.149	25.477	24.921	24.296	23.381	21.072	22.056	23.433
Nordamerika	7.281	8.766	8.158	8.780	8.680	9.719	10.288	9.953
Lateinamerika	3.067	2.567	2.287	2.397	2.302	2.646	2.938	2.846
Asien, Afrika, Australien	5.971	6.489	6.277	6.928	6.832	7.570	8.138	8.348
	1988	1989	1990	1991	1992	1993	1994	1995
Umsatz (%):	100	100	100	100	100	100	100	100
davon:								
Europa	60	60	60	57	57	51	51	53
Nordamerika	18	20	20	21	21	24	23	22
Lateinamerika	8	6	5	6	6	7	7	6
Asien, Afrika, Australien	14	14	15	16	16	18	19	19

Quellen: BAYER AG, Geschäftsberichte 1988-1995. Eigene Berechnungen.

1) Zahlen basieren ab 1993 auf einer veränderten Rechnungsabgrenzung nach den Regeln des International Accounting Standards Committee (IASC) und sind deshalb mit den Zahlen der Vorjahre nur bedingt vergleichbar.

2) Die regionalen Daten in 1988 wurden auf Basis der Werte von 1989 und ihrer jeweiligen jährlichen Veränderungsrate zu 1988 ermittelt.

Tabelle 32: Bayer Konzern: Betriebsergebnis nach Regionen zwischen 1988 und 1995 (Basis: Sitz der Gesellschaften) 1)

	1988	1989	1990	1991	1992	1993	1994	1995
Betriebsergebnis (Mio. DM)	3.776	4.105	3.366	3.206	2.693	2.354	3.238	4.111
davon:								
Europa	2.988	3.040	2.498	2.219	1.600	1.102	1.679	2.623
Nordamerika	476	699	597	416	620	642	971	951
Lateinamerika	130	118	97	122	116	150	197	186
Asien, Afrika, Australien	408	433	360	421	440	453	391	351
	1988	1989	1990	1991	1992	1993	1994	1995
Betriebsergebnis (%):	100	100	100	100	100	100	100	100
davon:								
Europa	75	71	70	69	58	47	52	64
Nordamerika	12	16	17	13	12	27	30	23
Lateinamerika	3	3	3	4	4	7	6	4
Asien, Afrika, Australien	10	10	9	14	16	19	12	9

Quellen: BAYER AG, Geschäftsberichte 1988-1995. Eigene Berechnungen.

1) Zahlen basieren ab 1993 auf einer veränderten Rechnungsabgrenzung nach den Regeln des International Accounting Standards Committee (IASC) und sind deshalb mit den Zahlen der Vorjahre nur bedingt vergleichbar.

Tabelle 33: Bayer Konzern: Sachanlageinvestitionen nach Regionen zwischen 1988 und 1995 1)2)

	1988	1989	1990	1991	1992	1993	1994	1995
Sachanlageinvest. (Mio. DM)	3.145	3.447	3.687	3.074	2.859	3.156	3.509	3.169
davon:								
Europa	2.415	2.510	2.827	2.344	2.101	2.130	2.302	1.986
Nordamerika	427	560	621	523	488	707	840	889
Lateinamerika	155	187	131	87	91	138	126	122
Asien, Afrika, Australien	148	190	108	120	179	181	241	172
	1988	1989	1990	1991	1992	1993	1994	1995
Sachanlageinvest. (%):	100	100	100	100	100	100	100	100
davon:								
Europa	77	73	77	76	74	68	66	63
Nordamerika	14	16	17	17	17	22	24	28
Lateinamerika	5	5	3	3	3	4	4	4
Asien, Afrika, Australien	4	6	3	4	6	6	7	5

Quellen: BAYER AG, Geschäftsberichte 1988-1995. Eigene Berechnungen.

1) Zahlen basieren ab 1993 auf einer veränderten Rechnungsabgrenzung nach den Regeln des International Accounting Standards Committee (IASC) und sind deshalb mit den Zahlen der Vorjahre nur bedingt vergleichbar.

2) Investitionen in Sachanlagen und Immaterielle Vermögensgegenstände. Die Sachanlageinvestitionen enthalten ab 1994 auch Zuflüsse aus vermieteten Sachanlagen. Es liegen keine Angaben über Investitionen in Beteiligungen vor.

Tabelle 34: Bayer Konzern: Ausgaben für Forschung und Entwicklung (F&E-Ausgaben) nach Regionen zwischen 1988 und 1995 1)

	1988	1989	1990	1991	1992	1993	1994	1995
F&E-Ausgaben (Mio. DM) 2)	2.460	2.695	2.738	3.007	3.100	3.157	3.177	3.259
davon:								
Europa	k.A.	k.A.	k.A.	k.A.	2.300	2.332	2.311	2.423
Nordamerika	k.A.	k.A.	k.A.	k.A.	700	673	681	642
Lateinamerika	k.A.	k.A.	k.A.	k.A.	-	10	16	18
Asien, Afrika, Australien	k.A.	k.A.	k.A.	k.A.	100	142	169	176
	1988	1989	1990	1991	1992	1993	1994	1995
F&E-Ausgaben (%):	100	100	100	100	100	100	100	100
davon:								
Europa	-	-	-	-	74	69	73	74
Nordamerika	-	-	-	-	23	25	21	20
Lateinamerika	-	-	-	-	-	0	1	1
Asien, Afrika, Australien	-	-	-	-	3	6	5	5

Quellen: BAYER AG, Geschäftsberichte 1988-1995. Eigene Berechnungen.

1) Zahlen basieren ab 1993 auf einer veränderten Rechnungsabgrenzung nach den Regeln des International Accounting Standards Committee (IASC) und sind deshalb mit den Zahlen der Vorjahre nur bedingt vergleichbar.

2) Im Jahr 1992 sind hinsichtlich der regionalen Verteilung der F&E-Ausgaben nur die gerundeten Werte bekannt, entsprechend wurden hier die gesamten F&E-Ausgaben in Höhe von 3.096 Mio. DM auf den Wert von 3.100 Mio. DM gerundet.

Tabelle 35: Bayer Konzern: Beschäftigte nach Regionen zwischen 1988 und 1995 1)2)

	1988	1989	1990	1991	1992	1993	1994	1995
Beschäftigte	165.700	170.200	171.000	164.200	156.400	150.400	146.700	142.900
davon:								
Europa	118.844	120.447	119.310	114.500	108.900	103.500	99.600	95.700
Nordamerika	21.870	24.286	26.389	25.900	24.700	24.100	24.300	23.900
Lateinamerika	13.606	13.757	13.379	12.100	11.000	10.400	10.200	10.600
Asien, Afrika, Australien	11.380	11.710	11.922	11.700	11.800	12.400	12.600	12.700
	1988	1989	1990	1991	1992	1993	1994	1995
Beschäftigte (%)	100	100	100	100	100	100	100	100
davon:								
Europa	72	71	70	70	70	69	68	67
Nordamerika	13	14	15	16	16	16	17	17
Lateinamerika	8	8	8	7	7	7	7	7
Asien, Afrika, Australien	7	7	7	7	7	8	8	9

Quellen: BAYER AG, Geschäftsberichte 1988-1995. Eigene Berechnungen.

1) Zahlen basieren ab 1993 auf einer veränderten Rechnungsabgrenzung nach den Regeln des International Accounting Standards Committee (IASC) und sind deshalb mit den Zahlen der Vorjahre nur bedingt vergleichbar.

2) Personalstand zum 31.12.

Tabelle 36: Bayer Konzern: Umsatz nach Branchenschwerpunkten zwischen 1988 und 1995 1)

	1988	1989	1990	1991	1992	1993	1994	1995
Umsatz (Mio. DM)	40.468	43.299	41.643	42.401	41.195	41.007	43.420	44.580
davon:								
Chemiebereiche	21.685	22.382	21.210	21.327	20.249	19.517	21.192	22.396
Wirkstofforient. Bereiche	11.717	13.427	13.222	14.148	14.082	14.763	15.474	15.647
Informationstechnologie	7.066	7.490	7.211	6.926	6.864	6.727	6.754	6.537
	1988	1989	1990	1991	1992	1993	1994	1995
Umsatz (%)	100	100	100	100	100	100	100	100
davon:								
Chemiebereiche	54	52	51	50	48	48	48	50
Wirkstofforient. Bereiche	29	31	32	34	35	36	36	35
Informationstechnologie	17	17	17	16	17	16	16	15

Quellen: BAYER AG, Geschäftsberichte 1988-1995. Eigene Berechnungen.

1) Zahlen basieren ab 1993 auf einer veränderten Rechnungsabgrenzung nach den Regeln des International Accounting Standards Committee (IASC) und sind deshalb mit den Zahlen der Vorjahre nur bedingt vergleichbar.

Tabelle 37: Bayer Konzern: Betriebsergebnis nach Branchenschwerpunkten zwischen 1988 und 1995 1)

	1988	1989	1990	1991	1992	1993	1994	1995
Betriebsergebnis (Mio. DM)	3.776	4.105	3.366	3.206	2.693	2.354	3.238	4.111
davon:								
Chemiebereiche	2.169	2.094	1.198	666	359	48	943	1.364
Wirkstofforient. Bereiche	1.198	1.623	1.970	2.216	2.197	2.078	2.074	2.542
Informationstechnologie	635	573	390	296	220	221	221	205
	1988	1989	1990	1991	1992	1993	1994	1995
Betriebsergebnis (%)	100	100	100	100	100	100	100	100
davon:								
Chemiebereiche	54	49	34	21	13	2	29	33
Wirkstofforient. Bereiche	30	38	55	70	79	89	64	62
Informationstechnologie	16	13	11	9	8	9	7	5

Quellen: BAYER AG, Geschäftsberichte 1988-1995. Eigene Berechnungen.

1) Zahlen basieren ab 1993 auf einer veränderten Rechnungsabgrenzung nach den Regeln des International Accounting Standards Committee (IASC) und sind deshalb mit den Zahlen der Vorjahre nur bedingt vergleichbar.

Tabelle 38: Bayer Konzern: Sachanlageinvestitionen nach Branchenschwerpunkten zwischen 1988 und 1995 1)2)

	1988	1989	1990	1991	1992	1993	1994	1995
Sachanlageinv. (Mio. DM)	3.145	3.447	3.687	3.074	2.859	3.156	3.509	3.169
davon:								
Chemiebereiche	1.426	1.697	1.973	1.380	1.531	1.789	1.762	1.596
Wirkstofforient. Bereiche	511	567	531	503	792	893	1.200	1.102
Informationstechnologie	426	429	394	363	538	474	547	471
Zentrale Einrichtungen	782	754	789	828	-	-	-	-
	1988	1989	1990	1991	1992	1993	1994	1995
Sachanlageinvest. (%)	100	100	100	100	100	100	100	100
davon:								
Chemiebereiche	46	49	54	45	53	57	51	50
Wirkstofforient. Bereiche	17	17	14	16	28	28	34	35
Informationstechnologie	13	12	11	12	19	15	15	15
Zentrale Einrichtungen	24	22	21	27	-	-	-	-

Quellen: BAYER AG, Geschäftsberichte 1988-1995. Eigene Berechnungen.

1) Zahlen basieren ab 1993 auf einer veränderten Rechnungsabgrenzung nach den Regeln des International Accounting Standards Committee (IASC) und sind deshalb mit den Zahlen der Vorjahre nur bedingt vergleichbar.

2) Investitionen in Sachanlagen und Immaterielle Vermögensgegenstände. Die Sachanlageinvestitionen enthalten ab 1994 auch Zuflüsse aus vermieteten Sachanlagen. Es liegen keine Angaben über Investitionen in Beteiligungen vor.

Tabelle 39: Bayer Konzern: Ausgaben für Forschung und Entwicklung (F&E-Ausgaben) nach Branchenschwerpunkten zwischen 1988 und 1995 1)

	1988	1989	1990	1991	1992	1993	1994	1995
F&E-Ausgaben (Mio. DM) 2)	2.460	2.695	2.738	3.007	3.096	3.157	3.177	3.259
davon:								
Chemiebereiche	664	782	821	902	837	766	742	759
Wirkstofforient. Bereiche	1.353	1.428	1.479	1.654	1.797	1.948	2.014	2.068
Informationstechnologie	443	485	438	451	462	443	421	432
	1988	1989	1990	1991	1992	1993	1994	1995
F&E-Ausgaben (%)	100	100	100	100	100	100	100	100
davon:								
Chemiebereiche	27	29	30	30	27	24	24	23
Wirkstofforient. Bereiche	55	53	54	55	58	62	63	64
Informationstechnologie	18	18	16	15	15	14	13	13

Quellen: BAYER AG, Geschäftsberichte 1988-1995. Eigene Berechnungen.

1) Zahlen basieren ab 1993 auf einer veränderten Rechnungsabgrenzung nach den Regeln des International Accounting Standards Committee (IASC) und sind deshalb mit den Zahlen der Vorjahre nur bedingt vergleichbar.

2) Die DM-Werte der arbeitsgebietbezogenen F&E-Ausgaben zwischen 1988 und 1992 wurden auf Basis der relativen Anteile errechnet.

Tabelle 40: Bayer Konzern: Sachanlageinvestitions-, F&E-Quote und Umsatzrentabilität nach Branchenschwerpunkten zwischen 1988 und 1995 1)

F&E-Quote (%)	1988	1989	1990	1991	1992	1993	1994	1995
Konzern	6,2	6,2	6,5	7,1	7,5	7,8	7,3	7,3
Chemiebereiche	3,1	3,5	3,8	4,2	4,1	3,9	3,5	3,4
Wirkstofforient. Bereiche	11,5	10,6	11,2	11,7	12,8	13,2	13,0	13,2
Informationstechnologie	6,4	6,5	6,0	6,5	6,8	6,6	6,2	6,6
Sachanlageinvest.-Quote (%)	1988	1989	1990	1991	1992	1993	1994	1995
Konzern	7,8	8,0	8,9	7,2	6,9	7,7	8,1	7,1
Chemiebereiche	6,6	7,6	9,3	6,5	7,6	9,2	8,3	7,1
Wirkstofforient. Bereiche	4,4	4,2	4,0	3,6	5,6	6,0	7,8	7,0
Informationstechnologie	6,0	5,7	5,5	5,2	7,8	7,0	8,1	7,2
Umsatzrentabilität (%)	1988	1989	1990	1991	1992	1993	1994	1995
Konzern	9,9	9,9	8,5	7,5	6,7	5,7	7,5	9,2
Chemiebereiche	10,0	9,4	5,6	3,1	1,8	0,2	4,4	6,1
Wirkstofforient. Bereiche	10,2	12,1	14,9	15,7	15,6	14,1	13,4	16,2
Informationstechnologie	9,0	7,7	5,4	4,3	3,2	3,3	3,3	3,1

Quellen: BAYER AG, Geschäftsberichte 1988-1995. Eigene Berechnungen.

1) Zahlen basieren ab 1993 auf einer veränderten Rechnungsabgrenzung nach den Regeln des International Accounting Standards Committee (IASC) und sind deshalb mit den Zahlen der Vorjahre nur bedingt vergleichbar.

Tabelle 41: Bayer Konzern: Beschäftigung nach Branchenschwerpunkten zwischen 1988 und 1995

	1994	1995
Beschäftigte	146.700	142.900
davon:		
Chemiebereiche	66.760	65.400
Wirkstofforient. Bereiche	54.560	52.880
Informationstechnologie	25.380	24.620
	1994	1995
Beschäftigte	100	100
davon:		
Chemiebereiche	46	46
Wirkstofforient. Bereiche	37	37
Informationstechnologie	17	17

Quellen: BAYER AG, Geschäftsberichte 1988-1995. Eigene Berechnungen.

Tabelle 42: Bayer AG: Allgemeine Kennziffern zwischen 1988 und 1995 1)

	1988	1989	1990	1991	1992	1993	1994	1995
Umsatz (Mio. DM)	17.852	18.612	18.274	18.107	17.534	16.195	17.135	18.029
Betriebsergebnis (Mio. DM)	1.456	1.622	1.344	1.082	817	502	607	1.209
Sachanlageinv. (Mio. DM) 2)	1.413	1.320	1.485	1.389	1.245	1.108	973	1.073
F&E-Ausgaben (Mio. DM)	1.475	1.576	1.624	1.750	1.778	1.748	1.769	1.875
Beschäftigte 3)	63.658	63.664	63.645	62.513	60.161	57.069	54.444	50.789
	1988	1989	1990	1991	1992	1993	1994	1995
Umsatzrentabilität (%) 4)	8,2	8,7	7,4	6,0	4,7	3,1	3,5	6,7
Sachanlageinvest.-Quote (%)	7,9	7,1	8,1	7,7	7,1	6,8	5,7	6,0
F&E-Quote (%)	8,3	8,5	8,9	9,7	10,1	10,8	10,3	10,4
Umsatz (DM) je Besch. 5)	280.436	292.347	287.124	289.652	291.451	283.779	314.727	354.958
Sachanl.inv. (DM) je Besch. 5)	22.197	20.734	23.332	22.219	20.694	19.415	17.872	21.127
F&E-Ausg. (DM) je Besch. 5)	23.171	24.755	25.512	27.994	29.554	30.623	32.492	36.917
	1988	1989	1990	1991	1992	1993	1994	1995
Relative Anteile der AG (%):								
am Konzernumsatz	44	43	44	43	43	39	39	40
am Konzernbetriebsergebnis	39	40	40	34	30	21	19	29
an den Konzernsachanl.invest.	45	38	40	45	44	35	28	34
an den Konzern-F&E-Ausgaben	60	58	59	58	57	55	56	57
an den Konzernbeschäftigten 5)	38	38	38	38	38	37	37	35

Quellen: BAYER AG, Geschäftsberichte 1988-1995, BAYER AG, Jahresabschlüsse 1991-1995. Eigene Berechnungen.

1) Zahlen basieren ab 1993 auf einer veränderten Rechnungsabgrenzung nach den Regeln des International Accounting Standards Committee (IASC) und sind deshalb mit den Zahlen der Vorjahre nur bedingt vergleichbar.
2) Investitionen in Sachanlagen und Immaterielle Vermögensgegenstände. Die Sachanlageinvestitionen enthalten ab 1994 auch Zuflüsse aus vermieteten Sachanlagen. Es liegen keine Angaben über Investitionen in Beteiligungen vor.
3) Durchschnittlicher Personalstand
4) Den Berechnungen liegt das Betriebsergebnis zugrunde.
5) Den Berechnungen liegt der durchschnittliche Personalstand zugrunde.

Tabelle 43: Bayer AG: Relative Anteile der Arbeitsgebiete der Bayer AG an den Umsätzen der Arbeitsgebiete des Konzerns zwischen 1988 und 1995 1)

	1988	1989	1990	1991	1992	1993	1994	1995
Relative Anteile der AG in %:								
davon:								
Polymere 2)	56	57	55	49	51	47	40	41
Organica	58	58	54	50	50	44	49	46
Industrieprodukte	55	55	60	59	59	57	56	56
Gesundheit	33	30	31	27	34	28	30	34
Landwirtschaft	41	40	45	44	45	52	51	48

Quellen: BAYER AG, Geschäftsberichte 1988-1995, Jahresabschlüsse Bayer AG 1991-1995. Eigene Berechnungen.

1) Zahlen basieren ab 1993 auf einer veränderten Rechnungsabgrenzung nach den Regeln des International Accounting Standards Committee (IASC) und sind deshalb mit den Zahlen der Vorjahre nur bedingt vergleichbar.

2) Ausgliederung des Geschäftsbereichs Fasern in die Bayer Fasern GmbH zum 1.1.1994.

Anhang

HOECHST KONZERN

Tabelle 44: Hoechst Konzern: Allgemeine Kennziffern zwischen 1988 und 1995 1)

	1988	1989	1990	1991	1992	1993	1994	1995
Umsatz (Mio.DM)	40.964	45.898	44.862	47.186	45.870	46.047	49.637	52.177
Betriebsergebnis (Mio. DM)	4.000	4.041	3.177	2.781	2.152	1.476	2.318	3.591
Sachanlageinvest. (Mio. DM)	2.780	3.197	3.399	3.586	3.779	3.597	3.143	3.374
Inv. in Beteiligungen (Mio.DM)	147	518	884	372	764	1.572	347	10.490
F&E-Ausgaben (Mio. DM)	2.416	2.621	2.687	2.869	2.904	3.039	3.369	3.479
Beschäftigte 3)	-	-	-	-	-	170.161	165.671	161.618
Beschäftigte 4)	164.527	169.295	172.890	179.332	177.668	172.483	169.760	165.928
	1988	1989	1990	1991	1992	1993	1994	1995
Umsatzrentabilität (%) 5)	9,8	8,8	7,1	5,9	4,7	3,2	4,7	6,9
Sachanlageinvest.-Quote (%)	6,8	7,0	7,6	7,6	8,2	7,8	6,3	6,5
F&E-Quote (%)	5,9	5,7	6,0	6,1	6,3	6,6	6,8	6,7
Umsatz (DM) je Besch. 6)	248.980	271.113	259.843	263.121	258.178	270.608	299.612	322.842
Sachanl.inv. (DM) je Besch. 6)	16.897	18.884	19.660	19.996	21.270	21.139	18.971	20.876
F&E-Ausg. (DM) je Besch. 6)	14.685	15.482	15.872	15.998	16.193	17.860	20.335	21.526

Quellen: HOECHST AG, Geschäftsberichte 1988-1995. Eigene Berechnungen.

1) Zahlen basieren ab 1993 auf einer veränderten Rechnungsabgrenzung nach den Regeln des International Accounting Standard Committee (IASC). Da das Unternehmen seit 1987 in seiner Bilanzierung internationalen Grundsätzen der Rechnungslegung folgt, entstehen hierdurch gegenüber den Vorjahren keine grundlegenden Veränderungen.
Im einzelnen: vgl. HOECHST AG, Geschäftsbericht 1994, S. 5f.

2) Veröffentlichte Angaben über den Personalstand zum 31.12. liegen erst ab 1993 vor.

3) Personalstand zum 31.12..

4) Durchschnittlicher Personalstand.

5) Den Berechnungen liegt das Betriebsergebnis zugrunde.

6) Den Berechnungen liegt bis einschließlich 1992 der durchschnittliche Personalstand, ab 1993 der Personalstand zum 31.12. zugrunde.

Tabelle 45: Hoechst Konzern: Kennzahlen des Arbeitsgebietes Chemikalien zwischen 1988 und 1995 1)2)

	1988	1989	1990	1991	1992	1993	1994	1995
Umsatz (Mio.DM)	10.743	11.640	10.658	11.120	10.580	12.345	13.615	13.551
Betriebsergebnis (Mio. DM)	1.308	1.161	730	506	321	207	737	1.440
Sachanlageinvest. (Mio. DM) 3)	k.A.	k.A.	k.A.	k.A.	k.A.	k.A.	k.A.	817
F&E-Ausgaben (Mio. DM)	314	341	349	373	378	365	371	311
Beschäftigte 4)	k.A.	k.A.	k.A.	k.A.	k.A.	k.A.	k.A.	37.792
	1988	1989	1990	1991	1992	1993	1994	1995
Umsatzrentabilität (%) 5)	12,2	10,0	6,8	4,6	3,0	1,7	5,4	10,6
Sachanlageinv.-Quote (%)	-	-	-	-	-	-	-	6,0
F&E-Quote (%)	2,9	2,9	3,3	3,4	3,6	3,0	2,7	2,3
	1988	1989	1990	1991	1992	1993	1994	1995
Relative Anteile d. Arb.geb. (%)								
am Konzernumsatz	26	25	24	24	23	27	27	26
am Konzernbetriebsergebnis	33	29	23	18	15	14	32	40
an den Konzernsachanlageinv.	-	-	-	-	-	-	-	22
an den Konzern-F&E-Ausgaben	13	13	13	13	13	12	11	9
an den Konzernbeschäftigten	-	-	-	-	-	-	-	23

Quellen: HOECHST AG, Geschäftsberichte 1988-1995. Eigene Berechnungen.

1) Zahlen basieren ab 1993 auf einer veränderten Rechnungsabgrenzung nach den Regeln des International Accounting Standards Committee (IASC).

2) Im Jahr 1995 wurde eine umfassende Reorganisation im Konzern durchgeführt, die zu einer veränderten Rechnungsabgrenzung von Geschäftsaktivitäten führte. Die Daten von 1995 sind deshalb gegenüber den Vorjahren nur bedingt vergleichbar.

3) Im Jahr 1995 Investitionen in Sachanlagen und immateriale Vermögensgegenstände. Angaben über Investitionen in Beteiligungen liegen nicht vor.

4) Personalstand zum 31.12..

5) Den Berechnungen liegt das Betriebsergebnis zugrunde.

Tabelle 46: Hoechst Konzern: Kennzahlen des Arbeitsgebietes Fasern zwischen 1988 und 1995 1)2)

	1988	1989	1990	1991	1992	1993	1994	1995
Umsatz (Mio.DM)	8.001	9.013	7.911	7.161	6.945	6.840	7.289	7.195
Betriebsergebnis (Mio. DM)	564	555	489	432	422	220	290	521
Sachanlageinvest. (Mio. DM) 3)	k.A.	k.A.	k.A.	k.A.	k.A.	k.A.	k.A.	400
F&E-Ausgaben (Mio. DM)	193	210	215	201	174	152	135	128
Beschäftigte 4)	k.A.	k.A.	k.A.	k.A.	k.A.	k.A.	k.A.	21.445
	1988	1989	1990	1991	1992	1993	1994	1995
Umsatzrentabilität (%) 5)	7,1	6,2	6,2	6,0	6,1	3,2	4,0	7,2
Sachanlageinv.-Quote (%)	-	-	-	-	-	-	-	5,6
F&E-Quote (%)	2,4	2,3	2,7	2,8	2,6	2,2	1,9	1,8
	1988	1989	1990	1991	1992	1993	1994	1995
Relative Anteile d. Arb.geb. (%)								
am Konzernumsatz	20	20	17	15	15	15	15	14
am Konzernbetriebsergebnis	14	14	15	16	20	15	13	15
an den Konzernsachanlageinv.	-	-	-	-	-	-	-	10
an den Konzern-F&E-Ausgaben	8	8	8	7	6	4	4	4
an den Konzernbeschäftigten	-	-	-	-	-	-	-	13

Quellen: HOECHST AG, Geschäftsberichte 1988-1995. Eigene Berechnungen.

1) Zahlen basieren ab 1993 auf einer veränderten Rechnungsabgrenzung nach den Regeln des International Accounting Standards Committee (IASC).

2) Im Jahr 1995 wurde eine umfassende Reorganisation im Konzern durchgeführt, die zu einer veränderten Rechnungsabgrenzung von Geschäftsaktivitäten führte. Die Daten von 1995 sind deshalb gegenüber den Vorjahren nur bedingt vergleichbar.

3) Im Jahr 1995 Investitionen in Sachanlagen und immateriale Vermögensgegenstände. Angaben über Investitionen in Beteiligungen liegen nicht vor.

4) Personalstand zum 31.12.

5) Den Berechnungen liegt das Betriebsergebnis zugrunde.

Tabelle 47: Hoechst Konzern: Kennzahlen des Arbeitsgebietes Polymere/Kunststoffe zwischen 1988 und 1995 1)2)

	1988	1989	1990	1991	1992	1993	1994	1995
Umsatz (Mio.DM)	7.414	7.788	7.657	8.594	8.020	6.388	6.990	5.044
Betriebsergebnis (Mio. DM)	1.097	745	606	238	97	-264	-608	272
Sachanlageinvest. (Mio. DM) 3)	k.A.	k.A.	k.A.	k.A.	k.A.	k.A.	k.A.	304
F&E-Ausgaben (Mio. DM)	266	315	296	344	290	213	202	91
Beschäftigte 4)	k.A.	k.A.	k.A.	k.A.	k.A.	k.A.	k.A.	11.479
	1988	1989	1990	1991	1992	1993	1994	1995
Umsatzrentabilität (%) 5)	14,8	9,6	7,9	2,8	1,2	-4,1	-8,7	5,4
Sachanlageinv.-Quote (%)	-	-	-	-	-	-	-	6,0
F&E-Quote (%)	3,6	4,1	3,9	4,0	3,6	3,3	3,2	1,8
	1988	1989	1990	1991	1992	1993	1994	1995
Relative Anteile d. Arb.geb. (%)								
am Konzernumsatz	18	17	17	18	17	14	14	10
am Konzernbetriebsergebnis	27	18	19	9	4	-18	-26	8
an den Konzernsachanlageinv.	-	-	-	-	-	-	-	8
an den Konzern-F&E-Ausgaben	11	12	11	12	10	7	6	3
an den Konzernbeschäftigten	-	-	-	-	-	-	-	7

Quellen: HOECHST AG, Geschäftsberichte 1988-1995. Eigene Berechnungen.

1) Zahlen basieren ab 1993 auf einer veränderten Rechnungsabgrenzung nach den Regeln des International Accounting Standards Committee (IASC).

2) Im Jahr 1995 wurde eine umfassende Reorganisation im Konzern durchgeführt, die im bisherigen Arbeitsgebiet Polymere u.a. zur organisatorischen Ausgliederung des Bereichs Lacke (Herberts) führte. In den Daten von 1995 ist die veränderte Rechnungsabgrenzung berücksichtigt, so daß die Daten gegenüber den Vorjahren nur bedingt vergleichbar sind. Das Arbeitsgebiet wird ab 1995 als Arbeitsgebiet Kunststoffe geführt.

3) Im Jahr 1995 Investitionen in Sachanlagen und immateriale Vermögensgegenstände. Angaben über Investitionen in Beteiligungen liegen nicht vor.

4) Personalstand zum 31.12.

5) Den Berechnungen liegt das Betriebsergebnis zugrunde.

Tabelle 48: Hoechst Konzern: Kennzahlen des Arbeitsgebietes Gesundheit zwischen 1988 und 1995 1)2)

	1988	1989	1990	1991	1992	1993	1994	1995
Umsatz (Mio.DM)	7.356	8.292	9.333	10.395	10.817	11.262	11.633	12.329
Betriebsergebnis (Mio. DM)	694	947	934	1.236	1.259	1.136	1.519	518
Sachanlageinvest. (Mio. DM) 3)	k.A.	k.A.	k.A.	k.A.	k.A.	k.A.	k.A.	1.156
F&E-Ausgaben (Mio. DM)	1.039	1.153	1.182	1.291	1.365	1.580	1.685	2.005
Beschäftigte 4)	k.A.	k.A.	k.A.	k.A.	k.A.	k.A.	k.A.	53.310
	1988	1989	1990	1991	1992	1993	1994	1995
Umsatzrentabilität (%) 5)	9,4	11,4	10,0	11,9	11,6	10,1	13,1	4,2
Sachanlageinv.-Quote (%)	-	-	-	-	-	-	-	9,4
F&E-Quote (%)	14,1	13,9	12,7	12,4	12,6	14,0	14,5	16,3
	1988	1989	1990	1991	1992	1993	1994	1995
Relative Anteile d. Arb.geb. (%)								
am Konzernumsatz	18	18	21	22	24	24	24	24
am Konzernbetriebsergebnis	17	23	29	44	58	77	65	14
an den Konzernsachanlageinv.	-	-	-	-	-	-	-	31
an den Konzern-F&E-Ausgaben	43	44	44	45	47	52	50	58
an den Konzernbeschäftigten	-	-	-	-	-	-	-	33

Quellen: HOECHST AG, Geschäftsberichte 1988-1995. Eigene Berechnungen.

1) Zahlen basieren ab 1993 auf einer veränderten Rechnungsabgrenzung nach den Regeln des International Accounting Standards Committee (IASC).
2) Im Jahr 1995 wurde eine umfassende Reorganisation im Konzern durchgeführt, die im Arbeitsgebiet Gesundheit u.a. zur Veräußerung des gesamten Kosmetikbereichs führte. In den Daten von 1995 ist der Kosmetikbereich bis 1.7.1995, die Akquisition von Marion Merrell Dow ab 1.7.1995 berücksichtigt. Aufgrund der veränderten Rechnungsabgrenzung sind die Daten von 1995 gegenüber den Vorjahren nur bedingt vergleichbar.
3) Im Jahr 1995 Investitionen in Sachanlagen und immateriale Vermögensgegenstände. Angaben über Investitionen in Beteiligungen liegen nicht vor.
4) Personalstand zum 31.12.
5) Den Berechnungen liegt das Betriebsergebnis zugrunde.

Tabelle 49: Hoechst Konzern: Kennzahlen des Arbeitsgebietes Landwirtschaft zwischen 1988 und 1995 1)2)

	1988	1989	1990	1991	1992	1993	1994	1995
Umsatz (Mio.DM)	2.330	2.650	2.616	2.715	2.691	2.760	4.023	3.752
Betriebsergebnis (Mio. DM)	23	144	172	176	42	121	94	212
Sachanlageinvest. (Mio. DM) 3)	k.A.	k.A.	k.A.	k.A.	k.A.	k.A.	k.A.	225
F&E-Ausgaben (Mio. DM)	266	262	269	287	290	304	539	432
Beschäftigte 4)	k.A.	k.A.	k.A.	k.A.	k.A.	k.A.	k.A.	8.789
	1988	1989	1990	1991	1992	1993	1994	1995
Umsatzrentabilität (%) 5)	1,0	5,4	6,6	6,5	1,6	4,4	2,3	5,7
Sachanlageinv.-Quote (%)	-	-	-	-	-	-	-	6,0
F&E-Quote (%)	11,4	9,9	10,3	10,6	10,8	11,0	13,4	11,5
	1988	1989	1990	1991	1992	1993	1994	1995
Relative Anteile d. Arb.geb. (%)								
am Konzernumsatz	6	6	6	6	6	6	8	7
am Konzernbetriebsergebnis	1	4	6	6	2	8	4	6
an den Konzernsachanlageinv.	-	-	-	-	-	-	-	6
an den Konzern-F&E-Ausgaben	11	10	10	10	10	10	16	12
an den Konzernbeschäftigten	-	-	-	-	-	-	-	6

Quellen: HOECHST AG, Geschäftsberichte 1988-1995. Eigene Berechnungen.

1) Zahlen basieren ab 1993 auf einer veränderten Rechnungsabgrenzung nach den Regeln des International Accounting Standards Committee (IASC).

2) Im Jahr 1995 wurde eine umfassende Reorganisation im Konzern durchgeführt, die zu einer veränderten Rechnungsabgrenzung von Geschäftsaktivitäten führte. Die Daten von 1995 sind deshalb gegenüber den Vorjahren nur bedingt vergleichbar.

3) Im Jahr 1995 Investitionen in Sachanlagen und immateriale Vermögensgegenstände. Angaben über Investitionen in Beteiligungen liegen nicht vor.

4) Personalstand zum 31.12.

5) Den Berechnungen liegt das Betriebsergebnis zugrunde.

Tabelle 50: Hoechst Konzern: Kennzahlen des Arbeitsgebietes Technik/Beteiligungsgesellschaften zwischen 1988 und 1995 1)2)

	1988	1989	1990	1991	1992	1993	1994	1995
Umsatz (Mio.DM)	5.120	6.515	6.687	7.201	6.817	6.452	6.087	10.306
Betriebsergebnis (Mio. DM)	314	489	246	193	11	56	286	628
Sachanlageinvest. (Mio. DM) 3)	k.A.	k.A.	k.A.	k.A.	k.A.	k.A.	k.A.	855
F&E-Ausgaben (Mio. DM)	169	183	188	201	232	182	168	227
Beschäftigte 4)	k.A.	k.A.	k.A.	k.A.	k.A.	k.A.	k.A.	28.803
	1988	1989	1990	1991	1992	1993	1994	1995
Umsatzrentabilität (%) 5)	6,1	7,5	3,7	2,7	0,2	0,9	4,7	6,1
Sachanlageinv.-Quote (%)	-	-	-	-	-	-	-	8,3
F&E-Quote (%)	3,3	2,8	2,8	2,8	3,4	2,8	2,8	2,2
	1988	1989	1990	1991	1992	1993	1994	1995
Relative Anteile d. Arb.geb. (%)								
am Konzernumsatz	12	14	15	15	15	14	12	19
am Konzernbetriebsergebnis	8	12	8	7	1	4	12	17
an den Konzernsachanlageinv.	-	-	-	-	-	-	-	23
an den Konzern-F&E-Ausgaben	7	7	7	7	8	6	5	6
an den Konzernbeschäftigten	-	-	-	-	-	-	-	18

Quellen: HOECHST AG, Geschäftsberichte 1988-1995. Eigene Berechnungen.

1) Zahlen basieren ab 1993 auf einer veränderten Rechnungsabgrenzung nach den Regeln des International Accounting Standards Committee (IASC).

2) Im Jahr 1995 wurde eine umfassende Reorganisation im Konzern durchgeführt, die im bisherigen Arbeitsgebiet Technik zur Veräußerung der Beteiligungsgesellschaften Uhde und Hoechst Ceram Tech führte. Das neu benannte Arbeitsgebiet Beteiligungsgesellschaften umfaßt aus dem bisherigen Arbeitsgebiet Technik die Beteiligungsgesellschaften Messer Griesheim und SGL Carbon und die bislang als Bereich Lacke im Arbeitsgebiet Polymere geführte Tochtergesellschaft Herberts sowie weitere kleinere Beteiligungsgesellschaften. Aufgrund der vollständig veränderten Rechnungsabgrenzung sind die Daten von 1995 gegenüber den Vorjahren nicht vergleichbar.

3) Im Jahr 1995 Investitionen in Sachanlagen und immateriale Vermögensgegenstände. Angaben über Investitionen in Beteiligungen liegen nicht vor.

4) Personalstand zum 31.12.

5) Den Berechnungen liegt das Betriebsergebnis zugrunde.

Tabelle 51: Hoechst Konzern: Umsatz nach Regionen zwischen 1988 und 1995 (Basis: Sitz der Gesellschaften) 1)

	1988	1989	1990	1991	1992	1993	1994	1995
Umsatz (Mio.DM)	40.964	45.898	44.862	47.186	45.870	46.047	49.637	52.177
davon:								
Europa	28.881	31.825	33.111	33.242	32.148	30.453	32.138	32.917
Nordamerika	9.910	11.496	9.708	10.311	10.434	k.A.	k.A.	k.A.
Lateinamerika	1.875	2.180	1.861	3.277	3.129	k.A.	k.A.	k.A.
Amerika 2)	(11.785)	(13.676)	(11.569)	(13.588)	(13.563)	14.453	15.781	17.291
Asien, Afrika, Ozeanien	3.058	3.507	3.183	3.541	3.665	4.291	5.158	4.963
Konzerninterne Umsätze	-2.760	-3.110	-3.001	-3.185	-3.506	-3.440	-3.190	-2.994
	1988	1989	1990	1991	1992	1993	1994	1995
Umsatz (%)	100	100	100	100	100	100	100	100
davon:								
Europa	71	69	74	70	71	66	65	63
Nordamerika	24	25	22	22	23	k.A.	k.A.	-
Lateinamerika	5	5	4	7	7	k.A.	k.A.	-
Amerika	29	30	26	29	30	32	32	33
Asien, Afrika, Ozeanien	7	8	7	8	8	9	10	10
Konzerninterne Umsätze	-7	-7	-7	-7	-8	-7	-7	-6

Quellen: HOECHST AG, Geschäftsberichte 1988-1995. Eigene Berechnungen.

1) Zahlen basieren ab 1993 auf einer veränderten Rechnungsabgrenzung nach den Regeln des International Accounting Standards Committee (IASC).

2) Ab 1993 veränderte regionale Rechnungsabgrenzung.

Tabelle 52: Hoechst Konzern: Umsatz nach Regionen zwischen 1988 und 1995 (Basis: Sitz der Kunden) 1)

	1988	1989	1990	1991	1992	1993	1994	1995
Umsatz (Mio.DM)	40.964	45.898	44.862	47.186	45.870	46.047	49.637	52.177
davon:								
Europa	24.059	26.497	27.756	27.134	26.412	24.319	26.410	27.883
Nordamerika	8.917	10.265	8.551	9.143	9.412	k.A.	k.A.	k.A.
Lateinamerika	2.180	2.536	2.198	3.575	3.416	k.A.	k.A.	k.A.
Amerika 2)	11.097	12.801	10.749	12.718	12.828	14.542	15.239	15.712
Asien, Afrika, Ozeanien	5.808	6.600	6.357	7.334	6.630	7.186	7.988	8.632
	1988	1989	1990	1991	1992	1993	1994	1995
Umsatz (%)	100	100	100	100	100	100	100	100
davon:								
Europa	59	58	62	57	58	53	53	53
Nordamerika	22	22	19	19	21	-	-	-
Lateinamerika	5	6	5	8	7	-	-	-
Amerika	27	28	24	27	28	31	31	30
Asien, Afrika, Ozeanien	14	14	14	16	14	16	16	17

Quellen: HOECHST AG, Geschäftsberichte 1988-1995. Eigene Berechnungen.

1) Zahlen basieren ab 1993 auf einer veränderten Rechnungsabgrenzung nach den Regeln des International Accounting Standards Committee (IASC).

2) Ab 1993 veränderte regionale Rechnungsabgrenzung.

Tabelle 53: Hoechst Konzern: Betriebsergebnis nach Regionen zwischen 1988 und 1995 (Basis: Sitz der Gesellschaften) 1)

	1988	1989	1990	1991	1992	1993	1994	1995
Betriebsergebnis (Mio. DM)	4.000	4.041	3.177	2.781	2.152	1.476	2.318	3.591
davon:								
Europa	2.648	2.732	2.237	1.815	1.120	374	1.859	2.712
Nordamerika	957	974	761	625	587	k.A.	k.A.	k.A.
Lateinamerika	143	95	13	149	215	k.A.	k.A.	k.A.
Amerika 2)	(1.100)	(1.069)	(774)	(774)	(802)	846	182	645
Asien, Afrika, Ozeanien	252	240	166	192	230	256	277	234
	1988	1989	1990	1991	1992	1993	1994	1995
Betriebsergebnis (%)	100	100	100	100	100	100	100	100
davon:								
Europa	66	68	71	66	52	26	80	76
Nordamerika	24	24	24	22	27	-	-	-
Lateinamerika	4	2	0	5	10	-	-	-
Amerika	(28)	(26)	(24)	(27)	(37)	57	8	18
Asien, Afrika, Ozeanien	6	6	5	7	11	17	12	6

Quellen: HOECHST AG, Geschäftsberichte 1988-1995. Eigene Berechnungen.

1) Zahlen basieren ab 1993 auf einer veränderten Rechnungsabgrenzung nach den Regeln des International Accounting Standards Committee (IASC).

2) Ab 1993 veränderte regionale Rechnungsabgrenzung.

Tabelle 54: Hoechst Konzern: Sachanlageinvestitionen nach Regionen zwischen 1988 und 1995 1)

	1988	1989	1990	1991	1992	1993	1994	1995
Sachanlageinvest. (Mio. DM)2)	2.780	3.197	3.399	3.586	3.779	3.597	3.143	3.757
davon: 3)								
Europa	1.908	2.198	2.456	2.515	2.499	2.239	1.949	2.598
Nordamerika	658	739	667	699	793	886	k.A.	k.A.
Lateinamerika	98	126	133	250	368	298	k.A.	k.A.
Amerika 4)	(756)	(865)	(800)	(949)	(1.161)	(1.184)	1.037	970
Asien, Afrika, Ozeanien	116	134	143	122	119	174	157	189
	1988	1989	1990	1991	1992	1993	1994	1995
Sachanlageinvestitionen (%)	100	100	100	100	100	100	100	100
davon:								
Europa	69	69	72	70	66	62	62	69
Nordamerika	24	23	20	20	21	25	-	-
Lateinamerika	3	4	4	7	10	8	-	-
Amerika	(27)	(27)	(24)	(27)	(31)	(33)	33	26
Asien, Afrika, Ozeanien	4	4	4	3	3	5	5	5

Quellen: HOECHST AG, Geschäftsberichte 1988-1995. Eigene Berechnungen.

1) Zahlen basieren ab 1993 auf einer veränderten Rechnungsabgrenzung nach den Regeln des International Accounting Standards Committee (IASC).

2) Im Jahr 1995 Investitionen in Sachanlagen und immateriale Vermögensgegenstände. Angaben über Investitionen in Beteiligungen liegen nicht vor.

3) Die DM-Werte in 1994 wurden auf Grundlage der relativen Anteile errechnet.

4) Ab 1993 veränderte regionale Rechnungsabgrenzung.

Tabelle 55: Hoechst Konzern: Ausgaben für Forschung und Entwicklung (F&E-Ausgaben) nach Regionen zwischen 1988 und 1995 1)

	1988	1989	1990	1991	1992	1993	1994	1995
F&E-Ausgaben (Mio. DM)	2.416	2.621	2.687	2.869	2.904	3.039	3.369	3.479
davon: 2)								
Europa 3) (Deutschland)	1.933 (1.512)	2.071 (1.570)	2.203 (1.666)	2.238 (1.693)	2.323 (1.742)	2.401 (k.A.)	2.628 (k.A.)	2.372 (k.A.)
Amerika 3) (USA)	k.A. (411)	k.A. (472)	k.A. (403)	k.A. (516)	k.A. (465)	517 (k.A.)	573 (k.A.)	901 (k.A.)
Asien, Afrika, Ozeanien 3) (Japan) (Sonstige)	k.A. (48) (24)	k.A. (52) (26)	k.A. (54) (27)	k.A. (58) (57)	k.A. (87) (29)	121 (k.A.) (k.A.)	168 (k.A.) (k.A.)	206 (k.A.) (k.A.)
	1988	1989	1990	1991	1992	1993	1994	1995
F&E-Ausgaben (%)	100	100	100	100	100	100	100	100
davon:								
Europa (Deutschland)	80 (63)	79 (60)	82 (62)	78 (59)	80 (60)	79 (58)	78 -	68 -
Amerika (USA)	- (17)	- (18)	- (15)	- (18)	- (16)	17 -	17 -	26 -
Asien, Afrika, Ozeanien (Japan) (Sonstige)	- (2) (1)	- (2) (1)	- (2) (1)	- (2) (2)	- (3) (1)	4 - -	5 - -	6 - -

Quellen: HOECHST AG, Geschäftsberichte 1988-1995. Eigene Berechnungen.

1) Zahlen basieren ab 1993 auf einer veränderten Rechnungsabgrenzung nach den Regeln des International Accounting Standards Committee (IASC).

2) Die DM-Werte der regionalen Verteilung der Geschäftsaktivitäten wurden von 1988 bis 1994 auf Basis der relativen Anteile errechnet (außer Bundesrepublik Deutschland in den Jahren 1988 und 1989).

3) Ab 1993 veränderte regionale Rechnungsabgrenzung.

Tabelle 56: Hoechst Konzern: Beschäftigte nach Regionen zwischen 1988 und 1995 1)

	1988	1989	1990	1991	1992	1993	1994	1995
Beschäftigte 2)	164.527	169.295	172.890	179.332	177.668	172.483	169.760	165.928
davon: 3)								
Europa	118.459	121.892	126.210	123.739	120.814	115.564	110.344	102.875
Nordamerika	24.679	25.394	24.205	25.106	26.650	k.A.	k.A.	k.A.
Lateinamerika	11.517	11.851	12.102	19.727	19.543	k.A.	k.A.	k.A.
Amerika 4)	(36.196)	(37.245)	(36.307)	(44.833)	(46.193)	44.846	44.137	46.460
Afrika, Asien, Ozeanien	9.872	10.068	10.373	10.760	10.661	12.073	15.279	16.593
	1988	1989	1990	1991	1992	1993	1994	1995
Beschäftigte (%)	100	100	100	100	100	100	100	100
davon:								
Europa	72	72	73	69	68	67	65	62
Nordamerika	15	15	14	14	15	-	-	-
Lateinamerika	7	7	7	11	11	-	-	-
Amerika	(22)	(22)	(21)	(25)	(26)	26	26	28
Afrika, Asien, Ozeanien	6	6	6	6	6	7	9	10

Quellen: HOECHST AG, Geschäftsberichte 1988-1995. Eigene Berechnungen.

1) Zahlen basieren ab 1993 auf einer veränderten Rechnungsabgrenzung nach den Regeln des International Accounting Standards Committee (IASC).
2) Durchschnittlicher Personalstand.
3) Die regionale Verteilung der Beschäftigten wurde auf Basis der relativen Anteile errechnet.
4) Ab 1993 veränderte regionale Rechnungsabgrenzung.

Tabelle 57: Hoechst Konzern: Umsatz nach Branchenschwerpunkten zwischen 1988 und 1995 1)2)

	1988	1989	1990	1991	1992	1993	1994	1995
Umsatz (Mio.DM)	40.964	45.898	44.862	47.186	45.870	46.047	49.637	52.177
davon:								
Chemiebereiche	26.158	28.441	26.226	26.875	25.545	25.573	27.894	25.790
Wirkstofforient. Bereiche	9.686	10.942	11.949	13.110	13.508	14.022	15.656	16.081
Technik	5.120	6.515	6.687	7.201	6.817	6.452	6.087	-
Beteiligungsgesellschaften	-	-	-	-	-	-	-	10.306
	1988	1989	1990	1991	1992	1993	1994	1995
Umsatz (%)	100	100	100	100	100	100	100	100
davon:								
Chemiebereiche	64	62	58	57	55	56	56	50
Wirkstofforient. Bereiche	24	24	27	28	30	30	32	31
Technik	12	14	15	15	15	14	12	-
Beteiligungsgesellschaften	-	-	-	-	-	-	-	19

Quellen: HOECHST AG, Geschäftsberichte 1988-1995. Eigene Berechnungen.

1) Zahlen basieren ab 1993 auf einer veränderten Rechnungsabgrenzung nach den Regeln des International Accounting Standards Committee (IASC).
2) Im Jahr 1995 wurde eine umfassende Reorganisation im Konzern durchgeführt, die zu einer veränderten Rechnungsabgrenzung von Geschäftsaktivitäten führte. Die Daten von 1995 sind deshalb gegenüber den Vorjahren nur bedingt vergleichbar.

Tabelle 58: Hoechst Konzern: Betriebsergebnis nach Branchenschwerpunkten zwischen 1988 und 1995 1)2)

	1988	1989	1990	1991	1992	1993	1994	1995
Betriebsergebnis (Mio. DM)	4.000	4.041	3.177	2.781	2.152	1.476	2.318	3.591
davon:								
Chemiebereiche	2.969	2.461	1.825	1.176	840	163	419	2.233
Wirkstofforient. Bereiche	717	1.091	1.106	1.412	1.301	1.257	1.613	730
Technik	314	489	246	193	11	56	286	-
Beteiligungsgesellschaften	-	-	-	-	-	-	-	628
	1988	1989	1990	1991	1992	1993	1994	1995
Betriebsergebnis (in %)	100	100	100	100	100	100	100	100
davon:								
Chemiebereiche	74	61	57	43	39	11	19	63
Wirkstofforient. Bereiche	18	27	35	50	60	85	69	20
Technik	8	12	8	7	1	4	12	-
Beteiligungsgesellschaften	-	-	-	-	-	-	-	17

Quellen: HOECHST AG, Geschäftsberichte 1988-1995. Eigene Berechnungen.

1) Zahlen basieren ab 1993 auf einer veränderten Rechnungsabgrenzung nach den Regeln des International Accounting Standards Committee (IASC).

2) Im Jahr 1995 wurde eine umfassende Reorganisation im Konzern durchgeführt, die zu einer veränderten Rechnungsabgrenzung von Geschäftsaktivitäten führte. Die Daten von 1995 sind deshalb gegenüber den Vorjahren nur bedingt vergleichbar.

Tabelle 59: Hoechst Konzern: Sachanlageinvestitionen nach Branchenschwerpunkten zwischen 1988 und 1995 1)2)

	1988	1989	1990	1991	1992	1993	1994	1995
Sachanlageinvest. (Mio. DM) 3)	2.780	3.197	3.399	3.586	3.779	3.597	3.143	3.757
davon:								
Chemiebereiche	k.A.	k.A.	k.A.	k.A.	k.A.	k.A.	k.A.	1.521
Wirkstofforient. Bereiche	k.A.	k.A.	k.A.	k.A.	k.A.	k.A.	k.A.	1.381
Technik	k.A.	k.A.	k.A.	k.A.	k.A.	k.A.	k.A.	-
Beteiligungsgesellschaften	-	-	-	-	-	-	-	855
	1988	1989	1990	1991	1992	1993	1994	1995
Sachanlageinvestitionen (%)	100	100	100	100	100	100	100	100
davon:								
Chemiebereiche	-	-	-	-	-	-	-	40
Wirkstofforient. Bereiche	-	-	-	-	-	-	-	37
Technik	-	-	-	-	-	-	-	-
Beteiligungsgesellschaften	-	-	-	-	-	-	-	23

Quellen: HOECHST AG, Geschäftsberichte 1988-1995. Eigene Berechnungen.

1) Zahlen basieren ab 1993 auf einer veränderten Rechnungsabgrenzung nach den Regeln des International Accounting Standards Committee (IASC).

2) Im Jahr 1995 wurde eine umfassende Reorganisation im Konzern durchgeführt, die zu einer veränderten Rechnungsabgrenzung von Geschäftsaktivitäten führte. Die Daten von 1995 sind deshalb gegenüber den Vorjahren nur bedingt vergleichbar.

3) Im Jahr 1995 Investitionen in Sachanlagen und immateriale Vermögensgegenstände. Angaben über Investitionen in Beteiligungen liegen nicht vor.

Tabelle 60: Hoechst Konzern: Ausgaben für Forschung und Entwicklung (F&E-Ausgaben) nach Branchenschwerpunkten zwischen 1988 und 1995 1)2)

	1988	1989	1990	1991	1992	1993	1994	1995
F&E-Ausgaben (Mio. DM)	2.416	2.621	2.687	2.869	2.904	3.039	3.369	3.479
davon: 3)								
Chemiebereiche	773	866	860	918	842	730	708	530
Wirkstofforient. Bereiche	1.305	1.415	1.451	1.578	1.655	1.884	2.224	2.437
Technik	169	183	188	201	232	182	168	-
Beteiligungsgesellschaften	-	-	-	-	-	-	-	227
Zentralforschung	169	157	188	172	175	243	269	285
	1988	1989	1990	1991	1992	1993	1994	1995
F&E-Ausgaben (%)	100	100	100	100	100	100	100	100
davon:								
Chemiebereiche	32	33	32	32	29	23	21	16
Wirkstofforient. Bereiche	54	54	54	55	57	62	66	70
Technik	7	7	7	7	8	6	5	-
Beteiligungsgesellschaften	-	-	-	-	-	-	-	6
Zentralforschung	7	6	7	6	6	9	8	8

Quellen: HOECHST AG, Geschäftsberichte 1988-1995. Eigene Berechnungen.

1) Zahlen basieren ab 1993 auf einer veränderten Rechnungsabgrenzung nach den Regeln des International Accounting Standards Committee (IASC).

2) Im Jahr 1995 wurde eine umfassende Reorganisation im Konzern durchgeführt, die zu einer veränderten Rechnungsabgrenzung von Geschäftsaktivitäten führte. Die Daten von 1995 sind deshalb gegenüber den Vorjahren nur bedingt vergleichbar.

3) Die DM-Werte wurden auf Basis der relativen Anteile errechnet.

Tabelle 61: Hoechst Konzern: Sachanlageinvestitions-, F&E-Quote und Umsatzrentabilität nach Branchenschwerpunkten zwischen 1988 und 1995 1)

Sachanlageinvest.-Quote (%)	1988	1989	1990	1991	1992	1993	1994	1995
Konzern	6,8	7,0	7,6	7,6	8,2	7,8	6,3	6,5
Chemiebereiche	-	-	-	-	-	-	-	5,9
Wirkstofforient. Bereiche	-	-	-	-	-	-	-	8,6
Technik	-	-	-	-	-	-	-	-
Beteiligungsgesellschaften	-	-	-	-	-	-	-	8,3
F&E-Quote (%)	1988	1989	1990	1991	1992	1993	1994	1995
Konzern	5,9	5,7	6,0	6,1	6,3	6,6	6,8	6,7
Chemiebereiche	3,9	3,1	3,3	3,4	3,3	2,9	2,5	2,1
Wirkstofforient. Bereiche	13,5	12,9	12,1	12,0	12,3	13,4	14,2	15,2
Technik	3,3	2,8	2,8	2,8	3,4	2,8	2,8	-
Beteiligungsgesellschaften	-	-	-	-	-	-	-	2,2
Umsatzrentabilität (%)	1988	1989	1990	1991	1992	1993	1994	1995
Konzern	9,8	8,8	7,1	5,9	4,7	3,2	4,7	6,9
Chemiebereiche	11,4	8,7	7,0	4,4	3,3	0,6	1,5	8,7
Wirkstofforient. Bereiche	7,4	10,0	9,3	10,8	9,6	11,5	10,3	4,5
Technik	6,1	7,5	3,7	2,7	0,2	0,9	4,7	-
Beteiligungsgesellschaften	-	-	-	-	-	-	-	6,1

Quellen: HOECHST AG, Geschäftsberichte 1988-1995. Eigene Berechnungen.

1) Zahlen basieren ab 1993 auf einer veränderten Rechnungsabgrenzung nach den Regeln des International Accounting Standards Committee (IASC).

Tabelle 62: Konsolidierte Beteiligungsgesellschaften der Hoechst AG zwischen 1988 und 1995 1)

	1988	1989	1990	1991	1992	1993	1994	1995
Beteiligungsgesellschaften	244	257	270	280	276	289	324	406
(davon ausländ. Gesellschaften)	(220)	(231)	(242)	(250)	(k.A.)	(k.A.)	(k.A.)	(k.A.)

Quellen: HOECHST AG, Geschäftsberichte 1988 bis 1995.

1) Es werden im Konzernabschluß sämtliche Beteiligungsgesellschaften der Hoechst AG konsolidiert, bei denen die Muttergesellschaft direkt oder indirekt mehr als 50% der Stimmrechte zustehen oder die unabhängig davon unter ihrer einheitlichen Leitung stehen.

Tabelle 63: Hoechst AG: Allgemeine Kennziffern zwischen 1988 und 1995 1)

	1988	1989	1990	1991	1992	1993	1994	1995
Umsatz (Mio.DM)	15.924	16.863	16.622	15.917	15.554	14.376	14.296	14.190
Betriebsergebnis (Mio. DM)	1.384	1.237	906	652	234	-217	418	534
Sachanlageinv. (Mio. DM)	1.107	1.156	1.309	1.320	1.272	1.076	810	891
F&E-Ausgaben (Mio. DM)	1.075	1.087	1.166	1.179	1.194	1.163	1.021	975
Beschäftigte 2)	63.537	62.776	61.637	60.309	57.885	54.255	47.138	41.186
	1988	1989	1990	1991	1992	1993	1994	1995
Umsatzrentabilität (%)	8,7	7,3	5,5	4,1	1,5	-14,7	2,9	3,8
Umsatz (DM) je Besch. 3)	250.626	268.622	269.676	263.924	268.705	264.971	303.280	344.535
Sachanlageinvest.-Quote (%)	7,0	6,9	7,9	8,3	8,2	7,4	5,7	6,3
F&E-Quote (%)	6,8	6,4	7,0	7,4	7,7	8,1	7,1	6,9
	1988	1989	1990	1991	1992	1993	1994	1995
Relative Anteile der AG (%)								
am Konzernumsatz	39	37	37	34	34	31	29	27
am Konzernbetriebsergebnis	35	31	29	23	11	-15	18	15
an den Konzernsachanl.invest.	40	36	39	37	34	30	26	26
an den Konzern-F&E-Ausgaben	41	41	43	41	41	38	30	28
an den Konzernbeschäftigten 3)	39	37	36	34	33	31	28	25

Quellen: HOECHST AG, Geschäftsberichte 1988-1995; HOECHST AG, Jahresabschluß 1995. Eigene Berechnungen.

1) Zahlen basieren ab 1993 auf einer veränderten Rechnungsabgrenzung nach den Regeln des International Accounting Standards Committee (IASC).

2) Durchschnittlicher Personalstand. Es liegen keine veröffentlichten Angaben über den Personalstand zum 31.12. vor.

3) Den Berechnungen liegt der durchschnittliche Personalstand zugrunde.

Tabelle 64: Hoechst AG: Umsatz nach Arbeitsgebieten zwischen 1988 und 1995 1)2)

	1988	1989	1990	1991	1992	1993	1994	1995
Umsatz (Mio.DM)	15.924	16.863	16.622	15.917	15.554	14.376	14.296	14.190
davon:								
Chemikalien und Farben	5.301	5.629	5.412	5.145	4.919	5.861	6.547	4.480
Fasern	2.902	3.113	3.008	1.975	1.892	1.664	1.136	182
Polymere	3.219	3.374	3.357	3.705	3.437	2.118	2.298	2.176
Gesundheit	1.706	1.811	1.783	1.956	2.140	1.998	2.171	2.416
Landwirtschaft 3)	805	898	866	773	698	671	-	-
Technik/Weitere Arbeitsgebiete 4)	1.991	2.038	2.196	2.363	2.468	2.064	2.144	2.239
	1988	1989	1990	1991	1992	1993	1994	1995
Umsatz (%)	100	100	100	100	100	100	100	100
davon:								
Chemikalien und Farben	33	34	33	32	32	41	46	32
Fasern	18	18	18	13	12	12	8	1
Polymere	20	20	20	23	22	15	16	15
Gesundheit	11	11	11	12	14	14	15	17
Landwirtschaft	5	5	5	5	4	4	-	-
Technik/Weitere Arbeitsgebiete	13	12	13	15	16	14	15	16

Quellen: HOECHST AG, Geschäftsberichte 1988-1995; HOECHST AG, Jahresabschluß 1995. Eigene Berechnungen.

1) Zahlen basieren ab 1993 auf einer veränderten Rechnungsabgrenzung nach den Regeln des International Accounting Standards Committee (IASC).

2) Zahlen sind ab 1995 aufgrund der Reorganisation nur bedingt vergleichbar.

3) Im Jahr 1994 rechtliche Ausgliederung des Arbeitsgebiets Landwirtschaft in die Hoechst Schering AgrEvo.

4) „Weitere Arbeitsgebiete" enthalten insbesondere Erlöse aus Dienstleistungen an Beteiligungsgesellschaften.

Tabelle 65: Hoechst AG: Umsatz nach Regionen zwischen 1988 und 1995 (Basis: Sitz der Kunden)

	1988	1989	1990	1991	1992	1993	1994	1995
Umsatz (Mio.DM)	15.924	16.863	16.622	15.917	15.554	14.376	14.296	14.190
davon:								
Europa	13.203	13.994	13.961	13.074	12.646	11.415	11.623	11.669
Amerika	1.067	1.150	1.067	1.158	1.230	1.269	1.058	998
Asien, Afrika, Ozeanien	1.654	1.719	1.594	1.685	1.678	1.692	1.692	1.523
	1988	1989	1990	1991	1992	1993	1994	1995
Umsatz (%)	100	100	100	100	100	100	100	100
davon:								
Europa	83	83	84	82	81	79	81	82
Amerika	7	7	6	7	8	9	7	7
Asien, Afrika, Ozeanien	10	10	10	11	11	12	12	11

Quellen: HOECHST AG, Geschäftsberichte 1988-1995; HOECHST AG, Jahresabschluß 1995. Eigene Berechnungen.

1) Zahlen basieren ab 1993 auf einer veränderten Rechnungsabgrenzung nach den Regeln des International Accounting Standards Committee (IASC).

Tabelle 66: Hoechst AG: Relative Anteile der Arbeitsgebiete der Hoechst AG an den Umsätzen der Arbeitsgebiete des Konzerns zwischen 1988 und 1995 1)

	1988	1989	1990	1991	1992	1993	1994	1995
Relative Anteile der AG in %:								
davon:								
Chemikalien und Farben	49	48	51	46	46	48	48	33
Fasern	36	35	38	28	27	24	16	3
Polymere	43	43	44	43	43	33	33	43
Gesundheit	23	22	19	19	20	18	19	20
Landwirtschaft 2)	35	34	33	28	26	24	-	-
Technik/Weitere Arbeitsgebiete	39	31	33	33	36	32	35	-

Quellen: HOECHST AG, Geschäftsberichte 1988-1995; HOECHST AG, Jahresabschluß 1995. Eigene Berechnungen.

1) Zahlen basieren ab 1993 auf einer veränderten Rechnungsabgrenzung nach den Regeln des International Accounting Standards Committee (IASC).

2) Im Jahr 1994 rechtliche Ausgliederung des Arbeitsgebiets Landwirtschaft in die Hoechst Schering AgrEvo.

Anhang

FRAGEBOGEN

Fragebogen: Gespräch auf der Gesamtunternehmensebene: Unternehmensplanungsabteilung

I. Gesamtunternehmensebene

1. Was sind für Ihr Unternehmen die wichtigsten Unternehmensziele?

2. Was sind die wichtigsten Strategien zur Realisierung dieser Ziele und zum Erhalt des Unternehmens?

3. Inwieweit werden in Ihrem Unternehmen längerfristige Prognosen hinsichtlich der folgenden Kennziffern durchgeführt:

   - Umsatzentwicklung
   - Gewinnentwicklung
   - Technologieentwicklung
   - Kostenentwicklung, z.B. Personalkosten
   - Mitarbeiterqualifikationsentwicklung?

II. Geschäftsbereichsebene

4. Nach welchen Kriterien erfolgte die organisatorische Zusammenfassung von Geschäftsaktivitäten zu Geschäftsbereichen?

5. Verfolgt Ihr Unternehmen in den Geschäftsbereichen unterschiedliche Wettbewerbsstrategien?

   Wenn ja, welche? (beispielhaft: Geschäftsbereich Grundchemie und Pharma)

6. Inwieweit sind die Geschäftsbereiche für die Entwicklung ihrer Wettbewerbsstrategien eigenverantwortlich?

   Initiative für Wettbewerbsstrategien: **Entscheidung** über Wettbewerbsstrategien:

☐	allein vom Geschäftsbereich	☐
☐	allein von der zentralen Unternehmensleitung	☐
☐	von Geschäftsbereichs- **und** Unternehmensleitung	☐
☐	anders, und zwar	☐

7. Wird an alle Geschäftsbereiche die gleichen Erwartungen hinsichtlich Umsatz-, Kosten- und Ertragsentwicklung oder anderer Plangrößen gestellt oder wird entsprechend der verschiedenen Geschäftsbereichsstrategien differenziert?

8. Nach welchen Kriterien werden die finanziellen Mittel im Unternehmen auf die Geschäftsbereiche verteilt?

9. Von wem geht die **Initiative** für folgende **geschäftsbereichsbezogenen** Entscheidungen in Ihrem Unternehmen aus?[1]

Entscheidungen den Geschäftsbereich betreffend	*Personen/Personengruppen*				
	Unternehmensleitung	Geschäftsbereichsleitung	Funktionsbereichsleitung	Regionalleitung	Andere, und zwar
Kapitalbudgetierung	☐	☐	☐	☐	☐ ....
Investitionen	☐	☐	☐	☐	☐ ....
Erwerb von Unternehmen	☐	☐	☐	☐	☐ ....
Eintreten in neue Märkte	☐	☐	☐	☐	☐ ....
Einführung neuer Produkte	☐	☐	☐	☐	☐ ....
Preisfestsetzung in den wichtigsten Produktbereichen und Produktlinien	☐	☐	☐	☐	☐ ....
Einführung neuer Technologien	☐	☐	☐	☐	☐ ....
Einstellung und Entlassung von Führungskräften	☐	☐	☐	☐	☐ ....
Gestaltung der personalpolitischen Grundsatzfragen	☐	☐	☐	☐	☐ ....
Gestaltung der Entlohnungspolitik	☐	☐	☐	☐	☐ ....
Gestaltung der Beförderungspolitik	☐	☐	☐	☐	☐ ....
Gestaltung der Entlassungspolitik	☐	☐	☐	☐	☐ ....

1 In Anlehnung an: WÜHRER, Strategien, S. 221.

10. Wer **trifft** in Ihrem Unternehmen folgende **geschäftsbereichsbezogenen** Entscheidungen?[1]

Entscheidungen den Geschäftsbereich betreffend	*Personen/Personengruppen* Unternehmensleitung	Geschäftsbereichsleitung	Funktionsbereichsleitung	Regionalleitung	Andere, und zwar
Kapitalbudgetierung	☐	☐	☐	☐	☐ ....
Investitionen	☐	☐	☐	☐	☐ ....
Erwerb von Unternehmen	☐	☐	☐	☐	☐ ....
Eintreten in neue Märkte	☐	☐	☐	☐	☐ ....
Einführung neuer Produkte	☐	☐	☐	☐	☐ ....
Preisfestsetzung in den wichtigsten Produktbereichen und Produktlinien	☐	☐	☐	☐	☐ ....
Einführung neuer Technologien	☐	☐	☐	☐	☐ ....
Einstellung und Entlassung von Führungskräften	☐	☐	☐	☐	☐ ....
Gestaltung der personalpolitischen Grundsatzfragen	☐	☐	☐	☐	☐ ....
Gestaltung der Entlohnungspolitik	☐	☐	☐	☐	☐ ....
Gestaltung der Beförderungspolitik	☐	☐	☐	☐	☐ ....
Gestaltung der Entlassungspolitik	☐	☐	☐	☐	☐ ....

11. In welcher Form sind die Geschäftsbereiche strukturiert?

- als profit-center mit eigener Gewinn- und Ressourcenverantwortung ☐
- als cost-center mit eigener Kostenverantwortung ☐
- anders, und zwar ☐

12. Wie werden die Geschäftsbereiche der gesamtunternehmerischen Zielsetzung verpflichtet?

[1] In Anlehnung an: WÜHRER, Strategien, S. 221.

13. Welche Führungsinstrumente herrschen dabei in Ihrem Unternehmen vor? Z.B.:

- Personenorientierte Koordination (z.B. persönliche Weisungen, Führungskräftetransfer, wertorientierte Führung)
- Formale Koordination (Planung, Sollwerte, Kennziffern, Lenkpreissystem)

14. Inwieweit haben die Geschäftsbereiche die Möglichkeit, extern Leistungen zu beziehen?

15. Worin sieht Ihr Unternehmen die **strategisch kritischen Erfolgsfaktoren**, welche eine einheitliche zentral geregelte Vorgehensweise im Konzern erfordern?

Bezieht sich die Einheitlichkeit nur auf den deutschen Rechtsraum oder auf den internationalen Gesamtkonzern?

III. Weltregionale Ebene

16. Wer ist für die Bildung von geschäftsbereichsbezogenen Wettbewerbsstrategien in den unterschiedlichen Weltregionen (z.B. USA, Japan, Deutschland) zuständig?

- Zentrale Unternehmensleitung ☐
- Geschäftsbereichsleitung ☐
- Regionalleitung ☐
- zusammen ☐
- anders, und zwar ☐

17. Wie erfolgt die regionale Koordination der Geschäftsbereiche?

18. Sehen Sie für die Zukunft eine veränderte Aufgabenteilung zwischen Gesamtunternehmung und Geschäftsbereichen angesichts zunehmend unterschiedlicher Wettbewerbsbedingungen der einzelnen Geschäftsbereiche und ihres unterschiedlichen Internationalisierungsgrades?

IV. Personalebene

19. Welche Rolle nimmt der Zentralbereich Personal in Ihrem Unternehmen ein?

20. Werden die Konsequenzen einer veränderten Unternehmensstrategie bzw. veränderter Wettbewerbsstrategien eines Geschäftsbereiches mitbedacht für

- Personalauswahl/Personalbeschaffung
- Personalentwicklung/Weiterbildung

- Personalbeurteilung
- Anreizsystem
- Arbeitsorganisation?

21. Inwieweit sind Personalfachleute an der Unternehmensstrategiebildung beteiligt:

    - in allen Bereichen der Strategieentwicklung
    - nur bei personalspezifischen Fragestellungen?

      Ist die Beteiligung gleichberechtigt oder werden andere Funktionsbereiche höher gewichtet?

22. Hat der Personalbereich eigenständige Personalstrategien? Inwieweit werden diese umgesetzt?

23. Wie würden Sie den Einfluß von Personalstrategien auf Unternehmensstrategien beschreiben?

    - Personalstrategien bestimmen Unternehmensstrategien ☐
    - Unternehmensstrategien bestimmen Personalstrategien ☐
    - Personalstrategien sind Teil der Unternehmensstrategien ☐
    - Personalstrategien sind unabhängig von Unternehmensstrategien ☐

24. Wird die Personalfunktion als **strategisch bedeutsamer Erfolgsfaktor** des Unternehmens gesehen, der zur Sicherung einer gewissen Einheitlichkeit im Gesamtunternehmen erforderlich ist? Wenn ja, inwieweit?

25. Was sind für Ihr Unternehmen die wichtigsten personalpolitischen Entscheidungen der letzten Zeit und welche personalpolitischen Hauptaufgaben stehen für die Zukunft an?

Fragebogen: Gespräch auf der Gesamtunternehmensebene: Zentralbereich Personal

I. Gesamtunternehmensebene/Personalebene

1. Was sind für Ihr Unternehmen die wichtigsten Unternehmensziele?

2. Was sind die wichtigsten Strategien zur Realisierung dieser Ziele und zum Erhalt des Unternehmens?

3. Welche Rolle nimmt der Zentralbereich Personal in Ihrem Unternehmen ein?

4. Welche Umweltdaten sind für die Personalplanung relevant und über welche Kennziffern wird sie gestaltet? Wie erfolgt die Abstimmung zur Unternehmensplanung?

5. Inwieweit werden in Ihrem Unternehmen längerfristige Prognosen hinsichtlich der folgenden Kennziffern durchgeführt:

    - Umsatzentwicklung
    - Gewinnentwicklung
    - Technologieentwicklung
    - Kostenentwicklung, z.B. Personalkosten
    - Mitarbeiterqualifikationsentwicklung?

6. Werden die Konsequenzen einer veränderten Unternehmensstrategie bzw. veränderter Wettbewerbsstrategien eines Geschäftsbereiches mitbedacht für

    - Personalauswahl/Personalbeschaffung
    - Personalentwicklung/Weiterbildung
    - Personalbeurteilung
    - Anreizsystem
    - Arbeitsorganisation?

    Wenn ja, inwieweit und zu welchem Zeitpunkt der Planung?

7. Inwieweit sind Personalfachleute an der Unternehmensstrategiebildung beteiligt:

    - in allen Bereichen der Strategieentwicklung
    - nur bei personalspezifischen Fragestellungen?

    Ist die Beteiligung gleichberechtigt oder werden andere Funktionsbereiche höher gewichtet?

8. Hat der Personalbereich eigenständige Personalstrategien? Inwieweit werden diese umgesetzt?

9. Wie würden Sie den Einfluß von Personalstrategien auf Unternehmensstrategien beschreiben?

   - Personalstrategien bestimmen Unternehmensstrategien ☐
   - Unternehmensstrategien bestimmen Personalstrategien ☐
   - Personalstrategien sind Teil der Unternehmensstrategien ☐
   - Personalstrategien sind unabhängig von Unternehmensstrategien ☐

II. Geschäftsbereichsebene/Personalebene

10. Von wem geht die **Initiative** für folgende **geschäftsbereichsbezogenen** Entscheidungen in Ihrem Unternehmen aus?[1]

Entscheidungen den Geschäftsbereich betreffend	*Personen/Personengruppen* Unternehmensleitung	Geschäftsbereichsleitung	Funktionsbereichsleitung	Regionalleitung	Andere, und zwar
Kapitalbudgetierung	☐	☐	☐	☐	☐ ....
Investitionen	☐	☐	☐	☐	☐ ....
Erwerb von Unternehmen	☐	☐	☐	☐	☐ ....
Eintreten in neue Märkte	☐	☐	☐	☐	☐ ....
Einführung neuer Produkte	☐	☐	☐	☐	☐ ....
Preisfestsetzung in den wichtigsten Produktbereichen und Produktlinien	☐	☐	☐	☐	☐ ....
Einführung neuer Technologien	☐	☐	☐	☐	☐ ....
Einstellung und Entlassung von Führungskräften	☐	☐	☐	☐	☐ ....
Gestaltung der personalpolitischen Grundsatzfragen	☐	☐	☐	☐	☐ ....
Gestaltung der Entlohnungspolitik	☐	☐	☐	☐	☐ ....
Gestaltung der Beförderungspolitik	☐	☐	☐	☐	☐ ....
Gestaltung der Entlassungspolitik	☐	☐	☐	☐	☐ ....

[1] In Anlehnung an: WÜHRER, Strategien, S. 221.

11. Wer **trifft** in Ihrem Unternehmen folgende **geschäftsbereichsbezogenen** Entscheidungen?[1]

Entscheidungen den Geschäftsbereich betreffend	*Personen/Personengruppen* Unternehmensleitung	Geschäftsbereichsleitung	Funktionsbereichsleitung	Regionalleitung	Andere, und zwar
Kapitalbudgetierung	☐	☐	☐	☐	☐ ....
Investitionen	☐	☐	☐	☐	☐ ....
Erwerb von Unternehmen	☐	☐	☐	☐	☐ ....
Eintreten in neue Märkte	☐	☐	☐	☐	☐ ....
Einführung neuer Produkte	☐	☐	☐	☐	☐ ....
Preisfestsetzung in den wichtigsten Produktbereichen und Produktlinien	☐	☐	☐	☐	☐ ....
Einführung neuer Technologien	☐	☐	☐	☐	☐ ....
Einstellung und Entlassung von Führungskräften	☐	☐	☐	☐	☐ ....
Gestaltung der personalpolitischen Grundsatzfragen	☐	☐	☐	☐	☐ ....
Gestaltung der Entlohnungspolitik	☐	☐	☐	☐	☐ ....
Gestaltung der Beförderungspolitik	☐	☐	☐	☐	☐ ....
Gestaltung der Entlassungspolitik	☐	☐	☐	☐	☐ ....

12. Wie werden die Geschäftsbereiche der gesamtunternehmerischen Zielsetzung verpflichtet?

13. Welche Führungsinstrumente herrschen dabei in Ihrem Unternehmen vor? Z.B.:

- Personenorientierte Koordination (z.B. persönliche Weisungen, Führungskräftetransfer, wertorientierte Führung)
- Formale Koordination (Planung, Sollwerte, Kennziffern, Lenkpreissystem)

---

[1] In Anlehnung an: WÜHRER, Strategien, S. 221.

14. Inwieweit haben die Geschäftsbereiche die Möglichkeit, personalwirtschaftliche Leistungen (z.B. Weiterbildung etc.) extern zu beziehen? Wenn ja, wie wird dies abgerechnet?

15. Wer ist für die Gestaltung personalpolitischer Aufgaben der Geschäftsbereiche in den einzelnen Weltregionen (z.B. USA, Japan, Deutschland) zuständig?

- Zentrale Unternehmensleitung ☐
- Zentralbereich Personal ☐
- Geschäftsbereichsleitung ☐
- Personalabteilung Geschäftsbereich ☐
- Regionalleitung ☐
- anders, und zwar ☐

16. Wie sind der Zentralbereich Personal und die Personalabteilungen der Geschäftsbereiche hierarchisch zueinander gestellt?

17. Wie werden die Personalabteilungen der Geschäftsbereiche geführt?

- als profit-center ☐
- als cost-center ☐
- anders, und zwar ☐

18. Welche personalpolitischen Aufgaben werden von den einzelnen Geschäftsbereichen wahrgenommen? Inwieweit können die Geschäftsbereiche eigenständige Personalstrategien entwickeln?

19. Gibt es unternehmensweit einheitliche personalpolitische Grundsätze? Wenn ja, welche? Gelten diese nur für den deutschen Rechtsraum oder im gesamten internationalen Konzern?

20. Wird die Personalfunktion als **strategisch bedeutsamer Erfolgsfaktor** des Unternehmens gesehen, der zur Sicherung einer gewissen Einheitlichkeit im Gesamtunternehmen erforderlich ist? Wenn ja, inwieweit?

21. Was sind für Ihr Unternehmen die wichtigsten personalpolitischen Entscheidungen der letzten Zeit und welche personalpolitischen Hauptaufgaben stehen für die Zukunft an?

III. Einzelne personalpolitische Funktionsfelder

Entgeltsystem/Anreizsystem

22. Unterscheidet sich das Entgelt- und Anreizsystem Ihres Unternehmens nach Sparten und/oder nach Ländern bzw. Rechtsräumen?

    Wenn ja, inwieweit und wer ist für die Gestaltung zuständig?

23. Gibt es bei dem Führungskräfteanreizsystem Unterschiede aufgrund der unterschiedlichen Anforderungen in den Geschäftsbereichen?

Personalentwicklung

24. Ist das Personalentwicklungssystem spartenbezogen und/oder weltregional unterschiedlich gestaltet?

    Wenn ja, inwieweit und wer ist für die Gestaltung zuständig?

25. Nach welchen Kriterien erfolgt die Festsetzung des Personalentwicklungsetats in den Geschäftsbereichen und wer entscheidet hierüber?

Personalauswahl/Personalbeschaffung

26. Unterscheidet sich die Personalbeschaffung/Personalauswahl unternehmensweit im Hinblick auf Auswahlverfahren und -richtlinien nach Geschäftsbereichen und/oder Weltregionen?

    Wenn ja, inwieweit und wer ist für die Gestaltung zuständig?

27. Inwieweit findet ein allgemeiner Personaltransfer zwischen den Geschäftsbereichen statt? Inwieweit findet ein Führungskräftetransfer zwischen den Geschäftsbereichen und/oder Weltregionen statt?

Personalbeurteilung

28. Sind die Personalbeurteilungsverfahren und -kriterien des Unternehmens in den verschiedenen Geschäftsbereichen und Weltregionen unterschiedlich gestaltet?

    Wenn ja, inwieweit und wer ist für die Gestaltung zuständig?

29. Wer gestaltet die Leistungsbeurteilungskriterien der Führungskräfte und werden diese differenziert nach den unterschiedlichen geschäftsbereichsbezogenen Anforderungen?

    Wenn ja, inwieweit?

Fragebogen: Gespräch auf der Gesamtunternehmensebene: Personalentwicklung/Führungskräfteentwicklung

I. Gesamtunternehmensebene/Personalebene

1. Was sind für Ihr Unternehmen die wichtigsten Unternehmensziele?

2. Was sind die wichtigsten Strategien zur Realisierung dieser Ziele und zum Erhalt des Unternehmens?

3. Werden die Konsequenzen einer veränderten Unternehmensstrategie bzw. veränderter Wettbewerbsstrategien eines Geschäftsbereiches mitbedacht für die Führungskräfteentwicklung?

   Wenn ja, inwieweit und zu welchem Zeitpunkt der Planung?

4. Wenn Sie die Führungskräfteentwicklung als Personalstrategie betrachten, wie würden Sie den Einfluß von Personalstrategien auf Unternehmensstrategien beschreiben?

   - Personalstrategien bestimmen Unternehmensstrategien ☐
   - Unternehmensstrategien bestimmen Personalstrategien ☐
   - Personalstrategien sind Teil der Unternehmensstrategien ☐
   - Personalstrategien sind unabhängig von Unternehmensstrategien ☐

II. Führungskräfteentwicklung

5. Welche Zielsetzung wird mit dem Führungskräfteentwicklungssystem in Ihrem Unternehmen verfolgt?

6. Inwieweit gibt es weltweit ein einheitliches Entwicklungssystem für die Führungskräfte?

7. Inwieweit ergeben sich geschäftsbereichsbezogene und/oder länderbezogene Differenzierungen?

8. Nach welchen Kriterien erfolgt die weltweite Auswahl von Führungspositionen? Wer ist für die Entwicklung der Auswahl- und Beurteilungskriterien zuständig?

9. Inwieweit haben die Geschäftsbereiche Einfluß auf die inhaltliche Ausrichtung der Führungskräfteentwicklung?

10. Gibt es bei dem Führungskräfteanreizsystem Unterschiede aufgrund der unterschiedlichen Anforderungen in den Geschäftsbereichen bzw. aufgrund der landesspezifischen Besonderheiten?

    Wenn ja, welche Konsequenzen hat dies für die einheitliche konzernbezogene Führungskräfteentwicklung?

11. Gibt es beim Beurteilungssystem für Führungskräfte Unterschiede aufgrund der unterschiedlichen Anforderungen in den Geschäftsbereichen bzw. aufgrund der landesspezifischen Besonderheiten?

    Wenn ja, welche Konsequenzen hat dies für die einheitliche konzernbezogene Führungskräfteentwicklung?

Fragebogen: Gespräch auf der Gesamtunternehmensebene: Führungskräfteanreizsystem/Entgeltsystem

I. Gesamtunternehmensebene/Personalebene

1. Was sind für Ihr Unternehmen die wichtigsten Unternehmensziele?

2. Was sind die wichtigsten Strategien zur Realisierung dieser Ziele und zum Erhalt des Unternehmens?

3. Werden die Konsequenzen einer veränderten Unternehmensstrategie bzw. veränderter Wettbewerbsstrategien eines Geschäftsbereiches mitbedacht für das Führungskräfteanreizsystem bzw. Entgeltsystem für Führungskräfte?

   Wenn ja, inwieweit und zu welchem Zeitpunkt der Planung?

4. Wenn Sie das Führungskräfteanreizsystem als Personalstrategie betrachten, wie würden Sie den Einfluß von Personalstrategien auf Unternehmensstrategien beschreiben?

   - Personalstrategien bestimmen Unternehmensstrategien ☐
   - Unternehmensstrategien bestimmen Personalstrategien ☐
   - Personalstrategien sind Teil der Unternehmensstrategien ☐
   - Personalstrategien sind unabhängig von Unternehmensstrategien ☐

II. Führungskräfteanreizsystem

5. Welche Zielsetzung wird mit dem Führungskräfteanreizsystem in Ihrem Unternehmen verfolgt?

6. Inwieweit gibt es weltweit ein einheitliches Anreizsystem für Führungskräfte?

7. Inwieweit ergeben sich geschäftsbereichsbezogene und/oder länderbezogene Differenzierungen?

8. Worin bestehen die wesentlichen strukturellen landesbezogenen Unterschiede im Anreizsystem der Führungskräfte, insbesondere bezogen auf Deutschland, USA und Japan? Wer ist für ihre Gestaltung zuständig?

9. Inwieweit haben die Geschäftsbereiche Einfluß auf die inhaltliche Ausrichtung der Führungskräfteanreizstruktur?

10. Geht man von landesbezogenen und auch gesellschafts- oder geschäftsbereichsbezogenen Unterschieden in den Anreizsystemen für Führungskräfte aus, welche Auswirkungen sind damit für den länder- und gesellschafts- bzw. geschäftsbereichsübergreifenden Führungskräftetransfer des Gesamtunternehmens verbunden?

11. Welche Auswirkungen haben diese Unterschiede auf eine global einheitliche Führungskräfteentwicklung?

Fragebogen: **Gespräch auf der Geschäftsbereichsebene:**

Vertretung Geschäftsbereichsleitung/Planungsabteilung

I. Geschäftsbereichsebene

1. Was sind für Ihren Geschäftsbereich die wichtigsten Ziele?

2. Was sind die wichtigsten Strategien zur Realisierung dieser Ziele?

3. Inwieweit werden in Ihrem Geschäftsbereich längerfristige Prognosen hinsichtlich der folgenden Kennziffern durchgeführt:

   - Umsatzentwicklung
   - Gewinnentwicklung
   - Technologieentwicklung
   - Kostenentwicklung, z.B. Personalkosten
   - Mitarbeiterqualifikationsentwicklung?

4. Verfolgt Ihr Geschäftsbereich für die einzelnen Geschäftsaktivitäten eine einheitliche Wettbewerbsstrategie?

   Wenn ja, welche?

5. Inwieweit ist Ihr Geschäftsbereich für die Entwicklung der Wettbewerbsstrategie eigenverantwortlich?

   Initiative für Wettbewerbsstrategie: **Entscheidung** über Wettbewerbsstrategie:

   ☐ allein vom Geschäftsbereich ☐
   ☐ allein von der zentralen Unternehmensleitung ☐
   ☐ von Geschäftsbereichs- **und** Unternehmensleitung ☐
   ☐ anders, und zwar ☐

6. Wird an alle Geschäftsbereiche die gleichen Erwartungen hinsichtlich Umsatz-, Kosten- und Ertragsentwicklung oder anderer Plangrößen oder wird entsprechend der verschiedenen Geschäftsbereichsstrategien differenziert?

7. Nach welchen Kriterien werden die finanziellen Mittel im Unternehmen auf die Geschäftsbereiche verteilt?

8. Von wem geht die **Initiative** für folgende **geschäftsbereichsbezogenen** Entscheidungen in Ihrem Unternehmen aus?[1]

Entscheidungen den Geschäftsbereich betreffend	*Personen/Personengruppen* Unternehmensleitung	Geschäftsbereichsleitung	Funktionsbereichsleitung	Regionalleitung	Andere, und zwar
Kapitalbudgetierung	☐	☐	☐	☐	☐ ....
Investitionen	☐	☐	☐	☐	☐ ....
Erwerb von Unternehmen	☐	☐	☐	☐	☐ ....
Eintreten in neue Märkte	☐	☐	☐	☐	☐ ....
Einführung neuer Produkte	☐	☐	☐	☐	☐ ....
Preisfestsetzung in den wichtigsten Produktbereichen und Produktlinien	☐	☐	☐	☐	☐ ....
Einführung neuer Technologien	☐	☐	☐	☐	☐ ....
Einstellung und Entlassung von Führungskräften	☐	☐	☐	☐	☐ ....
Gestaltung der personalpolitischen Grundsatzfragen	☐	☐	☐	☐	☐ ....
Gestaltung der Entlohnungspolitik	☐	☐	☐	☐	☐ ....
Gestaltung der Beförderungspolitik	☐	☐	☐	☐	☐ ....
Gestaltung der Entlassungspolitik	☐	☐	☐	☐	☐ ....

[1] In Anlehnung an: WÜHRER, Strategien, S. 221.

9. Wer **trifft** in Ihrem Unternehmen folgende **geschäftsbereichsbezogenen** Entscheidungen?[1]

Entscheidungen den Geschäftsbereich betreffend	*Personen/Personengruppen* Unternehmensleitung	Geschäftsbereichsleitung	Funktionsbereichsleitung	Regionalleitung	Andere, und zwar
Kapitalbudgetierung	☐	☐	☐	☐	☐ ....
Investitionen	☐	☐	☐	☐	☐ ....
Erwerb von Unternehmen	☐	☐	☐	☐	☐ ....
Eintreten in neue Märkte	☐	☐	☐	☐	☐ ....
Einführung neuer Produkte	☐	☐	☐	☐	☐ ....
Preisfestsetzung in den wichtigsten Produktbereichen und Produktlinien	☐	☐	☐	☐	☐ ....
Einführung neuer Technologien	☐	☐	☐	☐	☐ ....
Einstellung und Entlassung von Führungskräften	☐	☐	☐	☐	☐ ....
Gestaltung der personalpolitischen Grundsatzfragen	☐	☐	☐	☐	☐ ....
Gestaltung der Entlohnungspolitik	☐	☐	☐	☐	☐ ....
Gestaltung der Beförderungspolitik	☐	☐	☐	☐	☐ ....
Gestaltung der Entlassungspolitik	☐	☐	☐	☐	☐ ....

10. In welcher Form ist Ihr Geschäftsbereich strukturiert?

- als profit-center mit eigener Gewinn- und Ressourcenverantwortung ☐
- als cost-center mit eigener Kostenverantwortung ☐
- anders, und zwar ☐

[1] In Anlehnung an: WÜHRER, Strategien, S. 221.

11. Wie wird Ihr Geschäftsbereich der gesamtunternehmerischen Zielsetzung verpflichtet?

12. Welche Führungsinstrumente herrschen dabei in Ihrem Unternehmen vor? Z.B.:

- Personenorientierte Koordination (z.B. persönliche Weisungen, Führungskräftetransfer, wertorientierte Führung)
- Formale Koordination (Planung, Sollwerte, Kennziffern, Lenkpreissystem)

13. Inwieweit hat Ihr Geschäftsbereich die Möglichkeit, extern Leistungen zu beziehen?

14. Worin sieht Ihr Unternehmen die **strategisch kritischen Erfolgsfaktoren**, welche eine einheitliche zentral geregelte Vorgehensweise im Konzern erfordern?

    Bezieht sich die Einheitlichkeit nur auf den deutschen Rechtsraum oder auf den internationalen Gesamtkonzern?

II. Weltregionale Ebene

15. In welchem Umfang ist Ihr Geschäftsbereich internationalisiert?

- Export ☐ Produktionsstätten ☐ Tochtergesellschaft ☐
- Europa ☐ USA/Nordamerika ☐ Japan/Asien ☐ Andere ☐

16. Wie erfolgt die weltregionale Koordination Ihrer Geschäftsbereichsaktivitäten?

17. Wer ist für die Bildung von geschäftsbereichsbezogenen Wettbewerbsstrategien in den unterschiedlichen Weltregionen (z.B. USA, Japan, Deutschland) zuständig?

- Zentrale Unternehmensleitung ☐
- Geschäftsbereichsleitung ☐
- Regionalleitung ☐
- zusammen ☐
- anders, und zwar ☐

18. Sehen Sie für die Zukunft eine veränderte Aufgabenteilung zwischen Gesamtunternehmung und Geschäftsbereichen angesichts zunehmend unterschiedlicher Wettbewerbsbedingungen der einzelnen Geschäftsbereiche und ihres unterschiedlichen Internationalisierungsgrades?

III. Personalebene

19. Welche Rolle nimmt der Zentralbereich Personal in Ihrem Geschäftsbereich ein?

20. Werden die Konsequenzen einer veränderten Unternehmensstrategie bzw. einer veränderten Wettbewerbsstrategie Ihres Geschäftsbereiches mitbedacht für

    - Personalauswahl/Personalbeschaffung
    - Personalentwicklung/Weiterbildung
    - Personalbeurteilung
    - Anreizsystem
    - Arbeitsorganisation
    - anderes?

21. Inwieweit sind Personalfachleute an der Geschäftsbereichsstrategiebildung beteiligt:

    - in allen Bereichen der Strategieentwicklung
    - nur bei personalspezifischen Fragestellungen?
    - Ist die Beteiligung gleichberechtigt oder werden andere Funktionsbereiche höher gewichtet?

22. Hat der Personalbereich eigenständige Personalstrategien? Inwieweit werden diese in Ihrem Geschäftsbereich umgesetzt?

23. Wie würden Sie den Einfluß von Personalstrategien auf Geschäftsbereichsstrategien beschreiben?

    - Personalstrategien bestimmen Geschäftsbereichsstrategien ☐
    - Geschäftsbereichsstrategien bestimmen Personalstrategien ☐
    - Personalstrategien sind Teil der Geschäftsbereichsstrategien ☐
    - Personalstrategien sind unabhängig von Geschäftsbereichsstrategien ☐

24. Wird die Personalfunktion als **strategisch bedeutsamer Erfolgsfaktor** des Unternehmens gesehen, der zur Sicherung einer gewissen Einheitlichkeit im Gesamtunternehmen erforderlich ist? Wenn ja, inwieweit?

25. Was sind für Ihren Geschäftsbereich die wichtigsten personalpolitischen Entscheidungen der letzten Zeit und welche personalpolitischen Hauptaufgaben stehen für die Zukunft an?

Fragebogen: Gespräch auf der Geschäftsbereichsebene: Personalabteilung

I. Geschäftsbereichsebene/Personalebene

1. Was sind für Ihren Geschäftsbereich die wichtigsten Ziele?

2. Was sind die wichtigsten Strategien zur Realisierung dieser Ziele?

3. Welche Rolle nimmt der Zentralbereich Personal in Ihrem Unternehmen ein?

4. Inwieweit werden in Ihrem Geschäftsbereich längerfristige Prognosen hinsichtlich der folgenden Kennziffern durchgeführt:

   - Umsatzentwicklung
   - Gewinnentwicklung
   - Technologieentwicklung
   - Kostenentwicklung, z.B. Personalkosten
   - Mitarbeiterqualifikationsentwicklung?

5. Verfolgt Ihr Geschäftsbereich für die einzelnen Geschäftsaktivitäten eine einheitliche Wettbewerbsstrategie?

   Wenn ja, welche?

6. Werden die Konsequenzen einer veränderten Wettbewerbsstrategie des Geschäftsbereiches mitbedacht für

   - Personalauswahl/Personalbeschaffung
   - Personalentwicklung/Weiterbildung
   - Personalbeurteilung
   - Anreizsystem
   - Arbeitsorganisation?

7. Inwieweit ist die Personalabteilung des Geschäftsbereiches an der Geschäftsbereichsstrategiebildung beteiligt:

   - in allen Bereichen der Strategieentwicklung
   - nur bei personalspezifischen Fragestellungen?

Ist die Beteiligung gleichberechtigt oder werden andere Funktionsbereiche höher gewichtet?

8. Hat der Personalbereich eigenständige Personalstrategien? Inwieweit werden diese in Ihrem Geschäftsbereich umgesetzt?

9. Wie würden Sie den Einfluß von Personalstrategien auf Geschäftsbereichsstrategien beschreiben?

- Personalstrategien bestimmen Geschäftsbereichsstrategien ☐
- Geschäftsbereichsstrategien bestimmen Personalstrategien ☐
- Personalstrategien sind Teil der Geschäftsbereichsstrategien ☐
- Personalstrategien sind unabhängig von Geschäftsbereichsstrategien ☐

10. Von wem geht die **Initiative** für folgende **geschäftsbereichsbezogenen** Entscheidungen in Ihrem Unternehmen aus?[1]

Entscheidungen den Geschäftsbereich betreffend	*Personen/Personengruppen* Unternehmensleitung	Geschäftsbereichsleitung	Funktionsbereichsleitung	Regionalleitung	Andere, und zwar
Kapitalbudgetierung	☐	☐	☐	☐	☐ ....
Investitionen	☐	☐	☐	☐	☐ ....
Erwerb von Unternehmen	☐	☐	☐	☐	☐ ....
Eintreten in neue Märkte	☐	☐	☐	☐	☐ ....
Einführung neuer Produkte	☐	☐	☐	☐	☐ ....
Preisfestsetzung in den wichtigsten Produktbereichen und Produktlinien	☐	☐	☐	☐	☐ ....
Einführung neuer Technologien	☐	☐	☐	☐	☐ ....
Einstellung und Entlassung von Führungskräften	☐	☐	☐	☐	☐ ....
Gestaltung der personalpolitischen Grundsatzfragen	☐	☐	☐	☐	☐ ....
Gestaltung der Entlohnungspolitik	☐	☐	☐	☐	☐ ....
Gestaltung der Beförderungspolitik	☐	☐	☐	☐	☐ ....
Gestaltung der Entlassungspolitik	☐	☐	☐	☐	☐ ....

[1] In Anlehnung an: WÜHRER, Strategien, S. 221.

11. Wer **trifft** in Ihrem Unternehmen folgende **geschäftsbereichsbezogenen** Entscheidungen?[1]

Entscheidungen den Geschäftsbereich betreffend	*Personen/Personengruppen* Unternehmensleitung	Geschäftsbereichsleitung	Funktionsbereichsleitung	Regionalleitung	Andere, und zwar
Kapitalbudgetierung	☐	☐	☐	☐	☐ ....
Investitionen	☐	☐	☐	☐	☐ ....
Erwerb von Unternehmen	☐	☐	☐	☐	☐ ....
Eintreten in neue Märkte	☐	☐	☐	☐	☐ ....
Einführung neuer Produkte	☐	☐	☐	☐	☐ ....
Preisfestsetzung in den wichtigsten Produktbereichen und Produktlinien	☐	☐	☐	☐	☐ ....
Einführung neuer Technologien	☐	☐	☐	☐	☐ ....
Einstellung und Entlassung von Führungskräften	☐	☐	☐	☐	☐ ....
Gestaltung der personalpolitischen Grundsatzfragen	☐	☐	☐	☐	☐ ....
Gestaltung der Entlohnungspolitik	☐	☐	☐	☐	☐ ....
Gestaltung der Beförderungspolitik	☐	☐	☐	☐	☐ ....
Gestaltung der Entlassungspolitik	☐	☐	☐	☐	☐ ....

12. Wie wird Ihr Geschäftsbereich der gesamtunternehmerischen Zielsetzung verpflichtet?

13. Welche Führungsinstrumente herrschen dabei in Ihrem Unternehmen vor? z.B.:

- Personenorientierte Koordination (z.B. persönliche Weisungen, Führungskräftetransfer, wertorientierte Führung)
- Formale Koordination (Planung, Sollwerte, Kennziffern, Lenkpreissystem)

---

1 In Anlehnung an: WÜHRER, Strategien, S. 221.

14. Inwieweit hat Ihr Geschäftsbereich die Möglichkeit, personalwirtschaftliche Leistungen (z.B. Weiterbildung etc.) extern zu beziehen?

15. Wer ist für die Gestaltung personalpolitischer Aufgaben Ihres Geschäftsbereiches in den einzelnen Weltregionen (z.B. USA, Japan, Deutschland) zuständig?

- Zentrale Unternehmensleitung ☐
- Zentralbereich Personal ☐
- Geschäftsbereichsleitung ☐
- Personalabteilung Geschäftsbereich ☐
- Regionalleitung ☐
- anders, und zwar ☐

16. Wie wird die Personalabteilung des Geschäftsbereiches geführt?

- als profit-center ☐
- als cost-center ☐
- anders, und zwar ☐

17. Gibt es unternehmensweit einheitliche personalpolitische Grundsätze? Wenn ja, welche? Gelten diese nur für den deutschen Rechtsraum oder im gesamten internationalen Konzern?

18. Wie sehen Sie für die Zukunft die Aufgabenteilung zwischen dem Zentralbereich Personal und der Personalabteilung des Geschäftsbereiches?

19. Was sind für Ihren Geschäftsbereich die wichtigsten personalpolitischen Entscheidungen der letzten Zeit und welche personalpolitischen Hauptaufgaben stehen für die Zukunft an?

II. Einzelne personalpolitische Funktionsfelder

Entgeltsystem/Anreizsystem

20. Ist das Entgelt- und Anreizsystem des Geschäftsbereiches weltregional unterschiedlich nach Ländern bzw. Rechtsräumen der einzelnen Produktionsstandorte gestaltet?

    Wenn ja, inwieweit und wer ist für die Gestaltung zuständig?

21. Ist das Führungskräfteanreizsystem auf die strategischen Anforderungen des Geschäftsbereiches abgestimmt?

    Wenn ja, inwieweit?

Personalentwicklung

22. Ist das Personalentwicklungssystem des Geschäftsbereiches weltregional unterschiedlich gestaltet?

    Wenn ja, inwieweit und wer ist für die Gestaltung zuständig?

23. Nach welchen Kriterien erfolgt die Festsetzung des Personalentwicklungsetats im Geschäftsbereich und wer entscheidet hierüber?

Personalauswahl/Personalbeschaffung

24. Gibt es bezogen auf die Personalbeschaffung/Personalauswahl weltregional unterschiedliche Auswahlverfahren und -richtlinien im Geschäftsbereich?

    Wenn ja, inwieweit und wer ist für die Gestaltung zuständig?

Personalbeurteilung

25. Sind die Personalbeurteilungsverfahren und -kriterien im Geschäftsbereich weltregional unterschiedlich gestaltet?

    Wenn ja, inwieweit und wer ist für die Gestaltung zuständig?

Hans-Joachim Schubert

Planung und Steuerung von Veränderungen in Organisationen

Frankfurt/M., Berlin, Bern, New York, Paris, Wien, 1998.
XII, 290 S., zahlr. Abb., 13 Tab.
ISBN 3-631-32470-7 · br. DM 89.–*

Die Frage, wie Veränderungsprozesse zu behandeln sind, d.h. Planung, Initiierung, Ausweitung und schließlich Stabilisierung von Änderungen in einer Organisation, umschreibt das zentrale Anliegen der Arbeit. Über eine Bewertung vorhandener Ansätze und die verstärkte Beschäftigung mit verhaltenswissenschaftlichen Grundlagen in Zusammenhang mit der Durchführung organisatorischer Veränderungsprozesse wurde versucht, ein integratives Konzept zur Steuerung von Veränderungen zu entwickeln, das als Rahmen für die konkrete Ausgestaltung dienen soll. Fragen der Evaluation von Veränderungsmaßnahmen in Organisationen bilden zusammen mit der Darstellung von Ergebnissen aus einer eigenen Studie zur Evaluation von Organisationsentwicklungsmaßnahmen in Werkstätten für Behinderte den zweiten Schwerpunkt der Arbeit.

Aus dem Inhalt: Veränderungsmanagement · Grundlegende Gestaltungsprinzipien zur Planung und Steuerung umfassender Veränderungen in Organisationen · Organisationsentwicklungskonzept · Strategisches Management · Japanisches Management kontinuierlicher Veränderungsprozesse · Integration entsprechender verhaltenswissenschaftlicher Aspekte

Kolibri 360 GmbH
Ferdinand-Jühlke-Straße 7
99095 Erfurt, Deutschland
produktsicherheit@kolibri360.de

Druck:
CPI Druckdienstleistungen GmbH
im Auftrag der
Kolibri 360 GmbH
Ferdinand-Jühlke-Str. 7
99095 Erfurt